数学·统计学系列

不等式研究

Inequality Study(III)

（第三辑）

杨学枝 主编

HITP
哈爾濱工業大學出版社
HARBIN INSTITUTE OF TECHNOLOGY PRESS

内容简介

本书汇集了不等式研究方面的代数、几何以及不等式证明方法等内容的文章.本书适合大、中学师生阅读,也可供数学爱好者参考研读.

图书在版编目(CIP)数据

不等式研究.第三辑/杨学枝主编.—哈尔滨:哈尔滨工业大学出版社,2023.8

ISBN 978-7-5767-0717-5

Ⅰ.①不… Ⅱ.①杨… Ⅲ.①不等式-研究 Ⅳ.①O178

中国国家版本馆 CIP 数据核字(2023)第 046194 号

BUDENGSHI YANJIU. DI-SAN JI

策划编辑 刘培杰 张永芹
责任编辑 刘家琳 李 烨
封面设计 孙茵艾
出版发行 哈尔滨工业大学出版社
社 址 哈尔滨市南岗区复华四道街 10 号 邮编 150006
传 真 0451-86414749
网 址 http://hitpress.hit.edu.cn
印 刷 哈尔滨圣铂印刷有限公司
开 本 787 mm×1 092 mm 1/16 印张 19 字数 350 千字
版 次 2023 年 8 月第 1 版 2023 年 8 月第 1 次印刷
书 号 ISBN 978-7-5767-0717-5
定 价 198.00 元

序

见到杨学枝老师主编的《不等式研究(第三辑)》,他把目光投向了初等数学研究和不等式研究,我甚有感触.

等式只是相对的,不等式才是绝对的.杨学枝老师主编的《不等式研究》已经是第三辑了,我个人认为开展不等式研究这个课题是有着深刻的用意的.

本辑中的作者多是中国最优秀的中学和大学的教师,如杨必成教授、张晗方教授、石焕南教授等在不等式研究领域都颇有建树,他们对不等式教学有着丰富的经验,在不等式研究方面的许多优秀的成果引起了国际数学界的重视,使国际同仁看到了中国不等式研究的丰硕成果和发展潜力.本书中不等式内容丰富多彩,不仅限于中学教材和大学教材中的不等式,还有教材外大量不等式研究方面的新的成果和方法.因此,我很期待杨学枝主编的《不等式研究(第三辑)》能够引起数学教师、不等式研究者和爱好者的反响.

本书主编杨学枝是中学特级教师,我在 2015 年 7 月于北京召开的全国初等数学研究会第三届理事会第五次常务理事扩大会议上与他相识,当时他是全国初等数学研究会理事长,并长期从事初等数学研究工作和奥林匹克竞赛培训工作.

早在 1986 年,杨学枝老师便发起并组织开展了全国不等式研究活动;1988 年,参与发起并组织开展了全国初等数学研究,参与筹备了"全国初等数学研究会",曾连续两届(2009 年 8 月—2017 年 1 月)任全国初等数学研究会理事长;2009 年,在全国第七届初等数学研究学术交流会上(深圳),杨学枝等四人荣获首届中国"初等数学研究杰出贡献奖"称号;他长期担任《中国初等数学研究》编委会主任、主编,现任《初等数学研究在中国》主编.杨学枝老师还主编出版了《数学奥林匹克不等式研究》(第 1 版、第 2 版)等多本专著及数学教学参考书籍.

我想,由资深的初等数学研究人员主编的《不等式研究(第三辑)》在全国出版发行后,一定有助于推进我国不等式研究工作并走向世界的前列.由此,我向此书的出版表示祝贺!

林　群

2022 年 6 月 6 日

前　言

《不等式研究(第三辑)》,自 2021 年 10 月 28 日发出"关于编辑出版《不等式研究(第三辑)》通告"后,历经一年多的征稿、审稿,现将正式出版.

《不等式研究(第三辑)》收录了涉及大学、中学有关不等式研究方面的代数、几何以及不等式证明方法等内容的文章,有很多是作者最新的不等式研究成果.

不等式始终都是数学中的热门研究课题,因为它涉及面大、入门宽、应用广.对于不等式研究,有对不等式问题的研究,也有对不等式应用的研究,还有对不等式解题方法的研究等,有很多问题长期受到不等式研究者们的青睐,还有不少悬而未决的不等式猜想引人入胜,所以不等式研究者、爱好者众多,不等式研究长盛不衰,对不等式的研究具有十分深刻的意义,这也正是笔者出版《不等式研究》的初衷和动力.

《不等式研究(第一辑)》于 2000 年 6 月由西藏人民出版社出版发行,《不等式研究(第二辑)》于 2012 年 1 月由哈尔滨工业大学出版社出版发行,如今时隔 10 多年,《不等式研究(第三辑)》即将由哈尔滨工业大学出版社再次出版发行.在此,本人向关心、支持本书编辑出版工作的林群院士、杨路教授,哈尔滨工业大学出版社刘培杰副社长、编辑室张永芹主任、编辑杜莹雪老师、编辑李烨老师等出版社朋友,以及本书的作者们表示感谢!

由于本人水平有限,在审理拙著的过程中还存在许多不足,敬请读者批评指正.

杨学枝

2022 年 6 月

目　录

代数不等式研究

三角、几何不等式研究

不等式证明方法研究

考研不等式试题研究

争鸣

问题与猜想

正项等差数列与组合数生成的一类新不等式

罗文军

（秦安县第二中学　甘肃　天水　741600）

摘　要：本文对两道数学权威期刊上的组合数不等式进行拓展探究，得到7个更一般的优美不等式，通过探究，以期提升数学运算和逻辑推理方面的数学核心素养.

关键词：问题；等差数列；组合数；不等式

一、一道《数学通报》问题的推广

《数学通报》2014 年第 3 期问题 2173 如下：

设 n 为正整数，证明：$\frac{1}{1C_n^1}+\frac{3}{2C_n^2}+\frac{5}{3C_n^3}+\cdots+\frac{2n-1}{nC_n^n}\geqslant\frac{n^2}{2^{n-1}}$.

下面笔者给出本题的一个另证，并进行适当的推广.

证明　由组合数的性质 $kC_n^k=nC_{n-1}^{k-1}(k=1,2,3,\cdots,n)$，得

$$\begin{aligned}&1C_n^1+2C_n^2+3C_n^3+\cdots+nC_n^n\\&=nC_{n-1}^{1-1}+nC_{n-1}^{2-1}+nC_{n-1}^{3-1}+\cdots+nC_{n-1}^{n-1}\\&=n(C_{n-1}^0+C_{n-1}^1+C_{n-1}^2+\cdots+C_{n-1}^{n-1})=n\cdot 2^{n-1}\end{aligned}$$

同理可得

$$1C_{n-1}^1+2C_{n-1}^2+3C_{n-1}^3+\cdots+(n-1)C_{n-1}^{n-1}=(n-1)\cdot 2^{n-2}$$

$$\begin{aligned}&1(1C_n^1)+3(2C_n^2)+5(3C_n^3)+\cdots+(2n-1)(nC_n^n)\\&=1(nC_{n-1}^0)+(1+2)(nC_{n-1}^1)+(1+2\times 2)(nC_{n-1}^2)+\cdots+\\&\quad[1+2(n-1)](nC_{n-1}^{n-1})\\&=n\{(C_{n-1}^0+C_{n-1}^1+C_{n-1}^2+\cdots+C_{n-1}^{n-1})+2[1C_{n-1}^1+2C_{n-1}^2+\cdots+(n-1)C_{n-1}^{n-1}]\}\\&=n\{2^{n-1}+2(n-1)\cdot 2^{n-2}\}=n[2+2(n-1)]2^{n-2}\\&=n(2n)\cdot 2^{n-2}=n^2\cdot 2^{n-1}\end{aligned}$$

由 Cauchy 不等式的变式得

$$
\begin{aligned}
&\frac{1}{1C_n^1}+\frac{3}{2C_n^2}+\frac{5}{3C_n^3}+\cdots+\frac{2n-1}{nC_n^n}\\
=&\frac{1^2}{1(1C_n^1)}+\frac{3^2}{3(2C_n^2)}+\frac{5^2}{5(3C_n^3)}+\cdots+\frac{(2n-1)^2}{(2n-1)(nC_n^n)}\\
\geqslant&\frac{(1+3+5+\cdots+2n-1)^2}{1(1C_n^1)+3(2C_n^2)+5(3C_n^3)+\cdots+(2n-1)(nC_n^n)}\\
=&\frac{(n^2)^2}{n^2\cdot 2^{n-1}}=\frac{n^2}{2^{n-1}}
\end{aligned}
$$

所以

$$\frac{1}{1C_n^1}+\frac{3}{2C_n^2}+\frac{5}{3C_n^3}+\cdots+\frac{2n-1}{nC_n^n}\geqslant\frac{n^2}{2^{n-1}}$$

当 $n=1$ 时，$\frac{1}{1C_1^1}=\frac{1^2}{2^{1-1}}$，当 $n=2$ 时，$\frac{1}{1C_2^1}+\frac{3}{2C_2^2}=\frac{2^2}{2^{2-1}}$，所以当 $n=1,2$ 时，不等式 $\frac{1}{1C_n^1}+\frac{3}{2C_n^2}+\frac{5}{3C_n^3}+\cdots+\frac{2n-1}{nC_n^n}\geqslant\frac{n^2}{2^{n-1}}$ 取等号.

将试题进行推广，可得到如下几个问题：

问题 1 设 n 为正整数，证明：$\frac{1C_n^1}{1}+\frac{2C_n^2}{3}+\frac{3C_n^3}{5}+\cdots+\frac{nC_n^n}{2n-1}\geqslant 2^{n-1}$.

证明 由 Cauchy 不等式的变式得

$$
\begin{aligned}
&\frac{(1C_n^1)^2}{1(1C_n^1)}+\frac{(2C_n^2)^2}{3(2C_n^2)}+\frac{(3C_n^3)^2}{5(3C_n^3)}+\cdots+\frac{(nC_n^n)^2}{(2n-1)(nC_n^n)}\\
\geqslant&\frac{(1C_n^1+2C_n^2+3C_n^3+\cdots+nC_n^n)^2}{1(1C_n^1)+3(2C_n^2)+5(3C_n^3)+\cdots+(2n-1)(nC_n^n)}=\frac{(n\cdot 2^{n-1})^2}{n^2\cdot 2^{n-1}}=2^{n-1}
\end{aligned}
$$

即 $\frac{1C_n^1}{1}+\frac{2C_n^2}{3}+\frac{3C_n^3}{5}+\cdots+\frac{nC_n^n}{2n-1}\geqslant 2^{n-1}$.

当 $n=1$ 时，$\frac{1C_1^1}{1}=2^{1-1}$，所以当 $n=1$ 时，不等式 $\frac{1C_n^1}{1}+\frac{2C_n^2}{3}+\frac{3C_n^3}{5}+\cdots+\frac{nC_n^n}{2n-1}\geqslant 2^{n-1}$ 取等号.

问题 2 设 n 为正整数，证明：$\frac{1}{C_n^0}+\frac{3}{C_n^1}+\frac{5}{C_n^2}+\cdots+\frac{2n+1}{C_n^n}\geqslant\frac{(n+1)^3}{2^n}$.

证明 由组合数的性质 $kC_n^k=nC_{n-1}^{k-1}(k=1,2,3,\cdots,n)$，得

$$
\begin{aligned}
&1C_n^0+3C_n^1+5C_n^2+\cdots+(2n+1)C_n^n\\
=&1C_n^0+(1+2)C_n^1+(1+2\times 2)C_n^2+\cdots+(2n+1)C_n^n\\
=&(C_n^0+C_n^1+C_n^2+\cdots+C_n^n)+2(1C_n^1+2C_n^2+\cdots+nC_n^n)\\
=&2^n+2(nC_{n-1}^{1-1}+nC_{n-1}^{2-1}+\cdots+nC_{n-1}^{n-1})
\end{aligned}
$$

$$=2^n+2n(C_{n-1}^0+C_{n-1}^1+\cdots+C_{n-1}^{n-1})$$
$$=2^n+2n\cdot 2^{n-1}=2^n\cdot(n+1)$$

$$\frac{1}{C_n^0}+\frac{3}{C_n^1}+\frac{5}{C_n^2}+\cdots+\frac{2n+1}{C_n^n}$$
$$=\frac{1^2}{1C_n^0}+\frac{3^2}{3C_n^1}+\frac{5^2}{5C_n^2}+\cdots+\frac{(2n+1)^2}{(2n+1)C_n^n}$$
$$\geqslant\frac{[1+3+5+\cdots+(2n+1)]^2}{1C_n^0+3C_n^1+5C_n^2+\cdots+(2n+1)C_n^n}$$
$$=\frac{\left[(n+1)\cdot\frac{2n+2}{2}\right]^2}{2^n\cdot(n+1)}=\frac{(n+1)^3}{2^n}$$

即

$$\frac{1}{C_n^0}+\frac{3}{C_n^1}+\frac{5}{C_n^2}+\cdots+\frac{2n+1}{C_n^n}\geqslant\frac{(n+1)^3}{2^n}$$

当 $n=1$ 时，$\frac{1}{C_1^0}+\frac{3}{C_1^1}=\frac{(1+1)^3}{2^1}$，所以当 $n=1$ 时，不等式$\frac{1}{C_n^0}+\frac{3}{C_n^1}+\frac{5}{C_n^2}+\cdots+\frac{2n+1}{C_n^n}\geqslant\frac{(n+1)^3}{2^n}$ 取等号.

二、一道《数学教学》问题的推广

《数学教学》2013 年第 8 期问题 893 如下：

设 n 为正整数，求证：$\frac{1\cdot(C_n^1)^2}{2}+\frac{2\cdot(C_n^2)^2}{3}+\cdots+\frac{n\cdot(C_n^n)^2}{n+1}>4^n\cdot\frac{3n}{(2n+3)^2}$.

笔者通过探究，得出了该征解题的 3 个变式题和正项等差数列与组合数构成的 4 个新不等式，现介绍如下，以供参考.

变式 1　设 n 为正整数，求证：$\frac{1\cdot 2^2}{C_n^1}+\frac{2\cdot 3^2}{C_n^2}+\cdots+\frac{n\cdot(n+1)^2}{C_n^n}\geqslant\frac{n(n+1)^2(n+2)^2}{9\cdot 2^{n-1}}$.

证明　因为

$$k(k+1)=\frac{1}{3}[k(k+1)(k+2)-(k-1)k(k+1)]$$

所以

$$1\cdot 2+2\cdot 3+\cdots+n(n+1)=\sum_{k=1}^{n}\frac{1}{3}[k(k+1)(k+2)-(k-1)k(k+1)]$$

$$=\frac{1}{3}n(n+1)(n+2)$$

因为 $kC_n^k=nC_{n-1}^{k-1}(k=1,2,\cdots,n)$，所以

$$1C_n^1+2C_n^2+\cdots+nC_n^n=n(C_{n-1}^0+C_{n-1}^1+\cdots+C_{n-1}^{n-1})=n\cdot 2^{n-1}$$

由 Cauchy 不等式的变式得

$$\frac{1\cdot 2^2}{C_n^1}+\frac{2\cdot 3^2}{C_n^2}+\cdots+\frac{n(n+1)^2}{C_n^n}$$

$$=\frac{(1\cdot 2)^2}{1C_n^1}+\frac{(2\cdot 3)^2}{2C_n^2}+\cdots+\frac{[n(n+1)]^2}{nC_n^n}$$

$$\geqslant\frac{[1\cdot 2+2\cdot 3+\cdots+n(n+1)]^2}{1C_n^1+2C_n^2+\cdots+nC_n^n}$$

$$=\frac{\frac{1}{9}n^2(n+1)^2(n+2)^2}{n\cdot 2^{n-1}}=\frac{n(n+1)^2(n+2)^2}{9\cdot 2^{n-1}}$$

当 $n=1$ 时，上面的不等式取等号.

变式 2　设 n 为正整数，求证：$\frac{1\cdot(C_n^1)^2}{2}+\frac{2\cdot(C_n^2)^2}{2^2}+\cdots+\frac{n\cdot(C_n^n)^2}{2^n}\geqslant\frac{(n\cdot 2^{n-1})^2}{(n-1)\cdot 2^{n+1}+2}$.

证明　因为 $kC_n^k=nC_{n-1}^{k-1}(k=1,2,\cdots,n)$，所以

$$1C_n^1+2C_n^2+\cdots+nC_n^n=n(C_{n-1}^0+C_{n-1}^1+\cdots+C_{n-1}^{n-1})=n\cdot 2^{n-1}$$

记

$$S=1\cdot 2+2\cdot 2^2+\cdots+(n-1)\cdot 2^{n-1}+n\cdot 2^n$$

$$2S=1\cdot 2^2+2\cdot 2^3+\cdots+(n-1)\cdot 2^n+n\cdot 2^{n+1}$$

所以 $-S=(1-n)\cdot 2^{n+1}-2$，所以 $S=(n-1)\cdot 2^{n+1}+2$，由 Cauchy 不等式的变式得

$$\frac{1\cdot(C_n^1)^2}{2}+\frac{2\cdot(C_n^2)^2}{2^2}+\cdots+\frac{n\cdot(C_n^n)^2}{2^n}=\frac{(1C_n^1)^2}{1\cdot 2}+\frac{(2C_n^2)^2}{2\cdot 2^2}+\cdots+\frac{(nC_n^n)^2}{n\cdot 2^n}$$

$$\geqslant\frac{(1C_n^1+2C_n^2+\cdots+nC_n^n)^2}{1\cdot 2+2\cdot 2^2+\cdots+n\cdot 2^n}=\frac{(n\cdot 2^{n-1})^2}{(n-1)\cdot 2^{n+1}+2}$$

当 $n=1$ 时，上面的不等式取等号.

变式 3　设 n 为正整数，求证：$1(C_n^1)^2+2(C_n^2)^2+\cdots+n(C_n^n)^2\geqslant\frac{n\cdot 2^{2n-1}}{n+1}$.

证明　因为 $kC_n^k=nC_{n-1}^{k-1}(k=1,2,\cdots,n)$，所以

$$1C_n^1+2C_n^2+\cdots+nC_n^n=n(C_{n-1}^0+C_{n-1}^1+\cdots+C_{n-1}^{n-1})=n\cdot 2^{n-1}$$

因为 $1+2+3+\cdots+n=\frac{n(n+1)}{2}$,由 Cauchy 不等式的变式得

$$1(\mathrm{C}_n^1)^2+2(\mathrm{C}_n^2)^2+\cdots+n(\mathrm{C}_n^n)^2=\frac{(1\mathrm{C}_n^1)^2}{1}+\frac{(2\mathrm{C}_n^2)^2}{2}+\cdots+\frac{(n\mathrm{C}_n^n)^2}{n}$$
$$\geqslant\frac{(1\mathrm{C}_n^1+2\mathrm{C}_n^2+\cdots+n\mathrm{C}_n^n)^2}{1+2+\cdots+n}$$
$$=\frac{(n\cdot 2^{n-1})^2}{\frac{n(n+1)}{2}}=\frac{n\cdot 2^{2n-1}}{n+1}$$

当 $n=1$ 时,上面的不等式取等号.

笔者通过对以上征解题进行类比和联想,得出了正项等差数列若干项与组合数构成的一类新的不等式,以下约定 $\{a_n\}$ 为正项等差数列,其公差为 d,n 为正整数.

定理 1 $\frac{a_1{}^2}{\mathrm{C}_n^1}+\frac{a_2{}^2}{\mathrm{C}_n^2}+\frac{a_3{}^2}{\mathrm{C}_n^3}+\cdots+\frac{a_n{}^2}{\mathrm{C}_n^n}\geqslant\frac{n^2(a_1+a_n)^2}{4(2^n-1)}$.

证明 由组合数的性质 $\mathrm{C}_n^1+\mathrm{C}_n^2+\mathrm{C}_n^3+\cdots+\mathrm{C}_n^n=2^n-1$,以及 Cauchy 不等式的变式得

$$\frac{a_1{}^2}{\mathrm{C}_n^1}+\frac{a_2{}^2}{\mathrm{C}_n^2}+\frac{a_3{}^2}{\mathrm{C}_n^3}+\cdots+\frac{a_n{}^2}{\mathrm{C}_n^n}\geqslant\frac{(a_1+a_2+a_3+\cdots+a_n)^2}{\mathrm{C}_n^1+\mathrm{C}_n^2+\mathrm{C}_n^3+\cdots+\mathrm{C}_n^n}$$
$$=\frac{\frac{n^2(a_1+a_n)^2}{4}}{2^n-1}$$
$$=\frac{n^2(a_1+a_n)^2}{4\cdot(2^n-1)}$$

当 $n=1$ 时,上面的不等式取等号.

定理 2 $\frac{(\mathrm{C}_n^1)^2}{a_1}+\frac{(\mathrm{C}_n^2)^2}{a_2}+\frac{(\mathrm{C}_n^3)^2}{a_3}+\cdots+\frac{(\mathrm{C}_n^n)^2}{a_n}\geqslant\frac{2\cdot(2^n-1)^2}{n(a_1+a_n)}$.

证明 由组合数的性质 $\mathrm{C}_n^1+\mathrm{C}_n^2+\mathrm{C}_n^3+\cdots+\mathrm{C}_n^n=2^n-1$,以及 Cauchy 不等式的变式得

$$\frac{(\mathrm{C}_n^1)^2}{a_1}+\frac{(\mathrm{C}_n^2)^2}{a_2}+\frac{(\mathrm{C}_n^3)^2}{a_3}+\cdots+\frac{(\mathrm{C}_n^n)^2}{a_n}\geqslant\frac{(\mathrm{C}_n^1+\mathrm{C}_n^2+\mathrm{C}_n^3+\cdots+\mathrm{C}_n^n)^2}{a_1+a_2+a_3+\cdots+a_n}$$
$$=\frac{(2^n-1)^2}{\frac{n(a_1+a_n)}{2}}=\frac{2(2^n-1)^2}{n(a_1+a_n)}$$

当 $n=1$ 时,上面的不等式取等号.

定理 3 $\frac{a_1{}^2}{\mathrm{C}_n^1}+\frac{2a_2{}^2}{\mathrm{C}_n^2}+\frac{3a_3{}^2}{\mathrm{C}_n^3}+\cdots+\frac{na_n{}^2}{\mathrm{C}_n^n}\geqslant\frac{n(n+1)^2(a_1+2a_n)^2}{9\cdot 2^{n+1}}$.

证明 记

$$
\begin{aligned}
&1a_1+2a_2+3a_3+\cdots+na_n\\
=&(1+2+3+\cdots+n)a_1+d(1^2+2^2+3^2+\cdots+n^2)-\\
&d(1+2+3+\cdots+n)\\
=&\frac{n(n+1)}{2}(a_1-d)+\frac{n(n+1)(2n+1)}{6}d\\
=&\frac{n(n+1)}{6}[3a_1+2(n-1)d]
\end{aligned}
$$

因为 $k\mathrm{C}_n^k=n\mathrm{C}_{n-1}^{k-1}(k=1,2,\cdots,n)$,所以

$$
1\mathrm{C}_n^1+2\mathrm{C}_n^2+\cdots+n\mathrm{C}_n^n=n(\mathrm{C}_{n-1}^0+\mathrm{C}_{n-1}^1+\cdots+\mathrm{C}_{n-1}^{n-1})=n\cdot 2^{n-1}
$$

由 Cauchy 不等式的变式得

$$
\begin{aligned}
&\frac{1\cdot {a_1}^2}{\mathrm{C}_n^1}+\frac{2\cdot {a_2}^2}{\mathrm{C}_n^2}+\frac{3\cdot {a_3}^2}{\mathrm{C}_n^3}+\cdots+\frac{n\cdot {a_n}^2}{\mathrm{C}_n^n}\\
=&\frac{(1a_1)^2}{1\mathrm{C}_n^1}+\frac{(2a_2)^2}{2\mathrm{C}_n^2}+\frac{(3a_3)^2}{3\mathrm{C}_n^3}+\cdots+\frac{(na_n)^2}{n\mathrm{C}_n^n}\\
\geqslant&\frac{(a_1+2a_2+3a_3+\cdots+na_n)^2}{1\mathrm{C}_n^1+2\mathrm{C}_n^2+3\mathrm{C}_n^3+\cdots+n\mathrm{C}_n^n}\\
=&\frac{\dfrac{n^2(n+1)^2}{36}[3a_1+2(n-1)d]^2}{n\cdot 2^{n-1}}\\
=&\frac{n(n+1)^2(a_1+2a_n)^2}{9\cdot 2^{n+1}}
\end{aligned}
$$

当 $n=1$ 时,上面的不等式取等号.

定理 4 $\dfrac{1(\mathrm{C}_n^1)^2}{a_1}+\dfrac{2(\mathrm{C}_n^2)^2}{a_2}+\dfrac{3(\mathrm{C}_n^3)^2}{a_3}+\cdots+\dfrac{n(\mathrm{C}_n^n)^2}{a_n}\geqslant\dfrac{3n\cdot 2^{2n-1}}{(n+1)(a_1+2a_n)}$.

证明 由定理 3 的证明过程知

$$
1a_1+2a_2+3a_3+\cdots+na_n=\frac{n(n+1)}{6}[3a_1+2(n-1)d]
$$

$$
1\mathrm{C}_n^1+2\mathrm{C}_n^2+\cdots+n\mathrm{C}_n^n=n(\mathrm{C}_{n-1}^0+\mathrm{C}_{n-1}^1+\cdots+\mathrm{C}_{n-1}^{n-1})=n\cdot 2^{n-1}
$$

由 Cauchy 不等式的变式得

$$
\begin{aligned}
&\frac{1(\mathrm{C}_n^1)^2}{a_1}+\frac{2(\mathrm{C}_n^2)^2}{a_2}+\frac{3(\mathrm{C}_n^3)^2}{a_3}+\cdots+\frac{n(\mathrm{C}_n^n)^2}{a_n}\\
=&\frac{(1\mathrm{C}_n^1)^2}{a_1}+\frac{(2\mathrm{C}_n^2)^2}{2a_2}+\frac{(3\mathrm{C}_n^3)^2}{3a_3}+\cdots+\frac{(n\mathrm{C}_n^n)^2}{na_n}\\
\geqslant&\frac{(1\mathrm{C}_n^1+2\mathrm{C}_n^2+3\mathrm{C}_n^3+\cdots+n\mathrm{C}_n^n)^2}{a_1+2a_2+3a_3+\cdots+na_n}
\end{aligned}
$$

$$=\frac{(n\cdot 2^{n-1})^2}{\frac{n(n+1)}{6}[3a_1+2(n-1)d]}$$

$$=\frac{3n\cdot 2^{2n-1}}{(n+1)(a_1+2a_n)}$$

当 $n=1$ 时，上面的不等式取等号.

三、两道问题的再推广

下面约定数列 $\{a_n\}$ 是正项等差数列，公差 $d>0$，其前 n 项和为 S_n，n 为正整数. 笔者通过探究，得出了正项等差数列 $\{a_n\}$ 的前 n 项和 S_n 与组合数构成的一类新的不等式，现介绍如下，以供参考.

定理 5 $\frac{S_1}{C_n^1}+\frac{S_2}{C_n^2}+\frac{S_3}{C_n^3}+\cdots+\frac{S_n}{C_n^n}\geqslant\frac{n(n+1)^2(2a_1+a_n)^2}{9\cdot 2^{n-1}(3a_1+a_n)}$.

证明 设 $\{a_n\}$ 的公差为 d，由组合数公式 $kC_n^k=nC_{n-1}^{k-1}(k\in\{1,2,3,\cdots,n\})$，得

$$\sum_{k=1}^{n}kC_n^k=n\sum_{k=1}^{n}C_{n-1}^{k-1}=n\cdot 2^{n-1}$$

由组合数公式 $kC_n^k=nC_{n-1}^{k-1}(k\in\{1,2,3,\cdots,n\})$，得

$$\sum_{k=1}^{n}k^2C_n^k=n\sum_{k=1}^{n}(k-1)C_{n-1}^{k-1}+n\sum_{k=1}^{n}C_{n-1}^{k-1}$$

再由组合数公式 $(k-1)C_{n-1}^{k-1}=(n-1)C_{n-2}^{k-2}(k\in\{2,3,4,\cdots,n\})$，得

$$n\sum_{k=2}^{n}(k-1)C_{n-1}^{k-1}=n(n-1)\sum_{k=2}^{n}C_{n-2}^{k-2}$$

由公式 $\sum_{k=0}^{n}C_n^k=2^n(k\in\{0,1,2,\cdots,n\})$，得

$$\sum_{k=1}^{n}k^2C_n^k=n\cdot 2^{n-1}+n(n-1)\cdot 2^{n-2}=n(n+1)\cdot 2^{n-2}$$

$$\sum_{k=1}^{n}S_k=\sum_{k=1}^{n}\left[ka_1+\frac{k(k-1)}{2}d\right]=a_1\sum_{k=1}^{n}k+\frac{d}{2}\sum_{k=1}^{n}(k^2-k)$$

$$=\left(a_1-\frac{d}{2}\right)\sum_{k=1}^{n}k+\frac{d}{2}\sum_{k=1}^{n}k^2$$

$$=\left(a_1-\frac{d}{2}\right)\cdot\frac{n(n+1)}{2}+\frac{d}{2}\cdot\frac{n(n+1)(2n+1)}{6}$$

$$=\frac{1}{6}n(n+1)[3a_1+(n-1)d]$$

$$=\frac{1}{6}n(n+1)(2a_1+a_n)$$

$$\sum_{k=1}^{n}C_n^kS_k=\sum_{k=1}^{n}C_n^k\left[ka_1+\frac{k(k-1)}{2}d\right]=\left(a_1-\frac{d}{2}\right)\sum_{k=1}^{n}kC_n^k+\frac{d}{2}\sum_{k=1}^{n}k^2C_n^k$$

$$=\left(a_1-\frac{d}{2}\right)n\cdot 2^{n-1}+\frac{d}{2}n(n+1)\cdot 2^{n-2}$$

$$=n\cdot 2^{n-3}[4a_1+(n-1)d]=n\cdot 2^{n-3}(3a_1+a_n)$$

由 Cauchy 不等式的变式,得

$$\frac{S_1}{C_n^1}+\frac{S_2}{C_n^2}+\frac{S_3}{C_n^3}+\cdots+\frac{S_n}{C_n^n}\geqslant\frac{(S_1+S_2+S_3+\cdots+S_n)^2}{C_n^1S_1+C_n^2S_2+C_n^3S_3+\cdots+C_n^nS_n}$$

$$=\frac{\left[\frac{1}{6}n(n+1)(2a_1+a_n)\right]^2}{n\cdot 2^{n-3}(3a_1+a_n)}$$

$$=\frac{n(n+1)^2(2a_1+a_n)^2}{9\cdot 2^{n-1}(3a_1+a_n)}$$

当 $n=1$ 时,上面不等式中的等号成立.

定理 6 $\frac{C_n^1}{S_1}+\frac{C_n^2}{S_2}+\frac{C_n^3}{S_3}+\cdots+\frac{C_n^n}{S_n}\geqslant\frac{(2^n-1)^2}{n\cdot 2^{n-3}(3a_1+a_n)}$.

证明 由组合数的公式 $\sum_{k=1}^{n}C_n^k=2^n-1(k\in\{1,2,3,\cdots,n\})$ 及定理 5 中不等式的证明过程知

$$\sum_{k=1}^{n}C_n^kS_k=n\cdot 2^{n-3}(3a_1+a_n)$$

由 Cauchy 不等式的变式可得

$$\frac{C_n^1}{S_1}+\frac{C_n^2}{S_2}+\frac{C_n^3}{S_3}+\cdots+\frac{C_n^n}{S_n}\geqslant\frac{(C_n^1+C_n^2+C_n^3+\cdots+C_n^n)^2}{C_n^1S_1+C_n^2S_2+C_n^3S_3+\cdots+C_n^nS_n}$$

$$=\frac{(2^n-1)^2}{n\cdot 2^{n-3}(3a_1+a_n)}$$

当 $n=1$ 时,上面不等式中的等号成立.

定理 7 $\frac{S_1}{C_n^1}+\frac{S_2}{2C_n^2}+\frac{S_3}{3C_n^3}+\cdots+\frac{S_n}{nC_n^n}$

$$\geqslant\frac{n^2(3a_1+a_n)^2}{16\cdot(2^n-1)a_1+8[(n-2)\cdot 2^{n-1}+1]d}$$

证明 $\sum_{k=1}^{n}\frac{S_k}{k}=\sum_{k=1}^{n}\left[a_1+(k-1)\cdot\frac{d}{2}\right]=\sum_{k=1}^{n}a_1+\frac{d}{2}\sum_{k=1}^{n}(k-1)$

$$=na_1+\frac{d}{2}\cdot\frac{n(n-1)}{2}=\frac{1}{4}n(3a_1+a_n)$$

由前文可知

$$\sum_{k=1}^{n} k\mathrm{C}_n^k = n\sum_{k=1}^{n}\mathrm{C}_{n-1}^{k-1} = n\cdot 2^{n-1}$$

$$\sum_{k=1}^{n}\mathrm{C}_n^k = 2^n - 1 \quad (k\in\{1,2,\cdots,n\})$$

$$\begin{aligned}\sum_{k=1}^{n}\frac{S_k}{k}\mathrm{C}_n^k &= \sum_{k=1}^{n}\left[a_1+(k-1)\cdot\frac{d}{2}\right]\mathrm{C}_n^k = \left(a_1-\frac{d}{2}\right)\cdot\sum_{k=1}^{n}\mathrm{C}_n^k+\frac{d}{2}\sum_{k=1}^{n}k\mathrm{C}_n^k\\ &= \left(a_1-\frac{d}{2}\right)\cdot(2^n-1)+\frac{d}{2}n\cdot 2^{n-1}\\ &= (2^n-1)a_1+\frac{d}{2}[(n-2)\cdot 2^{n-1}+1]\end{aligned}$$

由 Cauchy 不等式的变式可得

$$\begin{aligned}\frac{S_1}{\mathrm{C}_n^1}+\frac{S_2}{2\mathrm{C}_n^2}+\frac{S_3}{3\mathrm{C}_n^3}+\cdots+\frac{S_n}{n\mathrm{C}_n^n} &= \frac{\frac{S_1}{1}}{\mathrm{C}_n^1}+\frac{\frac{S_2}{2}}{\mathrm{C}_n^2}+\frac{\frac{S_3}{3}}{\mathrm{C}_n^3}+\cdots+\frac{\frac{S_n}{n}}{\mathrm{C}_n^n}\\ &\geqslant \frac{\left(\frac{S_1}{1}+\frac{S_2}{2}+\frac{S_3}{3}+\cdots+\frac{S_n}{n}\right)^2}{\frac{S_1}{1}\mathrm{C}_n^1+\frac{S_2}{2}\mathrm{C}_n^2+\frac{S_3}{3}\mathrm{C}_n^3+\cdots+\frac{S_n}{n}\mathrm{C}_n^n}\\ &= \frac{\frac{1}{16}n^2(3a_1+a_n)^2}{(2^n-1)a_1+\frac{d}{2}[(n-2)\cdot 2^{n-1}+1]}\\ &= \frac{n^2(3a_1+a_n)^2}{16\cdot(2^n-1)a_1+8[(n-2)\cdot 2^{n-1}+1]d}\end{aligned}$$

当 $n=1$ 时,上面不等式中的等号成立.

定理 8
$$\frac{\mathrm{C}_n^1}{S_1}+\frac{2\mathrm{C}_n^2}{S_2}+\frac{3\mathrm{C}_n^3}{S_3}+\cdots+\frac{n\mathrm{C}_n^n}{S_n} \geqslant \frac{2(2^n-1)^2}{2(2^n-1)a_1+[(n-2)\cdot 2^{n-1}+1]d}$$

证明 由 Cauchy 不等式的变式和前面证明的式子可得

$$\begin{aligned}\frac{\mathrm{C}_n^1}{S_1}+\frac{2\mathrm{C}_n^2}{S_2}+\frac{3\mathrm{C}_n^3}{S_3}+\cdots+\frac{n\mathrm{C}_n^n}{S_n} &= \frac{\mathrm{C}_n^1}{\frac{S_1}{1}}+\frac{\mathrm{C}_n^2}{\frac{S_2}{2}}+\frac{\mathrm{C}_n^3}{\frac{S_3}{3}}+\cdots+\frac{\mathrm{C}_n^n}{\frac{S_n}{n}}\\ &= \frac{(\mathrm{C}_n^1)^2}{\frac{S_1}{1}\mathrm{C}_n^1}+\frac{(\mathrm{C}_n^2)^2}{\frac{S_2}{2}\mathrm{C}_n^2}+\frac{(\mathrm{C}_n^3)^2}{\frac{S_3}{3}\mathrm{C}_n^3}+\cdots+\frac{(\mathrm{C}_n^n)^2}{\frac{S_n}{n}\mathrm{C}_n^n}\end{aligned}$$

$$
\geqslant \frac{(C_n^1+C_n^2+C_n^3+\cdots+C_n^n)^2}{\frac{S_1}{1}C_n^1+\frac{S_2}{2}C_n^2+\frac{S_3}{3}C_n^3+\cdots+\frac{S_n}{n}C_n^n}
$$

$$
=\frac{(2^n-1)^2}{(2^n-1)a_1+[(n-2)\cdot 2^{n-1}+1]\cdot \frac{d}{2}}
$$

$$
=\frac{2(2^n-1)^2}{2(2^n-1)a_1+[(n-2)\cdot 2^{n-1}+1]d}
$$

当 $n=1$ 时，上面不等式中的等号成立.

参考文献

[1] 盛宏礼. 正项等差数列一类新不等式[J]. 数学通讯，2011(11)：34-35.

[2] 盛宏礼. 有关正数学项等差数列的不等式[J]. 数学通报，2006(7)：53-54.

[3] 罗文军. 数学问题解答[J]. 数学通报，2015(7)：64.

[4] 盛宏礼. 数学问题与解答 2013 年第 8 期问题解答[J]. 数学教学，2013(10)：47.

[5] 罗文军. 例谈一道数学征解题的探究与推广[J]. 数理化学习(高中版)，2016(3)：13-14.

作者简介

罗文军，男，出生于 1986 年 1 月，甘肃秦安人，中学二级教师，本科学历，主要研究高中数学一题多解和高中数学文化；2015 年 2 月被聘为首批华中师范大学考试研究院特聘研究员，2016 年 3 月加入甘肃省数学教育研究会，2021 年 1 月加入中国数学学会，2016 年 9 月被陕西师范大学聘为《中学数学教学参考》特约编辑，2021 年 12 月被聘为《中学数学》编委；在《中学数学》《数学通讯》《数学教学》等中学期刊发表论文 120 多篇，其中发表在《江苏教育》2017 年第 10 期的论文《近年高考数学文化试题的综述》被中国人民大学报刊复印资料《高中数学教与学》全文转载于 2018 年第 2 期，在北大核心期刊《数学通报》问题与解答栏目发表过多个优美问题；参编教辅书 4 套，参与市级课题和省级课题各一项，主持市级课题一项；曾被评为秦安县第二中学高考优秀教师、青年教学能手，曾获得秦安县现场优质课二等奖.

等差数列与等比数列的对数与指数凸性

宋志敏[1]　尹　枥[2]

(1. 山东省滨州市北镇中学　山东　滨州　256600;
2. 山东省滨州市滨州学院理学院　山东　滨州　256603)

摘　要:本文主要利用Chebyshev不等式证明了数列的对数与指数凸性的充分条件,再将其应用于等差数列与等比数列,并联系前人的工作,给出了一些新的不等式.

关键词:等差数列;等比数列;对数凸性;指数凸性

文[1]证明了等差数列与等比数列的前 n 项和的一个统一性质,随后,在文[2]中笔者研究了等差数列与等比数列通项 a_n 的凸性问题. 2014 年,石焕南等人在文[3]中研究了等差数列通项与前 n 项和的对数凸性问题,其中的定理1.5证明了等差数列前 n 项和是对数凹的. 文[4]中笔者针对等差数列与等比数列处理了如下一类问题:

如果 $\{b_n\}$ 为一个数列,是否成立

$$b_{M(m,n)} \geqslant (\leqslant) N(b_n, b_m)$$

其中 $M(m,n)$, $N(m,n)$ 为任意的两个平均, $n, m \in \mathbf{N} \backslash \{0\}$, 在文[4]中笔者详细地讨论了 $M(m,n)$, $N(m,n)$ 为几何平均、算术平均和调和平均的情况,并给出了一些有趣的结果. 下面讨论对数平均 $L(a,b) = \dfrac{a-b}{\ln a - \ln b}$ 与指数平均 $I(a,b) = \dfrac{1}{\mathrm{e}}\left(\dfrac{a^a}{b^b}\right)^{\frac{1}{a-b}}$.

本文主要证明了一般数列具有对数凸性与指数凸性的充分条件. 将等差数列与等比数列的定义延拓一下,假设 $\{a_n\}$ 为等差数列,且首项为 a_1,公差为 d,在此基础上规定 n 可以取到任意实数,其通项公式以及前 n 项和公式类似可以写出对应形式,等比数列的延拓也类似.

定义 1　设数列 $\{a_n\}$ 满足条件 $a_{n-1} + a_{n+1} \geqslant 2a_n (n=2,3,\cdots)$,则称 $\{a_n\}$ 为

凸数列;若不等式反向,则称$\{a_n\}$为凹数列.

定义2　设数列$\{a_n\}$满足条件$a_{n-1}\cdot a_{n+1}\geqslant a_n^2(n=2,3,\cdots)$,则称$\{a_n\}$为对数凸数列;若不等式反向,则称$\{a_n\}$为对数凹数列.

定理1　(1) 设正项单调递增数列$\{b_n\}$为对数凸数列,则

$$b_{L(m,n)}=b_{\frac{m-n}{\ln m-\ln n}}\leqslant\frac{b_m-b_n}{\ln b_m-\ln b_n}=L(b_m,b_n)$$

(2) 设正项单调递增数列$\{b_n\}$为对数凹数列,则

$$L(b_m,b_n)=\frac{b_m-b_n}{\ln b_m-\ln b_n}\leqslant b_{\frac{m+n}{2}}=b_{A(m,n)}$$

证明　只证明(1),(2)类似可证.不失一般性,假设$m\geqslant n$,且设正项单调递增数列$\{b_n\}$对应的函数为$\{b_x\}$,由已知可知$\{b_x\}$为正项单调递增的对数凸函数.

由积分运算与代换易得

$$b_{L(m,n)}=b_{\frac{m-n}{\ln m-\ln n}}=\frac{\int_{b_n}^{b_m}1\mathrm{d}t}{\int_{b_n}^{b_m}\frac{1}{t}\mathrm{d}t}=\frac{\int_n^m b'_x\mathrm{d}x}{\int_n^m\frac{b'_x}{b_x}\mathrm{d}x}$$

由于b'_x与$\frac{b'_x}{b_x}$都是单调递增的,所以利用Chebyshev不等式可得

$$\frac{\int_n^m b'_x\mathrm{d}x}{\int_n^m\frac{b'_x}{b_x}\mathrm{d}x}\geqslant\frac{\int_n^m b_x\mathrm{d}x}{\int_n^m 1\mathrm{d}x}$$

由于对数凸函数也为凸函数,所以b_x也为凸函数,利用其凸性得到

$$b_{L(m,n)}\geqslant b\left(\frac{\int_n^m x\mathrm{d}x}{\int_n^m 1\mathrm{d}x}\right)=b_{A(m,n)}$$

又因为$A(m,n)\geqslant L(m,n)$,所以不等式得证.

定理2　设正项单调递增数列$\{b_n\}$为对数凸数列,则$b_{I(m,n)}\leqslant I(b_m,b_n)$.

证明　不失一般性,假设$m\geqslant n$,且设正项单调递增数列$\{b_n\}$对应的函数为$\{b_x\}$,由已知可得$\{b_x\}$为正项单调递增的对数凸函数.

一方面,由于$A(m,n)\geqslant I(m,n)$,所以利用$\{b_x\}$为正项单调递增的性质可得

$$b_{I(m,n)}\leqslant b_{A(m,n)}$$

另一方面,由积分运算易得

$$\ln b_{I(m,n)}=\frac{b_m\ln b_m-b_n\ln b_n}{b_m-b_n}-1$$

$$=\frac{\int_{b_n}^{b_m}\ln t\mathrm{d}t}{\int_{b_n}^{b_m}1\mathrm{d}t}=\frac{\int_{n}^{m}\ln(b_x)b'_x\mathrm{d}x}{\int_{n}^{m}b'_x\mathrm{d}x}$$

由于 b'_x 与 $\frac{b'_x}{b_x}$ 都是单调递增的，所以再次利用 Chebyshev 不等式可得

$$\frac{\int_{n}^{m}\ln(b_x)b'_x\mathrm{d}x}{\int_{n}^{m}b'_x\mathrm{d}x}\geqslant\frac{\int_{b_n}^{b_m}\ln(b_x)\mathrm{d}x}{\int_{b_n}^{b_m}1\mathrm{d}x}$$

由于 $\ln b_x$ 也为凸函数，利用其凸性得到

$$\frac{\int_{b_n}^{b_m}\ln(b_x)\mathrm{d}x}{\int_{b_n}^{b_m}1\mathrm{d}x}\geqslant\ln(b_{A(x,y)})\geqslant\ln(b_{I(x,y)})$$

由此不等式得证.

由定理 1,2 以及文[1] 中的定理容易得到下面的推论：

推论 1 若正项单调递增的等差数列或等比数列的前 n 项和为 S_n，则 $L(S_m,S_n)\leqslant S_{A(m,n)}$ 成立.

推论 2 若正项单调递增的等差数列或等比数列的通项为 $\{a_n\}$，则 $L(a_m,a_n)\leqslant a_{A(m,n)}$ 成立.

对于等比数列，最后给出一个猜想：

猜想 如果数列 $\{b_n\}$ 是正项等比数列，设其首项为 b_1，公比为 q，则：

(1) 当 $q\geqslant 1$ 时，$b_{L(m,n)}\geqslant L(b_m,b_n)$.

(2) 当 $0<q\leqslant 1$ 时，$b_{L(m,n)}\leqslant L(b_m,b_n)$.

参考文献

[1] 计惠方，徐方英. 等差数列和等比数列的一条统一性质[J]. 数学通讯，2010(11):23.

[2] 宋志敏，尹枥. 等差数列与等比数列的凸性对偶[J]. 河北理科教学研究，2012(4):22-23.

[3] 石焕南，李明. 等差数列的凸性和对数凸性[J]. 湖南理工学院学报(自然科学版)，2014,27(3):1-6.

[4] 宋志敏，尹枥. 等差数列与等比数列的广义凹凸性[J]. 数学通讯，2020(10):40-41.

作者简介

宋志敏,女,出生于1979年,汉族,山东滨州人,主要研究方向:不等式及其应用,在各类数学杂志如《数学通报》《数学通讯》《中学数学杂志》《中学数学研究》《中学数学月刊》上以第一作者发表论文30余篇,其中SCI收录1篇,中文核心期刊《数学通报》收录3篇.

基金项目

滨州市教育规划项目(BJK13520-104,山东省教育教学研究课题(2020JXY321),滨州学院重大项目(2020ZD02).

关于幂的一类不等式的证明
——浅谈分类讨论与爬坡式推理思想应用

孙世宝

(丹阳中学　安徽　马鞍山　243121)

一、几个引理(1,2:Bernoulli 不等式)

1. $(1+x)^{\alpha}\leqslant 1+\alpha x, x>-1, \alpha\in[0,1]$.

2. $(1+x)^{\alpha}\geqslant 1+\alpha x, x>-1, \alpha>1 \vee \alpha<0$.

3. $\mathrm{e}^{x}\geqslant 1+x, x\in\mathbf{R}$.

4. $x^{x}\geqslant \mathrm{e}^{-\frac{1}{\mathrm{e}}}, x>0$.

二、问题及解答

问题　已知 $s=\sum\limits_{i=1}^{m}x_i, x_i\in(0,1), m\in\{2,3,4,5\}$. 求证:$\sum\limits_{i=1}^{m}x_i^{s-x_i}>1$.

我们采用分类讨论与爬坡式推理思想来解决这个问题.

1. $m=2, a^b+b^a>1, a,b\in(0,1)$.

证明　利用 Bernoulli 不等式,我们得到

$$a^b=\frac{a}{a^{1-b}}=\frac{a}{[1+(a-1)]^{1-b}}>\frac{a}{1+(1-b)(a-1)}=\frac{a}{a+b-ab}>\frac{a}{a+b}$$

同样地,$b^a>\dfrac{b}{a+b}$,于是我们得到

$$a^b+b^a>\frac{a}{a+b}+\frac{b}{a+b}=1$$

2. $m=3, a^{b+c}+b^{c+a}+c^{a+b}>1, a,b,c\in(0,1)$.

证明　利用分类讨论思想及对称性,不妨假设 $a\geqslant b\geqslant c$.

情形 1:当 $\max\{a+b,b+c,c+a\}\leqslant 1$ 时.

由 Bernoulli 不等式,得

$$a^{b+c}=\frac{a}{a^{1-b-c}}>\frac{a}{1+(1-b-c)(a-1)}$$

$$=\frac{a}{a+b+c-ab-ac}>\frac{a}{a+b+c}$$

同样地,有

$$b^{c+a}>\frac{b}{a+b+c}, c^{a+b}>\frac{c}{a+b+c}$$

于是

$$\sum a^{b+c}>\sum \frac{a}{a+b+c}=1$$

情形 2:当 $a+b\geqslant 1, a+c\geqslant 1, b+c<1$ 时.

这时

$$a^{b+c}>a^1$$

$$b^{c+a}>1+(c+a)(b-1)=1+(c+a)b-c-a$$
$$>1+b-c-a$$

同样地,有

$$c^{a+b}>1+c-a-b$$

于是

$$\sum a^{b+c}>a+(1+b-c-a)+(1+c-a-b)=2-a>1$$

情形 3:当 $a+b\geqslant 1, a+c<1, b+c<1$ 时.

这时

$$\sum a^{b+c}=a^{b+c}+b^{c+a}+c^{a+b}>a^1+b^1+0=a+b\geqslant 1$$

情形 4:当 $\min\{a+b, b+c, c+a\}>1$ 时.

这时

$$1<b+c<c+a<a+b<2, a\geqslant \frac{b+c}{2}$$

$$\sum a^{b+c}=a^{b+c}+b^{c+a}+c^{a+b}>\left(\frac{b+c}{2}\right)^{b+c}+b^2+c^2$$

而

$$\left(\frac{b+c}{2}\right)^{b+c}\geqslant 1+\left(\frac{b+c}{2}-1\right)(b+c)=\frac{1}{2}+\frac{1}{2}(b+c-1)^2>\frac{1}{2}$$

又

$$b^2+c^2>\frac{1}{2}(b+c)^2>\frac{1}{2}$$

所以

$$\sum a^{b+c}>\left(\frac{b+c}{2}\right)^{b+c}+b^2+c^2>1$$

3. $m=4,5$.

证明　(1)$m=4$.

若 $s=\sum_{i=1}^{m}x_i\leqslant 1$，则利用 Bernoulli 不等式有

$$\sum_{i=1}^{m}x_i^{\,s-x_i}=\sum_{i=1}^{m}\frac{x_i}{x_i^{\,1-s+x_i}}\geqslant\sum_{i=1}^{m}\frac{x_i}{1+(x_i-1)(1-s+x_i)}$$

$$=\sum_{i=1}^{m}\frac{x_i}{s-x_i(s-x_i)}>\sum_{i=1}^{m}\frac{x_i}{s}=1$$

只需考虑 $s\in(1,m)$，固定 s，利用 Lagrange 乘数法构造多元函数

$$F=F(x_1,x_2,\cdots,x_m,\lambda)=\sum_{i=1}^{m}x_i^{\,s-x_i}+\lambda\left(\sum_{i=1}^{m}x_i-s\right),x_i\in[0,s]$$

① 边界值情形.

若 $\exists i\in\{1,2,3,4\}$，使得 $x_i=1$，则显然有 $F=\sum_{i=1}^{3}x_i^{s-x_i}>1$.

若 $\exists i\in\{1,2,3,4\}$，使得 $x_i=0$，不妨设 $x_4=0$，则 $F=\sum_{i=1}^{3}x_i^{s-x_i}\geqslant 1$($n=3$ 情形). 考虑极值点处成立 $F\geqslant 1$ 即可，此时也只需考虑 $x_i\in(0,1)$.

② 极值点情形.

由极值条件 $\frac{\partial F}{\partial x_i}=0$，即

$$\frac{\partial(x_i^{\,s-x_i})}{\partial x_i}+\lambda=\mathrm{e}^{(s-x_i)\ln x_i}\left(-\ln x_i+\frac{s-x_i}{x_i}\right)+\lambda=0$$

得到 x_i 是方程 $f(x)=\mathrm{e}^{(s-x)\ln x}\left(-\ln x+\frac{s-x}{x}\right)+\lambda=0$ 的根.

又

$$f'(x)=\mathrm{e}^{(s-x)\ln x}\left[\left(\ln x-\frac{s-x}{x}\right)^2-\frac{1}{x}-\frac{s}{x^2}\right]$$

$$=\mathrm{e}^{(s-x)\ln x}g_1(t)$$

其中 $t=\frac{1}{x}\in(1,+\infty)$.

所以

$$g_1(t)=(\ln t+st-1)^2-t-st^2$$

$$=(\ln t+st-1-\sqrt{t+st^2})(\ln t+st-1+\sqrt{t+st^2})$$

显然，$\ln t+st-1+\sqrt{t+st^2}>0$（因为 $s>1,t>1$）.

再考虑

$$g_2(t)=\ln t+st-1-\sqrt{t+st^2},g'_2(t)=\frac{1}{t}+s-\frac{1+2st}{2\sqrt{t+st^2}}$$

可见

$$g'_2(t)>\frac{1}{t}+s-\frac{1+2st}{2\sqrt{s}\cdot t}=\left(1-\frac{1}{2\sqrt{s}}\right)\cdot\frac{1}{t}+(s-\sqrt{s})>0$$

$$g_2(1)=s-1-\sqrt{1+s}\geqslant 0\Leftrightarrow s\geqslant 3$$

又 $g_2(+\infty)\to+\infty$，于是若 $s\geqslant 3$，则

$$g_2(t)\geqslant 0,g_1(t)\geqslant 0,f'(x)\geqslant 0,f(x)=0$$

即方程 $f(x)=0$ 至多有一个根. 于是

$$x_1=x_2=x_3=x_4=\frac{s}{4},F=4\cdot\left(\frac{s}{4}\right)^{\frac{3}{4}s}\geqslant 4\cdot\left(\frac{3}{4}\right)^{\frac{9}{4}}>2>1$$

若 $s\in(1,3)$，则 $g_2(1)<0,g_2(t)=0$ 有唯一根 $t=t_0\in(1,+\infty)$，即 $f'(x)=0$ 有唯一根.

$x=x_0=\dfrac{1}{t_0}\in(0,1)$，从而可知 $f(x)=0$ 在区间 $(0,1)$ 上至多有两个根，x_i 至多取两个值.

显然这部分的结论也适合 $m\geqslant 5$ 的情形.

利用对称性，只需考虑以下两种情形：

情形 1：当 $x_1=x_2=x,x_3=x_4=y$ 时.

$\sum\limits_{i=1}^{4}x_i^{s-x_i}>1$ 转化为 $2x^{x+2y}+2y^{y+2x}>1,x,y\in(0,1)$.

考虑到 $x^x,y^y\geqslant \mathrm{e}^{-\frac{1}{\mathrm{e}}}$，只需证明 $2\mathrm{e}^{-\frac{1}{\mathrm{e}}}(x^{2y}+y^{2x})>1$.

情形 2：当 $x_1=x_2=x_3=x,x_4=y$ 时.

此时不等式 $\sum\limits_{i=1}^{4}x_i^{s-x_i}>1$ 转化为 $3x^{2x+y}+y^{3x}>1,x,y\in(0,1)$.

只需证明 $3\mathrm{e}^{-\frac{2}{\mathrm{e}}}\cdot x^y+y^{3x}>1$.

这两个不等式的左边取极值时，满足条件 $\ln x\cdot\ln y=1$，我们只需在此条件下证明即可.

这是因为二元函数 $f=ax^{\alpha y}+by^{\beta x}$ 的常数 $\alpha,\beta,a,b>0$ 都满足极值条件

$$\frac{\partial f}{\partial x}=a\alpha y\cdot x^{\alpha y-1}+b\beta\ln y\cdot y^{\beta x}=0,\frac{\partial f}{\partial y}=b\beta x\cdot y^{\beta x-1}+a\alpha\ln x\cdot x^{\alpha y}=0$$

得到

$$\ln x=-\frac{b\beta}{a\alpha}\cdot\frac{y^{\beta x-1}}{x^{\alpha y-1}},\ln y=-\frac{a\alpha}{b\beta}\cdot\frac{x^{\alpha y-1}}{y^{\beta x-1}},\ln x\cdot\ln y=1$$

此时

$$f=-\frac{b\beta}{\alpha}\cdot\frac{x}{\ln x}\cdot y^{\beta x-1}+by^{\beta x},y=\mathrm{e}^{\frac{1}{\ln x}}$$

或

$$f=-\frac{a\alpha}{\beta}\cdot\frac{y}{\ln y}\cdot x^{\alpha y-1}+ax^{\alpha y},x=\mathrm{e}^{\frac{1}{\ln y}}$$

条件 $\ln x\cdot\ln y=1$，相当于若 $x\in\left(0,\frac{1}{\mathrm{e}}\right]$，则 $y\in\left[\frac{1}{\mathrm{e}},1\right)$.

下面来证明情形 1 和 2.

情形 1 的证明：即 $f=x^{2y}+y^{2x}>\frac{1}{2}\mathrm{e}^{\frac{1}{\mathrm{e}}}$，相当于 $a=b=1,\alpha=\beta=2$.

此时注意到 f 关于 x,y 的对称性，不妨设 $1>y\geqslant\frac{1}{\mathrm{e}}\geqslant x>0$，$f=y^{2x}-\frac{x}{\ln x}\cdot y^{2x-1}$，注意到

$$x\leqslant\frac{1}{\mathrm{e}}<\frac{1}{2},y=\mathrm{e}^{\frac{1}{\ln x}}<1,y^{2x-1}>1,t=\frac{x}{\ln x}\in\left[-\frac{1}{\mathrm{e}},0\right)$$

于是

$$f=y^{2x}-\frac{x}{\ln x}\cdot y^{2x-1}>y^{2x}-\frac{x}{\ln x}=\mathrm{e}^{2t}-t=g_1(t)$$

由引理有

$$\mathrm{e}^{2t}\geqslant(1+t)^2$$

可见

$$g_1(t)\geqslant(1+t)^2-t=\left(t+\frac{1}{2}\right)^2+\frac{3}{4}$$

则有 $f>g_1(t)\geqslant\frac{3}{4}>\frac{1}{2}\mathrm{e}^{\frac{1}{\mathrm{e}}}(\approx 0.722)$ 成立.

情形 2 的证明：不等式即 $f=3\mathrm{e}^{-\frac{2}{\mathrm{e}}}\cdot x^{y}+y^{3x}>1$，相当于

$$a=3\mathrm{e}^{-\frac{2}{\mathrm{e}}},b=1,\alpha=1,\beta=3,f=y^{3x}-\frac{3x}{\ln x}\cdot y^{3x-1}$$

$$y=\mathrm{e}^{\frac{1}{\ln x}}$$

若 $x \leqslant \frac{1}{3}$，则 $y^{3x-1} \geqslant 1$，于是

$$f \geqslant y^{3x} - \frac{3x}{\ln x} = e^{\frac{3x}{\ln x}} - \frac{3x}{\ln x} > 1$$

这时利用了不等式 $e^u \geqslant 1 + u, u \in \mathbf{R}$.

若 $\frac{1}{3} < x \leqslant \frac{1}{e}$，则 $y^{3x-1} = e^{\frac{3x-1}{\ln x}} > 1 + \frac{3x-1}{\ln x} > 2 - \frac{3}{e}$，于是

$$f \geqslant e^{\frac{3x}{\ln x}} - \left(2 - \frac{3}{e}\right) \cdot \frac{3x}{\ln x} = g_2(t), t = \frac{3x}{\ln x} \in \left[-\frac{3}{e}, -\frac{1}{\ln 3}\right)$$

$$g_2(t) = e^t - \left(2 - \frac{3}{e}\right) t$$

$$g_2'(t) = e^t - 2 + \frac{3}{e} < g_2'\left(-\frac{1}{\ln 3}\right) = e^{-\frac{1}{\ln 3}} - 2 + \frac{3}{e} < 0$$

$$g_2(t) \geqslant g_2\left(-\frac{1}{\ln 3}\right) = e^{-\frac{1}{\ln 3}} + \left(2 - \frac{3}{e}\right) \cdot \frac{1}{\ln 3} \approx 1.218 > 1$$

也成立.

若 $y \leqslant \frac{1}{e}$，由

$$f = -e^{-\frac{2}{e}} \cdot \frac{y}{\ln y} \cdot e^{\frac{y-1}{\ln y}} + 3e^{-\frac{2}{e}} \cdot e^{\frac{y}{\ln y}} > -e^{-\frac{2}{e}} \cdot \frac{y}{\ln y} + 3e^{-\frac{2}{e}} \cdot e^{\frac{y}{\ln y}}$$

有 $f > e^{-\frac{2}{e}}\left(3e^{\frac{y}{\ln y}} - \frac{y}{\ln y}\right) = g_3(s), s = \frac{y}{\ln y} \in \left[-\frac{1}{e}, 0\right)$，求导可知 $g_3(s)$ 单调递增，得到

$$g_3(s) = e^{-\frac{2}{e}}(3e^s - s) \geqslant g_3\left(-\frac{1}{e}\right) = \left(3e^{-\frac{1}{e}} + \frac{1}{e}\right) \cdot e^{-\frac{2}{e}} > 1, f > 1$$

综合上述，$m = 4$ 时，不等式 $\sum_{i=1}^{4} x_i^{s-x_i} > 1$ 成立.

(2) $m = 5$.

由前面的 Lagrange 乘数法：边界情形相当于 $m = 4$，极值点至多有两个值.

只需证明下面几种情形：$x^{4y} + 4y^{x+3y} > 1, 2x^{x+3y} + 3y^{2x+2y} > 1$，其中 $x, y \in (0,1)$.

情形 1：$f = x^{4y} + 4e^{-\frac{3}{e}} y^x > 1$.

$$a = 1, \alpha = 4, b = 4e^{-\frac{3}{e}}, \ln x \cdot \ln y = 1$$

$$f = e^{-\frac{3}{e}}\left(4y^x - \frac{x}{\ln x} \cdot y^{x-1}\right) > e^{-\frac{3}{e}}\left(4y^x - \frac{x}{\ln x}\right) = g_4(t), t = \frac{x}{\ln x}$$

若 $x \leqslant \frac{1}{e}$，$t \in \left[-\frac{1}{e}, 0\right)$，则

$$g_4(t)=\mathrm{e}^{-\frac{3}{\mathrm{e}}}(4\mathrm{e}^t-t)\geqslant \mathrm{e}^{-\frac{3}{\mathrm{e}}}\left(4\mathrm{e}^{-\frac{1}{\mathrm{e}}}+\frac{1}{\mathrm{e}}\right)\approx 1.040>1$$

否则 $x>\frac{1}{\mathrm{e}}$,由 $\ln x\cdot\ln y=1$ 知 $y\in\left(\frac{1}{\mathrm{e}},1\right)$.

若 $y\leqslant\frac{1}{4}$,则

$$f=x^{4y}-\frac{4y}{\ln y}\cdot x^{4y-1}\geqslant x^{4y}-\frac{4y}{\ln y}=\mathrm{e}^{\frac{4y}{\ln y}}-\frac{4y}{\ln y}>1$$

若 $y\in\left(\frac{1}{4},\frac{1}{\mathrm{e}}\right]$,则

$$x^{4y-1}=x^{(4-\mathrm{e})y}\cdot x^{\mathrm{e}y-1}\geqslant x^{(4-\mathrm{e})y}$$

于是

$$f>x^{4y}-x^{(4-\mathrm{e})y}\cdot\frac{4y}{\ln y}=g_5(s),s=\frac{y}{\ln y}\in\left[-\frac{1}{\mathrm{e}},-\frac{1}{8\ln 2}\right)$$

$$g_5(s)=\mathrm{e}^{4s}-4\mathrm{e}^{(4-\mathrm{e})s}s>1\Leftrightarrow f_1(s)=\mathrm{e}^{\mathrm{e}s}-\mathrm{e}^{(s-4)s}-4s>0$$

显然有

$$\begin{aligned}f_1'(s)&=\mathrm{e}\cdot\mathrm{e}^{\mathrm{e}s}+(4-\mathrm{e})\cdot\mathrm{e}^{(\mathrm{e}-4)s}-4\\&<\mathrm{e}\cdot\mathrm{e}^{-\frac{\mathrm{e}}{8\ln 2}}+(4-\mathrm{e})\cdot\mathrm{e}^{-\frac{\mathrm{e}-4}{\mathrm{e}}}-4\\&\approx-0.281\ 2<0\end{aligned}$$

于是函数 $f_1(s)$ 单调递减

$$f_1(s)\geqslant f_1\left(-\frac{1}{8\ln 2}\right)\approx 0.073\ 8>0,f>1$$

情形 2 的证明:相当于

$$f=2\mathrm{e}^{-\frac{1}{\mathrm{e}}}\cdot x^{3y}+3\mathrm{e}^{-\frac{2}{\mathrm{e}}}y^{2x}>1$$

若 $x\leqslant\frac{1}{\mathrm{e}}$,则

$$f=\mathrm{e}^{-\frac{2}{\mathrm{e}}}\left(3y^{2x}-\frac{2x}{\ln x}\cdot y^{2x-1}\right)>\mathrm{e}^{-\frac{2}{\mathrm{e}}}\left(3y^{2x}-\frac{2x}{\ln x}\right)=g_6(t)$$

其中 $t=\frac{x}{\ln x}\in\left[-\frac{1}{\mathrm{e}},0\right)$.

利用引理 3,有

$$3\mathrm{e}^{2t}=\mathrm{e}^{\ln 3+2t}\geqslant 1+\ln 3+2t$$

$$g_6(t)=\mathrm{e}^{-\frac{2}{\mathrm{e}}}(3\mathrm{e}^{2t}-2t)>\mathrm{e}^{-\frac{2}{\mathrm{e}}}[(1+\ln 3+2t)-2t]>1$$

于是 $f>g_6(t)>1$.

若 $y\leqslant\frac{1}{3}$,则

$$f=\mathrm{e}^{-\frac{1}{\mathrm{e}}}\left(2x^{3y}-\frac{3y}{\ln y}\cdot x^{3y-1}\right)>\mathrm{e}^{-\frac{1}{\mathrm{e}}}\left(2x^{3y}-\frac{3y}{\ln y}\right)=g_7(s)$$

$$g_7(s)=\mathrm{e}^{-\frac{1}{\mathrm{e}}}(2\mathrm{e}^{s}-s),s=\frac{3y}{\ln y}\in\left[-\frac{3}{\mathrm{e}},0\right)$$

而

$$g_7(s)=\mathrm{e}^{-\frac{1}{\mathrm{e}}}(\mathrm{e}^{\ln 2+s}-s)>\mathrm{e}^{-\frac{1}{\mathrm{e}}}(1+\ln 2+s-s)\approx 1.172>1$$

若 $y\in\left(\frac{1}{3},\frac{1}{\mathrm{e}}\right]$，则

$$x^{3y-1}=\mathrm{e}^{\frac{3y-1}{\ln y}}>1+\frac{3y-1}{\ln y}>1+\frac{\frac{3}{\mathrm{e}}-1}{-1}=2-\frac{3}{\mathrm{e}}$$

$$f>\mathrm{e}^{-\frac{1}{\mathrm{e}}}\left[2x^{3y}-\left(2-\frac{3}{\mathrm{e}}\right)\cdot\frac{3y}{\ln y}\right]=g_8(s)$$

其中

$$g_8(s)=\mathrm{e}^{-\frac{1}{\mathrm{e}}}\left[2\mathrm{e}^{s}-\left(2-\frac{3}{\mathrm{e}}\right)s\right],s=\frac{3y}{\ln y}\in\left[-\frac{3}{\mathrm{e}},-\frac{1}{\ln 3}\right)$$

由引理 3，有

$$\mathrm{e}^{s}=\mathrm{e}^{-1}\cdot\mathrm{e}^{1+s}\geqslant\mathrm{e}^{-1}(2+s)$$

$$\begin{aligned}g_8(s)&\geqslant\mathrm{e}^{-\frac{1}{\mathrm{e}}}\left[2\mathrm{e}^{-1}(2+s)-\left(2-\frac{3}{\mathrm{e}}\right)s\right]\\&=\mathrm{e}^{-\frac{1}{\mathrm{e}}}\left[\frac{4}{\mathrm{e}}+\left(\frac{5}{\mathrm{e}}-2\right)s\right]>4\mathrm{e}^{-1-\frac{1}{\mathrm{e}}}>1\end{aligned}$$

有 $f>g_8(s)>1$.

至此，$m=5$ 时，不等式 $\sum\limits_{i=1}^{5}{x_i}^{s-x_i}>1$ 得到证明.

三、结论综述

我们把前面零散的结论叙述为下面的定理 1，并利用前面的结果和方法证明定理 2.

定理 1 已知 $a,b,c,d,e\geqslant 0$，则

$$\sum a^{b+c+d+e}=a^{b+c+d+e}+b^{c+d+e+a}+c^{d+e+a+b}+d^{e+a+b+c}+e^{a+b+c+d}\geqslant 1$$

取等当且仅当五个数中一个等于 1，其余全部为 0.

显然 $m=2,3,4$ 时的结论可以看成其特例(只要取几个字母为 0 即可).

定理 2 $\sum\limits_{i=1}^{m}{x_i}^{s-x_i}\geqslant m\mathrm{e}^{-\frac{m-1}{\mathrm{e}}}(<1)$.

其中 $m\geqslant 6,s=\sum_{i=1}^{m}x_i,x_i>0,i=1,2,\cdots,m$,取等的条件为 $x_1=x_2=\cdots=x_m=\frac{1}{\mathrm{e}}$.

证明 情形 1:边界点时. 如 $x_m=0$,不等式变为 $\sum_{i=1}^{m-1}x_i^{s-x_i}\geqslant m\mathrm{e}^{-\frac{m-1}{\mathrm{e}}}=g(m)$,而函数 $g(t)=t\mathrm{e}^{-\frac{t-1}{\mathrm{e}}},g'(t)=\mathrm{e}^{-\frac{t-1}{\mathrm{e}}}\left(1-\frac{t}{\mathrm{e}}\right)<0,t\in[\mathrm{e},+\infty)$ 单调递减.

于是,只需证明 $\sum_{i=1}^{m-1}x_i^{s-x_i}\geqslant g(m-1)$,而这已经是 $m-1$ 元情形,只需说明 $m=6$ 时 $\sum_{i=1}^{m-1}x_i^{s-x_i}\geqslant m\mathrm{e}^{-\frac{m-1}{\mathrm{e}}}=g(m)$ 成立即可,即 $\sum_{i=1}^{5}x_i^{s-x_i}\geqslant g(6)$,而由定理 1 知 $\sum_{i=1}^{5}x_i^{s-x_i}>1>g(6)=6\mathrm{e}^{-\frac{5}{\mathrm{e}}}\approx 0.95$,显然.

这样只要证明内部极值点时命题成立即可,利用数学归纳法知命题成立.

情形 2:内部极值点时.

由前面极值点情形的讨论,只需考虑 x_i 取两个值时成立即可.

若 $x_1=x_2=\cdots=x_m=x$,则不等式为 $mx^{(m-1)x}\geqslant m\mathrm{e}^{-\frac{m-1}{\mathrm{e}}}$,则引理 4,显然成立.

记 $m=k+l,k,l\in\mathbf{Z}_+$,只需证明不等式

$$kx^{(k-1)x+ly}+ly^{kx+(l-1)y}\geqslant(k+l)\mathrm{e}^{-\frac{k+l-1}{\mathrm{e}}}$$

由引理 4,有

$$x^{(k-1)x}\geqslant\mathrm{e}^{\frac{-k-1}{\mathrm{e}}},y^{(l-1)y}\geqslant\mathrm{e}^{\frac{-l-1}{\mathrm{e}}}$$

只要证明

$$k\mathrm{e}^{-\frac{k-1}{\mathrm{e}}}x^{ly}+l\mathrm{e}^{-\frac{l-1}{\mathrm{e}}}y^{kx}\geqslant(k+l)\mathrm{e}^{-\frac{k+l-1}{\mathrm{e}}}$$

也就是

$$k\mathrm{e}^{\frac{l}{\mathrm{e}}}x^{ly}+l\mathrm{e}^{\frac{k}{\mathrm{e}}}y^{kx}\geqslant k+l,x,y\in(0,1)$$

其中

$$f=\mathrm{e}^{\frac{k}{\mathrm{e}}}\left(ly^{kx}-\frac{kx}{\ln x}\cdot y^{kx-1}\right),y=\mathrm{e}^{\frac{1}{\ln x}}$$

或

$$f=\mathrm{e}^{\frac{l}{\mathrm{e}}}\left(kx^{ly}-\frac{ly}{\ln y}\cdot x^{ly-1}\right),x=\mathrm{e}^{\frac{1}{\ln y}}$$

注意到，$\ln x\cdot\ln y=1$，不妨设 $x\in\left(0,\frac{1}{\mathrm{e}}\right]$，可见 $y^{kx-1}\geqslant y^{(k-\mathrm{e})x}$，于是

$$f\geqslant \mathrm{e}^{\frac{k}{\mathrm{e}}}\left[ly^{kx}-\frac{kx}{\ln x}\cdot y^{(k-\mathrm{e})x}\right]=g(t),y=\mathrm{e}^{\frac{1}{\ln x}}$$

即有

$$g(t)=\mathrm{e}^{\frac{k}{\mathrm{e}}}[l\mathrm{e}^{kt}-kt\mathrm{e}^{(k-\mathrm{e})t}],t=\frac{x}{\ln x}\in\left[-\frac{1}{\mathrm{e}},0\right),g'(t)=k\mathrm{e}^{\frac{k}{\mathrm{e}}}\mathrm{e}^{(k-\mathrm{e})t}h(t)$$

其中 $h(t)=l\mathrm{e}^{\mathrm{e}t}-1-(k-\mathrm{e})t$.

(1) 若 $l-k+\mathrm{e}\leqslant 0$，且 $l\geqslant 2$，则

$$k-\mathrm{e}\geqslant l,-(k-\mathrm{e})t\geqslant -lt$$

由 $t\geqslant-\frac{1}{\mathrm{e}}$ 得到

$$h(t)\geqslant l\mathrm{e}^{\mathrm{e}t}-1-lt=h_1(t)\geqslant h_1\left(-\frac{1}{\mathrm{e}}\right)=\frac{2l}{\mathrm{e}}-1>0$$

于是 $g'(t)>0,f\geqslant g(t)\geqslant g\left(-\frac{1}{\mathrm{e}}\right)=l+k$.

(2) 若 $l=1,k\geqslant 5$，则由

$$h(t)=\mathrm{e}^{\mathrm{e}t}-1-(k-\mathrm{e})t$$

由 $h'(t)=\mathrm{e}^{1+\mathrm{e}t}-k+\mathrm{e}=0$，得 $t=t_0=\frac{\ln(k-\mathrm{e})-1}{\mathrm{e}}\in\left(-\frac{1}{\mathrm{e}},0\right)$，可知 $\mathrm{e}+1<k<2\mathrm{e}$，于是 $k=5,t_0=\frac{\ln(5-\mathrm{e})-1}{\mathrm{e}}\approx-0.06$.

（当 $k\geqslant 6$ 时，$h(t)>0$，同(2)中所述 $f>k+l$，不再赘述.）

故有 $h'(t)>0,t\in(t_0,0)$；$h'(t)<0,t\in\left(-\frac{1}{\mathrm{e}},t_0\right)$，于是 $h_{\min}(t)=h(t_0)<h(0)=0$. $h(t)$ 在 $\left(-\frac{1}{\mathrm{e}},t_0\right)$ 内有唯一零点 $t=t_1$，且满足 $h(t)>0,t\in\left(-\frac{1}{\mathrm{e}},t_1\right)$；$h(t)<0,t\in(t_1,0)$.

利用 $g'(t)=k\mathrm{e}^{\frac{k}{\mathrm{e}}}\mathrm{e}^{(k-\mathrm{e})t}h(t)$，可知 $g'(t)>0,t\in\left(-\frac{1}{\mathrm{e}},t_1\right)$；$g'(t)<0,t\in(t_1,0)$，即 $t=t_1$ 是函数 $g(t),t\in\left(-\frac{1}{\mathrm{e}},0\right)$ 的唯一极值点，也是最大值点. 于是 $g_{\min}(t)=\min\left\{g\left(-\frac{1}{\mathrm{e}}\right),g(0)\right\}$，欲使 $f\geqslant g(t)\geqslant k+l=6$，只需

$$g\left(-\frac{1}{\mathrm{e}}\right)=6\geqslant 6,g(0)=\lim_{t\to 0}g(t)=\lim_{t\to 0}[\mathrm{e}^{\frac{5}{\mathrm{e}}}(\mathrm{e}^{\mathrm{e}t}-5t\mathrm{e}^{(5-\mathrm{e})t})]=\mathrm{e}^{\frac{5}{\mathrm{e}}}>6$$

显然都成立.

(3) 若 $l-k+\mathrm{e}>0$,则

$$h'(t)=l\mathrm{e}\cdot\mathrm{e}^{\mathrm{e}t}-k+\mathrm{e}\geqslant l-k+\mathrm{e}>0$$

$$h(t)\geqslant h\left(-\frac{1}{\mathrm{e}}\right)=\frac{l+k}{\mathrm{e}}-2\geqslant\frac{6}{\mathrm{e}}-2>0$$

故

$$g'(t)=k\mathrm{e}^{\frac{k}{\mathrm{e}}}\mathrm{e}^{(k-\mathrm{e})t}h(t)>0,f\geqslant g(t)\geqslant g\left(-\frac{1}{\mathrm{e}}\right)=k+l$$

至此定理 2 证明完毕.

定理 3 $\sum_{i=1}^{m}(s-x_i)^{x_i}\geqslant m-1.$

其中 $m\geqslant 2,s=\sum_{i=1}^{m}x_i,x_i\geqslant 0,i=1,2,\cdots,m$,取等条件为 x_i 中一个等于 1,其余为 0.

证明 若 $\exists x_i\geqslant 1$,则

$$s-x_j=\sum_{k\neq j}x_k=x_i+\cdots\geqslant 1,(s-x_j)^{x_j}\geqslant 1,j\neq i$$

于是

$$\sum_{i=1}^{m}(s-x_i)^{x_i}\geqslant m-1$$

若 $x_i<1,\forall i\in\{1,2,\cdots,m\}$,则由 Bernoulli 不等式得

$$(s-x_i)^{x_i}=\frac{s-x_i}{(s-x_i)^{1-x_i}}\geqslant\frac{s-x_i}{1+(1-x_i)(s-x_i-1)}$$

$$=\frac{s-x_i}{s-x_i(s-x_i)}\geqslant\frac{s-x_i}{s}$$

故

$$\sum_{i=1}^{m}(s-x_i)^{x_i}\geqslant\sum_{i=1}^{m}\frac{s-x_i}{s}=m-1$$

我们将另文讨论更一般的 $\sum_{i=1}^{m}f(x_i,s-x_i)\geqslant c_m(\leqslant c_m),s=\sum_{i=1}^{m}x_i$ 型的不等式,如 $\sum_{i=1}^{m}\left(\frac{x_i}{s-x_i}\right)^{\alpha}$ 的上下界问题.

无穷乘积证明 CIQ-158 引发的思考

沈志军[1]　罗碎海[2]　李　明[3]

（1. 咸阳宝石钢管钢绳有限公司　陕西　咸阳　712000；
2. 华南师范大学附属中学　广东　广州　510630；
3. 中国医科大学智能医学学院　辽宁　沈阳　110122）

一、引言

本文第三作者在《不等式研究通讯》2009 年第 1 期提出如下 CIQ-158 问题：已知 $0<\theta<\varphi<\frac{\pi}{2}$，猜测

$$\frac{\sin\theta}{\sin\varphi}<\sin\left(\frac{\pi}{2}\frac{\theta}{\varphi}\right) \tag{1}$$

二、CIQ-158 的证明

证明　根据 Euler 公式

$$\sin x=x\prod_{n=1}^{\infty}\left(1-\frac{x^2}{n^2\pi^2}\right) \tag{2}$$

欲证式(1) 成立，只需证明

$$\frac{\theta}{\varphi}\frac{\prod\limits_{n=1}^{\infty}\left(1-\frac{\theta^2}{n^2\pi^2}\right)}{\prod\limits_{n=1}^{\infty}\left(1-\frac{\varphi^2}{n^2\pi^2}\right)}<\frac{\pi}{2}\frac{\theta}{\varphi}\prod_{n=1}^{\infty}\left[1-\frac{\left(\frac{\pi}{2}\frac{\theta}{\varphi}\right)^2}{n^2\pi^2}\right] \tag{3}$$

即

$$\frac{\prod\limits_{n=1}^{\infty}\left(1-\frac{\theta^2}{n^2\pi^2}\right)}{\prod\limits_{n=1}^{\infty}\left(1-\frac{\varphi^2}{n^2\pi^2}\right)}<\frac{\pi}{2}\prod_{n=1}^{\infty}\left(1-\frac{\theta^2}{4n^2\varphi^2}\right) \tag{4}$$

再根据 Wallis 公式，可知

$$\prod_{n=1}^{\infty}\left(1-\frac{1}{4n^2}\right)=\frac{2}{\pi} \tag{5}$$

式(4) 可变形为

$$\prod_{n=1}^{\infty}\left(1-\frac{\theta^2}{n^2\pi^2}\right)\left(1-\frac{1}{4n^2}\right)<\prod_{n=1}^{\infty}\left(1-\frac{\theta^2}{4n^2\varphi^2}\right)\left(1-\frac{\varphi^2}{n^2\pi^2}\right) \tag{6}$$

根据无穷乘积的理论,只需证明

$$\left(1-\frac{\theta^2}{n^2\pi^2}\right)\left(1-\frac{1}{4n^2}\right)<\left(1-\frac{\theta^2}{4n^2\varphi^2}\right)\left(1-\frac{\varphi^2}{n^2\pi^2}\right) \tag{7}$$

成立即可.

式(7) 展开并分解因式可得

$$\frac{(\varphi+\theta)(\varphi-\theta)(\pi-2\varphi)(\pi+2\varphi)}{(2\pi\varphi)^2}>0 \tag{8}$$

在 $0<\theta<\varphi<\frac{\pi}{2}$ 的条件下,根据式(8) 可知式(7) 成立,由此式(1) 成立.

上述证明思路受哲学上有限和无限的关系启发,下面尝试一下采用无穷乘积(或无穷求和) 证明不等式.

三、应用

已知 $0<x<\frac{\pi}{2}$,证明

$$\frac{2}{\pi}\leqslant\frac{\sin x}{x}<1 \tag{9}$$

证明 根据 Euler 公式和 Wallis 公式,欲证式(9) 成立,只需证

$$\prod_{n=1}^{\infty}\left(1-\frac{1}{4n^2}\right)<\prod_{n=1}^{\infty}\left(1-\frac{x^2}{n^2\pi^2}\right)<\prod_{n=1}^{\infty}1 \tag{10}$$

根据无穷乘积的理论,只需证明

$$1-\frac{1}{4n^2}<1-\frac{x^2}{n^2\pi^2}<1 \tag{11}$$

成立即可. 根据已知条件,可知式(11) 成立,式(9) 是 Jordan 不等式.

四、CIQ-158 的推广

根据前面的做法,可得如下不等式:

已知 $0<x\leqslant\frac{\pi}{2}$,证明

$$\sin x \sinh x \geqslant \frac{\sin \frac{\pi}{2}}{\left(\frac{\pi}{2}\right)^{2}} x^{2} \tag{12}$$

证明　根据三角函数和双曲函数的 Euler 公式,有

$$\sin x \sinh x = x^{2} \prod_{n=1}^{\infty}\left(1-\frac{x^{2}}{n^{2} \pi^{2}}\right)\left(1+\frac{x^{2}}{n^{2} \pi^{2}}\right) \tag{13}$$

欲证式(12) 成立,只需证

$$x^{2} \prod_{n=1}^{\infty}\left(1-\frac{x^{2}}{n^{2} \pi^{2}}\right)\left(1+\frac{x^{2}}{n^{2} \pi^{2}}\right) \geqslant\left(\frac{2}{\pi}\right)^{2} x^{2} \tag{14}$$

代入式(5) 的 Wallis 公式,可知

$$\prod_{n=1}^{\infty}\left(1-\frac{x^{2}}{n^{2} \pi^{2}}\right)\left(1+\frac{x^{2}}{n^{2} \pi^{2}}\right) \geqslant \prod_{n=1}^{\infty}\left(1-\frac{1}{4 n^{2}}\right)^{2} \tag{15}$$

如果

$$\left(1-\frac{x^{2}}{n^{2} \pi^{2}}\right)\left(1+\frac{x^{2}}{n^{2} \pi^{2}}\right) \geqslant\left(1-\frac{1}{4 n^{2}}\right)^{2} \tag{16}$$

成立,那么式(15) 也成立.

将式(16) 展开,可得

$$\frac{n^{2}}{2} \geqslant \frac{x^{4}}{\pi^{4}}+\frac{1}{16} \tag{17}$$

根据已知条件 $0<x \leqslant \frac{\pi}{2}$,由于 n 是正整数,即可知式(17) 成立.

下面对引言中的问题进行推广.

已知 $0<\theta<\varphi<\phi \leqslant \frac{\pi}{2}$,证明

$$\frac{\sin \theta \sin \phi}{\sin \varphi}<\sin \left(\frac{\theta \phi}{\varphi}\right) \tag{18}$$

式(18) 是由安徽的孙世宝老师首先得到的.

先根据无穷乘积得到新的不等式,再根据三角函数和双曲函数的相似性,常常能得到一簇不等式. 下面给出一个例子.

已知 $0<\theta<\varphi<\phi \leqslant \frac{\pi}{2}$,证明

$$\frac{\sinh \theta \sinh \phi}{\sinh \varphi}>\sinh \left(\frac{\theta \phi}{\varphi}\right) \tag{19}$$

下面再给出一个对偶问题,如下所述.

已知 $0<\alpha<\beta<\gamma<\delta \leqslant \frac{\pi}{2}$,且 $\alpha \delta=\beta \gamma$, $\alpha+\delta>\beta+\gamma$,证明

$$\sin\alpha\sin\delta < \sin\gamma\sin\beta \tag{20}$$

及

$$\sin\alpha\sin\delta > \sinh\gamma\sinh\beta \tag{21}$$

式(18) ~ (21) 采用无穷乘积证明,过程简单,略去.

有一个现象值得注意:Gamma 函数、三角函数和双曲函数等都存在无穷乘积表达式,因此类似的不等式也有采用无穷乘积证明的可能.

五、与无穷求和的类比

类比无穷求和也可以得到一些结果.例如:已知 $|x|<1$,$|y|<1$,证明

$$\frac{1}{1-x^2}+\frac{1}{1-y^2}\geqslant\frac{2}{1-xy} \tag{22}$$

式(22) 采用函数的 Taylor 展开式比较通项即可证明,下面简证一下.

证明 欲证式(22) 成立,根据 Taylor 公式可得

$$\sum_{n=1}^{\infty}(x^{2n-2}+y^{2n-2})\geqslant\sum_{n=1}^{\infty}2(xy)^{n-1} \tag{23}$$

若下式成立,则问题成立

$$x^{2n-2}+y^{2n-2}\geqslant 2(xy)^{n-1} \tag{24}$$

由于 n 是正整数,即可知式(24) 成立.

该思路是受 Euler 用正弦函数的无穷乘积和 Taylor 展开式得到 $\sum\limits_{n=1}^{\infty}\frac{1}{n^2}=\frac{\pi^2}{6}$ 的启发.

在证明上述问题的过程中,发现以下事实:一组含有自变量 n 的数列不等式,如果能保证收敛,那么求和一般会得到另一个不等式.

六、值得讨论的问题

1. 无穷乘积(或无穷求和) 证明不等式.

根据无穷乘积(或无穷求和) 可以得到一些有别于其他方法得到的不等式.根据 Hardy 的观点,如果不等式是初等的,那么存在“内在的”证明,而且应该给出等号成立的证明.有意思的地方是,如果采用无穷乘积(或者无穷求和)得到含有 e 的不等式,那么初等证明比较困难,但取等条件一般容易判断.

2. 不等式能采用无穷到有限变换的条件.

Laplace 变换常常可以将时域的问题变成频域的简单问题,即把一个领域的复杂问题变成另一个领域的简单问题.这里讨论的无穷乘积或者无穷求和也

有类似作用，比如式(22)采用 Taylor 展开式就等价为基本不等式. 受 Laplace 变换和 Euler 公式的启发，某一类不等式是否也存在无穷到有限的统一变换? 正如 Laplace 变换的前提条件一样，这样的不等式应该满足什么样的条件?

一个代数不等式的推广与控制证明

王东生[1]　石焕南[2]

(1. 北京电子科技职业学院基础部　北京　100176;
2. 北京联合大学师范学院基础部　北京　100011)

摘　要:本文利用控制不等式理论将一个代数不等式进行了 n 元推广,并得到一个关于 n 元 Lehmer 平均与 n 元算术平均的比较不等式.

关键词:n 元不等式;Schur 凸;受控

在本文中,$\mathbf{R}^n$ 和 $\mathbf{R}^n_{++}$ 分别表示 n 维实数集和 n 维正实数集,并记 $\mathbf{R}^1=\mathbf{R}$,$\mathbf{R}^1_{++}=\mathbf{R}_{++}$.

2010 年,安振平在文[1]中提出了 26 个不等式问题,其中第 18 个问题是:

设 $x,y,z\in\mathbf{R}_{++}$,若 $x+y+z=1$,则

$$\frac{x}{2x^2+y^2+z^2}+\frac{y}{x^2+2y^2+z^2}+\frac{z}{x^2+y^2+2z^2}\leqslant\frac{9}{4}\tag{1}$$

是否成立?

2011 年,苏建国利用"函数法"证明了不等式(1)成立,并给出了不等式(1)的一个 n 元推广[2]:

设 $x_i\in\mathbf{R}_{++}$,$i=1,2,\cdots,n$,且 $\sum\limits_{i=1}^{n}x_i=1$,则

$$\sum_{i=1}^{n}\frac{x_i}{x_i^2+\sum\limits_{j=1}^{n}x_j^2}\leqslant\frac{n^2}{n+1}\tag{2}$$

成立.

本文利用控制理论将不等式(2)进行再推广,其结果是:

定理　设 $x_i\in\mathbf{R}_{++}(i=1,2,\cdots,n)$,对任意的实数 m,当 $0\leqslant k\leqslant 1$,$1\leqslant m\leqslant 2k+1$ 时,则

$$\sum_{i=1}^{n}\frac{x_i^k}{(m-1)x_i^{k+1}+\sum\limits_{j=1}^{n}x_j^{k+1}}\leqslant\frac{n^2}{(n+m-1)\sum\limits_{i=1}^{n}x_i}\tag{3}$$

成立.

为了证明该定理,需要以下的定义和引理.

定义 1[3,4] 设 $\boldsymbol{x}=(x_1,x_2,\cdots,x_n)^{\mathrm{T}},\boldsymbol{y}=(y_1,y_2,\cdots,y_n)^{\mathrm{T}}\in\mathbf{R}^n$.

(1) 若 $\sum_{i=1}^{k}x_{[i]}\leqslant\sum_{i=1}^{k}y_{[i]},k=1,2,\cdots,n-1$,且 $\sum_{i=1}^{n}x_i=\sum_{i=1}^{n}y_i$,则称 $\boldsymbol{x}$ 被 $\boldsymbol{y}$ 所控制,记作 $\boldsymbol{x}\prec\boldsymbol{y}$,其中 $x_{[1]}\geqslant x_{[2]}\geqslant\cdots\geqslant x_{[n]}$ 和 $y_{[1]}\geqslant y_{[2]}\geqslant\cdots\geqslant y_{[n]}$ 分别是 x 和 y 的递减重排.

(2) 设 $\Omega\subset\mathbf{R}^n,\varphi:\Omega\to\mathbf{R}^n$,若在 Ω 上 $\boldsymbol{x}\prec\boldsymbol{y}\Rightarrow\varphi(x)\leqslant\varphi(y)$,则称 φ 为 Ω 上的 Schur 凸函数.若 $-\varphi$ 是 Ω 上的 Schur 凸函数,则称 φ 为 Ω 上的 Schur 凹函数.

定义 2[3] 设 $\Omega\subset\mathbf{R}^n$.

(1) 若 $\boldsymbol{x}\in\Omega\Rightarrow\boldsymbol{Px}\in\Omega,\boldsymbol{P}$ 为任意 $n\times n$ 置换矩阵,则称 Ω 为对称集.

(2) 设 Ω 为对称集,$\varphi:\Omega\to\mathbf{R}$.若对于任意 $\boldsymbol{x}\in\Omega$ 和任意 $n\times n$ 置换矩阵 $\boldsymbol{P}$,都有 $\varphi(\boldsymbol{Px})=\varphi(\boldsymbol{x})$,则称 φ 为 Ω 上的对称函数.

引理 1[3,4] 设 $\Omega\subset\mathbf{R}^n$ 是有内点的对称凸集,$\varphi:\Omega\to\mathbf{R}$ 在 Ω 上连续,在 Ω 的内部 Ω° 可微,则 φ 在 Ω 上 Schur 凸(Schur 凹)$\Leftrightarrow\varphi$ 在 Ω 上对称且对任意 $\boldsymbol{x}\in\Omega^\circ$,有

$$(x_1-x_2)\left(\frac{\partial\varphi}{\partial x_1}-\frac{\partial\varphi}{\partial x_2}\right)\geqslant 0(\leqslant 0)\tag{4}$$

引理 2 设 $f(z)=z^{2k}-mz^{k+1}+mz^{k-1}-1$.当 $z\in[1,+\infty),0\leqslant k\leqslant 1$ 且 $k\leqslant m$ 时,有 $f(z)\leqslant 0$.

证明 显然 $f(1)=0$,有

$$f'(z)=2kz^{2k-1}-m(k+1)z^k+m(k-1)z^{k-2}=z^{k-2}g(z)$$

其中

$$g(z)=2kz^{k+1}-m(k+1)z^2+m(k-1)$$

则 $g(z)$ 与 $f'(z)$ 同号,并有

$$g(1)=2k-m(k+1)+m(k-1)=2(k-m)\leqslant 0$$

$$g'(z)=2k(k+1)z^k-2m(k+1)z=zh(z)$$

其中

$$h(z)=2k(k+1)z^{k-1}-2m(k+1)$$

则 $h(z)$ 与 $g'(z)$ 同号,并有

$$h(1)=2k(k+1)-2m(k+1)=2(k+1)(k-m)\leqslant 0$$

$$h'(z)=2k(k+1)(k-1)z^{k-2}\leqslant 0$$

由 $h'(z)\leqslant 0\Rightarrow h(z)$ 在$[1,+\infty)$ 上单调递减,而 $h(1)\leqslant 0\Rightarrow h(z)\leqslant 0\Rightarrow g'(z)\leqslant$

$0 \Rightarrow g(z)$ 在$[1,+\infty)$上单调递减，而 $g(1) \leqslant 0 \Rightarrow g(z) \leqslant 0 \Rightarrow f'(z) \leqslant 0 \Rightarrow f(z)$ 在$[1,+\infty)$上单调递减，而 $f(1)=0 \Rightarrow f(z) \leqslant 0$.

引理 2 证毕.

引理 3 设 $f_1(z)=-z^{2k+1}+mz^{k+1}-mz^k+1$，当 $z \in [1,+\infty)$，$k \geqslant 0$ 且 $m \leqslant 2k+1$ 时，有 $f_1(z) \leqslant 0$.

证明 显然 $f_1(1)=0$，又有

$$f_1'(z)=-(2k+1)z^{2k}+m(k+1)z^k-mkz^{k-1}=z^{k-1}g_1(z)$$

其中

$$g_1(z)=-(2k+1)z^{k+1}+m(k+1)z-mk$$

则 $g_1(z)$ 与 $f_1'(z)$ 同号，并有

$$g_1(1)=-(2k+1)+m(k+1)-mk=-2k-1+m \leqslant 0$$

$$g_1'(z)=-(2k+1)(k+1)z^k+m(k+1)$$

$$g_1'(1)=-(2k+1)(k+1)+m(k+1)=(k+1)(-2k-1+m) \leqslant 0$$

$$g_1''(z)=-(2k+1)(k+1)kz^{k-1} \leqslant 0$$

由 $g_1''(z) \leqslant 0 \Rightarrow g_1'(z)$ 在$[1,+\infty)$上单调递减，而 $g_1'(1) \leqslant 0 \Rightarrow g_1'(z) \leqslant 0 \Rightarrow g_1(z)$ 在$[1,+\infty)$上单调递减，而 $g_1(1) \leqslant 0 \Rightarrow g_1(z) \leqslant 0 \Rightarrow f_1'(z) \leqslant 0 \Rightarrow f_1(z)$ 在$[1,+\infty)$上单调递减，而 $f_1(1)=0 \Rightarrow f_1(z) \leqslant 0$.

引理 3 证毕.

引理 4[3,4] 设$(x_1,x_2,\cdots,x_n) \in \mathbf{R}_{++}^n$，有下面的控制不等式成立

$$(x_1,x_2,\cdots,x_n) \succ (A_n(\boldsymbol{x}),\cdots,A_n(\boldsymbol{x})) \tag{5}$$

其中 $A_n(\boldsymbol{x})=\dfrac{1}{n}\sum\limits_{i=1}^{n}x_i$ 是 $x_1,x_2,\cdots,x_n$ 的算术平均.

定理的证明 令

$$\begin{aligned}L(x_1,x_2,\cdots,x_n)&=\sum_{i=1}^{n}\frac{x_i^k}{(m-1)x_i^{k+1}+\sum\limits_{j=1}^{n}x_j^{k+1}}\\&=x_1^k(mx_1^{k+1}+x_2^{k+1}+\cdots+x_n^{k+1})^{-1}+\\&\quad x_2^k(x_1^{k+1}+mx_2^{k+1}+\cdots+x_n^{k+1})^{-1}+\\&\quad x_3^k(x_1^{k+1}+x_2^{k+1}+mx_3^{k+1}+\cdots+x_n^{k+1})^{-1}+\cdots+\\&\quad x_n^k(x_1^{k+1}+x_2^{k+1}+\cdots+mx_n^{k+1})^{-1}\end{aligned}$$

显然，$L(x_1,x_2,\cdots,x_n)$关于 $x_1,x_2,\cdots,x_n$ 在 $\mathbf{R}_{++}^n$ 上对称，不妨设 $x_1 \geqslant x_2 > 0$，则

$$\frac{\partial L}{\partial x_1}=kx_1^{k-1}(mx_1^{k+1}+x_2^{k+1}+\cdots+x_n^{k+1})^{-1}-$$

$$(k+1)mx_1^{2k}(mx_1^{k+1}+x_2^{k+1}+\cdots+x_n^{k+1})^{-2}-$$
$$(k+1)x_1^kx_2^k(x_1^{k+1}+mx_2^{k+1}+\cdots+x_n^{k+1})^{-2}-$$
$$(k+1)x_1^kx_3^k(x_1^{k+1}+x_2^{k+1}+mx_3^{k+1}+\cdots+x_n^{k+1})^{-2}-\cdots-$$
$$(k+1)x_1^kx_n^k(x_1^{k+1}+x_2^{k+1}+\cdots+mx_n^{k+1})^{-2}$$

$$\frac{\partial L}{\partial x_2}=kx_2^{k-1}(x_1^{k+1}+mx_2^{k+1}+\cdots+x_n^{k+1})^{-1}-(k+1)mx_2^{2k}(x_1^{k+1}+$$
$$mx_2^{k+1}+\cdots+x_n^{k+1})^{-2}-(k+1)x_1^kx_2^k(mx_1^{k+1}+x_2^{k+1}+\cdots+x_n^{k+1})^{-2}-$$
$$(k+1)x_2^kx_3^k(x_1^{k+1}+x_2^{k+1}+mx_3^{k+1}+\cdots+x_n^{k+1})^{-2}-\cdots-$$
$$(k+1)x_2^kx_n^k(x_1^{k+1}+x_2^{k+1}+\cdots+mx_n^{k+1})^{-2}$$

$$\Delta:=(x_1-x_2)\left(\frac{\partial L}{\partial x_1}-\frac{\partial L}{\partial x_2}\right)$$
$$=(x_1-x_2)\{k[x_1^{k-1}(mx_1^{k+1}+x_2^{k+1}+\cdots+x_n^{k+1})^{-1}-x_2^{k-1}(x_1^{k+1}+$$
$$mx_2^{k+1}+\cdots+x_n^{k+1})^{-1}]+(k+1)m[x_2^{2k}(x_1^{k+1}+mx_2^{k+1}+\cdots+$$
$$x_n^{k+1})^{-2}-x_1^{2k}(mx_1^{k+1}+x_2^{k+1}+\cdots+x_n^{k+1})^{-2}]+$$
$$(k+1)x_1^kx_2^k[(mx_1^{k+1}+x_2^{k+1}+\cdots+x_n^{k+1})^{-2}-$$
$$(x_1^{k+1}+mx_2^{k+1}+\cdots+x_n^{k+1})^{-2}]+(k+1)x_3^k(x_1^{k+1}+x_2^{k+1}+$$
$$mx_3^{k+1}+\cdots+x_n^{k+1})^{-2}(x_2^k-x_1^k)+\cdots+$$
$$(k+1)x_n^k(x_1^{k+1}+x_2^{k+1}+\cdots+mx_n^{k+1})^{-2}(x_2^k-x_1^k)\}$$

令$\frac{x_1}{x_2}=z$,则 $z\geqslant 1$. 由引理 2 有

$$\frac{x_1^{k-1}}{mx_1^{k+1}+x_2^{k+1}+\cdots+x_n^{k+1}}-\frac{x_2^{k-1}}{x_1^{k+1}+mx_2^{k+1}+\cdots+x_n^{k+1}}$$
$$=\frac{mx_1^{k-1}x_2^{k+1}+x_1^{2k}-mx_1^{k+1}x_2^{k-1}-x_2^{2k}+x_3^{k+1}(x_1^{k-1}-x_2^{k-1})+\cdots+x_n^{k+1}(x_1^{k-1}-x_2^{k-1})}{(x_1^{k+1}+mx_2^{k+1}+\cdots+x_n^{k+1})(mx_1^{k+1}+x_2^{k+1}+\cdots+x_n^{k+1})}$$
$$=\frac{x_2^{2k}(z^{2k}-mz^{k+1}+mz^{k-1}-1)+x_3^{k+1}(x_1^{k-1}-x_2^{k-1})+\cdots+x_n^{k+1}(x_1^{k-1}-x_2^{k-1})}{(x_1^{k+1}+mx_2^{k+1}+\cdots+x_n^{k+1})(mx_1^{k+1}+x_2^{k+1}+\cdots+x_n^{k+1})}$$
$$=\frac{x_2^{2k}f(z)+x_3^{k+1}(x_1^{k-1}-x_2^{k-1})+\cdots+x_n^{k+1}(x_1^{k-1}-x_2^{k-1})}{(x_1^{k+1}+mx_2^{k+1}+\cdots+x_n^{k+1})(mx_1^{k+1}+x_2^{k+1}+\cdots+x_n^{k+1})}\leqslant 0 \tag{6}$$

当 $m\geqslant 1$ 时,显然有

$$mx_1^{k+1}+x_2^{k+1}+\cdots+x_n^{k+1}\geqslant x_1^k+mx_2^{k+1}+\cdots+x_n^{k+1}$$

所以

$$(k+1)x_1^kx_2^k[(mx_1^{k+1}+x_2^{k+1}+\cdots+x_n^{k+1})^{-2}-(x_1^{k+1}+mx_2^{k+1}+\cdots+x_n^{k+1})^{-2}]\leqslant 0 \tag{7}$$

而又 $x_1\geqslant x_2>0$,所以

$$\begin{cases}(k+1)x_3^k(x_1^{k+1}+x_2^{k+1}+mx_3^{k+1}+\cdots+x_n^{k+1})^{-2}(x_2^k-x_1^k)\leqslant 0\\ \vdots\\ (k+1)x_n^k(x_1^{k+1}+x_2^{k+1}+x_3^{k+1}+\cdots+mx_n^{k+1})^{-2}(x_2^k-x_1^k)\leqslant 0\end{cases}\tag{8}$$

下面证明

$$x_2^{2k}(x_1^{k+1}+mx_2^{k+1}+\cdots+x_n^{k+1})^{-2}-x_1^{2k}(mx_1^{k+1}+x_2^{k+1}+\cdots+x_n^{k+1})^{-2}\leqslant 0$$

由于

$$x_2^{2k}(x_1^{k+1}+mx_2^{k+1}+\cdots+x_n^{k+1})^{-2}-x_1^{2k}(mx_1^{k+1}+x_2^{k+1}+\cdots+x_n^{k+1})^{-2}\leqslant 0$$

$$\Leftrightarrow \frac{x_2^k}{x_1^{k+1}+mx_2^{k+1}+\cdots+x_n^{k+1}}-\frac{x_1^k}{mx_1^{k+1}+x_2^{k+1}+\cdots+x_n^{k+1}}\leqslant 0$$

由引理 3,有

$$\begin{aligned}&\frac{x_2^k}{x_1^{k+1}+mx_2^{k+1}+\cdots+x_n^{k+1}}-\frac{x_1^k}{mx_1^{k+1}+x_2^{k+1}+\cdots+x_n^{k+1}}\\ =&\frac{mx_1^{k+1}x_2^k+x_2^{2k+1}-mx_1^kx_2^{k+1}-x_1^{2k+1}+x_3^{k+1}(x_2^k-x_1^k)+\cdots+x_n^{k+1}(x_2^k-x_1^k)}{(x_1^{k+1}+mx_2^{k+1}+\cdots+x_n^{k+1})(mx_1^{k+1}+x_2^{k+1}+\cdots+x_n^{k+1})}\\ =&\frac{x_2^{2k+1}(-z^{2k+1}+mz^{k+1}-mz^k+1)+x_3^{k+1}(x_2^k-x_1^k)+\cdots+x_n^{k+1}(x_2^k-x_1^k)}{(x_1^{k+1}+mx_2^{k+1}+\cdots+x_n^{k+1})(mx_1^{k+1}+x_2^{k+1}+\cdots+x_n^{k+1})}\\ =&\frac{x_2^{2k+1}f_1(z)+x_3^{k+1}(x_2^k-x_1^k)+\cdots+x_n^{k+1}(x_2^k-x_1^k)}{(x_1^{k+1}+mx_2^{k+1}+\cdots+x_n^{k+1})(mx_1^{k+1}+x_2^{k+1}+\cdots+x_n^{k+1})}\leqslant 0\end{aligned}\tag{9}$$

综合式(6) ~ (9) 可知 $\Delta\leqslant 0$,由引理 1 知 $L(x_1,x_2,\cdots,x_n)$ 在 $\mathbf{R}_{++}^n$ 上关于 $x_1,x_2,\cdots,x_n$ Schur 凹.

由引理 4 及定义 1 中的(2),有

$$L(x_1,x_2,\cdots,x_n)\leqslant L(A_n(\boldsymbol{x}),\cdots,A_n(\boldsymbol{x}))$$

即

$$\frac{x_1^k}{mx_1^{k+1}+x_2^{k+1}+\cdots+x_n^{k+1}}+\frac{x_2^k}{x_1^{k+1}+mx_2^{k+1}+\cdots+x_n^{k+1}}+\cdots+\frac{x_n^k}{x_1^{k+1}+x_2^{k+1}+\cdots+mx_n^{k+1}}$$

$$\leqslant\frac{n(A(\boldsymbol{x}))^k}{(n+m-1)(A(\boldsymbol{x}))^{k+1}}=\frac{n^2}{(n+m-1)\sum\limits_{i=1}^n x_i}$$

定理证毕.

显然,当 $k=1,m=2<2k+1,\sum\limits_{i=1}^n x_i=1$ 时,不等式(3) 即为不等式(2).

设 $\boldsymbol{x}=(x_1,x_2,\cdots,x_n)\in\mathbf{R}_{++}^n,p\in\mathbf{R}$,$n$ 元 Lehmer 平均定义为[4]

$$L_p(\boldsymbol{x})=L_p(x_1,x_2,\cdots,x_n)=\frac{\sum\limits_{i=1}^n x_i^p}{\sum\limits_{i=1}^n x_i^{p-1}}\tag{10}$$

令 $m=1,k=p-1$,由定理容易得到 n 元 Lehmer 平均与 n 元算术平均的比较不等式:

推论　设 $x_i\in\mathbf{R}_{++}(i=1,2,\cdots,n)$,当 $1\leqslant p\leqslant 2$ 时,有

$$L_p(\boldsymbol{x})=\frac{\sum_{i=1}^{n}x_i^p}{\sum_{i=1}^{n}x_i^{p-1}}\geqslant A_n(\boldsymbol{x}) \tag{11}$$

这里 $A_n(\boldsymbol{x})=\frac{1}{n}\sum_{i=1}^{n}x_i$ 为 n 元算术平均.

参考文献

[1] 安振平. 二十六个优美不等式[J]. 中学数学教学参考(上旬),2010(1-2):136,143.

[2] 苏建国. 几个优美不等式的统一证明和推广[J]. 数学教育研究,2011(6):63-64.

[3] 王伯英. 控制不等式基础[M]. 北京:北京师范大学出版社,1990.

[4] 石焕南. Schur 凸函数与不等式[M]. 哈尔滨:哈尔滨工业大学出版社,2017.

作者简介

王东生,男,出生于 1965 年,北京人,副教授.

石焕南,男,出生于 1948 年,籍贯湖南祁东,教授.

一个加强逆向的 Hardy-Littlewood -Polya 不等式

杨必成

（广东第二师范学院数学系　广东　广州　510303）

摘　要:本文应用权系数方法及 Euler-Maclaurin 求和公式,建立一个加强逆向的 Hardy-Littlewood-Polya 不等式,并考虑了其最佳外常数因子联系多参数的等价条件.

关键词:权函数;Hardy-Littlewood-Polya 不等式;加强型;最佳常数因子;参数;逆

一、引言

设 $p>1,\frac{1}{p}+\frac{1}{q}=1,a_m,b_n\geqslant 0(m,n\in \mathbf{N}:=\{1,2,\cdots\}),0<\sum\limits_{m=1}^{\infty}a_m^p<\infty$,$0<\sum\limits_{n=1}^{\infty}b_n^q<\infty$,则有 Hardy-Littlewood-Polya 不等式

$$\sum_{m=1}^{\infty}\sum_{n=1}^{\infty}\frac{a_m,b_n}{\max\{m,n\}}<pq(\sum_{m=1}^{\infty}a_m^p)^{\frac{1}{p}}(\sum_{n=1}^{\infty}b_n^q)^{\frac{1}{q}} \tag{1}$$

这里,常数因子 pq 为最佳值(参阅文[1],定理 341).式(1) 有如下具有最佳常数因子的推广式:

设 $r>1,\frac{1}{r}+\frac{1}{s}=1,0<\sum\limits_{m=1}^{\infty}m^{\frac{p}{s}-1}a_m^p<\infty,0<\sum\limits_{n=1}^{\infty}n^{\frac{q}{r}-1}b_n^q<\infty$,则有

$$\sum_{m=1}^{\infty}\sum_{n=1}^{\infty}\frac{a_m,b_n}{\max\{m,n\}}<rs(\sum_{m=1}^{\infty}m^{\frac{p}{s}-1}a_m^p)^{\frac{1}{p}}(\sum_{n=1}^{\infty}n^{\frac{q}{r}-1}b_n^q)^{\frac{1}{q}} \tag{2}$$

及加强型的推广式(参阅文[2],定理 5.2.5):

设 $\gamma=0.577\ 215\ 66^{+}$ 为 Euler 常数,则有

$$\sum_{m=1}^{\infty}\sum_{n=1}^{\infty}\frac{a_m,b_n}{\max\{m,n\}}<\left\{\sum_{m=1}^{\infty}\left[rs-\frac{2-\gamma}{m^{\frac{1}{s}}}\right]m^{\frac{p}{s}-1}a_m^p\right\}^{\frac{1}{p}}\cdot\left\{\sum_{n=1}^{\infty}\left[rs-\frac{2-\gamma}{n^{\frac{1}{r}}}\right]n^{\frac{q}{r}-1}b_n^q\right\}^{\frac{1}{q}} \tag{3}$$

这里，$2-\gamma=1.42278433^{+}$. 当 $r=q,s=p$ 时，式(3) 变为如下式(1) 的加强式

$$\sum_{m=1}^{\infty}\sum_{n=1}^{\infty}\frac{a_m,b_n}{\max\{m,n\}}<\left[\sum_{m=1}^{\infty}\left(pq-\frac{2-\gamma}{m^{\frac{1}{p}}}\right)a_m^p\right]^{\frac{1}{p}}\left[\sum_{n=1}^{\infty}\left(pq-\frac{2-\gamma}{n^{\frac{1}{q}}}\right)b_n^q\right]^{\frac{1}{q}} \tag{4}$$

2016 年，文[3] 给出了一般离散 Hilbert 型不等式联系参数的等价条件. 类似的结果可见文[4]～[8]. 2018 年，文[9](例 4.9.1) 发表了如下 Hilbert 型不等式：

若 $0<\lambda_i+\eta<1(i=1,2)$，$\lambda_1+\lambda_2=\lambda$，则有

$$\sum_{m=1}^{\infty}\sum_{n=1}^{\infty}\frac{(\min\{m,n\})^{\eta}a_m,b_n}{(\max\{m,n\})^{\lambda+\eta}}$$
$$<\frac{\lambda+2\eta}{(\lambda_1+\eta)(\lambda_2+\eta)}\left[\sum_{m=1}^{\infty}m^{p(1-\lambda_1)-1}a_m^p\right]^{\frac{1}{p}}\left[\sum_{n=1}^{\infty}n^{q(1-\lambda_2)-1}b_n^q\right]^{\frac{1}{q}} \tag{5}$$

这里，常数因子 $\dfrac{\lambda+\eta}{(\lambda_1+\eta)(\lambda_2+\eta)}$ 为最佳值(注：上式左边两级数均收敛于正数). 当 $\eta=0,\lambda=1,\lambda_1=\dfrac{1}{r},\lambda_2=\dfrac{1}{s}$ 时，式(5) 变为式(2).

本文应用权系数方法及 Euler-Maclaurin 求和公式，建立式(2) 的加强型逆式，并讨论其最佳外常数因子联系多参数的等价条件.

二、一些引理

引理 1(参阅文[2]，推论 2.2.2)　设 $f^{(2q+1+k)}(t)$ 为 $[m,n]$ 的连续可微函数，$(-1)^k f^{(2q+1+k)}(t)\geqslant 0(\leqslant 0)$，$t\in[m,n](k=0,1,2,3)$，存在 $I_1\subset[m,n]$，使得 $f^{(2q+k+1)}(t)<0(>0)(k=1,3)$，$t\in I_1$，则对于 $q=0,1,2,\cdots$，有

$$\begin{aligned}\delta_q(m,n)&:=\frac{1}{(2q+1)!}\int_m^n P_{2q+1}(t)f^{(2q+1)}(t)\mathrm{d}t\\&=\tilde{\varepsilon}_q\frac{2B_{2q+2}}{(2q+2)!}f^{(2q+1)}(t)\Big|_m^n\quad(0<\tilde{\varepsilon}_q<1)\end{aligned} \tag{6}$$

这里，$P_{2q+1}(t)$ 为 $2q+1$ 阶 Bernoulli 函数，B_{2q+1} 为 $2q+1$ 阶 Bernoulli 数($B_1=\dfrac{1}{6}$). 若还有 $f^{(2q+1)}(\infty)=0$，则有

$$\delta_q(m,\infty)=-\varepsilon_q\frac{2B_{2q+2}}{(2q+2)!}f^{(2q+1)}(m)\quad(0<\varepsilon_q<1) \tag{7}$$

引理 2(参阅文[2]，式(2.1.13))　设 $m,n\in\mathbf{N}_0=\mathbf{N}\cup\{0\}$，$n>m$，$f(t)$ 为闭区间 $[m,n]$ 上的连续可微函数，则有如下 Euler-Maclaurin 求和公式

$$\sum_{k=m}^{n}f(k)=\int_m^n f(t)\mathrm{d}t+\frac{f(n)+f(m)}{2}+\int_m^n P_1(t)f'(t)\mathrm{d}t \tag{8}$$

若还有 $f(\infty)=0$,则 $\sum_{k=m}^{\infty}f(k)$ 与 $\int_{m}^{\infty}f(t)\mathrm{d}t$ 同敛散;当它们收敛时,有

$$\sum_{k=m}^{\infty}f(k)=\int_{m}^{\infty}f(t)\mathrm{d}t+\frac{f(m)}{2}+\int_{m}^{\infty}P_1(t)f'(t)\mathrm{d}t \tag{9}$$

下面设 $0<p<1(q<0)$,$\frac{1}{p}+\frac{1}{q}=1$,$r,s>1$,$\hat{\lambda}_1=\frac{r-1}{rp}+\frac{1}{sq}$,$\hat{\lambda}_2=\frac{s-1}{sq}+\frac{1}{rp}$,$a_m,b_n\geqslant 0$,使

$$0<\sum_{m=1}^{\infty}m^{p\hat{\lambda}_1-1}a_m^p<\infty \text{ 及 } 0<\sum_{n=1}^{\infty}n^{q\hat{\lambda}_2-1}b_n^q<\infty$$

定义如下权系数

$$\overline{\omega}(r,m):=\sum_{n=1}^{\infty}\frac{1}{\max\{m,n\}}\left(\frac{m}{n}\right)^{\frac{1}{r}}\quad(m\in\mathbf{N}) \tag{10}$$

$$\omega(s,n):=\sum_{m=1}^{\infty}\frac{1}{\max\{m,n\}}\left(\frac{n}{m}\right)^{\frac{1}{s}}\quad(n\in\mathbf{N}) \tag{11}$$

引理 3　对于 $\theta\in[0,1]$,我们有不等式

$$0<\frac{r^2}{r-1}-\frac{r}{(r-1)m^{1-\frac{1}{r}}}<\overline{\omega}(r,m)<\frac{r^2}{r-1}-\frac{\theta}{2m^{1-\frac{1}{r}}+m^{-\frac{1}{r}}}\quad(m\in\mathbf{N}) \tag{12}$$

$$\omega(s,n)<\frac{s^2}{s-1}-\frac{\theta}{2n^{1-\frac{1}{s}}+n^{-\frac{1}{s}}}\leqslant\frac{s^2}{s-1}\quad(n\in\mathbf{N}) \tag{13}$$

证明　固定 $m\in\mathbf{N}$,置函数 $f_m(x):=\frac{1}{\max\{m,x\}}\left(\frac{m}{x}\right)^{\frac{1}{r}}(x\in\mathbf{R}_+)$. 由式(6),式(7)(取 $q=0$),可算得

$$f_m(x)=\begin{cases}m^{\frac{1}{r}-1}x^{-\frac{1}{r}} & (0<x<m)\\ m^{\frac{1}{r}}x^{-1-\frac{1}{r}} & (x\geqslant m)\end{cases}$$

$$f'_m(x)=\begin{cases}-\frac{1}{r}m^{\frac{1}{r}-1}x^{-\frac{1}{r}} & (0<x<m)\\ -\left(1+\frac{1}{r}\right)m^{\frac{1}{r}}x^{-2-\frac{1}{r}} & (x\geqslant m)\end{cases}$$

$$\int_0^{\infty}f_m(x)\mathrm{d}x=\int_0^m m^{-1}\left(\frac{m}{x}\right)^{\frac{1}{r}}\mathrm{d}x+\int_m^{\infty}x^{-1}\left(\frac{m}{x}\right)^{\frac{1}{r}}\mathrm{d}x=\frac{r^2}{r-1}$$

$$\int_0^1 f_m(x)\mathrm{d}x=\int_0^1 m^{-1}\left(\frac{m}{x}\right)^{\frac{1}{r}}\mathrm{d}x=\frac{r}{r-1}m^{\frac{1}{r}-1}$$

$$\int_1^m P_1(x)x^{-\frac{1}{r}-1}\mathrm{d}x>\frac{1}{12}(m^{-\frac{1}{r}-1}-1)$$

$$\int_m^{\infty} P_1(x) x^{-\frac{1}{r}-2} \mathrm{d}x > -\frac{1}{12} m^{-\frac{1}{r}-2}$$

置分解式

$$\overline{\omega}(r,m) = \frac{r^2}{r-1} - \frac{\theta(r,m)}{m^{1-\frac{1}{r}}} \quad (m \in \mathbf{N}) \tag{14}$$

由式(9) 并应用上面的结果，有

$$\begin{aligned}
\theta(r,m) &= \left(\frac{r^2}{r-1} - \overline{\omega}(r,m)\right) m^{1-\frac{1}{r}} = \left(\frac{r^2}{r-1} - \sum_{k=1}^{\infty} f_m(k)\right) m^{1-\frac{1}{r}} \\
&= \left(\frac{r^2}{r-1} - \int_1^{\infty} f_m(x)\mathrm{d}x - \frac{1}{2} f_m(1) - \int_1^{\infty} P_1(x) f'_m(x)\mathrm{d}x\right) m^{1-\frac{1}{r}} \\
&= \left(\int_0^1 f_m(x)\mathrm{d}x - \frac{m^{\frac{1}{r}-1}}{2} - \int_1^m P_1(x) f'_m(x)\mathrm{d}x - \right. \\
&\quad \left. \int_m^{\infty} P_1(x) f'_m(x)\mathrm{d}x\right) m^{1-\frac{1}{r}} \\
&= \frac{r}{r-1} - \frac{1}{2} + \frac{1}{r}\int_1^m P_1(x) x^{-\frac{1}{r}-1}\mathrm{d}x + \left(1+\frac{1}{r}\right) m \int_m^{\infty} P_1(x) x^{-\frac{1}{r}-2}\mathrm{d}x \\
&> \frac{r}{r-1} - \frac{1}{2} + \frac{1}{12r}(m^{-\frac{1}{r}-1} - 1) - \frac{m}{12}\left(1+\frac{1}{r}\right) m^{-\frac{1}{r}-2} \\
&> \left(\frac{r}{r-1} - \frac{1}{2} - \frac{1}{12r}\right) - \frac{1}{12} m^{-\frac{1}{r}-1} \\
&\geqslant \left(\frac{1}{r-1} - \frac{1}{12r}\right) + \frac{1}{2} - \frac{1}{12m}
\end{aligned}$$

因$\left(\frac{1}{r-1} - \frac{1}{12r}\right)' = -\frac{1}{(r-1)^2} + \frac{1}{12r^2} < 0 (r > 1)$，故有

$$\theta(r,m) > \lim_{r \to \infty}\left(\frac{1}{r-1} - \frac{1}{12r}\right) + \frac{1}{2} - \frac{1}{12m} = \frac{1}{2} - \frac{1}{12m}$$

由于$\left(\frac{1}{2} - \frac{1}{12m}\right)\left(1 + \frac{1}{2m}\right) = \frac{1}{2} + \frac{1}{6m} - \frac{1}{24m^2} > \frac{1}{2}$，因此

$$\theta(r,m) > \frac{1}{2} - \frac{1}{12m} > \frac{1}{2\left(1+\frac{1}{2m}\right)} = \frac{1}{2+m^{-1}}$$

再由式(14)，可得不等式

$$\overline{\omega}(r,m) < \frac{r^2}{r-1} - \frac{1}{m^{1-\frac{1}{r}}(2+m^{-1})} \leqslant \frac{r^2}{r-1} - \frac{\theta}{2m^{1-\frac{1}{r}} + m^{-\frac{1}{r}}} \quad (\theta \in [0,1])$$

由于 $f_m(x)(x > 0)$ 严格递减，由级数的递减性质，有

$$\overline{\omega}(r,m) = \sum_{n=1}^{\infty} f_m(n) > \int_1^{\infty} f_m(x)\mathrm{d}x$$

$$=\int_0^\infty f_m(x)\mathrm{d}x-\int_0^1 f_m(x)\mathrm{d}x$$

$$=\frac{r^2}{r-1}-\frac{r}{(r-1)m^{1-\frac{1}{r}}}>0$$

由上面的结果及对称性质,有式(12) 及式(13). 证毕.

三、主要结果

定理 1 对于 $\theta\in[0,1]$,我们有如下加强型的逆向不等式

$$I:=\sum_{n=1}^\infty\sum_{m=1}^\infty\frac{a_mb_n}{\max\{m,n\}}>\left\{\sum_{m=1}^\infty\left[\frac{r^2}{r-1}-\frac{r}{(r-1)m^{1-\frac{1}{r}}}\right]m^{p\hat{\lambda}_1-1}a_m^p\right\}^{\frac{1}{p}}\cdot$$

$$\left\{\sum_{n=1}^\infty\left[\frac{s^2}{s-1}-\frac{\theta}{2n^{1-\frac{1}{s}}+n^{\frac{1}{s}}}\right]n^{q\hat{\lambda}_2-1}b_n^q\right\}^{\frac{1}{q}}\tag{15}$$

特别地,当 $\frac{1}{r}+\frac{1}{s}=1$ 时,我们有 $\hat{\lambda}_1=\frac{1}{s},\hat{\lambda}_2=\frac{1}{r}$,以及如下式(2) 的具有最佳常数因子 rs 的加强型逆式

$$\begin{aligned}&\sum_{n=1}^\infty\sum_{m=1}^\infty\frac{a_mb_n}{\max\{m,n\}}\\&>\left\{\sum_{m=1}^\infty\left[rs-\frac{s}{m^{\frac{1}{s}}}\right]m^{\frac{p}{s}-1}a_m^p\right\}^{\frac{1}{p}}\left\{\sum_{n=1}^\infty\left[rs-\frac{\theta}{2n^{\frac{1}{r}}+n^{-\frac{1}{s}}}\right]n^{\frac{q}{r}-1}b_n^q\right\}^{\frac{1}{q}}\end{aligned}\tag{16}$$

证明 由逆向的 Hölder 不等式(参考文[10]),有

$$I=\sum_{n=1}^\infty\sum_{m=1}^\infty\frac{1}{\max\{m,n\}}\left[\frac{m^{(\frac{1}{s})q^{-1}}}{n^{(\frac{1}{r})p^{-1}}}a_m\right]\left[\frac{n^{(\frac{1}{r})\cdot p^{-1}}}{m^{(\frac{1}{s})\cdot q^{-1}}}b_n\right]$$

$$\geqslant\left[\sum_{m=1}^\infty\sum_{n=1}^\infty\frac{1}{\max\{m,n\}}\frac{m^{(\frac{1}{s})(p-1)}}{n^{\frac{1}{r}}}a_m^p\right]^{\frac{1}{p}}\cdot$$

$$\left[\sum_{n=1}^\infty\sum_{m=1}^\infty\frac{1}{\max\{m,n\}}\frac{n^{(\frac{1}{r})(q-1)}}{m^{\frac{1}{s}}}b_n^q\right]^{\frac{1}{q}}$$

$$=\left[\sum_{m=1}^\infty\bar{\omega}(r,m)m^{p\hat{\lambda}_1-1}a_m^p\right]^{\frac{1}{p}}\left[\sum_{n=1}^\infty\omega(s,n)n^{q\hat{\lambda}_2-1}b_n^q\right]^{\frac{1}{q}}$$

再由式(13) 及式(14),考虑到 $0<p<1,q<0$,我们有式(15).

当 $\theta=0$,式(16) 变为不等式

$$\sum_{n=1}^\infty\sum_{m=1}^\infty\frac{a_mb_n}{\max\{m,n\}}>rs\left[\sum_{m=1}^\infty\left(1-\frac{1}{rm^{\frac{1}{s}}}\right)m^{\frac{p}{s}-1}a_m^p\right]^{\frac{1}{p}}\left(\sum_{n=1}^\infty n^{\frac{q}{r}-1}b_n^q\right)^{\frac{1}{q}}\tag{17}$$

下面先证式(17) 的常数因子 rs 为最佳值. 任意由 $0<\varepsilon<\frac{p}{r}$,取 $\tilde{a}_m:=m^{-\frac{1}{s}-\frac{\varepsilon}{p}}$,

$\widetilde{b}_n := n^{-\frac{1}{r}-\frac{\varepsilon}{q}}(m,n\in\mathbf{N})$.若有常数$M\geqslant rs$使取代$rs$后,式(17)仍成立,则特别有

$$\widetilde{I}:=\sum_{n=1}^{\infty}\sum_{m=1}^{\infty}\frac{\widetilde{a}_m\widetilde{b}_n}{\max\{m,n\}}>M\Big[\sum_{m=1}^{\infty}\Big(1-\frac{1}{rm^{\frac{1}{s}}}\Big)m^{\frac{p}{s}-1}\widetilde{a}_m^p\Big]^{\frac{1}{p}}\Big(\sum_{n=1}^{\infty}n^{\frac{q}{r}-1}\widetilde{b}_n^q\Big)^{\frac{1}{q}} \tag{18}$$

于是,我们有

$$\begin{aligned}\widetilde{I}&>M\Big[\sum_{m=1}^{\infty}\Big(1-\frac{1}{rm^{\frac{1}{s}}}\Big)m^{\frac{p}{s}-1}m^{-\frac{p}{s}-\varepsilon}\Big]^{\frac{1}{p}}\Big(\sum_{n=1}^{\infty}n^{\frac{q}{r}-1}n^{-\frac{q}{r}-\varepsilon}\Big)^{\frac{1}{q}}\\&=M\Big(\sum_{m=1}^{\infty}m^{-1-\varepsilon}-\frac{1}{r}\sum_{m=1}^{\infty}m^{-1-\frac{1}{s}-\varepsilon}\Big)^{\frac{1}{p}}\Big(1+\sum_{n=2}^{\infty}n^{-1-\varepsilon}\Big)^{\frac{1}{q}}\\&>M\Big(\int_1^{\infty}x^{-1-\varepsilon}\mathrm{d}x-O(1)\Big)^{\frac{1}{p}}\Big(1+\int_1^{\infty}x^{-1-\varepsilon}\mathrm{d}x\Big)^{\frac{1}{q}}\\&=\frac{M}{\varepsilon}(1-\varepsilon O(1))^{\frac{1}{p}}(\varepsilon+1)^{\frac{1}{q}}\end{aligned}$$

由级数的递减性质,设$\widetilde{r}:=\Big(\frac{1}{r}-\frac{\varepsilon}{p}\Big)^{-1}>0,\widetilde{s}:=\Big(\frac{1}{s}+\frac{\varepsilon}{p}\Big)^{-1}>0\Big(\frac{1}{\widetilde{r}}+\frac{1}{\widetilde{s}}=1\Big)$.

由式(13),有

$$\begin{aligned}\widetilde{I}&=\sum_{n=1}^{\infty}\sum_{m=1}^{\infty}\frac{1}{\max\{m,n\}}m^{-\frac{1}{s}-\frac{\varepsilon}{p}}n^{-\frac{1}{r}-\frac{\varepsilon}{q}}=\sum_{n=1}^{\infty}\Big[\sum_{m=1}^{\infty}\frac{1}{\max\{m,n\}}\Big(\frac{n}{m}\Big)^{\frac{1}{\widetilde{s}}}\Big]n^{-1-\varepsilon}\\&=\sum_{n=1}^{\infty}\omega(\widetilde{s},n)n^{-1-\varepsilon}<\widetilde{r}\widetilde{s}\Big(1+\sum_{n=2}^{\infty}n^{-1-\varepsilon}\Big)\\&<\widetilde{r}\widetilde{s}\Big(1+\int_1^{\infty}x^{-1-\varepsilon}\mathrm{d}x\Big)=\frac{1}{\varepsilon}\widetilde{r}\widetilde{s}(\varepsilon+1)\end{aligned}$$

由上面的结果,有

$$\widetilde{r}\widetilde{s}(\varepsilon+1)>\varepsilon\widetilde{I}>M(1-\varepsilon O(1))^{\frac{1}{p}}(\varepsilon+1)^{\frac{1}{q}}$$

在上式中,令$\varepsilon\to0^+$,有$rs\geqslant M$,故$M=rs$为式(17)的最佳值.若有$\theta=\theta_0\in(0,1]$,使式(16)的常数因子rs不为最佳值,则易导出式(17)的相同常数因子也不是最佳值的矛盾.证毕.

定理 2 若式(15)的常数因子$\Big(\frac{r^2}{r-1}\Big)^{\frac{1}{p}}\Big(\frac{s^2}{s-1}\Big)^{\frac{1}{q}}$对任意的$\theta\in[0,1]$为最佳值,则当$(r,s)$满足不等式

$$1-p+\frac{p}{s}<\frac{1}{r}+\frac{1}{s}<1+\frac{p}{s} \tag{19}$$

时,有$\frac{1}{r}+\frac{1}{s}=1$.

证明 因 $\hat{\lambda}_1+\hat{\lambda}_2=\frac{r-1}{rp}+\frac{1}{sq}+\frac{s-1}{sq}+\frac{1}{rp}=1$,易见式(19)可导出 $0<\hat{\lambda}_1=\frac{r-1}{rp}+\frac{1}{sq}<1$,从而有 $0<\hat{\lambda}_2<1$,故式(17)亦可写为

$$\sum_{n=1}^{\infty}\sum_{m=1}^{\infty}\frac{a_m b_n}{\max\{m,n\}}>\frac{1}{\hat{\lambda}_1\hat{\lambda}_2}\left[\sum_{m=1}^{\infty}\left(1-\frac{\hat{\lambda}_2}{m^{\hat{\lambda}_1}}\right)m^{p\hat{\lambda}_1-1}a_m^p\right]^{\frac{1}{p}}\left(\sum_{n=1}^{\infty}n^{q\hat{\lambda}_2-1}b_n^q\right)^{\frac{1}{q}} \quad (20)$$

若式(15)的常数因子 $\left(\frac{r^2}{r-1}\right)^{\frac{1}{p}}\left(\frac{s^2}{s-1}\right)^{\frac{1}{q}}$ 对任意的 $\theta\in[0,1]$ 为最佳值,则对比式(15)(取 $\theta=0$)及式(20)的常数因子,有不等式

$$\left(\frac{r^2}{r-1}\right)^{\frac{1}{p}}\left(\frac{s^2}{s-1}\right)^{\frac{1}{q}}\geqslant\frac{1}{\hat{\lambda}_1\hat{\lambda}_2}=\frac{1}{\hat{\lambda}_1}+\frac{1}{\hat{\lambda}_2}=\int_0^{\infty}\frac{1}{\max\{1,x\}}x^{\hat{\lambda}_1-1}\mathrm{d}x \quad (21)$$

由逆向的 Hölder 不等式(参考文[10]),有

$$\begin{aligned}\int_0^{\infty}\frac{1}{\max\{1,x\}}x^{\hat{\lambda}_1-1}\mathrm{d}x&=\int_0^{\infty}\frac{1}{\max\{1,x\}}(x^{-\frac{1}{rp}})(x^{\frac{1-s}{sq}})\mathrm{d}x\\&\geqslant\left[\int_0^{\infty}\frac{1}{\max\{1,x\}}x^{-\frac{1}{r}}\mathrm{d}x\right]^{\frac{1}{p}}\left[\int_0^{\infty}\frac{1}{\max\{1,x\}}x^{\frac{1}{s}-1}\mathrm{d}x\right]^{\frac{1}{q}}\\&=\left(\frac{r^2}{r-1}\right)^{\frac{1}{p}}\left(\frac{s^2}{s-1}\right)^{\frac{1}{q}}\end{aligned}$$

由式(21)知上式取等号的充分必要条件是(参考文[10]),存在不全为0的常数 A,B,使在 $(0,\infty)$ 上几乎处处有 $Ax^{-\frac{1}{r}}=Bx^{\frac{1}{s}-1}$ 成立.不妨设 $A\neq0$,则在 $(0,\infty)$ 上几乎处处有 $x^{-\frac{1}{r}-\frac{1}{s}+1}=\frac{B}{A}$ 成立,即有 $-\frac{1}{r}-\frac{1}{s}+1=0$ 及 $\frac{1}{r}+\frac{1}{s}=1$.

证毕.

参考文献

[1] HARDY G H,LITTLEWOOD J E,POLYA G. Inequalities[M]. Cambridge: Cambridge University Press,1934.

[2] 杨必成. 算子范数与 Hilbert 型不等式[M]. 北京:科学出版社,2009.

[3] 洪勇,温雅敏. 齐次核 Hilbert 型不等式取最佳常数因子的充要条件[J]. 数学年刊,2016,37A(3):329-336.

[4] 洪勇. 具有齐次核的 Hilbert 型积分不等式的构造特征及应用[J]. 吉林大学学报(理学版),2017,55(2):189-194.

[5] HONG Y,HUANG Q L,YANG,B C,et al. The necessary and sufficient conditions for the existence of a kind of Hilbert-type multiple integral

inequality with the non-homogeneous kernel and its applications[J]. Journal of Inequalities and Applications, 2017(1): 316.

[6] XIN D M, YANG B C, WANG A Z. Equivalent property of a Hilbert-type integral inequality related to the beta function in the whole plane[J]. Journal of Function Spaces, 2018(2): 1-8.

[7] HONG Y, HE B, YANG B C. Necessary and sufficient conditions for the validity of Hilbert type integral inequalities with a class of quasi-homogeneous kernels and its application in operator theory[J]. Journal of Mathematics Inequalities, 2018, 12(3): 777-788.

[8] HUANG Z X, YANG B C. Equivalent property of a half-discrete Hilbert's inequality with parameters[J]. Journal of Inequalities and Applications, 2018(2018): 333.

[9] 杨必成,黄启亮. Hilbert 型不等式选讲[M]. 哈尔滨:哈尔滨工业大学出版社,2018.

[10] 匡继昌. 常用不等式[M]. 济南:山东科技出版社,2004.

作者简介

杨必成,男,广东汕尾人,广东第二师范学院教授.

基金项目

国家自然科学基金项目(No. 61772140);2020 年度广东省普通高校特色创新项目(No. 2020KTSCX088).

一个优美不等式的证明与推广

张晗方[1]　邵欣晨[2]

(1. 江苏师范大学数学科学学院　江苏　徐州　221116;
2. 宿迁学院文理学院15级数学1班　江苏　宿迁　223800)

安振平老师在文[1]中给出了40个"优美的代数不等式",文[2]～[7]相继证明了其中的部分结论.在这些不等式中,有的证明起来较为容易,有的则具有一定的难度,比如第15个问题就是其中之一:

问题　已知 $x,y,z\geqslant 0$,且 $xy+yz+zx=1$,求证

$$\frac{1}{x^2+y^2}+\frac{1}{y^2+z^2}+\frac{1}{z^2+x^2}+\frac{1}{x^2+y^2+z^2}\geqslant 3 \tag{1}$$

证法1(代数法)　首先将式(1)中的所有分子1用已知条件中的 $xy+yz+zx$ 来代换,然后进行通分,并在不等式的两边同时乘以它们的公分母再移项,便得不等号的左端为

$$\begin{aligned}f_0=&[(x^2+y^2)(y^2+z^2)+(y^2+z^2)(z^2+x^2)+(z^2+x^2)(x^2+y^2)]\cdot\\&(x^2+y^2+z^2)(xy+yz+zx)+(x^2+y^2)(y^2+z^2)\cdot\\&(z^2+x^2)(xy+yz+zx)-3(x^2+y^2)(y^2+z^2)\cdot\\&(z^2+x^2)(x^2+y^2+z^2)\end{aligned}$$

由于 f_0 是完全对称的,故不妨设 $x\geqslant y\geqslant z$,为证明 $f_0\geqslant 0$,利用文[8]～[10]中的方法.如下将采用差分代换的方法来进行证明,为此令

$$\begin{cases}x=u+v+w\\y=v+w\\z=w\end{cases}$$

因为 $x,y,z\geqslant 0$,故 u,v,w 均为非负实数,即 $u\geqslant 0,v\geqslant 0,w\geqslant 0$.由于三个变量 x,y,z 之间的大小关系共有6种不同的排列方法,但是,由于表达式 f_0 是完全对称的,故只需给出其中一种(即上述表达式)即可.现将上述表达式代入 f_0 内可得

$$
\begin{aligned}
f_1 = {} & u^7 v + 2u^7 w + 4u^6 v^2 + 16u^6 vw + 9u^6 w^2 + 8u^5 v^3 + 56u^5 v^2 w + 75u^5 vw^2 + \\
& 32u^5 w^3 + 9u^4 v^4 + 116u^4 v^3 w + 262u^4 v^2 w^2 + 242u^4 vw^3 + 81u^4 w^4 + 6u^3 v^5 + \\
& 160u^3 v^4 w + 533u^3 v^3 w^2 + 780u^3 v^2 w^3 + 552u^3 vw^4 + 156u^3 w^5 + 2u^2 v^6 + \\
& 148u^2 v^5 w + 664u^2 v^4 w^2 + 1\,340u^2 v^3 w^3 + 1\,453u^2 v^2 w^4 + 834u^2 vw^5 + \\
& 200u^2 w^6 + 84uv^6 w + 477uv^5 w^2 + 1\,230uv^4 w^3 + 1\,802uv^3 w^4 + 1\,566uv^2 w^5 + \\
& 760uvw^6 + 160uw^7 + 24v^7 w + 159v^6 w^2 + 492v^5 w^3 + 901v^4 w^4 + 1\,044v^3 w^5 + \\
& 760v^2 w^6 + 320vw^7 + 60w^8
\end{aligned}
$$

显而易见，f_1 的表达式中每一项前面的系数都是正数，所以此时 $f_1 \geqslant 0$. 由此立即得到 $f_0 \geqslant 0$，即不等式(1) 成立.

上述证明简单明了，结论的正确性一目了然，无需作任何解释. 不过就是计算量稍大，而且不等式中等号何时取到，从证明过程中无法看出，如下所给出的证法中将解决这两方面的问题.

虽然安振平老师说不等式(1) 是代数不等式，但是，实际上它也可以说是一个几何不等式. 因此，下面将所给的问题转化为几何问题，并借助几何图形及其性质来证明不等式(1).

证法 2(几何法)　由已知条件容易推出 $0 \leqslant xy \leqslant 1, 0 \leqslant yz \leqslant 1, 0 \leqslant zx \leqslant 1$，再由已知等式 $xy + yz + zx = 1$ 可知，当其中一个变量为 0 时，余下的两个变量的乘积应等于 1，例如，当 $z = 0$ 时，此时便有 $xy = 1$.

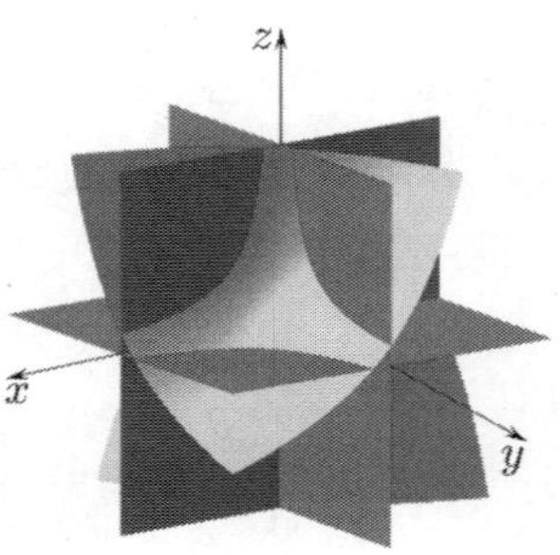

图 1

已知条件等式 $xy + yz + zx = 1$ 的几何图形如图 1 所示. 由于该图形是双叶双曲面，它的对称轴 l 位于第 Ⅰ 卦限与第 Ⅶ 卦限内且过坐标原点 O(实际上，由文[11] 中第 90 页上空间角的定义可知，对称轴 l 也是第 Ⅰ 卦限与第 Ⅶ 卦限三维空间角的角分线). 若设对称轴 l 与曲面 $\mathscr{F}: xy + yz + zx = 1$ 在第 Ⅰ 卦限的交点为点 P_0，则容易求得该交点的坐标为 $P_0\left(\frac{1}{\sqrt{3}}, \frac{1}{\sqrt{3}}, \frac{1}{\sqrt{3}}\right)$. 若再记

$$
f(x, y, z) = \frac{1}{x^2 + y^2} + \frac{1}{y^2 + z^2} + \frac{1}{z^2 + x^2} + \frac{1}{x^2 + y^2 + z^2}
$$

则函数 $f(x, y, z)$ 中第四项的分母表示曲面 $\mathscr{F}$ 上任意一点 $P(x, y, z)$ 到坐标原点 O 的距离的平方，而前三项的分母则表示该点 P 在三个坐标平面上的射影到坐标原点 O 的距离的平方.

由于点 P_0 是曲面 $\mathscr{F}$ 上到坐标原点距离最近的点，因此该点在各坐标平面上的射影到坐标原点的距离也最近. 如果要使得曲面 $\mathscr{F}$ 上的任意一点 $P(x,y,z)$ 到坐标原点距离更远,那么点 P 就必须离点 P_0 远些. 但是,这样的点不能随意地无限远离点 P_0,因为它还要受到约束条件 $x\geqslant 0,y\geqslant 0,z\geqslant 0$ 的限制,故这样的点只能在曲面 $\mathscr{F}$ 与三个坐标平面所围成的在第 Ⅰ 卦限内的子曲面 $\mathscr{F}_1$ 上. 为了简单起见,这样的点可以取在曲面 $\mathscr{F}$ 与坐标平面 xOy 的交线上,此时即为 $z=0$,且 $xy=1$,即点 P 在双曲线 $xy=1$ 上,故此时有 $f(x,y,z)\geqslant f(x,y,0)$. 当点 P 沿着双曲线 $xy=1$ 离坐标原点越远时,它就越靠近某一条坐标轴. 因此,在 $f(x,y,0)=\frac{2}{x^2+y^2}+\frac{1}{x^2}+\frac{1}{y^2}$ 中的 $\frac{1}{x^2}+\frac{1}{y^2}$ 就有一项的值越大,为了使得 $\frac{1}{x^2}+\frac{1}{y^2}$ 中每一项的值都不是很大,而且对于整体来说还要达到极小,那么,根据对称性,此时点 P 还应该在坐标平面 xOy 内的直线 $y=x$ 上. 这样一来,点 P 既要在双曲线 $xy=1$ 上,又要在直线 $y=x$ 上,故容易求得点 P 的坐标为 $P_{z_0}(1,1,0)$,由此得到 $f(x,y,z)\geqslant f(x,y,0)\geqslant f_{z_0}(1,1,0)=3$,即 $f(x,y,z)\geqslant 3$,亦即

$$\frac{1}{x^2+y^2}+\frac{1}{y^2+z^2}+\frac{1}{z^2+x^2}+\frac{1}{x^2+y^2+z^2}\geqslant 3$$

同理可以证得

$$f(x,y,z)\geqslant f(0,y,z)\geqslant f_{x_0}(0,1,1)=3$$

$$f(x,y,z)\geqslant f(x,0,z)\geqslant f_{y_0}(1,0,1)=3$$

从而有

$$f(x,y,z)\geqslant f_{x_0}(0,1,1)=f_{y_0}(1,0,1)=f_{z_0}(1,1,0)=3$$

当其中一个变量为 0,其余的变量均为 1 时等号成立.

在上述证明过程中,借助于几何图形的事实,对于整个推理过程来说直观明了,浅显易懂,并且沿用这种证明方法容易证明原问题在高维空间的类似情况.

证法 3(Lagrange 乘数法)　这里仍记

$$f(x,y,z)=\frac{1}{x^2+y^2}+\frac{1}{y^2+z^2}+\frac{1}{z^2+x^2}+\frac{1}{x^2+y^2+z^2}$$

则所构造的 Lagrange 函数为

$$F=\frac{1}{x^2+y^2}+\frac{1}{y^2+z^2}+\frac{1}{z^2+x^2}+\frac{1}{x^2+y^2+z^2}+\lambda(xy+yz+zx-1)$$

因为

$$\begin{cases}F'_x=-\dfrac{2x}{(x^2+y^2)^2}-\dfrac{2x}{(z^2+x^2)^2}-\dfrac{2x}{(x^2+y^2+z^2)^2}+\lambda(y+z)\\ F'_y=-\dfrac{2y}{(x^2+y^2)^2}-\dfrac{2y}{(y^2+z^2)^2}-\dfrac{2y}{(x^2+y^2+z^2)^2}+\lambda(z+x)\\ F'_z=-\dfrac{2z}{(y^2+z^2)^2}-\dfrac{2z}{(z^2+x^2)^2}-\dfrac{2z}{(x^2+y^2+z^2)^2}+\lambda(x+y)\end{cases}$$

若令 $F'_x=0,F'_y=0,F'_z=0$，则由 $xF'_x=0,yF'_y=0,zF'_z=0$ 及 $xy+yz+zx=1$ 便可得

$$\lambda=\frac{1}{x^2+y^2}+\frac{1}{y^2+z^2}+\frac{1}{z^2+x^2}+\frac{1}{x^2+y^2+z^2}$$

同样地，由 $F'_x=0,F'_y=0,F'_z=0$ 可得

$$\begin{aligned}\lambda&=\frac{2x}{y+z}\cdot\left[\frac{1}{(x^2+y^2)^2}+\frac{1}{(z^2+x^2)^2}+\frac{1}{(x^2+y^2+z^2)^2}\right]\\&=\frac{2y}{z+x}\cdot\left[\frac{1}{(x^2+y^2)^2}+\frac{1}{(y^2+z^2)^2}+\frac{1}{(x^2+y^2+z^2)^2}\right]\\&=\frac{2z}{x+y}\cdot\left[\frac{1}{(y^2+z^2)^2}+\frac{1}{(z^2+x^2)^2}+\frac{1}{(x^2+y^2+z^2)^2}\right]\end{aligned}$$

由上述等式，若记

$$\begin{aligned}f_2=&\frac{2x}{y+z}\cdot\left[\frac{1}{(x^2+y^2)^2}+\frac{1}{(z^2+x^2)^2}+\frac{1}{(x^2+y^2+z^2)^2}\right]-\\&\frac{2y}{z+x}\cdot\left[\frac{1}{(x^2+y^2)^2}+\frac{1}{(y^2+z^2)^2}+\frac{1}{(x^2+y^2+z^2)^2}\right]\end{aligned}$$

则可得

$$f_2=(x-y)f_3(x,y,z)$$

其中

$$\begin{aligned}f_3=&(-2)(x^{11}y^2+x^{11}yz+x^{10}y^3+x^{10}y^2z+2x^9y^4+5x^9y^3z-2x^9y^2z^2+4x^9yz^3-\\&3x^9z^4+2x^8y^5+2x^8y^4z-2x^8y^3z^2-2x^8y^2z^3-3x^8yz^4-3x^8z^5+2x^7y^6+\\&10x^7y^5z-8x^7y^4z^2+16x^7y^3z^3-19x^7y^2z^4+5x^7yz^5-8x^7z^6+2x^6y^7+\\&2x^6y^6z-8x^6y^5z^2-8x^6y^4z^3-19x^6y^3z^4-19x^6y^2z^5-8x^6yz^6-8x^6z^7+\\&2x^5y^8+10x^5y^7z-8x^5y^6z^2+24x^5y^5z^3-33x^5y^4z^4+15x^5y^3z^5-\\&30x^5y^2z^6+2x^5yz^7-8x^5z^8+2x^4y^9+2x^4y^8z-8x^4y^7z^2-8x^4y^6z^3-\\&33x^4y^5z^4-33x^4y^4z^5-30x^4y^3z^6-30x^4y^2z^7-8x^4yz^8-8x^4z^9+\\&x^3y^{10}+5x^3y^9z-2x^3y^8z^2+16x^3y^7z^3-19x^3y^6z^4+15x^3y^5z^5-\\&30x^3y^4z^6+4x^3y^3z^7-18x^3y^2z^8-4x^3z^{10}+x^2y^{11}+x^2y^{10}z-2x^2y^9z^2-2x^2y^8z^3-\\&19x^2y^7z^4-19x^2y^6z^5-30x^2y^5z^6-30x^2y^4z^7-18x^2y^3z^8-18x^2y^2z^9-4x^2yz^{10}-\end{aligned}$$

$$4x^2z^{11}+xy^{11}z+4xy^9z^3-3xy^8z^4+5xy^7z^5-8xy^6z^6+2xy^5z^7-8xy^4z^8-4xy^2z^{10}-xz^{12}-3y^9z^4-3y^8z^5-8y^7z^6-8y^6z^7-8y^5z^8-8y^4z^9-4y^3z^{10}-4y^2z^{11}-yz^{12}-z^{13})\cdot$$

$$\frac{1}{(y+z)(z+x)(x^2+y^2)^2(y^2+z^2)^2(z^2+x^2)^2(x^2+y^2+z^2)^2}$$

利用差分代换易知，对于任意的 $x,y,z>0$，均有 f_3 中的分子小于 0，从而 $f_3<0$. 由此若令 $f_2=0$，便可得到唯一的解是 $x=y$，同理可得 $y=z$，从而有 $x=y=z$，再利用 $F'_\lambda=0$（即约束条件 $xy+yz+zx=1$）便可得到函数 f 在定义域 $\{(x,y,z)\mid x\geqslant 0,y\geqslant 0,z\geqslant 0\}$ 内部的唯一驻点是 $P_0\left(\frac{1}{\sqrt{3}},\frac{1}{\sqrt{3}},\frac{1}{\sqrt{3}}\right)$，且不难算出函数 f 在此驻点处取得的最大值是 $\frac{11}{2}$. 但是题目是要求出目标函数 $f(x,y,z)$ 的最小值，故其最小值点应该在其定义域的边界上，不过由函数的结构形式与约束条件可知，不可能是两个变量同时为 0，只能允许有一个变量为 0，从而可知其极小值点只能是在第一卦限内部的某个坐标平面上，例如，当 $z=0$ 时，便有 $f(x,y,z)\geqslant f(x,y,0)$，此时再由约束条件可得 $xy=1$，于是利用基本不等式可得

$$\begin{aligned}
f(x,y,z)&\geqslant f(x,y,0)\\
&=\frac{1}{x^2+y^2}+\frac{1}{y^2}+\frac{1}{x^2}+\frac{1}{x^2+y^2}\\
&=\frac{2}{x^2+y^2}+\frac{1}{y^2}+\frac{1}{x^2}\\
&\xlongequal{\text{利用条件 } xy=1}\frac{2}{x^2+\frac{1}{x^2}}+x^2+\frac{1}{x^2}\\
&=\left(\frac{2}{x^2+\frac{1}{x^2}}+\frac{x^2+\frac{1}{x^2}}{2}\right)+\frac{x^2+\frac{1}{x^2}}{2}\\
&\geqslant 2\sqrt{\frac{2}{x^2+\frac{1}{x^2}}\cdot\frac{x^2+\frac{1}{x^2}}{2}}+\frac{2\sqrt{x^2\cdot\frac{1}{x^2}}}{2}=3
\end{aligned}$$

等号成立的充要条件显然是 $x^2+\frac{1}{x^2}=2$ 及 $x^2=\frac{1}{x^2}$，即 $x=1$，由于此时 $xy=1$，故当 $x=1$ 时，$y=1$，所以有

$$f(x,y,z)\geqslant f(x,y,0)\geqslant 3=f(1,1,0)$$

当且仅当 $x=y=1,z=0$ 时等号成立.

同理可得

$$f(x,y,z)\geqslant 3=f(1,0,1),f(x,y,z)\geqslant 3=f(0,1,1)$$

综上知

$$f(x,y,z)\geqslant f(0,1,1)=f(1,0,1)=f(1,1,0)=3$$

当且仅当三个变量 x,y,z 中有一个为 0,其余两个均为 1 时,等号成立.

由上述证明(特别是证法 2) 立即得到下面的一些结论:

推论 1 设 $x,y,z\geqslant 0$,且 $xy+yz+zx=1$,则当 $\alpha>0$ 时,有

$$\frac{1}{(x^2+y^2)^\alpha}+\frac{1}{(y^2+z^2)^\alpha}+\frac{1}{(z^2+x^2)^\alpha}+\frac{1}{(x^2+y^2+z^2)^\alpha}\geqslant 2+2^{1-\alpha} \quad (2)$$

当且仅当三个变量 x,y,z 中一个变量为 0,其余的均为 1 时,等号成立.

实际上,由证法 3 知,$f(x,y,z)$ 的表达式中所有分母均表示距离的平方,故再由点 $P(x,y,z)$ 的位置可知,对于任意 $\alpha>0$,上式的正确性是显然的.

特别地,当 $\alpha=\frac{1}{2}$ 时,有

$$\frac{1}{\sqrt{x^2+y^2}}+\frac{1}{\sqrt{y^2+z^2}}+\frac{1}{\sqrt{z^2+x^2}}+\frac{1}{\sqrt{x^2+y^2+z^2}}\geqslant 2+\sqrt{2} \quad (3)$$

当且仅当其中一个变量为 0,其余的变量均为 1 时,等号成立.

显然,在式(2) 中,当 $\alpha=1$ 时,便是不等式(1).

由上述不等式(1) 的证明过程可知,点 $P\left(\frac{1}{\sqrt{3}},\frac{1}{\sqrt{3}},\frac{1}{\sqrt{3}}\right)$ 及其在各坐标平面上的射影到坐标原点的距离是最近的,从而知函数 $f(x,y,z)$ 在该点处的函数值达到最大值,即 $f(x,y,z)\leqslant f\left(\frac{1}{\sqrt{3}},\frac{1}{\sqrt{3}},\frac{1}{\sqrt{3}}\right)=\frac{11}{2}$,由此可得如下的结论:

推论 2 设 $x,y,z\geqslant 0$,且 $xy+yz+zx=1$,则当 $\alpha>0$ 时,有

$$\frac{1}{(x^2+y^2)^\alpha}+\frac{1}{(y^2+z^2)^\alpha}+\frac{1}{(z^2+x^2)^\alpha}+\frac{1}{(x^2+y^2+z^2)^\alpha}\leqslant 3\left(\frac{3}{2}\right)^\alpha+1 \quad (4)$$

当且仅当 $x=y=z=\frac{1}{\sqrt{3}}$ 时等号成立.

若对不等式(1)(2) 及(4) 中的等式条件进行改变,则同样可以证得如下的双边不等式:

定理 1 设 $x,y,z\geqslant 0$,且 $x+y+z=1$,则当 $\alpha>0$ 时,有

$$2(4^\alpha+2^\alpha)\leqslant\frac{1}{(x^2+y^2)^\alpha}+\frac{1}{(y^2+z^2)^\alpha}+\frac{1}{(z^2+x^2)^\alpha}+\frac{1}{(x^2+y^2+z^2)^\alpha}$$

$$\leqslant \frac{3^{2\alpha+1}}{2^\alpha}+3^\alpha \tag{5}$$

左边等号当且仅当其中一个变量为 0，其余的变量均为 $\frac{1}{2}$ 时等号成立，右边等号当且仅当所有的变量均为 $\frac{1}{3}$ 时等号成立.

需要说明的是，若将不等式(1)中的已知条件改为：设 $x,y,z>0$，且 $xyz=1$，由于此时 $xyz=1$ 的图像是四叶三次曲面，它与坐标平面不相交，且三个坐标平面是四叶三次曲面的渐近面，故前面所述的函数 $f(x,y,z)$ 无最小值，只有最大值，即：

定理 2 设 $x,y,z>0$，且 $xyz=1$，则当 $\alpha>0$ 时，有

$$\frac{1}{(x^2+y^2)^\alpha}+\frac{1}{(y^2+z^2)^\alpha}+\frac{1}{(z^2+x^2)^\alpha}+\frac{1}{(x^2+y^2+z^2)^\alpha}\leqslant\frac{3}{2^\alpha}+\frac{1}{3^\alpha} \tag{6}$$

当且仅当 $x=y=z=1$ 时等号成立.

利用证明不等式(1)的方法，可以证得如下比式(1)更为广泛的 n 维欧氏空间 E^n 中的双边不等式：

定理 3 设 $x_1\geqslant 0,x_2\geqslant 0,\cdots,x_n\geqslant 0(n\geqslant 3)$，$\sigma(n,k)$ 表示 $x_1,x_2,\cdots,x_n$ 的 $k(1\leqslant k\leqslant n-1)$ 次初等对称多项式，且 $\sigma(n,k)=1$，若记 $S_n=x_1^2+x_2^2+\cdots+x_n^2$，$\mathrm{C}_n^k=\frac{n!}{k!\ (n-k)!}$，则当 $\alpha>0$ 时，有

$$\left[\frac{2}{(n-1)^\alpha}+\frac{n-1}{(n-2)^\alpha}\right]\cdot(\mathrm{C}_{n-1}^k)^{\frac{2\alpha}{k}}\leqslant\sum_{i=1}^n\frac{1}{(S_n-x_i^2)^\alpha}+\frac{1}{S_n^\alpha}$$

$$\leqslant\left[\frac{n}{(n-1)^\alpha}+\frac{1}{n^\alpha}\right]\cdot(\mathrm{C}_n^k)^{\frac{2\alpha}{k}} \tag{7}$$

左边等号当且仅当其中一个变量为 0，其余变量均为 $(\mathrm{C}_{n-1}^k)^{-\frac{1}{k}}$ 时等号成立. 右边等号当且仅当所有变量均为 $(\mathrm{C}_n^k)^{-\frac{1}{k}}$ 时等号成立.

推论 3 设 $\alpha_i>0(1\leqslant i\leqslant n+1)$，其余条件与定理 3 中的相同，则对于任意 $\alpha_j(1\leqslant j\leqslant n)$ 都有

$$\left[\frac{\alpha_j+\alpha_{n+1}}{(n-1)^\alpha}+\frac{\sum\limits_{\substack{i=1\\i\neq j}}^n\alpha_i}{(n-2)^\alpha}\right]\cdot(\mathrm{C}_{n-1}^k)^{\frac{2\alpha}{k}}\leqslant\sum_{i=1}^n\frac{\alpha_i}{(S_n-x_i^2)^\alpha}+\frac{\alpha_{n+1}}{S_n^\alpha}$$

$$\leqslant\left[\frac{\sum\limits_{i=1}^n\alpha_i}{(n-1)^\alpha}+\frac{\alpha_{n+1}}{n^\alpha}\right]\cdot(\mathrm{C}_n^k)^{\frac{2\alpha}{k}} \tag{8}$$

左边等号当且仅当 $x_j=0(1\leqslant j\leqslant n)$，其余变量 $x_i=(\mathrm{C}_{n-1}^k)^{-\frac{1}{k}}(1\leqslant i\leqslant n+1,$ $i\neq j)$ 时等号成立. 右边等号当且仅当 $x_1=x_2=\cdots=x_{n+1}=(\mathrm{C}_n^k)^{-\frac{1}{k}}$ 时等号成立.

与定理 2 相对应的，有如下结论成立：

定理 4 设 $x_i>0(1\leqslant i\leqslant n)$，且 $x_1x_2\cdots x_n=1$，若记 $S_n=x_1^2+x_2^2+\cdots+x_n^2$，则当 $\alpha>0$ 时，有

$$\sum_{i=1}^{n}\frac{1}{(S_n-x_i^2)^{\alpha}}+\frac{1}{S_n^{\alpha}}\leqslant\frac{n}{(n-1)^{\alpha}}+\frac{1}{n^{\alpha}} \tag{9}$$

当且仅当 $x_1=x_2=\cdots=x_n=1$ 时等号成立.

实际上，定理 3 所讨论的问题是 n 维 Euler 空间 E^n 中的 $n-1$ 维曲面上的点到坐标原点的距离问题，再具体些就是所给出的双边不等式(8)，它揭示了 E^n 空间中曲面 $\mathscr{F}$ 上点 P 与该点在 E^{n-1} 空间中坐标平面上的射影到原点的距离问题，当然还可以继续考虑 E^n 空间中曲面 $\mathscr{F}$ 上点 P 与该点在 $m(2\leqslant m\leqslant n-1)$ 维空间 E^m 中坐标平面上的射影到原点的距离问题. 建议读者给出.

注 代数不等式(1) 也可表述为与其等价的几何不等式：设 $\mathscr{C}$ 是一个表面积 $S=2$ 的长方体，若过 $\mathscr{C}$ 的某个顶点的三个侧面上的对角线长分别为 d_1,d_2,d_3，则有

$$\frac{1}{d_1^2}+\frac{1}{d_2^2}+\frac{1}{d_3^2}+\frac{1}{d_1^2+d_2^2+d_3^2}\geqslant 3 \tag{10}$$

参考文献

[1] 安振平. 优美的代数不等式[J]. 中学数学教学参考，2015(3)：71-72.

[2] 何灯，李云杰. 一个优美不等式的两个证明[J]. 中学数学研究，2015(12)：49.

[3] 何灯. 关于两个优美不等式的证明[J]. 中学数学研究，2016(7)：46-47.

[4] 黄兆麟. 一个优美不等式的优美简证[J]. 中学数学教学，2017(5)：78.

[5] 凌翀阳. 一个优美不等式问题的改进推广[J]. 中学数学研究，2017(3)：25.

[6] 李歆. 第 24 个优美不等式的证明及推广[J]. 河北理科教学研究，2018(2)：38.

[7] 何业亮. 第五个优美不等式的一种简洁证法[J]. 中学数学研究，2018(5)：17-18.

[8] 杨路.差分代换与不等式机器证明[J].广州大学学报(自然科学版),2006,5(2):1-7.
[9] 张晗方.Maple与数学实验[M].徐州:中国矿业大学出版社,2013.
[10] 杨路,夏璧灿.不等式机器证明与自动发现[M].北京:科学出版社,2008.
[11] 张晗方.Neuberg-Pedoe定理——距离几何分析导引[M].哈尔滨:哈尔滨工业大学出版社,2018.

用待定指数法证明分式不等式

李世杰[1]　李　盛[2]

(1.浙江省衢州市教育局教研室　浙江　衢州　324000;
2.浙江省杭州二中未来科技城学校　浙江　杭州　311121)

摘　要:本文给出了待定指数法的二元思维模式,并用实例说明待定指数法的推广应用和迁移应用.

关键词:分式不等式;待定指数法;思维模式

在证明某些比较复杂的分式不等式时,如果思维受阻,不妨引入待定指数,通过确定待定指数,往往能柳暗花明,巧妙地直接解决问题.

一、待定指数法的思维模式

欲证不等式

$$f(a,b)+f(b,a)\geqslant c \tag{1}$$

一种解题思维模式是:引入待定指数 t,设法先证

$$f(a,b)\geqslant c\left(\frac{a^t}{a^t+b^t}\right)$$

同理

$$f(b,a)\geqslant c\left(\frac{b^t}{a^t+b^t}\right)$$

两个同向不等式相加,欲证不等式得证.

对于二元对称的分式不等式,有时运用这种方法是行之有效的.下面举例说明:

例 1　已知 $a,b>0$,求证:$\dfrac{a}{\sqrt{a^2+3b^2}}+\dfrac{b}{\sqrt{3a^2+b^2}}\geqslant 1$.

分析 1　如果能找到一个待定指数 t,使得

$$\frac{a}{\sqrt{a^2+3b^2}}\geqslant\frac{a^t}{a^t+b^t},\frac{b}{\sqrt{3a^2+b^2}}\geqslant\frac{b^t}{a^t+b^t}$$

则原不等式显然成立.

证法 1 根据条件，原不等式等号成立时 $a=b$，为了找出 t，令 $a=1$，则

$$\frac{a}{\sqrt{a^2+3b^2}}\geqslant\frac{a^t}{a^t+b^t}\Leftrightarrow 1+b^t\geqslant\sqrt{1+3b^2}$$

$$\Leftrightarrow 1+2b^t+b^{2t}\geqslant 1+3b^2$$

$$\Leftrightarrow 2b^{t-2}+b^{2t-2}-3\geqslant 0$$

再令 $f(b)=2b^{t-2}+b^{2t-2}-3$，求导得 $f'(b)=2(t-2)b^{t-3}+(2t-2)b^{2t-3}$.

由上述分析知，$b=1$ 时 $f(b)$ 取得最小值 0，所以

$$f'(1)=2(t-2)+(2t-2)=0\Rightarrow t=\frac{3}{2}$$

注 (1) 确定指数 t 的时候，也可以令 $b=1$，但运算过程会复杂一些，没有上面的方法简洁明了；(2) 解题过程中直接构造函数 $f(b)=\dfrac{1}{\sqrt{1+3b^2}}-\dfrac{1}{1+b^t}$ 也可以求出指数 $t=\dfrac{3}{2}$，但求导运算的过程计算量要大得多.

通过变形使得欲构造的函数越简单，求解越方便，过程越优化.

分析 2 $\dfrac{a}{\sqrt{a^2+3b^2}}\geqslant\dfrac{a^t}{a^t+b^t}\Leftrightarrow a^2(a^t+b^t)^2\geqslant a^{2t}(a^2+3b^2)$

$$\Leftrightarrow a^2(2a^tb^t+b^{2t})\geqslant 3a^{2t}b^2$$

应用三元的算术几何平均值不等式，只要满足

$$a^2(2a^tb^t+b^{2t})=a^2(a^tb^t+a^tb^t+b^{2t})\geqslant 3a^2\sqrt[3]{(a^tb^t)^2b^{2t}}=3a^{2t}b^2$$

即可求得 $t=\dfrac{3}{2}$.

证法 2 已知 $a,b>0$，则

$$\frac{a}{\sqrt{a^2+3b^2}}\geqslant\frac{a^{\frac{3}{2}}}{a^{\frac{3}{2}}+b^{\frac{3}{2}}}\Leftrightarrow a+a^{-\frac{1}{2}}b^{\frac{3}{2}}\geqslant\sqrt{a^2+3b^2}$$

$$\Leftrightarrow a^2+2\sqrt{a}\cdot b\sqrt{b}+b^3\geqslant a^2+3b^2$$

$$\Leftrightarrow\sqrt{a}+\sqrt{a}+\frac{b\sqrt{b}}{a}\geqslant 3\sqrt{b}$$

根据三元的算术几何平均值不等式，上式显然成立，所以

$$\frac{a}{\sqrt{a^2+3b^2}}\geqslant\frac{a^{\frac{3}{2}}}{a^{\frac{3}{2}}+b^{\frac{3}{2}}}$$

同理

$$\frac{b}{\sqrt{3a^2+b^2}}\geqslant\frac{b^{\frac{3}{2}}}{a^{\frac{3}{2}}+b^{\frac{3}{2}}}$$

两个同向不等式相加，即得原不等式成立.

注 作替换，令$\sqrt{a}\to a,\sqrt{b}\to b$，原不等式变成《数学通报》2003年第5期数学问题1435：设$a,b>0$，求证$\sqrt{\frac{a}{a+3b}}+\sqrt{\frac{b}{3a+b}}\geqslant 1$.

二、待定指数法的推广应用

这一方法可以推广到三元及以上的分式不等式的证明中.

例2(第42届国际数学奥林匹克竞赛试题) 对所有正实数a,b,c，求证：$\frac{a}{\sqrt{a^2+8bc}}+\frac{b}{\sqrt{b^2+8ca}}+\frac{c}{\sqrt{c^2+8ab}}\geqslant 1$.

分析 类似例1，假设存在一个正数t，使得

$$\frac{a}{\sqrt{a^2+8bc}}\geqslant\frac{a^t}{a^t+b^t+c^t}\tag{2}$$

根据条件，原不等式等号成立时$a=b=c$，为了找出t，令$a=b=1$，则式(2)变成简单不等式

$$\frac{1}{\sqrt{1+8c}}\geqslant\frac{1}{2+c^t}\Leftrightarrow 2+c^t\geqslant\sqrt{1+8c}\Leftrightarrow 3+4c^t+c^{2t}\geqslant 8c$$

注意到，$c=1$时取等号，应用八元的算术几何平均值不等式，只要满足

$$3+4c^t+c^{2t}\geqslant 8\sqrt[8]{1^3\cdot(c^t)^4\cdot c^{2t}}=8c$$

即$t=\frac{4}{3}$(也可用导数法求t，略).

证明 已知$a,b,c>0$，则$t=\frac{4}{3}$时，有

$$\begin{aligned}\frac{a}{\sqrt{a^2+8bc}}\geqslant\frac{a^t}{a^t+b^t+c^t}&\Leftrightarrow a(a^t+b^t+c^t)\geqslant a^t\sqrt{a^2+8bc}\\&\Leftrightarrow a^2(a^t+b^t+c^t)^2\geqslant a^{2t}(a^2+8bc)\\&\Leftrightarrow b^{2t}+c^{2t}+2a^tb^t+2b^tc^t+2c^ta^t\geqslant 8a^{2t-2}bc\end{aligned}$$

应用八元的算术几何平均值不等式，易知

$$\begin{aligned}&b^{2t}+c^{2t}+2a^tb^t+2b^tc^t+2c^ta^t\\\geqslant&8\sqrt[8]{b^{2t}\cdot c^{2t}\cdot(a^tb^t)^2\cdot(b^tc^t)^2\cdot(c^ta^t)^2}\\=&8\sqrt[8]{a^{4t}b^{6t}c^{6t}}=8a^{2t-2}bc\end{aligned}$$

同理可得

$$\frac{b}{\sqrt{b^2+8ca}}\geqslant\frac{b^t}{a^t+b^t+c^t},\frac{c}{\sqrt{c^2+8ab}}\geqslant\frac{c^t}{a^t+b^t+c^t}$$

三个同向不等式相加，即得原不等式成立.

例 3(2020 年摩尔多瓦数学奥林匹克国家队选拔考试第二天第七题) 已知 $a,b,c>0$,求证:$\frac{a}{\sqrt{7a^2+b^2+c^2}}+\frac{b}{\sqrt{a^2+7b^2+c^2}}+\frac{c}{\sqrt{a^2+b^2+7c^2}}\leqslant 1$.

分析 类似例 1,假设存在一个正数 t,使得

$$\frac{a}{\sqrt{7a^2+b^2+c^2}}\leqslant\frac{a^t}{a^t+b^t+c^t}\tag{3}$$

根据条件,原不等式等号成立时 $a=b=c$,为了找出 t,令 $a=b=1$,则式(3)变成简单不等式

$$\frac{1}{\sqrt{8+c^2}}\leqslant\frac{1}{2+c^t}\Leftrightarrow 2+c^t\leqslant\sqrt{8+c^2}\Leftrightarrow c^{2t}+4c^t-c^2-4\leqslant 0$$

令 $f(c)=c^{2t}+4c^t-c^2-4$,求导得 $f'(c)=2tc^{2t-1}+4tc^{t-1}-2c$.

由上述分析知,当 $c=1$ 时 $f(c)$ 取得最大值 0,所以

$$f'(1)=2t+4t-2=0\Rightarrow t=\frac{1}{3}$$

证明 令 $x=\sqrt[3]{\frac{b}{a}}, y=\sqrt[3]{\frac{c}{a}}$,则 $t=\frac{1}{3}$ 时,有

$$\frac{a}{\sqrt{7a^2+b^2+c^2}}\leqslant\frac{a^t}{a^t+b^t+c^t}\tag{4}$$

$$\Leftrightarrow\frac{1}{\sqrt{7+x^6+y^6}}\leqslant\frac{1}{1+x+y}$$

$$\Leftrightarrow 1+x+y\leqslant\sqrt{7+x^6+y^6}$$

$$\Leftrightarrow 2(x+y)+(x+y)^2\leqslant 6+x^6+y^6\tag{5}$$

上面的多项式不等式(5) 左边是二次,右边是六次,考虑采用降低次数的方法来证明.注意到,其等号在 $x=y=1$ 时成立,应用三元的算术几何平均值不等式,得

$$x^6+2=x^6+1+1\geqslant 3\sqrt[3]{x^6}=3x^2$$

同理,$y^6+2\geqslant 3y^2$,我们可证不等式(5) 的加强

$$2(x+y)+(x+y)^2\leqslant 2+3x^2+3y^2$$

$$\Leftrightarrow\frac{3}{2}(x-y)^2+\frac{1}{2}[(x+y)-2]^2\geqslant 0$$

显然成立.

同理,得

$$\frac{b}{\sqrt{a^2+7b^2+c^2}}\leqslant\frac{b^t}{a^t+b^t+c^t}\tag{6}$$

$$\frac{c}{\sqrt{a^2+7b^2+c^2}} \leqslant \frac{c^t}{a^t+b^t+c^t} \tag{7}$$

三个同向不等式(4)(6)(7) 相加,即得原不等式成立.

注 通过换元将不等式转化为多项式不等式来证明.作替换,令$\sqrt{a} \to a$,$\sqrt{b} \to b$,$\sqrt{c} \to c$,得一个新的不等式:

已知 $a,b,c>0$,求证:$\sqrt{\frac{a}{7a+b+c}}+\sqrt{\frac{b}{a+7b+c}}+\sqrt{\frac{c}{a+b+7c}} \leqslant 1$.

三、待定指数法的迁移应用

例 4 设 $a,b,c>0$,求证:$\frac{ab}{a^2+b^2+2c^2}+\frac{bc}{b^2+c^2+2a^2}+\frac{ca}{c^2+a^2+2b^2} \leqslant \frac{3}{4}$.

分析 当 $a=b=c$ 时,所给不等式等号成立.假设存在一个正数 t,使得

$$\frac{ab}{a^2+b^2+2c^2} \leqslant \frac{1}{4}\left(\frac{a^t}{a^t+c^t}+\frac{b^t}{b^t+c^t}\right)$$

则当 $a=b=1$ 时,不等式变成$\frac{1}{2+2c^2} \leqslant \frac{1}{4} \cdot \frac{2}{1+c^t} \Leftrightarrow c^t \leqslant c^2$,并对任意正数 c 成立,故 $t=2$.

证明 已知 $a,b,c>0$,要证明

$$\frac{ab}{a^2+b^2+2c^2} \leqslant \frac{1}{4}\left(\frac{a^2}{a^2+c^2}+\frac{b^2}{b^2+c^2}\right)$$

连续应用算术几何平均值不等式,得

$$\begin{aligned}\frac{ab}{a^2+b^2+2c^2} &= \frac{ab}{(a^2+c^2)+(b^2+c^2)} \leqslant \frac{ab}{2\sqrt{(a^2+c^2)(b^2+c^2)}} \\ &= \frac{1}{2}\sqrt{\frac{a^2b^2}{(a^2+c^2)(b^2+c^2)}} \leqslant \frac{1}{4}\left(\frac{a^2}{a^2+c^2}+\frac{b^2}{b^2+c^2}\right)\end{aligned}$$

即

$$\frac{ab}{a^2+b^2+2c^2} \leqslant \frac{1}{4}\left(\frac{a^2}{a^2+c^2}+\frac{b^2}{b^2+c^2}\right) \tag{8}$$

同理可得

$$\frac{bc}{b^2+c^2+2a^2} \leqslant \frac{1}{4}\left(\frac{b^2}{b^2+a^2}+\frac{c^2}{c^2+a^2}\right) \tag{9}$$

$$\frac{ca}{c^2+a^2+2b^2} \leqslant \frac{1}{4}\left(\frac{c^2}{c^2+b^2}+\frac{a^2}{a^2+b^2}\right) \tag{10}$$

三个同向不等式(8)(9)(10) 相加,得

$$\frac{ab}{a^2+b^2+2c^2}+\frac{bc}{b^2+c^2+2a^2}+\frac{ca}{c^2+a^2+2b^2}\leqslant\frac{3}{4}$$

注 一般地,类似可证:

设 $x_i>0(i=1,2,\cdots,n,n+1)$,$n\in\mathbf{N}^*$,则

$$\sum_{i=1}^{n+1}\frac{\prod_{j=1}^{n}x_j}{x_i\left(\sum_{j=1}^{n+1}x_j^n+(n-1)x_i^n\right)}\leqslant\frac{n+1}{2n}$$

当 $n=3$ 时,就是《数学通报》2021 年第 2 期数学问题 2587.

待定指数法简单新颖,精妙有趣,在竞赛数学解题教学中,是提升学生思维品质的一种好方法,具有较大的思维价值.

参考文献

[1] 李世杰,李盛. 不等式探秘[M]. 哈尔滨:哈尔滨工业大学出版社,2017.

作者简介

李世杰,男,出生于 1960 年,浙江省东阳人,浙江省衢州市教育局教研室,浙江省特级教师,正高级教师.

李盛,男,出生于 1988 年,浙江省东阳人,浙江省杭州二中未来科技城学校高中数学教师,全国高中数学联合竞赛优秀教练员,人民教育出版社和教育部课程教材研究所优秀实验教师. 曾获 2019 年浙江省高中数学教学活动评审一等奖(第二名),并代表浙江省参加了 2020 年中国教育学会在厦门举办的全国高中数学优秀课展示活动. 主要研究方向:数学基础理论和数学教学. 在罗马尼亚国际数学杂志 *Octogon Mathematical Magazine*,以及《数学通报》《中国数学教育(高中版)》《中国初等数学研究》《浙江外国语学院学报》《湖南理工学院学报(自然科学版)》《数学通报》《数学通讯》《中学数学杂志》《上海中学数学》《中学数学教学》《中学教研》等刊物上发表过 60 多篇论文,参与编著出版《函数的性态及应用》《递推与递推问题》《不等式的结构及应用》《函数不等式》《函数元不等式理论及其应用》《不等式探秘》等书,撰写论文获浙江省高中数学优秀教研论文一、二、三等奖(共 9 次),获衢州市自然科学优秀论文一、二等奖(共 10 次) 和全国初等数学研究优秀论文一、二、三等奖(共 6 次).

四元基本不等式的两个隔离

李　盛

(浙江省杭州二中未来科技城学校　浙江　杭州　311121)

摘　要:给出了四元基本不等式的两个新的隔离.

关键词:四元基本不等式;隔离

n 元基本不等式是指:

设 $a_1,a_2,\cdots,a_n(n\in\mathbf{N}^*)$ 是正实数,则 $a_1^n+a_2^n+\cdots+a_n^n\geqslant na_1a_2\cdots a_n$.

在微信上看到一个优美不等式:

设 a,b,c 是正实数,则 $a^3+b^3+c^3\geqslant 2\left(\frac{a}{b+c}+\frac{b}{c+a}+\frac{c}{a+b}\right)abc$.

由于 $\frac{a}{b+c}+\frac{b}{c+a}+\frac{c}{a+b}\geqslant\frac{3}{2}$,所以这个不等式实际上给出了三元基本不等式的一个隔离

$$3abc\leqslant 2\left(\frac{a}{b+c}+\frac{b}{c+a}+\frac{c}{a+b}\right)abc\leqslant a^3+b^3+c^3$$

下面给出这个优美不等式的四元推广,也是四元基本不等式的一个隔离.

一、四元基本不等式的一个隔离

结论 1　设 $a,b,c,d>0$,记

$$m=\frac{a^2}{bc+cd+db}+\frac{b^2}{cd+da+ac}+\frac{c^2}{da+ab+bd}+\frac{d^2}{ab+bc+ca}$$

则

$$a^4+b^4+c^4+d^4\geqslant 3mabcd\geqslant 4abcd$$

证明　利用均值不等式,得

$$3mabcd=3abcd\left(\frac{a^2}{bc+cd+db}+\frac{b^2}{cd+da+ac}+\frac{c^2}{da+ab+bd}+\frac{d^2}{ab+bc+ca}\right)$$

$$=a^3\left[\frac{3}{\frac{1}{b}+\frac{1}{c}+\frac{1}{d}}\right]+b^3\left[\frac{3}{\frac{1}{c}+\frac{1}{d}+\frac{1}{a}}\right]+$$

$$c^3\left(\frac{3}{\frac{1}{d}+\frac{1}{a}+\frac{1}{b}}\right)+d^3\left(\frac{3}{\frac{1}{a}+\frac{1}{b}+\frac{1}{c}}\right)$$

$$\leqslant a^3\left(\frac{b+c+d}{3}\right)+b^3\left(\frac{c+d+a}{3}\right)+c^3\left(\frac{d+a+b}{3}\right)+d^3\left(\frac{a+b+c}{3}\right)$$

$$=\frac{1}{3}[(a^3b+b^3a)+(a^3c+c^3a)+(a^3d+d^3a)+$$

$$(b^3c+c^3b)+(b^3d+d^3b)+(c^3d+d^3c)]$$

$$\leqslant\frac{1}{3}[(a^4+b^4)+(a^4+c^4)+(a^4+d^4)+(b^4+c^4)+(b^4+d^4)+(c^4+d^4)]$$

$$=a^4+b^4+c^4+d^4$$

注 (1) 等号当且仅当 $a=b=c=d$ 时成立.

(2) 利用 Cauchy 不等式,得

$$m=\frac{a^2}{bc+cd+db}+\frac{b^2}{cd+da+ac}+\frac{c^2}{da+ab+bd}+\frac{d^2}{ab+bc+ca}$$

$$\geqslant\frac{(a+b+c+d)^2}{(bc+cd+db)+(cd+da+ac)+(da+ab+db)+(ab+bc+ca)}$$

$$=\frac{a^2+b^2+c^2+d^2}{2(ab+ac+ad+bc+bd+cd)}+1\geqslant\frac{4}{3}$$

所以

$$a^4+b^4+c^4+d^4\geqslant 3mabcd\geqslant 4abcd$$

结论 1 给出了四元基本不等式的一个隔离.

二、隔离不等式在形式上能简单一点吗?

结论 1 中改取 $m=\frac{a}{c+d}+\frac{b}{d+a}+\frac{c}{a+b}+\frac{d}{b+c}$ 可以吗?

经研究,答案是肯定的,我们有:

结论 2 设 $a,b,c,d>0$,则

$$a^4+b^4+c^4+d^4\geqslant 2\left(\frac{a}{c+d}+\frac{b}{d+a}+\frac{c}{a+b}+\frac{d}{b+c}\right)abcd$$

$$\geqslant 4abcd$$

证明 利用均值不等式,得

$$2\left(\frac{a}{c+d}+\frac{b}{d+a}+\frac{c}{a+b}+\frac{d}{b+c}\right)abcd$$

$$=a^2b\left(\frac{2}{\frac{1}{c}+\frac{1}{d}}\right)+b^2c\left(\frac{2}{\frac{1}{d}+\frac{1}{a}}\right)+c^2d\left(\frac{2}{\frac{1}{a}+\frac{1}{b}}\right)+d^2a\left(\frac{2}{\frac{1}{b}+\frac{1}{c}}\right)$$

$$\leqslant a^2 b\left(\frac{c+d}{2}\right)+b^2 c\left(\frac{d+a}{2}\right)+c^2 d\left(\frac{a+b}{2}\right)+d^2 a\left(\frac{b+c}{2}\right)$$

$$=\frac{1}{2}[(a^2 bc+b^2 cd+c^2 da+d^2 ab)+(a^2 bd+b^2 ca+c^2 db+d^2 ac)]$$

根据基本不等式(或排序不等式),得

$$4a^2 bc \leqslant 2a^4+b^4+c^4, 4b^2 cd \leqslant 2b^4+c^4+d^4$$

$$4c^2 da \leqslant 2c^4+d^4+a^4, 4d^2 ab \leqslant 2d^4+a^4+b^4$$

四个同向不等式相加,即得

$$a^4+b^4+c^4+d^4 \geqslant a^2 bc+b^2 cd+c^2 da+d^2 ab$$

同理可得

$$a^4+b^4+c^4+d^4 \geqslant a^2 bd+b^2 ca+c^2 db+d^2 ac$$

所以

$$2\left(\frac{a}{c+d}+\frac{b}{d+a}+\frac{c}{a+b}+\frac{d}{b+c}\right) abcd$$

$$\leqslant a^4+b^4+c^4+d^4$$

根据 Cauchy 不等式,得

$$\frac{a}{c+d}+\frac{b}{d+a}+\frac{c}{a+b}+\frac{d}{b+c}$$

$$=\frac{a^2}{a(c+d)}+\frac{b^2}{b(d+a)}+\frac{c^2}{c(a+b)}+\frac{d^2}{d(b+c)}$$

$$\geqslant \frac{(a+b+c+d)^2}{ab+2ac+ad+bc+2bd+cd}$$

$$=\frac{a^2+b^2+c^2+d^2+2(ab+ac+ad+bc+bd+cd)}{ab+2ac+ad+bc+2bd+cd}$$

$$\geqslant \frac{2ac+2bd+2(ab+ac+ad+bc+bd+cd)}{ab+2ac+ad+bc+2bd+cd}=2$$

所以有:设 $a,b,c,d>0$,则 $\frac{a}{c+d}+\frac{b}{d+a}+\frac{c}{a+b}+\frac{d}{b+c} \geqslant 2$.

故结论 2 给出了四元基本不等式的一个既漂亮又简洁的隔离

$$4abcd \leqslant 2\left(\frac{a}{c+d}+\frac{b}{d+a}+\frac{c}{a+b}+\frac{d}{b+c}\right) abcd \leqslant a^4+b^4+c^4+d^4$$

参考文献

[1] 李世杰,李盛. 不等式探秘[M]. 哈尔滨:哈尔滨工业大学出版社,2017.

作者简介

李盛,男,出生于 1988 年,浙江省东阳人,浙江省杭州二中未来科技城学校高中数学教师，全国高中数学联合竞赛优秀教练员，人民教育出版社和教育部课程教材研究所优秀实验教师．曾获 2019 年浙江省高中数学教学活动评审一等奖，并代表浙江省参加了 2020 年中国教育学会在厦门举办的全国高中数学优秀课展示活动（全国一等奖）．主要研究方向：数学基础理论和数学教学．在罗马尼亚国际数学杂志 *Octogon Mathematical Magazine*，以及《数学通报》《中国数学教育（高中版）》《中国初等数学研究》《浙江外国语学院学报》《湖南理工学院学报（自然科学版）》《数学通讯》《中学数学杂志》《上海中学数学》《中学数学教学》《中学数学杂志》《中学教研》等刊物上发表过 60 多篇论文，参与编著出版《函数的性态及应用》《递推与递推问题》《不等式的结构及应用》《函数不等式》《函数元不等式理论及其应用》《不等式探秘》等书，撰写论文获浙江省高中数学优秀教研论文一、二、三等奖（共 9 次），获衢州市自然科学优秀论文一、二等奖（共 10 次）和全国初等数学研究优秀论文一、二、三等奖（共 6 次）．

关于 Janous-Gmeiner 不等式

刘　健

（华东交通大学　江西　南昌　330013）

摘　要:本文研究了涉及三角形中线倒数和的 Janous-Gmeiner 不等式，建立了包含其加强的一个不等式链，并提出了几个有趣的三角形不等式猜想.

关键词:Janous-Gmeiner 不等式;三角形;中线;高线;内角平分线

一、引言与主要结果

1986 年，W. Janous 在文[1] 中提出了下述涉及三角形中线与边长的不等式：

设 $\triangle ABC$ 的三边 BC，CA，AB 的长分别为 a，b，c，相应边上的三条中线长为 m_a，m_b，m_c，则

$$\sum \frac{1}{m_a} > \frac{5}{s} \tag{1}$$

其中 $s=\dfrac{a+b+c}{2}$，$\sum$ 表示循环和.

两年后，W. Gmeiner 与 W. Janous 在文[2] 中首先给出了不等式(1) 的证明，他们在文中研究了与不等式(1) 等价的中线对偶不等式

$$\sum m_a \sum \frac{1}{a} > \frac{15}{2} \tag{2}$$

的推广，并应用微积分证明了不等式

$$\sum R_1 \sum \frac{1}{a} > 5 \tag{3}$$

其中 R_1，R_2，R_3 分别表示 $\triangle ABC$ 内部任意一点 P 到顶点 A，B，C 的距离. 如果我们取点 P 为 $\triangle ABC$ 的重心，那么由上式可得不等式(2)，因此不等式(3) 是不等式(2) 的推广. 单墫与刘亚强在文[3] 中也用微积分方法证明了不等式(3). 杨学枝[4] 与赵临龙[5] 先后用初等的方法证明了此不等式. 陈计在文[6] 中给出不等式(1) 的一个简单证明，随后又在文[7] 中证明了不等式(2) 的以下加强

$$\sum m_a \sum \frac{1}{a} \geqslant \frac{15}{2}\sqrt{1+\frac{4r}{25R}} \tag{4}$$

其中 R,r 分别表示 $\triangle ABC$ 的外接圆半径与内切圆半径(以下同此).

1993 年,笔者在文[8] 中建立了不等式

$$\sum R_1 \geqslant \sqrt{2\sum bc-\sum a^2} \tag{5}$$

据此及陈计在文[7] 中证明的不等式

$$\left(2\sum bc-\sum a^2\right)\left(\sum \frac{1}{a}\right)^2 \geqslant 25+\frac{4r}{R} \tag{6}$$

(上式实际上与文[9] 中定理 1 的不等式是等价的) 显然可得

$$\sum R_1 \sum \frac{1}{a} \geqslant 5\sqrt{1+\frac{4r}{25R}} \tag{7}$$

这是不等式(4) 的推广.

1996 年,杨学枝在文[10] 中证明了 Janous-Gmeiner 不等式(1) 可加强为

$$\sum \frac{1}{m_a} \geqslant \frac{5}{s}+(6\sqrt{3}-10)\frac{r}{sR} \tag{8}$$

此外,Janous-Gmeiner 不等式(1) 还促使一些作者研究了涉及三角形中线倒数和的不等式(参见文[11] ~ [15]). 例如,H. M. Srivastava,V. Lokesha 与吴裕东在文[14] 中证明了:使

$$\sum \frac{1}{m_a} \geqslant \frac{3\sqrt{3}}{s+k(s-3\sqrt{3}r)} \tag{9}$$

成立的最佳常数 k 等于$\frac{3\sqrt{3}}{5}-1$. 又如,笔者在文[15] 中猜测不等式

$$\sum \frac{1}{m_a} \leqslant \frac{2}{3}\left(\frac{1}{R}+\frac{1}{r}\right) \tag{10}$$

成立,而后在文[16] 中首先证明了上式. 石世昌与吴裕东在文[17] 中研究了与上式有关的一个最佳不等式.

本文中,我们证明加强的Janous-Gmeiner不等式(8) 可进一步加细并延拓为下述不等式链:

定理 在 $\triangle ABC$ 中,设相应边上的高为 h_a,h_b,h_c 且 $h=\sum h_a$,相应边上的内角平分线为 w_a,w_b,w_c,相应边上的旁切圆半径为 r_a,r_b,r_c,其余符号同上,则不等式链

$$\begin{aligned}\frac{1}{3}\sum \frac{1}{w_a-2r} &\geqslant 2\sum \frac{1}{h_a+3r} \geqslant \frac{2}{3}\sum \frac{1}{w_a-r} \geqslant \frac{2}{3}\sum \frac{w_a+r_a}{bc} \\ &\geqslant \frac{2}{3}\left(\frac{1}{R}+\frac{1}{r}\right) \geqslant \sum \frac{1}{m_a} \geqslant \frac{5}{s}\sqrt{\frac{h+18r}{h+16r}} \geqslant \frac{5}{s}\sqrt{\frac{2R+23r}{2R+21r}}\end{aligned}$$

$$\geqslant \frac{5}{s}+(6\sqrt{3}-10)\frac{r}{Rs}\geqslant \frac{5}{2R+r} \tag{11}$$

成立.上式中所有等号均当且仅当 $\triangle ABC$ 为正三角形时成立.

由褚小光与尹华焱在文[18]中建立的不等式

$$w_a \leqslant r+\frac{bc}{w_a+r_a} \tag{12}$$

可见不等式链(11)的第三个不等式是显然成立的.

不等式链(11)的第六个不等式

$$\sum \frac{1}{m_a}\geqslant \frac{5}{s}\sqrt{\frac{h+18r}{h+16r}} \tag{13}$$

是刘保乾提出的一个猜想.显然,不等式链(11)还包含了与Janous-Gmeiner不等式(1)不分强弱的优美不等式

$$\sum \frac{1}{m_a}\geqslant \frac{5}{2R+r} \tag{14}$$

其中不等式右边分母中的组合系数是最优的.笔者在文[19]中给出了这个不等式的一个证明.

本文的主要目的是给出不等式链(11)的证明.在最后一部分中,我们还将介绍笔者在研究不等式链(11)时提出的一些猜想.

二、不等式链(11)的第一个不等式的证明

为证明不等式链(11)的第一个不等式,我们先给出两个引理.

引理 1 在 $\triangle ABC$ 中,设 $A,B,C,B-C,C-A,A-B$ 均不等于直角.令

$$x_1=\frac{1}{\cos A}+\frac{1}{\cos(B-C)}-2$$

$$x_2=\frac{1}{\cos B}+\frac{1}{\cos(C-A)}-2$$

$$x_3=\frac{1}{\cos C}+\frac{1}{\cos(A-B)}-2$$

则

$$x_1x_2x_3=\frac{4N_1}{P_0} \tag{15}$$

$$x_2x_3+x_3x_1+x_1x_2=\frac{8N_2}{P_0} \tag{16}$$

其中

$$N_1=-s^6+(12R^2+20Rr+r^2)s^4+(-48R^4-160R^3r-$$
$$136R^2r^2-40Rr^3+5r^4)s^2+(4R^2+12Rr+3r^2)(2R+r)^4$$

$$N_2 = s^6 - (11R + 18r)Rs^4 + (40R^4 + 128R^3 r + 106R^2 r^2 + 22Rr^3 - 3r^4)s^2 - (3R^2 + 8Rr + 2r^2)(2R + r)^4$$

$$P_0 = [s^2 - (2R + r)^2][s^4 - (6R^2 + 8Rr - 2r^2)s^2 + (2R^2 + 4Rr + r^2)(2R + r)^2]$$

等式(15) 与等式(16) 的证明较为烦锁,但并不困难.为了简单起见,我们只简略地介绍一下证明的梗概:

由已知等式

$$\cos\frac{B-C}{2} = \frac{h_a}{w_a} \tag{17}$$

与已知公式

$$h_a = \frac{2\sqrt{s(s-a)(s-b)(s-c)}}{a} \tag{18}$$

$$w_a = \frac{2\sqrt{s(s-a)bc}}{b+c} \tag{19}$$

易得

$$\cos(B-C) = \frac{2(s-b)(s-c)(b+c)^2}{bca^2} - 1 \tag{20}$$

于是,利用 $s = \dfrac{a+b+c}{2}$ 与余弦定理

$$\cos A = \frac{b^2 + c^2 - a^2}{2bc} \tag{21}$$

经计算可得

$$x_1 = \frac{2p_0}{q_0} \tag{22}$$

其中

$$p_0 = (b^2 - bc + c^2)a^4 - 2(b^2 + bc + c^2)(b-c)^2 a^2 + (b^2 - bc + c^2)(b-c)^2(b+c)^2$$

$$q_0 = (b^2 + c^2 - a^2)[(b^2 + c^2)a^2 - (b-c)^2(b+c)^2]$$

同样地,可得出 x_2, x_3 的计算式.借助 Maple 软件展开乘积 $x_1x_2x_3$,然后应用以下基本的等式

$$\sum a = 2s \tag{23}$$

$$abc = 4Rrs \tag{24}$$

$$\sum bc = s^2 + 4Rr + r^2 \tag{25}$$

以及一些复杂的已知等式(参见文[20] 与文[21]),就可得出等式(15).同理可以证明等式(16).

下面的引理 2 也给出了两个等式，证明从略.

引理 2　在非直角 $\triangle ABC$ 中，令

$$y_1=\frac{\sin 2B\sin 2C}{2\cos A\cos B\cos C}+3$$

$$y_2=\frac{\sin 2C\sin 2A}{2\cos A\cos B\cos C}+3$$

$$y_3=\frac{\sin 2A\sin 2B}{2\cos A\cos B\cos C}+3$$

则

$$y_1y_2y_3=\frac{N_3}{2Q_0} \tag{26}$$

$$y_2y_3+y_3y_1+y_1y_2=\frac{N_4}{Q_0} \tag{27}$$

其中

$$N_3=9s^4+(18R^2-72Rr+82r^2)s^2-9(6R^2-4Rr-r^2)(2R+r)^2$$

$$N_4=3s^4+(15R^2-24Rr+14r^2)s^2-3(9R^2-4Rr-r^2)(2R+r)^2$$

$$Q_0=R^2[s^2-(2R+r)^2]$$

引理 3　在锐角（包括直角）$\triangle ABC$ 中不等式

$$s^2\geqslant 16Rr-3r^2-\frac{4r^3}{R} \tag{28}$$

成立，等号当且仅当 $\triangle ABC$ 为正三角形或等腰直角三角形时成立.

上述不等式是笔者在文[22]中建立的，后来在文[23]中给出了一个直接的证明.

接下来，我们就证明不等式链(11)的第一个不等式，它等价于

$$\sum\frac{1}{w_a-2r}\geqslant 6\sum\frac{1}{h_a+3r} \tag{29}$$

根据已知等式

$$h_a=2R\sin B\sin C \tag{30}$$

$$w_a=\frac{r}{\sin\frac{A}{2}}+\frac{r}{\cos\frac{B-C}{2}} \tag{31}$$

$$r=4R\sin\frac{A}{2}\sin\frac{B}{2}\sin\frac{C}{2} \tag{32}$$

可见不等式(29)等价于

$$\sum\frac{1}{\frac{1}{\sin\frac{A}{2}}+\frac{1}{\cos\frac{B-C}{2}}-2}\geqslant 6\sum\frac{1}{\frac{\sin B\sin C}{2\sin\frac{A}{2}\sin\frac{B}{2}\sin\frac{C}{2}}+3} \tag{33}$$

为证此不等式，我们只需对锐角 $\triangle ABC$(此时 $A,B,C,B-C,C-A,A-B$ 均不等于直角)，证明以下不等式

$$\sum \frac{1}{\frac{1}{\cos A}+\frac{1}{\cos(B-C)}-2} \geqslant 6\sum \frac{1}{\frac{\sin 2B\sin 2C}{2\cos A\cos B\cos C}+3} \tag{34}$$

这是因为对以 $\frac{\pi-A}{2},\frac{\pi-B}{2},\frac{\pi-C}{2}$ 为内角的锐角三角形使用上式即可知不等式(33) 成立.

在引理 1 与引理 2 的记号下，不等式(34) 等价于

$$\frac{1}{x_1}+\frac{1}{x_2}+\frac{1}{x_3} \geqslant 6\left(\frac{1}{y_1}+\frac{1}{y_2}+\frac{1}{y_3}\right)$$

由等式(15)(16)(26)(27)，可知上式等价于

$$\frac{2N_2}{N_1}-\frac{12N_4}{N_3} \geqslant 0 \tag{35}$$

为证上式先证明 $N_1>0,N_3>0$. 在 $\triangle ABC$ 中易证等式

$$\begin{aligned}&8R^4\cos(B-C)\cos(C-A)\cos(A-B)\\&=s^4-(6R^2+8Rr-2r^2)s^2+(2R^2+4Rr+r^2)(2R+r)^2\end{aligned} \tag{36}$$

注意到，锐角 $\triangle ABC$ 中有 $\cos(B-C)>0,\cdots$，从而可知上式等号右边的值为正. 再根据锐角三角形的 Ciam berlini 不等式(参见又[24] 第 123 页)

$$s>2R+r \tag{37}$$

便知引理 1 中 P_0 为正. 注意到 $x_1>0,x_2>0,x_3>0$，因此由等式(15) 可知 $N_1>0$. 对于锐角 $\triangle ABC$，显然有 $y_1,y_2,y_3>0$，因此由等式(26) 与不等式(37) 可推断 $N_3>0$.

现在，根据 $N_1>0,N_3>0$，为证不等式(35) 只需证明

$$A_0\equiv N_2N_3-6N_1N_4\geqslant 0 \tag{38}$$

经过计算、整理可得

$$\begin{aligned}A_0\equiv{}&27s^{10}-(207R^2+738Rr-148r^2)s^8-(918R^4-3\,996R^3r-\\&5\,902R^2r^2+1\,878Rr^3+174r^4)s^6+(13\,608R^6+21\,096R^5r-\\&18\,158R^4r^2-17\,680R^3r^3+3\,448R^2r^4+4\,570Rr^5-\\&756r^6)s^4-(11\,592R^6+31\,320R^5r+6\,882R^4r^2-\\&10\,852R^3r^3-3\,446R^2r^4+2\,302Rr^5+533r^6)(2R+r)^2s^2+\\&9(90R^4+220R^3r-73R^2r^2-64Rr^3-8r^4)(2R+r)^6\end{aligned} \tag{39}$$

令

$$s_1=s^2-(2R+r)^2$$

$$g_2=4R^2+4Rr+3r^2-s^2$$

$$t_0=-s^4+(4R^2+20Rr-2r^2)s^2-r(4R+r)^3$$

于是，根据锐角三角形的Ciamberlini不等式(37)有 $s_1>0$. 根据任意三角形的Gerretsen不等式(参见文[25]第45页)

$$4R^2+4Rr+3r^2\geqslant s^2 \tag{40}$$

有 $g_2\geqslant 0$. 根据三角形基本不等式(参见文[25]第1～10页)

$$s^4-(4R^2+20Rr-2r^2)s^2+r(4R+r)^3\leqslant 0 \tag{41}$$

有 $t_0\geqslant 0$. 经过分析，我们得到等式

$$A_0=27s_1t_0^2+(k_1g_2+k_2)s_1t_0+4(a_1s^4+b_1s^2+c_1) \tag{42}$$

其中

$$k_1=117R^2+450Rr+67r^2$$

$$k_2=810R^4+288R^3r-2\ 476R^2r^2-1\ 762Rr^3+94r^4$$

$$a_1=810R^6-2\ 322R^5r-621R^4r^2+4\ 789R^3r^3+262R^2r^4-1\ 223Rr^5-85r^6$$

$$b_1=-(6\ 480R^8-12\ 096R^7r-21\ 474R^6r^2+28\ 168R^5r^3+35\ 428R^4r^4+1\ 274R^3r^5-6\ 532R^2r^6-1\ 078Rr^7+170r^8)$$

$$c_1=(3\ 240R^8-6\ 048R^7r-10\ 512R^6r^2+13\ 818R^5r^3+16\ 245R^4r^4+329R^3r^5-3\ 222R^2r^6-975Rr^7-85r^8)(2R+r)^2$$

注意到

$$k_2=810e^4+6\ 768e^3r+18\ 692e^2r^2+17\ 710er^3+1\ 930r^4$$

其中 $e=R-2r$(以下 e 值同此)，由有关任意三角形的Euler不等式

$$R\geqslant 2r \tag{43}$$

可知 $e\geqslant 0$，从而有严格不等式 $k_2>0$. 因此，由等式(42)可知，为证不等式(38)(即 $A_0\geqslant 0$)只需证明在锐角 $\triangle ABC$ 中不等式

$$f(s^2)\equiv a_1s^4+b_1s^2+c_1\geqslant 0 \tag{44}$$

成立. 注意到

$$a_1=810e^6+7\ 398e^5r+24\ 759e^4r^2+36\ 541e^3r^3+22\ 732e^2r^4+7\ 181er^5+4\ 429r^6>0$$

$$c_1=(3\ 240e^8+45\ 792e^7r+267\ 696e^6r^2+831\ 162e^5r^3+1\ 459\ 065e^4r^4+1\ 420\ 289e^3r^5+713\ 016e^2r^6+205\ 317er^7+72\ 333r^8)(R+2r)^2>0$$

$f(s^2)$ 是关于 s^2 的二次函数，容易算得其判别式为

$$F_1\equiv b_1^2-4a_1c_1=-4Rr^4G_1 \tag{45}$$

其中

$$G_1=1\ 245\ 375R^{11}-2\ 299\ 500R^{10}r-8\ 992\ 906R^9r^2+1\ 0193\ 572R^8r^3+29\ 334\ 783R^7r^4-6\ 087\ 736R^6r^5-44\ 976\ 744R^5r^6-30\ 696\ 264R^4r^7-$$

$$1\ 459\ 092R^3r^8+6\ 144\ 408R^2r^9+2\ 484\ 944Rr^{10}+307\ 360r^{11}$$

容易说明 G_1 的值可正可负. 若 $G_1>0$,则由式(45) 知 $F_1<0$,从而可知不等式(44) 成立. 下设 $G_1<0$,在此假设下,注意到 Euler 不等式 $R\geqslant 2r$,利用 Maple 软件容易解得

$$R<(2.524\cdots)r \tag{46}$$

(这是 $G_1<0$ 仅有的解). 另外,根据锐角三角形 Ciam berlini 不等式 $s>2R+r$ 有

$$\begin{aligned}f'(s^2)&=a_1s^2+b_1\\&>2a_1(2R+r)^2+b_1\\&=-2r^2(225R^6-266R^5r-1\ 869R^4r^2-308R^3r^3+\\&\quad 1\ 704R^2r^4+1\ 024Rr^5+170r^6)\end{aligned}$$

注意到 Euler 不等式 $R\geqslant 2r$,用 Maple 软件解以下不等式

$$225R^6-266R^5r-1\ 869R^4r^2-308R^3r^3+1\ 704R^2r^4+1\ 024Rr^5+170r^6<0$$

得到唯一解 $R<(3.47\cdots)r$. 因此,我们断定当式(46) 成立即 $G_1<0$ 时有 $f'(s^2)>0$,即 $f(s^2)$ 单调递增. 于是根据引理 3,在假设 $G_1<0$ 下,为证不等式 $f(s^2)\geqslant 0$ 只需要证明

$$f\left(16Rr-3r^2-\frac{4r^3}{R}\right)\geqslant 0$$

借助 Maple 软件容易得到等式

$$f\left(16Rr-3r^2-\frac{4r^3}{R}\right)=\frac{4(R-2r)}{R^2}G_2 \tag{47}$$

其中

$$\begin{aligned}G_2=&3\ 240R^{11}-22\ 248R^{10}r+44\ 838R^9r^2+6\ 726R^8r^3-\\&108\ 100R^7r^4+57\ 108R^6r^5+74\ 642R^5r^6-32\ 366R^4r^7-\\&23\ 543R^3r^8+3\ 717R^2r^9+2\ 701Rr^{10}+170r^{11}\end{aligned}$$

于是,根据 Euler 不等式,我们需要证明 $G_2>0$,容易验证等式

$$\begin{aligned}G_2=&3\ 240e^{11}+49\ 032e^{10}r+312\ 678e^9r^2+1\ 085\ 970e^8r^3+2\ 205\ 308e^7r^4+\\&2\ 575\ 036e^6r^5+1\ 478\ 642e^5r^6+36\ 950e^4r^7-465\ 111e^3r^8-\\&272\ 309e^2r^9-13\ 587er^{10}+53\ 376r^{11}\end{aligned} \tag{48}$$

因为 $e\geqslant 0$,为证 $G_2>0$,只需证明

$$\begin{aligned}&2\ 575\ 036e^6r^5+1\ 478\ 642e^5r^6+36\ 950e^4r^7-465\ 111e^3r^8-\\&272\ 309e^2r^9-13\ 587er^{10}+53\ 376r^{11}>0\end{aligned}$$

不妨令 $r=1$,则上式变为

$$2\ 575\ 036e^6+1\ 478\ 642e^5+36\ 950e^4-465\ 111e^3-$$

$$272\ 309e^2 - 13\ 587e + 53\ 376 > 0 \tag{49}$$

应用一元函数的单调性很容易证明上式成立. 可见不等式 $G_2 > 0$ 对任意三角形成立. 综上,我们证明了不等式(44) 对所有锐角 $\triangle ABC$ 成立. 至此,我们也完成了不等式(29) 的证明. 容易确定不等式(29) 中等号当且仅当 $\triangle ABC$ 为正三角形时成立.

三、不等式链(11) 的第二个不等式的证明

我们先给出类似于引理 1 的一个引理(证明从略).

引理 4 在 $\triangle ABC$ 中,令 $A, B, C, B-C, C-A, A-B$ 均不是直角,令

$$z_1 = \frac{1}{\cos A} + \frac{1}{\cos(B-C)} - 1$$

$$z_2 = \frac{1}{\cos B} + \frac{1}{\cos(C-A)} - 1$$

$$z_3 = \frac{1}{\cos C} + \frac{1}{\cos(A-B)} - 1$$

则

$$z_1 z_2 z_3 = \frac{2N_5}{P_0} \tag{50}$$

$$z_2 z_3 + z_3 z_1 + z_1 z_2 = \frac{N_6}{P_0} \tag{51}$$

其中 P_0 的值与引理 1 相同,且

$$N_5 = (R^2 + r^2)s^4 - (8R^4 + 24R^3 r + 10R^2 r^2 + 20Rr^3 - 2r^4)s^2 + (R^2 + 4Rr + r^2)(2R + r)^4$$

$$N_6 = s^6 + (-14R^2 - 28Rr - 3r^2)s^4 + (64R^4 + 240R^3 r + 252R^2 r^2 + 72Rr^3 - 9r^4)s^2 - (6R^2 + 20Rr + 5r^2)(2R + r)^4$$

下面,我们证明不等式链(11) 的第二个不等式,它等价于

$$3\sum \frac{1}{h_a + 3r} \geqslant \sum \frac{1}{w_a - r} \tag{52}$$

由前面的等式(30) ~ (32) 易知上式等价于

$$3\sum \frac{1}{\dfrac{\sin B\sin C}{2\sin\dfrac{A}{2}\sin\dfrac{B}{2}\sin\dfrac{C}{2}} + 3} \geqslant \sum \frac{1}{\dfrac{1}{\sin\dfrac{A}{2}} + \dfrac{1}{\cos\dfrac{B-C}{2}} - 1} \tag{53}$$

为证此不等式,我们只需对锐角 $\triangle ABC$ 证明以下不等式

$$3\sum \frac{1}{\dfrac{\sin 2B\sin 2C}{2\cos A\cos B\cos C} + 3} \geqslant \sum \frac{1}{\dfrac{1}{\cos A} + \dfrac{1}{\cos(B-C)} - 1} \tag{54}$$

根据引理 2 与引理 4,可知上式等价于

$$3\left(\frac{1}{y_1}+\frac{1}{y_2}+\frac{1}{y_3}\right)\geqslant\frac{1}{z_1}+\frac{1}{z_2}+\frac{1}{z_3}$$

这又等价于

$$6\frac{N_4}{N_3}-\frac{N_6}{2N_5}\geqslant 0$$

前面已证 $N_3>0$ 与 $P_0>0$,因此由等式(50)与 $P_0>0$ 可知,当 $\triangle ABC$ 为锐角三角形时有 $N_5>0$. 因此为证上式只需证明

$$B_0\equiv 12N_4N_5-N_3N_6\geqslant 0 \tag{55}$$

应用 Maple 软件计算,易得

$$\begin{aligned}B_0\equiv&-9s^{10}+(144R^2+324Rr-19r^2)s^8-(216R^4+3\,744R^3r+\\&3\,220R^2r^2-352Rr^3-558r^4)s^6-(5\,472R^6+1\,440R^5r-\\&23\,288R^4r^2-7\,392R^3r^3+3\,300R^2r^4+8\,760Rr^5-\\&1\,218r^6)s^4+(7\,200R^6+19\,872R^5r-1\,032R^4r^2-\\&2\,800R^3r^3-1\,928R^2r^4+3\,220Rr^5+731r^6)(2R+r)^2s^2-\\&9(72R^4+224R^3r-88R^2r^2-72Rr^3-9r^4)(2R+r)^6\geqslant 0\end{aligned} \tag{56}$$

经过分析,我们得到等式

$$B_0=(9t_0+10g_2r^2+k_0)g_2t_0+16(a_2s^4+b_2s^2+c_2) \tag{57}$$

其中 t_0,g_2 的值同上,且

$$k_0=36R(R-2r)s^2+504R^4+432Rr^3+800R^2r^2+864R^3r+464r^4$$

$$\begin{aligned}a_2=&-162R^6-162R^5r+225R^4r^2+132R^3r^3+\\&319R^2r^4+326Rr^5+96r^6\end{aligned}$$

$$\begin{aligned}b_2=&1\,296R^8+2\,592R^7r+1\,458R^6r^2-4\,032R^5r^3-\\&6\,718R^4r^4-8\,500R^3r^5-4\,522R^2r^6-\\&1\,492Rr^7+192r^8\end{aligned}$$

$$\begin{aligned}c_2=&-2\,592R^{10}-7\,776R^9r-12\,024R^8r^2+3\,576R^7r^3+\\&28\,588R^6r^4+44\,322R^5r^5+38\,333R^4r^6+22\,336R^3r^7+\\&7\,767R^2r^8+1\,382Rr^9+96r^{10}\end{aligned}$$

注意到 $(9t_0+10g_2r^2+k_0)g_2t_0\geqslant 0$,因此为证不等式(56)(即 $B_0\geqslant 0$)只需证明在锐角三角形中不等式

$$a_2s^4+b_2s^2+c_2\geqslant 0 \tag{58}$$

成立,容易得到

$$\begin{aligned}a_2=&-(162e^6+2\,106e^5r+11\,115e^4r^2+30\,468e^3r^3+\\&45\,329e^2r^4+33\,678er^5+8\,872r^6)\end{aligned}$$

其中 $e=R-2r\geqslant 0$，所以有严格不等式 $a_2<0$. 另外，容易算得式(58) 左边关于 s^2 的二次函数的判别式为

$$F_2\equiv b_2^2-4a_2c_2=4Rr^4H_0 \tag{59}$$

其中

$$\begin{aligned}H_0=&(721\ 953e^{11}+14\ 648\ 634e^{10}r+132\ 468\ 840e^9r^2+\\&700\ 790\ 508e^8r^3+2\ 392\ 495\ 308e^7r^4+5\ 483\ 824\ 704e^6r^5+\\&8\ 515\ 656\ 592e^5r^6+8\ 871\ 063\ 360e^4r^7+6\ 125\ 818\ 368e^3r^8+\\&2\ 916\ 019\ 712e^2r^9+1\ 101\ 299\ 712er^{10}+283\ 410\ 432r^{11})>0\end{aligned}$$

可见 $F_2>0$. 容易验证恒等式

$$(2a_2s^2+b_2-\sqrt{F_2})(2a_2s^2+b_2+\sqrt{F_2})=4a_2(a_2s^4+b_2s^2+c_2) \tag{60}$$

接下来，我们来证明在锐角 $\triangle ABC$ 中有不等式

$$2a_2s^2+b_2-\sqrt{F_2}<0 \tag{61}$$

在上式两边同除以 2，易知上式等价于

$$E_1+E_2-r^2\sqrt{RH_0}<0 \tag{62}$$

其中

$$E_1=(-162R^6-162R^5r+225R^4r^2+132R^3r^3+319R^2r^4+326Rr^5+96r^6)s^2$$

$$\begin{aligned}E_2=&648R^8+1\ 296R^7r+729R^6r^2-2\ 016R^5r^3-3\ 359R^4r^4-\\&4\ 250R^3r^5-2\ 261R^2r^6-746Rr^7+96r^8\end{aligned}$$

根据锐角三角形的 Ciam berlini 不等式(37) 与 Gerretsen 不等式(40) 可知

$$\begin{aligned}E_1<&-(162R^6+162R^5r)(2R+r)^2+(225R^4r^2+132R^3r^3+\\&319R^2r^4+326Rr^5+96r^6)(4R^2+4Rr+3r^2)\\=&-648R^8-1\ 296R^7r+90R^6r^2+1\ 266R^5r^3+2\ 479R^4r^4+\\&2\ 976R^3r^5+2\ 645R^2r^6+1\ 362Rr^7+288r^8\end{aligned}$$

于是易得

$$E_1+E_2<r^2E_3 \tag{63}$$

其中

$$\begin{aligned}E_3=&819R^6-750R^5r-880R^4r^2-1\ 274R^3r^3+384R^2r^4+616Rr^5+384r^6\\=&819e^6+9\ 078e^5r+40\ 760e^4r^2+92\ 726e^3r^3+108\ 180e^2r^4+\\&55\ 952er^5+7\ 296r^6>0\end{aligned}$$

因此，为证不等式(62)，只需证明 $RH_0>E_3^2$，计算后可知

$$\begin{aligned}RH_0-E_3^2=&51\ 192e^{12}+1\ 222\ 776e^{11}r+12\ 591\ 144e^{10}r^2+73\ 804\ 440e^9r^3+\\&271\ 966\ 628e^8r^4+654\ 026\ 344e^7r^5+1\ 038\ 545\ 964e^6r^6+\\&1\ 146\ 505\ 968e^5r^7+1\ 193\ 852\ 464e^4r^8+1\ 708\ 823\ 936e^3r^9+\end{aligned}$$

$$2\ 224\ 150\ 272e^2r^{10}+1\ 669\ 558\ 272er^{11}+513\ 589\ 248r^{12} \tag{64}$$

由此可见 $RH_0>E_3^2$ 成立,从而不等式(62) 与不等式(61) 获证.

注意到 $a_2<0$(前面已证),根据等式(60) 与不等式(61) 可知,为证不等式(58) 只需证明

$$2a_2s^2+b_2+\sqrt{F_2}\geqslant 0 \tag{65}$$

因为 $a_2<0$,根据 Gerretsen 不等式(40),为证上式只需证明

$$2a_2(4R^2+4Rr+3r^2)+b_2+\sqrt{F_2}\geqslant 0 \tag{66}$$

令 $2a_2(4R^2+4Rr+3r^2)+b_2=I_0$,易得

$$I_0=2r^2(495R^6-1\ 074R^5r-880R^4r^2-1\ 274R^3r^3+384R^2r^4+616Rr^5+384r^6)$$

若 $I_0\geqslant 0$,则不等式(66) 显然成立. 若 $I_0<0$,则为证不等式(66) 只需证明 $F_2-I_0^2\geqslant 0$,容易验证等式

$$F_2-I_0^2=16er^4I_1I_2 \tag{67}$$

其中

$$I_1=736e^5+7\ 832e^4r+33\ 163e^3r^2+69\ 218e^2r^3+70\ 200er^4+26\ 880r^5$$

$$I_2=162e^6+2\ 106e^5r+11\ 115e^4r^2+30\ 468e^3r^3+45\ 329e^2r^4+33\ 678er^5+8\ 872r^6$$

因为 $e=R-2r\geqslant 0$,所以由式(67) 有 $F_2-I_0^2\geqslant 0$. 综上,不等式(66) 对任意 $\triangle ABC$ 成立. 于是,我们证明了不等式(58) 对锐角 $\triangle ABC$ 成立. 至此,我们完成了不等式(52) 的证明.

四、不等式链(11) 的第四个不等式的证明

这一部分中,我们证明不等式链(11) 的第四个不等式,这个不等式等价于

$$\sum\frac{w_a+r_a}{bc}\geqslant\frac{1}{R}+\frac{1}{r} \tag{68}$$

由等式 $bc=2Rh_a$ 可知,上式等价于

$$\sum\frac{w_a+r_a}{h_a}\geqslant 2+\frac{2R}{r} \tag{69}$$

又注意到$\frac{r_a}{h_a}=\frac{a}{b+c-a}$,因此由前面的等式(17) 与(32) 以及正弦定理可知,上式等价于三角不等式

$$\sum\frac{1}{\cos\frac{B-C}{2}}+\sum\frac{\sin A}{\sin B+\sin C-\sin A}\geqslant 2+\frac{1}{2\sin\frac{A}{2}\sin\frac{B}{2}\sin\frac{C}{2}} \tag{70}$$

由角变换又易知上式等价于涉及锐角 $\triangle ABC$ 的三角不等式

$$\sum\frac{1}{\cos(B-C)}+\sum\frac{\sin 2A}{\sin 2B+\sin 2C-\sin 2A}$$

$$\geqslant 2+\frac{1}{2\cos A\cos B\cos C} \tag{71}$$

接下来,我们证明上式.利用已知等式

$$\sum\sin 2A=\frac{2rs}{R^2} \tag{72}$$

$$\cos A\cos B\cos C=\frac{s^2-(2R+r)^2}{4R^2} \tag{73}$$

$$\sum\sin^2 2A=\frac{-s^4+(4R^2+8Rr+6r^2)s^2-r(4R+r)(2R+r)^2}{2R^4} \tag{74}$$

$$\sum\sin 2B\sin 2C=\frac{s^4-(4R^2+8Rr-2r^2)s^2+r(4R+r)(2R+r)^2}{4R^4} \tag{75}$$

容易证得

$$\sum\frac{\sin 2A}{\sin 2B+\sin 2C-\sin 2A}=\frac{s^2-6R^2-4Rr-r^2}{(2R+r)^2-s^2} \tag{76}$$

于是,根据等式(73)(76) 以及等式(参见文[26])

$$\sum\frac{1}{\cos(B-C)}=\frac{2R[(R+6r)s^2-(2R+r)(2R^2+7Rr+2r^2)]}{s^4-(6R^2+8Rr-2r^2)s^2+(2R^2+4Rr+r^2)(2R+r)^2} \tag{77}$$

可得等式

$$C_0=\frac{N_7}{M_7} \tag{78}$$

其中 C_0 表示式(71) 左边与右边的差,M_7 等于式(36) 右边的值(为正),且

$$N_7=-3s^4+(20R^2+36Rr-6r^2)s^2-$$
$$(4R+r)(2R+r)(4R^2+10Rr+3r^2)$$

因此,为证不等式(71)(即 $C_0\geqslant 0$) 只需对锐角 $\triangle ABC$ 证明 $N_7\geqslant 0$. 进而根据基本不等式(41) 只需证明

$$-3[(4R^2+20Rr-2r^2)s^2-r(4R+r)^3]+$$
$$(20R^2+36Rr-6r^2)s^2-(4R+r)(2R+r)(4R^2+10Rr+3r^2)\geqslant 0$$

即

$$8R[(R-3r)s^2-(4R+r)(R^2-3Rr-r^2)]\geqslant 0$$

根据涉及任意三角形的 Kooi 不等式(参见文[24] 第 56 页)

$$s^2\leqslant\frac{R(4R+r)^2}{4R-2r} \tag{79}$$

我们只需证明

$$Rs^2-\frac{3rR(4R+r)^2}{4R-2r}-(4R+r)(R^2-3Rr-r^2)\geqslant 0$$

易知这个不等式等价于

$$D_0\equiv 2R(2R-r)s^2-(4R+r)(4R^3-2R^2r+5Rr^2+2r^3)\geqslant 0 \quad (80)$$

令 $d_0=R^2-2Rr-r^2$,则易验证以下两个等式

$$D_0=2r(6R+r)d_0+2R(2R-r)(s-2R-r)(s+2R+r)+Rr^3 \quad (81)$$

$$D_0=-4(4R-r)(R-2r)d_0+(R-2r)r^2(2R+r)+2(2R-r)(Rs^2-16R^2r+3Rr^2+4r^3) \quad (82)$$

当 $d_0\geqslant 0$ 时,由等式(81) 与锐角三角形的 Ciamberlini 不等式(37) 以及 Euler 不等式 $R\geqslant 2r$ 可知 $D_0>0$. 当 $d_0<0$ 时,由等式(82) 与锐角三角形不等式(28) 以及 Euler 不等式可知 $D_0\geqslant 0$. 综合以上两种情形,不等式 $D_0\geqslant 0$ 对所有锐角 $\triangle ABC$ 成立. 于是不等式(71) 获证,从而涉及任意三角形的不等式(68) 获证,且易证其等号当且仅当 $\triangle ABC$ 为正三角形时成立.

五、不等式链(11) 的第六至第九个不等式的证明

不等式链(11) 的第五个不等式的证明见文[16]. 这一部分中,我们证明不等式链(11) 剩下的第六至第九个不等式.

笔者得出了不等式链(11) 的第六个不等式的两种证法,其中较简单的证明方法是应用杨学枝在文[10] 中给出的以下结果:

引理 5 在 $\triangle ABC$ 中成立

$$\sum\frac{1}{m_bm_c}\geqslant\frac{4\sum a^2}{\sum b^2c^2} \quad (83)$$

等号当且仅当 $\triangle ABC$ 为正三角形时成立.

下面,我们证明不等式链(11) 的第六个不等式,即

$$\sum\frac{1}{m_a}\geqslant\frac{5}{s}\sqrt{\frac{\sum h_a+18r}{\sum h_a+16r}} \quad (84)$$

两边分别平方,只需证明

$$\sum\frac{1}{m_a^2}+2\sum\frac{1}{m_bm_c}\geqslant\frac{25(\sum h_a+18r)}{s^2(\sum h_a+16r)}$$

根据引理 5,并注意到 $2Rh_a=bc$,为证上式只需证明

$$\sum\frac{1}{m_a^2}+\frac{8\sum a^2}{\sum b^2c^2}\geqslant\frac{25(\sum bc+36Rr)}{s^2(\sum bc+32Rr)}$$

即

$$J_0 \equiv s^2(\sum bc + 32Rr)[8(m_a m_b m_c)^2 \sum a^2 + \sum b^2c^2 \sum m_b^2 m_c^2] -$$
$$25(m_a m_b m_c)^2(\sum bc + 36Rr)\sum b^2c^2 \geqslant 0 \tag{85}$$

利用前面的等式(25) 与已知等式

$$\sum a^2 = 2(s^2 - 4Rr - r^2) \tag{86}$$

$$\sum b^2c^2 = s^4 - 2(4R - r)rs^2 + (4R + r)^2r^2 \tag{87}$$

$$\sum m_b^2 m_c^2 = \frac{9}{16}[s^4 - 2(4R - r)rs^2 + (4R + r)^2r^2] \tag{88}$$

$$16(m_a m_b m_c)^2 = s^6 - 3(4R - 11r)s^4r -$$
$$3(20R^2 + 40Rr + 11r^2)s^2r^2 - (4R + r)^3r^3 \tag{89}$$

经计算化简容易得到等式

$$J_0 = \frac{1}{16}r^2 J_1 \tag{90}$$

其中

$$J_1 = -327s^{10} + (4\ 972R^2 - 9\ 156Rr - 2\ 179r^2)s^8 -$$
$$2(16\ 448R^3 - 116\ 322R^2r + 33\ 336Rr^2 + 227r^3)rs^6 -$$
$$6(31\ 328R^4 + 151\ 072R^3r + 17\ 130R^2r^2 - 10\ 252Rr^3 -$$
$$383r^4)r^2s^4 + 25(1\ 760R^3 + 5\ 180R^2r + 1\ 576Rr^2 +$$
$$37r^3)(4R + r)^2r^3s^2 + 25(40R + r)(4R + r)^5r^4$$

因此,为证 $J_0 \geqslant 0$,我们只需证明 $J_1 \geqslant 0$,令

$$g_1 = s^2 - 16Rr + 5r^2, g_3 = (4R + r)^2 - 3s^2$$

则由 Gerretsen 不等式(见文[23] 第 45 页)

$$s^2 \geqslant 16Rr - 5r^2 \tag{91}$$

与已知不等式(见文[23] 第 54 页)

$$(4R + r)^2 \geqslant 3s^2 \tag{92}$$

可知 $g_1 \geqslant 0, g_3 \geqslant 0$. 经过分析,我们得到以下等式

$$J_1 = n_1 g_1^2 + n_2 g_1 + n_3 t_0 + n_4 g_2 + n_5 g_3 + n_6 \tag{93}$$

其中 g_2, t_0 的值同上,且

$$n_1 = 3\ 664R^2s^4$$

$$n_2 = (42\ 496R^3 + 2\ 923r^3)rs^4$$

$$n_3 = (327s^2 + 15\ 696Rr + 1\ 525r^2)s^4$$

$$n_4 = 32Rr^2(3\ 385R + 1\ 933r)s^4$$

$$n_5 = 25(1\ 760R^3 + 5\ 660R^2r + 1\ 708Rr^2 + 40r^3)r^3s^2 +$$

$$25(40R+r)(4R+r)^3r^4$$

$$n_6=8(R-2r)(15\ 656R^3+2\ 516R^2r-5\ 057Rr^2+487r^3)r^2s^4$$

于是,根据不等式 $g_1\geqslant 0,g_2\geqslant 0,g_3\geqslant 0,t_0\geqslant 0$ 以及 Euler 不等式便知 $J_1\geqslant 0$ 成立,因此不等式(84) 获证,且易知其等号仅当 $\triangle ABC$ 为正三角形时成立.

不等式链(11) 的第七个不等式显然等价于

$$\frac{\sum h_a+18r}{\sum h_a+16r}\geqslant\frac{2R+23r}{2R+21r}$$

即

$$(2R+21r)(\sum bc+36Rr)-(2R+23r)(\sum bc+32Rr)\geqslant 0$$

利用等式(25),易知上式等价于

$$2r(2Rr-4r^2+4R^2+4Rr+3r^2-s^2)\geqslant 0$$

由 Euler 不等式与 Gerretsen 不等式(40) 可知上式成立.

为证不等式链(11) 的第八个不等式,只需证明

$$5\sqrt{\frac{2R+23r}{2R+21r}}\geqslant 5+(6\sqrt{3}-10)\frac{r}{R}$$

由于

$$25R^2(2R+23r)-(2R+21r)\left[5R+(6\sqrt{3}-10)r\right]^2$$

$$=r(R-2r)[(250-120\sqrt{3})R+(2\ 184-1\ 260\sqrt{3})r]$$

由 Euler 不等式 $R\geqslant 2r$ 易知上式等号右边的值为非负,于是要证的不等式获证.

最后,我来证明不等式链(11) 的第九个不等式

$$\frac{5}{s}+(6\sqrt{3}-10)\frac{r}{Rs}\geqslant\frac{5}{2R+r}$$

根据 Gerretsen 不等式(40),为证上式只需证明

$$5+(6\sqrt{3}-10)\frac{r}{R}\geqslant\frac{5}{2R+r}\sqrt{4R^2+4Rr+3r^2}$$

注意到

$$(2R+r)^2\left[5R+(6\sqrt{3}-10)r\right]^2-25R^2(4R^2+4Rr+3r^2)$$

$$=(3\sqrt{3}-5)r(R-2r)[(80R+35r-27r\sqrt{3})R+2(3\sqrt{3}-5)r^2]$$

由 Euler 不等式 $R\geqslant 2r$ 可知上式等号右边的值为正,因此不等式链(11) 的第九个不等式获证,且知其等号当且仅当 $\triangle ABC$ 为正三角形时成立.

至此,我们完成了定理的证明.

注 当 $k=\frac{3\sqrt{3}}{5}-1$ 时,易证不等式(9) 强于不等式(8) 而弱于不等式(13).

六、几个猜想

笔者在研究不等式链(11)时,发现了一些新的三角形不等式,例如,笔者证明了涉及三角形内角平分线与内切圆半径不等式链

$$\frac{1}{2}\sum\frac{1}{w_a-2r}\geqslant\frac{1}{2r}+\sum\frac{1}{w_a}\geqslant\sum\frac{1}{w_a-r}\geqslant\frac{3}{2}\sum\frac{1}{w_a}\tag{94}$$

其中第二个不等式是褚小光与尹华焱在文[18]中提出的一个猜想.与此同时,笔者也提出了几个尚待解决的猜想,下面介绍其中的四个.

由不等式链(11)可知

$$\sum\frac{1}{w_a-2r}\geqslant 2\sum\frac{1}{w_a-r}\tag{95}$$

考虑上式的推广,笔者提出以下猜想:

猜想1 设实数 k 满足 $2\geqslant k>1$,则在 $\triangle ABC$ 中成立不等式

$$\sum\frac{1}{w_a-kr}\geqslant\frac{2}{3-k}\sum\frac{1}{w_a-r}\tag{96}$$

当 $0<k<1$ 时上式反向成立.

若猜想1正确,则根据不等式链(11)可知当 $2\geqslant k\geqslant 1$ 时有

$$\sum\frac{1}{w_a-kr}\geqslant\frac{2}{3-k}\left(\frac{1}{R}+\frac{1}{r}\right)\tag{97}$$

成立.对此,我们提出相关的下述猜想:

猜想2 若实数 k 满足 $k<1$ 且 $\triangle ABC$ 为锐角三角形,则不等式(97)成立.

下面猜想3中的不等式是作者多年来试图证明而未能如愿的一个不等式:

在文[27]中,笔者证明了类似于式(3)的不等式

$$\sum R_1\sum\frac{1}{m_a}>5\tag{98}$$

这里,我们提出类似于不等式(7)的下述猜想.

猜想3 对 $\triangle ABC$ 与平面上任意一点 P 有

$$\sum R_1\sum\frac{1}{m_a}\geqslant 5\sqrt{1+\frac{22r}{25R}}\tag{99}$$

由不等式链(11)的第二个不等式与不等式链(94)的第三个不等式可知

$$\sum\frac{1}{h_a+3r}\geqslant\frac{1}{2}\sum\frac{1}{w_a}\tag{100}$$

考虑这个不等式的推广,提出以下猜想.

猜想4 设 $\triangle ABC$ 内部任意一点 P 到三边 BC,CA,AB 的距离分别为 r_1,r_2,r_3,则有不等式

$$\sum \frac{1}{h_a + 3r_1} \geqslant \frac{1}{2} \sum \frac{1}{w_a} \tag{101}$$

参考文献

[1] JANOUS W. Problem 1137* [J]. Crux Math,1986(12)：79,177(revised).

[2] GMEINER W,JANOUS W. Solution(completed)to Prbolem 1137* [J]. Crux Math,1987(13)：228-230.

[3] 单墫,刘亚强.介绍一个几何不等式[J].中等数学,1989(6)：9-11.

[4] 杨学枝.Janous-Gmeiner 不等式的初等证明[J].中等数学,1992(1)：16-17.

[5] 赵临龙.Janous-Gmeiner 不等式的初等证法[J].荆州师专学报(自然科学版),1995,18(5)：25-26.

[6] 陈计.Janous 不等式猜想的简单证明[J].数学通讯,1992(9)：16-17.

[7] 陈计.Janous 不等式的一个加强[J].福建中学数学,1992(6)：8-9.

[8] 刘健.三个新的三角形不等式[J].教学月刊,1993(8)：1-4.

[9] 刘健.从两个几何不等式谈起[J].中学数学,1994(8)：12-14.

[10] 杨学枝.Janous-Gmeiner 不等式的完善[C] // 陈计,叶中豪.初等数学前沿.南京：江苏教育出版社,1996：77-84.

[11] 安振平.几个三角形不等式的推广[J].数学通讯,1991(1)：21-24.

[12] 石世昌.Janous 不等式的加强[J].数学通讯,1993(8)：26-28.

[13] 石世昌.Janous-Gmeiner 不等式的加强[C] // 陈计,叶中豪.初等数学前沿.南京：江苏教育出版社,1996：85-89.

[14] SRIVASTAVA H M,LOKESHA V,WU Y D. A new refinement of the Janous-Gmeiner inequality for a triangle[J]. Computers and Mathematics with Applications,2011(62)：2349-2353.

[15] 刘健.100个待解决的三角形不等式问题[C] // 单墫.几何不等式在中国.南京:江苏教育出版社,1996：137-161.

[16] 刘健.一个三角形中线不等式猜想的证明[J].华东交通大学学报,2008,25(1)：105-108.

[17] SHI S C,WU Y D. The best constant in a geometric inequality relating medians,inradius and circumradius in a triangle[J]. J. Math. Inequal.,2013,7(2)：183-194.

[18] 褚小光,尹华焱.一个三角形的半对称不等式链及应用[J].怀化师专学报,2001,20(2):12-15.

[19] LIU J. A geometric inequality in triangles and its applications[J]. Int. J. Geom. ,2022,11(3):134-152.

[20] LIU J. A refinement of an equivalent form of a Gerretsen inequality[J]. J. Geom. ,2015,106: 605-615.

[21] LIU J. Two new weighted Erdös—Mordell inequality[J]. Discrete. Comput. Geom. ,2018,59(3): 707-724.

[22] 刘健. 非钝角三角形几何元素 R,r 与 s 的一个不等式[J]. 教学月刊(中学版),2010(7): 51-53.

[23] LIU J. Further generalization of Walker's inequality in acute triangles and its applications[J]. Aims Mathematics,2020,5(6): 6657-6672.

[24] O. Bottema. 几何不等式[M]. 单墫译. 北京：北京大学出版社,1991.

[25] MITRINOVIC D S,PEČARIĆ J E,VOLENCE V. Recent advances in geometric inequalities[M]. Dordrecht: Kluwer Academic Publishers, 1989.

[26] LIU J. Proof of a double inequality in triangles[J]. J. Math. Inequal. , 2021,15(4): 1361-1374.

[27] 刘健. 关于平面上一点的一个不等式[J]. 河北理科教学研究,2008(2): 34-35.

关于三角形的一些线性不等式

刘　健

（华东交通大学　江西　南昌　330013）

摘　要：本文应用三角形几何不等式中常见的“R-r-s”方法，证明了几个涉及三角形常见的长度元素的线性不等式，同时提出了几个尚待解决的猜想.

关键词：三角形；高线；内角平分线；中线；类似中线

一、引言与主要结果

本文中，我们使用下述符号：设 $\triangle ABC$ 的三条边分别为 a，b，c，其半周长为 s. 用 h_a，h_b，h_c 表示相应边上的高，w_a，w_b，w_c 表示相应边上的内角平分线，m_a，m_b，m_c 表示相应边上的中线，k_a，k_b，k_c 表示相应边上的类似中线，r_a，r_b，r_c 表示相应边上的旁切圆半径. 用 R，r 与 S 分别表示 $\triangle ABC$ 的外接圆半径、内切圆半径和面积. 另外，我们用 $\sum$ 与 $\prod$ 分别表示循环和与循环积.

涉及三角形长度元素的线性不等式是一类有趣的几何不等式. 最简单且重要的线性三角形不等式是 Euler 不等式（参见文[1]第 53 页）

$$R \geqslant 2r \tag{1}$$

我们从文[1]还可以了解到其他一些已知结果. W. J. Blundon 在 1965 年建立了不等式

$$s \leqslant 2R + (3\sqrt{3} - 4)r \tag{2}$$

其中右边的组合系数是最优的. L. A. Sanaló 在 1943 年得出了不等式链

$$s < \sum w_a \leqslant \sqrt{3}\, s \tag{3}$$

F. Leuenberger 在 20 世纪 60 年代前后建立了以下三个不等式

$$\sum h_a \leqslant 2R + 5r \tag{4}$$

$$\sum m_a \leqslant 4R + r \tag{5}$$

$$\sum w_a \leqslant 3(R + r) \tag{6}$$

笔者陆续对不等式(3) ~ (6) 进行过研究，在文[2] 中得出了不等式链(3)的第二个不等式与不等式(6) 的加权推数推广. 在文[3] 中猜测不等式链(3) 的第一个不等式可以加强为

$$\sum w_a \geqslant s+(9-3\sqrt{3})r \tag{7}$$

这个不等式后来被杨学枝与尹华焱证明(见文[4]). 笔者在提出不等式(7) 的同时证明了

$$\sum h_a \leqslant s+(9-3\sqrt{3})r \tag{8}$$

Blundon不等式(2) 表明上式强于式(4). 在文[5] 中，笔者还证明了不等式(4) 可加强为

$$\sum k_a \leqslant 2R+5r \tag{9}$$

在文[6] 中，作者给出了线性不等式

$$\sum m_a \leqslant 2s-(6\sqrt{3}-9)r \tag{10}$$

由 Blundon 不等式(2) 易知上式加强了不等式(5). 由不等式(7) 与不等式(10) 容易推得笔者早知的线性不等式

$$2\sum w_a \geqslant \sum m_a+9r \tag{11}$$

在文[7] 中，笔者又得出了强于式(6) 的不等式

$$\sum m_a+\sum w_a \leqslant 6(R+r) \tag{12}$$

本文中，我们证明下述定理所述的五个线性不等式.

定理 1 在 $\triangle ABC$ 中成立不等式

$$2\sum m_a+(\sqrt{3}-1)\sum w_a \leqslant (3+\sqrt{3})s \tag{13}$$

等号当且仅当 $\triangle ABC$ 为正三角形时成立.

不等式(13) 是作者在文[8] 中提出的一个猜想(Shc 28(a))，易知它等价于

$$(\sqrt{3}-1)\sum m_a+(2-\sqrt{3})\sum w_a \leqslant \sqrt{3}s \tag{14}$$

注意到 $m_a \geqslant w_a$，可见上式强于不等式(3) 的第二个不等式. 事实上，不等式(13) 早已被石世昌所证明，他还证明了上式中左边的组合系数是最优的(参见文[9] 第 480 ~ 486 页). 本文中，我们将应用两个已知结果给出不等式(13)的一个新的证明.

定理 2 在 $\triangle ABC$ 中成立不等式

$$\sum m_a \geqslant \frac{3}{2}s+\frac{2-\sqrt{3}}{2}\sum h_a \tag{15}$$

等号当且仅当 $\triangle ABC$ 为正三角形时成立.

不等式(15) 也是笔者在文[8] 中提出的一个猜想(Shc 50),它给出了已知的严格不等式(参见文[1] 的第 85 页)

$$\sum m_a > \frac{3}{2}s \tag{16}$$

(其中$\frac{3}{2}$ 为最佳系数) 的加强.

定理 3　在 $\triangle ABC$ 中成立不等式

$$\sum w_a \leqslant \frac{4}{3}s + (9 - 4\sqrt{3})r \tag{17}$$

等号当且仅当 $\triangle ABC$ 为正三角形时成立.

不等式(17) 是刘保乾早在2000年提出的一个猜想(参见文[9]第394页).许多人试图给出不等式(17) 的证明,但均未能如愿.2021 年初,尹华焱在研究不等式(17) 时提出了一个更强的猜想不等式(见引理 7).笔者将在本文证明他的这个猜想,进而给出不等式(17) 的证明.

在 $\triangle ABC$ 中,我们有简单的已知不等式(参见文[1] 第 58 页)

$$s \geqslant 3\sqrt{3}r \tag{18}$$

据此考虑不等式(3) 的第二个不等式的加强形式

$$\sqrt{3}s - \sum w_a \geqslant k(s - 3\sqrt{3}r) \tag{19}$$

其中 k 为正常数,我们容易发现当 $\triangle ABC$ 退化为一个内角为 π、另外两个内角为 0 的“三角形”时,k 取值为$\frac{4\sqrt{3}-3}{4}$,对应的不等式等价于式(17),由此可知不等式(17) 右边的组合系数是最优的.

利用不等式(15)(17)(18) 以及简单的已知不等式

$$\sum h_a \geqslant 9r \tag{20}$$

易证以下最优系数的线性不等式

$$9\sum w_a \leqslant 8\sum m_a + 9r \tag{21}$$

刘保乾也曾发现此不等式以及不等式(11)(见文[9]第394页),但未给出证明.笔者发现将这个不等式(21) 中的内角平分线换成类似中线后不等式仍成立,并进一步证明了下述更强的不等式:

定理 4　在 $\triangle ABC$ 中成立不等式

$$6\sum k_a \leqslant 5\sum m_a + 9r \tag{22}$$

等号当且仅当 $\triangle ABC$ 为正三角形时成立.

对于锐角 $\triangle ABC$(不等式 $w_a > k_a$ 成立),不等式(8) 有下述明显的加强:

定理 5　在锐角 $\triangle ABC$ 中成立不等式

$$\sum k_a \leqslant s + (9 - 3\sqrt{3})r \tag{23}$$

等号当且仅当 $\triangle ABC$ 为正三角形时成立.

尹华焱最先将不等式(23) 作为一个猜想提出(参见文[9] 第 314 页). 本文中,我们证明较之更强的一个非线性不等式,进而推证出不等式(23)(此不等式右边的组合系数也是最优的).

二、定理 1 的证明

定理 1 的证明需用到以下三个引理:

引理 1　在 $\triangle ABC$ 中成立不等式

$$\left(\sum m_a\right)^2 \leqslant 4s^2 - 16Rr + 5r^2 \tag{24}$$

等号当且仅当 $\triangle ABC$ 为正三角形时成立.

不等式(24) 是褚小光与杨学枝在文[10] 中建立的,应用它易证前面给出的线性不等式(11).

引理 2　在 $\triangle ABC$ 中成立不等式

$$\left(\sum w_a\right)^2 \leqslant s^2 + \frac{102}{5}Rr + \frac{66}{5}r^2 \tag{25}$$

等号当且仅当 $\triangle ABC$ 为正三角形时成立.

笔者在文[11] 中证明了不等式(25).

引理 3　在 $\triangle ABC$ 中成立不等式

$$4R^2 + 4Rr + 3r^2 \geqslant s^2 \geqslant 16Rr - 5r^2 \tag{26}$$

等号当且仅当 $\triangle ABC$ 为正三角形时成立.

不等式链(26) 即为重要的 Gerretsen 双向不等式,参见文[1] 与文[12].

定理 1 的证明　令

$$x_0 = \sqrt{4s^2 - 16Rr + 5r^2},\ y_0 = \sqrt{s^2 + \frac{102}{5}Rr + \frac{66}{5}r^2}$$

$$z_0 = 4(\sqrt{3} - 1)x_0 y_0$$

根据引理 1 与引理 2,为证不等式(13) 只需证明

$$(3 + \sqrt{3})^2 s^2 - [2x_0 + (\sqrt{3} - 1)y_0]^2 \geqslant 0$$

即

$$D_0 \equiv (3 + \sqrt{3})^2 s^2 - 4x_0^2 - (\sqrt{3} - 1)^2 y_0^2 \geqslant 4(\sqrt{3} - 1)x_0 y_0 \tag{27}$$

容易得到等式

$$D_0 = 8(\sqrt{3} - 1)s^2 + \frac{204\sqrt{3} - 88}{5}Rr - \frac{364 - 132\sqrt{3}}{5}r^2$$

根据 Gerretsen 不等式链(26) 的第二个不等式与 Euler 不等式可知

$$D_0 > 8(\sqrt{3}-1)(16Rr-5r^2)+\frac{204\sqrt{3}-88}{5}Rr-\frac{364-132\sqrt{3}}{5}r^2$$

$$=\frac{844\sqrt{3}-728}{5}Rr-\frac{68\sqrt{3}+164}{5}r^2>0$$

因此,为证不等式(27) 只需证明 $D_0^2-z_0^2\geqslant 0$,容易验证恒等式

$$\begin{aligned}25(D_0^2-z_0^2)=&(29\,120\sqrt{3}-48\,960)Rr(s^2-16Rr+5r^2)+\\&(31\,680-6\,560\sqrt{3})r^2(4R^2+4Rr+3r^2-s^2)+\\&[(195\,136\sqrt{3}-255\,248)R+\\&32(369\sqrt{3}+248)r](R-2r)r^2\end{aligned}$$

于是,根据 Euler 不等式(1) 与 Gerretsen 不等式链(26) 即知 $D_0^2-z_0^2\geqslant 0$ 成立,不等式(13) 获证,且易知不等式(13) 中等号当且仅当 $\triangle ABC$ 为正三角形时成立. 定理 1 证毕.

三、定理 2 的证明

定理 2 的证明将用到 Blundon 不等式(2) 与 Gerretsen 双向不等式(26) 的第一个不等式以及下述引理.

引理 4　在 $\triangle ABC$ 中有不等式

$$-s^4+(4R^2+20Rr-2r^2)s^2-r(4R+r)^3\geqslant 0 \tag{28}$$

成立,等号当且仅当 $\triangle ABC$ 为等腰三角形时成立.

不等式(28) 被称为三角形基本不等式,参见文[1](第 147 页) 与文[12](第 1 ~ 10 页),一些相关的文献还可见文[13] ~ [23].

下面给出定理 2 的证明.

定理 2 的证明　由已知的中线公式

$$4m_a^2=2b^2+2c^2-a^2 \tag{29}$$

易得

$$m_a=\frac{1}{2}\sqrt{(b+c)^2\cos^2\frac{A}{2}+(b-c)^2\sin^2\frac{A}{2}} \tag{30}$$

于是

$$m_a\geqslant\frac{1}{2}(b+c)\cos\frac{A}{2} \tag{31}$$

因此,为证不等式(15) 只需证

$$\sum(b+c)\cos\frac{A}{2}\geqslant 3s+(2-\sqrt{3})\sum h_a \tag{32}$$

根据正弦定理，由 $h_a=2R\sin B\sin C$ 与 $s=R\sum\sin A$ 可知，上式等价于

$$E_0\equiv\sum(\sin B+\sin C)\cos\frac{A}{2}\geqslant\frac{3}{2}\sum\sin A+(2-\sqrt{3})\sum\sin B\sin C \tag{33}$$

为证上式，我们先证明

$$E_1\equiv\sum(\sin 2B+\sin 2C)\sin A-\frac{3}{2}\sum\sin 2A+(2-\sqrt{3})\sum\sin 2B\sin 2C\geqslant 0 \tag{34}$$

容易证明等式

$$\sum\sin 2A=\frac{2rs}{R^2} \tag{35}$$

$$\sum(\sin 2B+\sin 2C)\sin A=\frac{r(s^2+8R^2+6Rr+r^2)}{2R^3} \tag{36}$$

$$\sum\sin 2B\sin 2C=\frac{s^4-(4R^2+8Rr-2r^2)s^2+(4R+r)(2R+r)^2r}{4R^4} \tag{37}$$

从而易得

$$E_1=\frac{\sqrt{3}-1}{8R^4}E_2 \tag{38}$$

其中

$$E_2=(1-\sqrt{3})s^4+2(\sqrt{3}-1)(2R^2+6Rr+Rr\sqrt{3}-r^2)s^2-12(1+\sqrt{3})R^2rs+(4R+r-r\sqrt{3})(4R+r)(2R+r)r$$

于是，为证不等式(34)，只需证明 $E_2\geqslant 0$. 令

$$g_2=4R^2+4Rr+3r^2-s^2$$

$$g_0=2R+(3\sqrt{3}-4)r-s$$

$$t_0=-s^4+(4R^2+20Rr-2r^2)s^2-r(4R+r)^3$$

易得等式

$$E_2=(\sqrt{3}-1)t_0+12(1+\sqrt{3})R^2rg_0+2(5\sqrt{3}-7)Rrg_2+4(3\sqrt{3}-5)(R-2r)Rr^2 \tag{39}$$

根据 Blundon 不等式(2) 及引理 3 与引理 4，我们有 $g_0\geqslant 0$，$t_0\geqslant 0$，$g_2\geqslant 0$. 于是，由上式与 Euler 不等式可知 $E_2\geqslant 0$ 成立.

在不等式(34) 中作角代换 $A\to\frac{\pi-A}{2}$ 等，即得不等式(33). 于是，我们证明了不等式(15)，且易知式(15) 中等号当且仅当 $\triangle ABC$ 为正三角形时成立. 定理 2 证毕.

注 不等式(15) 还可延拓为

$$\sum m_a \geqslant \frac{3}{2}s + \frac{2-\sqrt{3}}{2}\sum h_a \geqslant \sum w_a \tag{40}$$

根据不等式(17),不等式(18) 与不等式(20) 容易证明上式中的第二个不等式.

四、定理 3 的证明

在证明定理 3 之前,我们先给出两个引理:

引理 5 设 R,r,s 分别是 $\triangle ABC$ 的外接圆半径、内切圆半径与半周长,且

$$m_1 = 2R^2 + 10Rr - r^2, m_2 = 2(R-2r)\sqrt{R(R-2r)}$$

又设 $a_0 > 0$,实数 x_0, d_0, d_1, d_2 满足

$$x_0 = 2a_0 m_0 + b_0$$

$$d_0 = x_0^2 - 4a_0^2 m_2^2$$

$$d_1 = a_0(m_1^2 + m_2)^2 + b_0 m_1 + c_0$$

$$d_2 = d_1^2 - x_0^2 m_2^2$$

若 $d_0 > 0, d_1 \geqslant 0, d_2 \geqslant 0$,则

$$Q_0 \equiv a_0 s^4 + b_0 s^2 + c_0 \geqslant 0 \tag{41}$$

上式中等号当且仅当 $\triangle ABC$ 为等腰三角形且 $d_2 = 0$ 时成立.

上述引理是笔者在文[23] 中证明的.

引理 6 在非钝角 $\triangle ABC$ 中有不等式

$$s \geqslant 2R + r \tag{42}$$

成立,等号当且仅当 $\triangle ABC$ 为直角三角形时成立.

不等式(42) 早为 C. Ciam berlini 所建立(参见文[1] 第 123 页),是非钝角三角形的一个基本不等式.

下面的引理 7 给出的不等式是尹华焱先生提出的一个猜想(见文[24]),它强于系数最佳的线性不等式(17),这令我们感到惊奇,提出这样一个猜想是不容易的,它促使作者最终证明了不等式(17),并由此受到启发从而证明了锐角三角形的线性不等式(23).

引理 7 在 $\triangle ABC$ 中有不等式

$$\left(\sum w_a - 2r\right)^2 \leqslant s^2 + \frac{112}{9}Rr - \frac{26}{9}r^2 \tag{43}$$

成立,等号当且仅当 $\triangle ABC$ 为正三角形时成立.

证明 在不等式(43) 两边同除以 r^2,并利用以下已知等式

$$\sum \cot\frac{A}{2} = \frac{s}{r} \tag{44}$$

$$\frac{r}{R}=4\prod\sin\frac{A}{2} \tag{45}$$

$$\sum w_a=r\sum\frac{1}{\sin\frac{A}{2}}+r\sum\frac{1}{\cos\frac{B-C}{2}} \tag{46}$$

其中,最后一个等式参见文[7],可知不等式(43) 等价于

$$\left(\sum\frac{1}{\sin\frac{A}{2}}+\sum\frac{1}{\cos\frac{B-C}{2}}-2\right)^2\leqslant\left(\sum\cot\frac{A}{2}\right)^2+\frac{28}{9\prod\sin\frac{A}{2}}-\frac{26}{9} \tag{47}$$

为证上式,我们先对锐角 $\triangle ABC$ 证明不等式

$$\left(\sum\frac{1}{\cos A}+\sum\frac{1}{\cos(B-C)}-2\right)^2\leqslant(\sum\tan A)^2+\frac{28}{9\prod\cos A}-\frac{26}{9} \tag{48}$$

令

$$K_1=(\sum\tan A)^2+\frac{28}{9\prod\cos A}-\frac{26}{9}$$

$$K_2=\sum\frac{1}{\cos A}+\sum\frac{1}{\cos(B-C)}-2$$

利用已知等式(参见文[12])

$$\sum\tan A=\frac{2rs}{s^2-(2R+r)^2} \tag{49}$$

$$\prod\cos A=\frac{s^2-(2R+r)^2}{4R^2} \tag{50}$$

可得

$$K_1=\frac{2N_1}{9M_1} \tag{51}$$

其中

$$M_1=[s^2-(2R+r)^2]^2$$

$$N_1=-13s^4+(160R^2+104Rr+44r^2)s^2-(108R^2+52Rr+13r^2)(2R+r)^2$$

再利用已知等式(参见文[12])

$$\sum\frac{1}{\cos A}=\frac{s^2-4R^2+r^2}{s^2-(2R+r)^2} \tag{52}$$

与等式(参见文[7])

$$\sum \frac{1}{\cos(B-C)} = \frac{2R[(R+6r)s^2-(2R+r)(2R^2+7Rr+2r^2)]}{s^4-(6R^2+8Rr-2r^2)s^2+(2R^2+4Rr+r^2)(2R+r)^2} \tag{53}$$

可得

$$K_2 = \frac{N_2}{M_2} \tag{54}$$

其中

$$M_2 = [s^2-(2R+r)^2][s^4-(6R^2+8Rr-2r^2)s^2+ (2R^2+4Rr+r^2)(2R+r)^2]$$

$$N_2 = -s^6+(12R^2+28Rr+r^2)s^4-(2R+r)(24R^3+84R^2r+ 42Rr^2-5r^3)s^2+(4R^2+12Rr+3r^2)(2R+r)^4$$

于是,可知不等式(48)等价于

$$\frac{2N_1}{9M_1}-\frac{N_2^2}{M_2^2} \geqslant 0$$

即

$$2N_1M_2^2-9M_1N_2^2 \geqslant 0 \tag{55}$$

借助 Maple 软件容易计算得到等式

$$2N_1M_2^2-9M_1N_2^2 = [s^2-(2R+r)^2]^3G_0 \tag{56}$$

其中

$$G_0 = -35s^{10}+(708R^2+988Rr-33r^2)s^8-(5\,384R^4+15\,360R^3r+ 11\,792R^2r^2+592Rr^3-218r^4)s^6+(19\,488R^6+85\,344R^5r+ 132\,712R^4r^2+80\,960R^3r^3+15\,912R^2r^4-2\,008Rr^5+502r^6)s^4- (8\,480R^6+42\,016R^5r+74\,136R^4r^2+52\,512R^3r^3+14\,276R^2r^4- 140Rr^5-393r^6)(2R+r)^2s^2+(1\,440R^6+7\,904R^5r+15\,736R^4r^2+ 13\,728R^3r^3+5\,996R^2r^4+1\,284Rr^5+107r^6)(2R+r)^4$$

因此,根据锐角三角形的 Ciam berlini 不等式(42),我们只需对锐角 $\triangle ABC$ 证明 $G_0 \geqslant 0$. 令

$$s_0 = s^2-(2R+r)^2$$

$$g_2 = 4R^2+4Rr+3r^2-s^2$$

$$t_0 = -s^4+(4R^2+20Rr-2r^2)s^2-r(4R+r)^3$$

经过分析,我们得到等式

$$G_0 = (35s_0g_2^2+x_1)t_0+x_2s_0^2g_2^2+x_3s_0g_2^2+a_0s^4+b_0s^2+c_0 \tag{57}$$

其中

$$x_1 = 16r^4(391R^2+24Rr+254r^2)$$

$$x_2 = 148R^2-132Rr-208r^2$$

$$x_3 = 344R^4 + 576R^3r - 2\,188R^2r^2 + 1\,464Rr^3 - 1\,376r^4$$

$$a_0 = 16R(R-2r)(28R^4 + 56R^3r - 101R^2r^2 - 46Rr^3 - 92r^4)$$

$$\begin{aligned} b_0 = & -3\,584R^8 - 3\,584R^7r + 24\,896R^6r^2 + 5\,824R^5r^3 + 3\,984R^4r^4 - \\ & 119\,488R^3r^5 + 17\,792R^2r^6 - 53\,120Rr^7 + 24\,064r^8 \end{aligned}$$

$$\begin{aligned} c_0 = & 7\,168R^{10} + 14\,336R^9r - 37\,888R^8r^2 - 53\,760R^7r^3 - 61\,632R^6r^4 + \\ & 378\,496R^5r^5 + 286\,976R^4r^6 + 273\,536R^3r^7 + 114\,432R^2r^8 - \\ & 2\,816Rr^9 - 6\,656r^{10} \end{aligned}$$

由 Euler 不等式易知 $x_2 > 0$，$x_3 > 0$. 因此，根据 Ciamberlini 锐角三角形不等式(42)与三角形基本不等式(28)，为证不等式 $G_0 \geqslant 0$，只需对任意 $\triangle ABC$ 证明 $a_0s^4 + b_0s^2 + c_0 \geqslant 0$. 根据引理 1，应用 Maple 软件容易算得

$$\begin{aligned} d_0 = & 256(8\,064R^{14} - 16\,128R^{13}r - 226\,032R^{12}r^2 + 1\,937\,344R^{11}r^3 - \\ & 3\,555\,280R^{10}r^4 - 9\,738\,352R^9r^5 + 43\,589\,801R^8r^6 - \\ & 64\,915\,864R^7r^7 + 90\,475\,488R^6r^8 - 94\,745\,392R^5r^9 + \\ & 79\,834\,816R^4r^{10} - 52\,200\,576R^3r^{11} + 28\,015\,680R^2r^{12} - \\ & 11\,093\,504Rr^{13} + 2\,262\,016r^{14})r^2 \end{aligned}$$

$$\begin{aligned} d_2 = & 1\,024(R-2r)(50\,512R^{12} - 52\,752R^{11}r - 474\,416R^{10}r^2 + 612\,740R^9r^3 + \\ & 351\,491R^8r^4 + 2\,781\,102R^7r^5 + 1\,825\,869R^6r^6 + 3\,878\,548R^5r^7 + \\ & 1\,259\,076R^4r^8 + 2\,324\,928R^3r^9 + 494\,720R^2r^{10} + 346\,112Rr^{11} + \\ & 230\,400r^{12})r^6 \end{aligned}$$

令 $e = R - 2r$，由 Euler 不等式可知 $e \geqslant 0$，将 $R = 2r + e$ 代入 d_0 中，易得

$$\begin{aligned} d_0 = & 2\,064\,384e^{14}r^2 + 53\,673\,984e^{13}r^3 + 586\,223\,616e^{12}r^4 + \\ & 3\,830\,530\,048e^{11}r^5 + 18\,341\,376\,000e^{10}r^6 + 71\,593\,775\,104e^9r^7 + \\ & 225\,559\,152\,896e^8r^8 + 534\,782\,015\,488e^7r^9 + \\ & 897\,465\,679\,872e^6r^{10} + 1\,045\,811\,113\,984e^5r^{11} + \\ & 949\,590\,458\,368e^4r^{12} + 955\,299\,954\,688e^3r^{13} + \\ & 1\,057\,919\,221\,760e^2r^{14} + 785\,339\,383\,808er^{15} + \\ & 249\,712\,082\,944r^{16} > 0 \end{aligned}$$

类似地，可得

$$\begin{aligned} d_1 = & 32e(112e^9 + 1\,568e^8r + 8\,592e^7r^2 + 23\,968e^6r^3 + 35\,915e^5r^4 + \\ & 31\,893e^4r^5 + 38\,851e^3r^6 + 74\,872e^2r^7 + 76\,524er^8 + 25\,600r^9) \geqslant 0 \end{aligned}$$

$$\begin{aligned} d_2 = & 1\,024(50\,512e^{12} + 1\,159\,536e^{11}r + 11\,700\,208e^{10}r^2 + 68\,420\,100e^9r^3 + \\ & 256\,408\,331e^8r^4 + 642\,845\,726e^7r^5 + 1\,105\,043\,873e^6r^6 + \\ & 1\,387\,396\,104e^5r^7 + 1\,589\,027\,976e^4r^8 + 2\,115\,455\,168e^3r^9 + \\ & 2\,578\,467\,216e^2r^{10} + 1\,967\,153\,152er^{11} + 655\,360\,000r^{12})e^2r^6 \geqslant 0 \end{aligned}$$

因此,由引理 5 可知不等式 $a_0s^4+b_0s^2+c_0\geqslant 0$ 对任意 $\triangle ABC$ 成立. 至此,我们也证明了不等式(48) 对锐角 $\triangle ABC$ 成立.

对以 $\frac{\pi-A}{2},\frac{\pi-B}{2},\frac{\pi-C}{2}$ 为内角的锐角三角形使用不等式(48),即知不等式(47) 对任意三角形成立,于是不等式(43) 获证.

接下来,我们来证明定理 3.

定理 3 的证明 根据 $w_a\geqslant h_a$ 与不等式(20) 易知 $\sum w_a>2r$,因此由引理 7 的不等式(43) 可得

$$\sum w_a\leqslant 2r+\frac{1}{3}\sqrt{9s^2+112Rr-26r^2} \tag{58}$$

为证不等式(17) 只需证明

$$2r+\frac{1}{3}\sqrt{9s^2+112Rr-26r^2}\leqslant\frac{4}{3}s+(9-4\sqrt{3})r$$

这等价于

$$4s+3(7-4\sqrt{3})r\geqslant\sqrt{9s^2+112Rr-26r^2}$$

于是,只需证明

$$[4s+3(7-4\sqrt{3})r]^2-(9s^2+112Rr-26r^2)\geqslant 0$$

即

$$7s^2+24(7-4\sqrt{3})rs-[112R-(899-504\sqrt{3})r]r\geqslant 0$$

易知上式等价于

$$\frac{1}{7}(7s-x_1)(7s-x_2)\geqslant 0$$

其中

$$x_1=-12(7-4\sqrt{3})r+\sqrt{784Rr+(7\ 675-4\ 536\sqrt{3})r^2}$$

$$x_2=-12(7-4\sqrt{3})r-\sqrt{784Rr+(7\ 675-4\ 536\sqrt{3})r^2}$$

注意到 $7s-x_2>0$,我们只需证明

$$7s-x_1\geqslant 0 \tag{59}$$

根据 Gerretsen 双向不等式(26) 的第二个不等式,为证上式只需证明

$$7\sqrt{16Rr-5r^2}+12(7-4\sqrt{3})r-\sqrt{784Rr+(7\ 675-4\ 536\sqrt{3})r^2}\geqslant 0$$

由 Euler 不等式易知

$$\sqrt{784Rr+(7\ 675-4\ 536\sqrt{3})r^2}>7\sqrt{16Rr-5r^2}$$

因此,只需证明

$$[12(7-4\sqrt{3})r]^2-(\sqrt{784Rr+(7\ 675-4\ 536\sqrt{3})r^2}-7\sqrt{16Rr-5r^2})^2\geqslant 0$$

易知上式等价于

$$14\sqrt{(16Rr-5r^2)[784Rr+(7\ 675-4\ 536\sqrt{3})r^2]}$$
$$\geqslant 14r[112R+(252\sqrt{3}-467)r]$$

由 Euler 不等式知

$$[784Rr+(7\ 675-4\ 536\sqrt{3})r^2](16Rr-5r^2)-$$
$$r^2[112R+(252\sqrt{3}-467)r]^2$$
$$=2\ 304(97-56\sqrt{3})(R-2r)r^3\geqslant 0$$

于是不等式(59)与不等式(17)获证.不难知道式(17)中等号当且仅当$\triangle ABC$为正三角形时成立.定理3证毕.

注 利用定理2与定理3容易推得不等式

$$(18-8\sqrt{3})\sum m_a\geqslant 3s+(18-9\sqrt{3})\sum w_a \tag{60}$$

即笔者在文[8]提出的猜想 Shc 28(b).

五、定理4的证明

定理4的证明需用到下述结论:

引理8 若在任意$\triangle ABC$中有不等式

$$f(a,b,c,m_a,m_b,m_c,S)\geqslant 0 \tag{61}$$

成立,则此不等式等价于

$$f\left(m_a,m_b,m_c,\frac{3}{4}a,\frac{3}{4}b,\frac{3}{4}c,\frac{3}{4}S\right)\geqslant 0 \tag{62}$$

上述结论是"三角形中线对偶定理"的核心结论,参见文[12](第109～111页)与文[25](第14～15页).

定理4的证明 由公式$r=\dfrac{S}{s}$与类似中线公式

$$k_a=\frac{2bc}{b^2+c^2}m_a \tag{63}$$

可知不等式(22)等价于

$$12\sum\frac{bcm_a}{b^2+c^2}\leqslant 5\sum m_a+\frac{18S}{\sum a}$$

由引理8可知上式等价于

$$12\sum\frac{m_bm_ca}{m_b^2+m_c^2}\leqslant 5\sum a+\frac{18S}{\sum m_a}$$

根据不等式(5),为证明上式只需证明

$$12\sum\frac{m_bm_ca}{m_b^2+m_c^2}\leqslant 5\sum a+\frac{18S}{4R+r}$$

进而易知上式等价于

$$\sum\frac{am_bm_c}{m_b^2+m_c^2}\leqslant\frac{(10R+7r)s}{3(4R+r)}\tag{64}$$

注意到

$$2m_bm_c\leqslant\frac{m_c^2+m_a^2}{m_a^2+m_b^2}m_b^2+\frac{m_a^2+m_b^2}{m_c^2+m_a^2}m_c^2\tag{65}$$

因此,只需证明

$$\frac{\sum a[(m_c^2+m_a^2)^2m_b^2+(m_a^2+m_b^2)^2m_c^2]}{\prod(m_b^2+m_c^2)}\leqslant\frac{2(10R+7r)s}{3(4R+r)}\tag{66}$$

容易证明等式

$$\prod(m_b^2+m_c^2)=\frac{1}{32}K_3\tag{67}$$

其中

$$K_3=25s^6-3(100R+13r)s^4r+3(472R^2+152Rr+13r^2)s^2r^2-25(4R+r)3r^3$$

且易证

$$\sum a[(m_c^2+m_a^2)^2m_b^2+(m_a^2+m_b^2)^2m_c^2]=\frac{s}{32}K_4\tag{68}$$

其中

$$K_4=41s^6-3(158R-37r)rs^4+3(608R^2+268Rr+65r^2)r^2s^2-(362R+131r)(4R+r)^2r^3$$

可见,为证不等式(66)只需证明

$$\frac{K_4}{K_3}\leqslant\frac{2(10R+7r)}{3(4R+r)}$$

即

$$H_0\equiv 2(10R+7r)K_3-3K_4(4R+r)\geqslant 0\tag{69}$$

经过计算可知上式等价于

$$H_0\equiv(8R+227r)s^6-3(104R^2+1\,630Rr+293r^2)rs^4+3(2\,144R^3+4\,608rR^2+804Rr^2-13r^3)r^2s^2+r^3(586R+43r)(4R+r)^3\geqslant 0\tag{70}$$

我们可将上式等价变形为

$$H_0\equiv(8R+227r)g_1^3+18(4R^2+327Rr-238r^2)rg_1^2+72(R-2r)(36R^2+502Rr-179r^2)r^2g_1+432(R-2r)(216R^3+240rR^2-293Rr^2+58r^3)r^3\geqslant 0\tag{71}$$

其中 $g_1 = s^2 - 16Rr + 5r^2$. 根据 Euler 不等式与 Gerretsen 双向不等式(26) 的第二个不等式($g_1 \geqslant 0$) 即知 $H_0 \geqslant 0$ 成立. 于是,我们完成了不等式(22) 的证明,且易知其等号当且仅当 $\triangle ABC$ 为正三角形时成立. 定理 4 证毕.

注 在定理 4 的证明中,我们用到了线性不等式(5),这里我们指出文[1](第 86 页) 中对不等式(5) 给出的证明是有缺陷的(仅适用于锐角三角形). 这个不等式最简单的证法是利用陈计最早发现的不等式(见文[26])

$$4m_bm_c \leqslant 2a^2 + bc \tag{72}$$

由上式与中线公式(29) 易得

$$\left(\sum m_a\right)^2 \leqslant s^2 + \frac{3}{2}\sum a^2 \tag{73}$$

由已知等式

$$\sum a^2 = 2(s^2 - 4Rr - r^2) \tag{74}$$

又易得

$$\begin{aligned} s^2 + \frac{3}{2}\sum a^2 &= (4R + r)^2 - 4r(R - 2r) - 4(4R^2 + 4Rr + 3r^2 - s^2) \\ &\leqslant (4R + r)^2 \end{aligned}$$

后一步用了 Euler 不等式与 Gerretsen 双向不等式(26) 的第一个不等式. 于是,由式(73) 可知不等式(5) 成立.

六、定理 5 的证明

在给出定理 5 的证明之前,我们先给出两个引理:

引理 9 在锐角 $\triangle ABC$ 中有

$$s^2 \geqslant 4R^2 - Rr + 13r^2 \tag{75}$$

成立,等号当且仅当 $\triangle ABC$ 为正三角形时成立.

不等式(75) 最早由陈胜利在文[27] 中给出,笔者在文[28] 中给出了它的加强式

$$s^2 \geqslant 4R^2 - Rr + 13r^2 + \frac{(R - 2r)r^3}{R^2} \tag{76}$$

等号当且仅当 $\triangle ABC$ 为正三角形或等腰直角三角形时成立.

引理 10 在锐角 $\triangle ABC$ 中有

$$s^2 \geqslant 16Rr - 3r^2 - \frac{4r^3}{R} \tag{77}$$

成立,等号当且仅当 $\triangle ABC$ 为正三角形或等腰直角三角形时成立.

不等式(77) 是笔者在文[29] 中建立的,笔者应用这个结果得出了锐角三角形著名的 Walker 不等式(参见文[12] 的第 247 ～ 248 页)

$$s^2 \geqslant 2R^2 + 8Rr + 3r^2 \tag{78}$$

(其等号成立条件与式(77) 相同) 的一般推广,见文[29]. 在文[30] 与文[31] 中,笔者用到了不等式(77).

定理 5 的证明 我们先证明在锐角 $\triangle ABC$ 中有不等式

$$\sum k_a \leqslant 3r + \sqrt{s^2 + 2Rr + 5r^2} \tag{79}$$

成立,由 Cauchy 不等式有

$$(\sum k_a)^2 = 4\left(\sum \frac{bcm_a}{b^2 + c^2}\right)^2 \leqslant 4\sum bc \sum \frac{bcm_a^2}{(b^2 + c^2)^2}$$

因此,为证不等式(79) 只需证明

$$4\sum bc \sum \frac{bcm_a^2}{(b^2 + c^2)^2} \leqslant s^2 + 2Rr + 14r^2 + 6r\sqrt{s^2 + 2Rr + 5r^2} \tag{80}$$

为证明上式,我们先来证明:对任意 $\triangle ABC$ 有严格不等式

$$4\sum bc \sum \frac{bcm_a^2}{(b^2 + c^2)^2} > s^2 + 2Rr + 14r^2 \tag{81}$$

成立,根据文[5] 中的引理 2.1 与引理 2.2,易得等式

$$\sum \frac{bcm_a^2}{(b^2 + c^2)^2} = \frac{N_0}{4M_0^2} \tag{82}$$

其中

$$M_0 = s^6 - (12R - r)s^4 r + (40R^2 + 8Rr - r^2)s^2 r^2 - (4R + r)^3 r^3$$

$$N_0 = s^{12} - 4(4R - r)rs^{10} + (68R^2 + 56Rr + 5r^2)r^2 s^8 - 4(60R^2 + 209Rr + 60r^2)Rr^3 s^6 + (768R^4 + 2\,560R^3 r + 1\,276R^2 r^2 + 160Rr^3 - 5r^4)r^4 s^4 + 4(5R + r)(R - r)(4R + r)^3 r^5 s^2 - (4R + r)^6 r^6$$

于是,由已知等式

$$\sum bc = s^2 + 4Rr + r^2 \tag{83}$$

可知不等式(81) 等价于

$$(s^2 + 4Rr + r^2)N_0 - (s^2 + 2Rr + 14r^2)M_0^2 > 0 \tag{84}$$

经计算可得

$$(s^2 + 4Rr + r^2)N_0 - (s^2 + 2Rr + 14r^2)M_0^2 = rI_0 \tag{85}$$

其中

$$I_0 = (10R - 11r)s^{12} - 2(86R^2 - 198Rr + 9r^2)rs^{10} + (672R^3 - 3\,456R^2 r - 66Rr^2 + 23r^3)r^2 s^8 - 4(288R^4 - 3\,240R^3 r - 546R^2 r^2 + 70Rr^3 - 13r^4)r^3 s^6 + (3\,200R^5 - 31\,424R^4 r - 15\,168R^3 r^2 - 704R^2 r^3 + 294Rr^4 + 3r^5)r^4 s^4 + 2(56R^3 + 506R^2 r + 82Rr^2 - 17r^3)(4R + r)^3 r^5 s^2 - 3(2R + 5r)(4R + r)^6 r^6$$

令 $g_1=s^2-16Rr+5r^2$(从而由式(26) 有 $g_1\geqslant 0$),则易验证等式

$$\begin{aligned}I_0=&(10R-11r)g_1^6+4(197R^2-240Rr+78r^2)rg_1^5+\\&4(6\,328R^3-8\,429R^2r+4\,686Rr^2-913r^3)r^2g_1^4+\\&16(26\,296R^4-37\,614R^3r+26\,825R^2r^2-9\,918Rr^3+\\&1\,412r^4)r^3g_1^3+32(117\,668R^5-175\,690R^4r+\\&140\,049R^3r^2-73\,263R^2r^3+21\,180Rr^4-2\,436r^5)r^4g_1^2+\\&256(65\,580R^6-96\,499R^5r+73\,978R^4r^2-47\,569R^3r^3+\\&22\,267R^2r^4-5\,608Rr^5+556r^6)r^5g_1+192(144\,000R^7-\\&175\,440R^6r+63\,014R^5r^2-32\,967R^4r^3+44\,512R^3r^4-\\&25\,720R^2r^5+6\,240Rr^6-560r^7)r^6\end{aligned}\tag{86}$$

由 Euler 不等式 $R\geqslant 2r$,易见上式中关于 g_1 的多项式的系数(与常数项)均为正,从而有 $I_0>0$,于是,我们证明了不等式(81) 对任意 $\triangle ABC$ 成立.

现在,我们来证不等式(80) 对锐角 $\triangle ABC$ 成立. 根据不等式(81) 与等式(82) 及(83),为证不等式(80) 只需证明

$$\left[(s^2+4Rr+r^2)\frac{N_0}{M_0^2}-s^2-2Rr-14r^2\right]^2\leqslant 36r^2(s^2+2Rr+5r^2)$$

即

$$\begin{aligned}I_1\equiv\ &36r^2(s^2+2Rr+5r^2)M_0^4-\\&[(s^2+4Rr+r^2)N_0-(s^2+2Rr+14r^2)M_0^2]^2\geqslant 0\end{aligned}\tag{87}$$

应用 Maple 软件容易算得

$$I_1=(s^2+2Rr+r^2)r^2I_2\tag{88}$$

其中

$$\begin{aligned}I_2=&m_{12}s^{24}+m_{11}s^{22}+m_{10}s^{20}+m_9s^{18}+m_8s^{16}+m_7s^{14}+\\&m_6s^{12}+m_5s^{10}+m_4s^8+m_3s^6+m_2s^4+m_1s^2+m_0\end{aligned}$$

且

$$m_{12}=36$$
$$m_{11}=-100R^2-1\,508Rr+167r^2$$
$$m_{10}=(3\,640R^3+24\,820R^2r-2\,138Rr^2+229r^3)r$$
$$m_9=-(50\,304R^4+224\,832R^3r+50\,904R^2r^2+4\,264Rr^3+119r^4)r^2$$
$$\begin{aligned}m_8=&(354\,816R^5+1\,475\,712R^4r+1\,235\,424R^3r^2+\\&149\,072R^2r^3-6\,874Rr^4-681r^5)r^3\end{aligned}$$
$$\begin{aligned}m_7=&-2(810\,752R^6+4\,051\,200R^5r+5\,649\,088R^4r^2+1\,286\,560R^3r^3-\\&10\,644R^2r^4-4\,772Rr^5+341r^6)r^4\end{aligned}$$
$$m_6=2(2\,874\,368R^7+16\,760\,320R^6r+29\,533\,568R^5r^2+11\,316\,224R^4r^3+$$

$$901\ 992R^3r^4-51\ 604R^2r^5+8\ 982Rr^6+49r^7)r^5$$

$$m_5=-2(7\ 084\ 032R^8+44\ 673\ 024R^7r+98\ 824\ 704R^6r^2+58\ 931\ 200R^5r^3+12\ 315\ 264R^4r^4+480\ 032R^3r^5-59\ 648R^2r^6+1\ 792Rr^7-417r^8)r^6$$

$$m_4=2(8\ 810\ 496R^9+64\ 493\ 568R^8r+210\ 026\ 496R^7r^2+190\ 118\ 912R^6r^3+73\ 171\ 456R^5r^4+12\ 234\ 560R^4r^5+453\ 968R^3r^6-75\ 960R^2r^7-2\ 418Rr^8+353r^9)r^7$$

$$m_3=(63\ 488R^7+406\ 016R^6r-6\ 343\ 168R^5r^2-5\ 371\ 392R^4r^3-1\ 393\ 680R^3r^4-85\ 972R^2r^5+7\ 000Rr^6+19r^7)(4R+r)^3r^8$$

$$m_2=-(27\ 008R^5+139\ 008R^4r-26\ 168R^3r^2-44\ 500R^2r^3-6\ 294Rr^4+343r^5)(4R+r)^6r^9$$

$$m_1=3(416R^3+1\ 464R^2r+156Rr^2-73r^3)(4R+r)^9r^{10}$$

$$m_0=-9(2R+5r)(4R+r)^{12}r^{11}$$

于是,我们只需证明

$$I_2\geqslant 0 \tag{89}$$

两边同除以 s^6,即知上式等价于

$$m_{12}s^{18}+m_{11}s^{16}+m_{10}s^{14}+m_9s^{12}+m_8s^{10}+m_7s^8+m_6s^6+m_5s^4+m_4s^2+m_3+\frac{m_2}{s^2}+\frac{m_1}{s^4}+\frac{m_0}{s^6}\geqslant 0 \tag{90}$$

令

$$\frac{s^2}{3r(4R+r)}=h_1,\frac{3s^2}{(4R+r)^2}=h_2$$

则根据已知的双向不等式(参见文[1]的第 54 页)

$$\frac{1}{3}(4R+r)^2\geqslant s^2\geqslant 3r(4R+r) \tag{91}$$

可知 $h_1\geqslant 1\geqslant h_2$. 又注意到 $m_1>0,m_2<0,m_0<0$,因此为证不等式(90)只需证明

$$m_{12}s^{18}+m_{11}s^{16}+m_{10}s^{14}+m_9s^{12}+m_8s^{10}+m_7s^8+m_6s^6+m_5s^4+m_4s^2+m_3+\frac{h_1m_2}{s^2}+\frac{h_2^2m_1}{s^4}+\frac{h_1^3m_0}{s^6}\geqslant 0 \tag{92}$$

经过计算、化简可得

$$m_3+\frac{h_1m_2}{s^2}+\frac{h_2^2m_1}{s^4}+\frac{h_1^3m_0}{s^6}=J_0 \tag{93}$$

其中

$$J_0=-\frac{4}{3}(62\ 464R^7+313\ 728R^6r+4\ 812\ 288R^5r^2+3\ 296\ 672R^4r^3+630\ 126R^3r^4+11\ 184R^2r^5+2\ 560Rr^6+1\ 551r^7)(4R+r)^3r^8$$

由于 $J_0<0,h_1\geqslant 1$,因此为证不等式(92) 只需证明

$$m_{12}s^{16}+m_{11}s^{14}+m_{10}s^{12}+m_9s^{10}+m_8s^8+m_7s^6+m_6s^4+m_5s^2+m_4+h_1\frac{J_0}{s^2}\geqslant 0 \tag{94}$$

易得

$$m_4+h_1\frac{J_0}{s^2}=\frac{1}{9}J_1 \tag{95}$$

其中

$$J_1=2r^7(77\ 295\ 616R^9+569\ 403\ 392R^8r+1\ 731\ 100\ 672R^7r^2+1\ 527\ 952\ 640R^6r^3+576\ 007\ 744R^5r^4+93\ 077\ 792R^4r^5+2\ 564\ 596R^3r^6-796\ 600R^2r^7-51\ 698Rr^8+75r^9)$$

显然,不等式(94) 等价于

$$I_3\equiv 9s^2(m_{12}s^{14}+m_{11}s^{12}+m_{10}s^{10}+m_9s^8+m_8s^6+m_7s^4+m_6s^2+m_5)+J_1\geqslant 0 \tag{96}$$

令 $w_1=s^2-4R^2+Rr-13r^2$,经过分析,我们得到等式

$$I_3=n_8w_1^8+n_7w_1^7+n_6w_1^6+n_5w_1^5+n_4w_1^4+n_3w_1^3+n_2w_1^2+n_1w_1+n_0 \tag{97}$$

其中

$$w_1=s^2-4R^2+Rr-13r^2$$

$$n_8=324$$

$$n_7=9\ 468R^2-16\ 164Rr+35\ 199r^2$$

$$n_6=119\ 952R^4-413\ 532R^3r+1\ 231\ 128R^2r^2-1\ 500\ 687Rr^3+1\ 672\ 002r^4$$

$$n_5=858\ 816R^6-4\ 493\ 664R^5r+17\ 052\ 012R^4r^2-36\ 636\ 732R^3r^3+62\ 164\ 395R^2r^4-59\ 738\ 292Rr^5+45\ 356\ 202r^6$$

$$n_4=3\ 790\ 080R^8-26\ 832\ 960R^7r+124\ 415\ 280R^6r^2-366\ 589\ 836R^5r^3+825\ 821\ 928R^4r^4-1\ 321\ 030\ 539R^3r^5+1\ 649\ 361\ 078R^2r^6-1\ 321\ 734\ 726Rr^7+768\ 485\ 556r^8$$

$$n_3=10\ 515\ 456R^{10}-94\ 832\ 640R^9r+522\ 783\ 360R^8r^2-1\ 924\ 439\ 616R^7r^3+5\ 374\ 429\ 236R^6r^4-11\ 418\ 648\ 732R^5r^5+19\ 270\ 087\ 821R^4r^6-24\ 977\ 960\ 856R^3r^7+25\ 340\ 498\ 928R^2r^8-17\ 554\ 468\ 500Rr^9+8\ 327\ 617\ 101r^{10}$$

$$\begin{aligned}n_2=&17\ 805\ 312R^{12}-197\ 600\ 256R^{11}r+1\ 272\ 208\ 896R^{10}r^2-\\&5\ 585\ 521\ 536R^9r^3+18\ 578\ 970\ 864R^8r^4-48\ 317\ 642\ 964R^7r^5+\\&101\ 283\ 720\ 408R^6r^6-171\ 776\ 196\ 765R^5r^7+\\&237\ 679\ 640\ 190R^4r^8-262\ 344\ 571\ 560R^3r^9+227\ 967\ 528\ 744R^2r^{10}-\\&139\ 951\ 714\ 473Rr^{11}+56\ 360\ 912\ 346r^{12}\end{aligned}$$

$$\begin{aligned}n_1=&16\ 662\ 528R^{14}-223\ 469\ 568R^{13}r+1\ 662\ 630\ 912R^{12}r^2-\\&8\ 483\ 272\ 704R^{11}r^3+32\ 771\ 931\ 840R^{10}r^4-100\ 164\ 808\ 800R^9r^5+\\&249\ 196\ 034\ 916R^8r^6-512\ 209\ 833\ 732R^7r^7+\\&878\ 337\ 664\ 137R^6r^8-1\ 258\ 215\ 486\ 228R^5r^9+\\&1\ 498\ 907\ 266\ 038R^4r^{10}-1\ 455\ 694\ 851\ 204R^3r^{11}+\\&1\ 119\ 475\ 913\ 031R^2r^{12}-620\ 130\ 748\ 860Rr^{13}+\\&217\ 808\ 535\ 456r^{14}\end{aligned}$$

$$\begin{aligned}n_0=&(R-2r)(6\ 488\ 064R^{15}-91\ 865\ 088R^{14}r+714\ 534\ 912R^{13}r^2-\\&3\ 822\ 013\ 440R^{12}r^3+15\ 541\ 044\ 480R^{11}r^4-50\ 276\ 570\ 688R^{10}r^5+\\&133\ 185\ 407\ 184R^9r^6-293\ 922\ 661\ 540R^8r^7+\\&546\ 253\ 655\ 708R^7r^8-862\ 191\ 529\ 041R^6r^9+\\&1\ 153\ 438\ 029\ 832R^5r^{10}-1\ 303\ 446\ 401\ 138R^4r^{11}+\\&1\ 213\ 629\ 336\ 552R^3r^{12}-914\ 086\ 642\ 987R^2r^{13}+\\&497\ 062\ 052\ 852Rr^{14}-183\ 984\ 942\ 216r^{15})\end{aligned}$$

由 Euler 不等式易证 n_7,n_6,n_5,n_4,n_3,n_2 均为正. 又由引理 9 有 $w_1\geqslant 0$，于是为证不等式(97) 只需证明

$$n_1w_0+n_0\geqslant 0$$

易知上式等价于

$$F(s)\equiv p_0s^2-q_0\geqslant 0 \tag{98}$$

其中

$$\begin{aligned}p_0=&16\ 662\ 528R^{14}-223\ 469\ 568R^{13}r+1\ 662\ 630\ 912R^{12}r^2-\\&8\ 483\ 272\ 704R^{11}r^3+32\ 771\ 931\ 840R^{10}r^4-\\&100\ 164\ 808\ 800R^9r^5+249\ 196\ 034\ 916R^8r^6-\\&512\ 209\ 833\ 732R^7r^7+878\ 337\ 664\ 137R^6r^8-\\&1\ 258\ 215\ 486\ 228R^5r^9+1\ 498\ 907\ 266\ 038R^4r^{10}-\\&1\ 455\ 694\ 851\ 204R^3r^{11}+1\ 119\ 475\ 913\ 031R^2r^{12}-\\&620\ 130\ 748\ 860Rr^{13}+217\ 808\ 535\ 456r^{14}\end{aligned}$$

$$\begin{aligned}q_0=&60\ 162\ 048R^{16}-805\ 699\ 584R^{15}r+6\ 192\ 340\ 992R^{14}r^2-\\&33\ 249\ 742\ 848R^{13}r^3+138\ 000\ 130\ 560R^{12}r^4-\end{aligned}$$

$$462\ 355\ 052\ 544R^{11}r^5+1\ 289\ 245\ 513\ 824R^{10}r^6-$$
$$3\ 039\ 884\ 408\ 336R^9r^7+6\ 131\ 009\ 965\ 400R^8r^8-$$
$$10\ 615\ 228\ 607\ 108R^7r^9+15\ 794\ 413\ 096\ 247R^6r^{10}-$$
$$20\ 068\ 165\ 531\ 016R^5r^{11}+21\ 598\ 870\ 822\ 994R^4r^{12}-$$
$$19\ 182\ 686\ 658\ 032R^3r^{13}+13\ 719\ 316\ 421\ 261R^2r^{14}-$$
$$7\ 101\ 399\ 222\ 716Rr^{15}+2\ 463\ 541\ 076\ 496r^{16}$$

下面分两种情形来证明不等式 $F(s)\geqslant 0$.

情形1 R 与 r 满足 $R^2-2Rr-r^2\geqslant 0$.

首先,将 $R=2r+e$ 代入 p_0,展开后易知有严格不等式

$$p_0>0 \tag{99}$$

成立,据此与 Ciamberlini 不等式(42),此时为证 $F(s)\geqslant 0$,只需证明 $x_1\equiv F(2R+r)>0$,容易得到

$$x_1=6\ 488\ 064R^{16}-21\ 528\ 576R^{15}r-419\ 033\ 088R^{14}r^2+$$
$$5\ 743\ 706\ 112R^{13}r^3-39\ 182\ 863\ 104R^{12}r^4+$$
$$184\ 300\ 272\ 000R^{11}r^5-660\ 348\ 677\ 520R^{10}r^6+$$
$$1\ 887\ 664\ 404\ 272R^9r^7-4\ 417\ 302\ 608\ 864R^8r^8+$$
$$8\ 583\ 507\ 485\ 012R^7r^9-13\ 953\ 308\ 312\ 870R^6r^{10}+$$
$$18\ 982\ 799\ 704\ 124R^5r^{11}-21\ 444\ 839\ 309\ 648R^4r^{12}+$$
$$19\ 724\ 372\ 463\ 512R^3r^{13}-14\ 209\ 129\ 361\ 846R^2r^{14}+$$
$$7\ 352\ 502\ 615\ 680Rr^{15}-2\ 245\ 732\ 541\ 040r^{16}$$

令 $d_0=R^2-2Rr-r^2$,$e=R-2r$,则容易验证等式

$$x_1=d_0u_0e^2+4r^{13}v_0 \tag{100}$$

其中

$$u_0=6\ 488\ 064R^{12}+17\ 399\ 808R^{11}r-386\ 002\ 944R^{10}r^2+$$
$$3\ 262\ 242\ 816R^9r^3-15\ 267\ 822\ 336R^8r^4+$$
$$55\ 334\ 254\ 464R^7r^5-148\ 892\ 145\ 552R^6r^6+$$
$$337\ 612\ 413\ 776R^5r^7-593\ 548\ 796\ 624R^4r^8+$$
$$934\ 246\ 589\ 380R^3r^9-1\ 063\ 910\ 940\ 830R^2r^{10}+$$
$$1\ 298\ 876\ 044\ 572Rr^{11}-585\ 771\ 522\ 062r^{12}$$
$$v_0=350\ 862\ 358\ 762R^3-1\ 706\ 445\ 551\ 049R^2r+$$
$$2\ 551\ 230\ 176\ 430Rr^2-1\ 147\ 204\ 657\ 322r^3$$

在假设下,我们有 $d_0>0$,因此,我们只需证明 $u_0>0$ 与 $v_0>0$. 将 $R=2r+e$ 代入 u_0,展开后,由 $e\geqslant 0$ 可知所有项均为非负,因此 $u_0>0$ 成立. 另外,

由 $d_0 > 0$ 易知 $R > \frac{241}{100}r$,从而可令 $R = \frac{241}{100}r + t(t > 0)$,代入 v_0,展开后所有项均为正,从而可知 $v_0 > 0$ 成立. 所以,我们证明了在情形 1 下有 $F(s) > 0$.

情形 2 R 与 r 满足 $R^2 - 2Rr - r^2 \leqslant 0$.

根据引理 10 与不等式(99),此时为证 $F(s) \geqslant 0$,只需证明

$$x_2 \equiv F\left(\sqrt{16Rr - 3r^2 - \frac{4r^3}{R}}\right) \geqslant 0$$

借助 Maple 软件,容易算得

$$x_2 = \frac{2(R - 2r)}{R} I_4 \tag{101}$$

其中

$$\begin{aligned} I_4 = & -30\ 081\ 024R^{16} + 475\ 987\ 968R^{15}r - 3\ 956\ 944\ 896R^{14}r^2 + \\ & 22\ 313\ 908\ 224R^{13}r^3 - 94\ 285\ 437\ 696R^{12}r^4 + \\ & 314\ 181\ 752\ 832R^{11}r^5 - 849\ 769\ 074\ 000R^{10}r^6 + \\ & 1\ 898\ 675\ 685\ 016R^9r^7 - 3\ 539\ 296\ 717\ 298R^8r^8 + \\ & 5\ 525\ 644\ 862\ 820R^7r^9 - 7\ 204\ 727\ 541\ 049R^6r^{10} + \\ & 7\ 746\ 533\ 712\ 782R^5r^{11} - 6\ 683\ 856\ 722\ 166R^4r^{12} + \\ & 4\ 365\ 164\ 933\ 662R^3r^{13} - 1\ 858\ 198\ 501\ 325R^2r^{14} + \\ & 268\ 015\ 189\ 584Rr^{15} + 217\ 808\ 535\ 456r^{16} \end{aligned}$$

因此,根据 Euler 不等式 $R \geqslant 2r$,为证不等式 $x_2 \geqslant 0$,只需证明严格不等式 $I_4 > 0$. 令 $d_0 = R^2 - 2Rr - r^2$, $e = R - 2r$,我们可将 I_4 变形为

$$I_4 = -d_0 e I_5 + 2r^{14} I_6 \tag{102}$$

其中

$$\begin{aligned} I_5 = & 30\ 081\ 024R^{13} - 355\ 663\ 872R^{12}r + 2\ 444\ 046\ 336R^{11}r^2 - \\ & 11\ 530\ 893\ 312R^{10}r^3 + 41\ 541\ 053\ 184R^9r^4 - \\ & 118\ 312\ 952\ 832R^8r^5 + 274\ 955\ 889\ 744R^7r^6 - \\ & 526\ 995\ 373\ 912R^6r^7 + 843\ 073\ 458\ 082R^5r^8 - \\ & 1\ 122\ 276\ 688\ 244R^4r^9 + 1\ 240\ 391\ 161\ 651R^3r^{10} - \\ & 1\ 104\ 285\ 917\ 610R^2r^{11} + 790\ 092\ 943\ 261Rr^{12} - \\ & 372\ 717\ 731\ 090r^{13} \end{aligned}$$

$$I_6 = -102\ 810\ 291\ 201R^2 + 365\ 023\ 941\ 418Rr - 263\ 813\ 463\ 362r^2$$

将 $R = 2r + e$ 代入 I_5,展开后所有项都是非负的,从而可知 $I_5 > 0$.

我们接下来证明严格不等式 $I_6 > 0$. 注意到

$$\frac{I_6}{102\ 810\ 291\ 201} = -R^2 + \frac{365\ 023\ 941\ 418}{102\ 810\ 291\ 201}Rr - \frac{263\ 813\ 463\ 362}{102\ 810\ 291\ 201}r^2$$

$$=-R^2+(3.550\cdots)Rr-(2.566\cdots)r^2$$

于是，为证 $I_6>0$，我们只需证明

$$-R^2+\frac{7}{2}Rr-\frac{13}{5}r^2>0$$

即

$$-10R^2+35Rr-26r^2>0$$

这可变形为

$$5[(1+\sqrt{2})r-R][2R-(5-2\sqrt{2})r]+3(5\sqrt{2}-7)r^2>0$$

在情形 2 下有 $R\leqslant(1+\sqrt{2})r$，据此由 Euler 不等式可知上式成立，从而 $I_6>0$ 成立. 因此，由等式(102) 便知严格不等式 $I_4>0$ 在情形 2 下成立.

另外，易知当 $R<2.54r$ 时，有不等式 $I_6>0$ 成立. 而由 $d_0\leqslant 0$ 可知 $R\leqslant(1+\sqrt{2})r<2.5r$，于是可知 $I_6>0$ 成立. 因此，在情形 2 下不等式 $I_4>0$ 获证.

综合以上两种情形的讨论，我们证明了不等式(98) 对所有锐角三角形成立. 至此，我们也证明了不等式(79) 对锐角三角形成立.

最后，我们利用不等式(79) 来推证定理 5 中的不等式(23) 对锐角 $\triangle ABC$ 成立. 为此，显然只需证明

$$3r+\sqrt{s^2+2Rr+5r^2}\leqslant s+(9-3\sqrt{3})r$$

即

$$\sqrt{s^2+2Rr+5r^2}\leqslant s+(6-3\sqrt{3})r$$

两边同时平方，简化后可知上式等价于

$$(6-3\sqrt{3})s\geqslant R+(18\sqrt{3}-29)r$$

根据引理 9，为证上式只需证明

$$(6-3\sqrt{3})^2(4R^2-Rr+13r^2)-[R+(18\sqrt{3}-29)r]^2\geqslant 0$$

即

$$(R-2r)[(R-2r)(251-144\sqrt{3})+(999-576\sqrt{3})r]\geqslant 0$$

Euler 不等式表明上式成立，从而不等式(23) 获证，且易知不等式(23) 中等号当且仅当 $\triangle ABC$ 为正三角形时成立. 定理 5 证毕.

注　不等式(23) 促使作者发现并证明了不等式

$$\sum k_a\geqslant\sqrt{s^2+7Rr+40r^2}\tag{103}$$

对任意 $\triangle ABC$ 成立(此处从略).

七、几个猜想

在最后一部分，我们介绍几个尚待解决的线性几何不等式.

事实上,笔者证明了将定理 1 中的内角平分线换为类似中线后仍成立,笔者还试图证明将定理 3 中的内角平分线换为类似中线也成立,但是未能如愿,因此提出以下猜想:

猜想 1 在 $\triangle ABC$ 中有不等式

$$\sum k_a \leqslant \frac{4}{3}s + (9 - 4\sqrt{3})r \tag{104}$$

成立.

笔者发现定理 4 中的不等式(22) 右边的组合系数并非最佳,这里提出较之更强的以下猜想:

猜想 2 在 $\triangle ABC$ 中有不等式

$$13\sum m_a + 27r \geqslant 16\sum k_a \tag{105}$$

成立.

上式右边的系数也不是最佳的,但证明它似乎不易.另外,针对上式提出以下反向不等式:

猜想 3 在 $\triangle ABC$ 中有不等式

$$11\sum k_a \geqslant 5\sum m_a + 54r \tag{106}$$

成立.

类似于前面的不等式(3) 的第一个不等式,我们有以下严格不等式

$$\sum k_a > s \tag{107}$$

(其中右边 s 前的系数 1 是最优的) 这可以通过证明简单的不等式

$$k_a > s - a \tag{108}$$

得出(将上式类似中线换成内角平分线也成立),这里我们提出较不等式(108) 更强的一个猜想:

猜想 4 在 $\triangle ABC$ 中有不等式

$$\sum k_a > s + 3r \tag{109}$$

成立.

以下更强的非线性不等式似乎也是成立的:

$$\sum k_a \geqslant 3r + \sqrt{s^2 + 18\frac{r^3}{R}} \tag{110}$$

参考文献

[1] O. Bottema. 几何不等式[M],单墫,译. 北京:北京大学出版社,1991.

[2] 刘健. 一个加权的几何不等式[J]. 华东交通大学学报,1997,14(4):68-75.

[3] 刘健. 关于三角形角平分线与边长的一个不等式[J]. 中学数学(湖北),1995(8):24-26.

[4] 杨学枝,尹华焱. 关于 $\sum \sin \frac{A}{2}$ 的一个下界——兼答 Shc 19 等问题[J]. 数学通讯,1998(8):23-25.

[5] LIU J. A refinement of an equivalent form of a Gerretsen inequality[J]. J. Geom.,2015(106):605-615.

[6] LIU J. On an inequality for the medians of a triangle[J]. Journal of Science and Arts,2012,19(2):127-136.

[7] LIU J. Proof of a double inequality in triangles[J]. J. Math. Inequal.,2021,15(4):1361-1374.

[8] 刘健. 100 个待解决的三角形不等式问题[C] // 单墫. 几何不等式在中国. 南京:江苏教育出版社,1996:137-161.

[9] 杨学枝. 不等式研究[M]. 拉萨:西藏人民出版社,2000.

[10] 褚小光,杨学枝. 关于三角形中线的若干不等式[C] // 杨学枝. 不等式研究. 拉萨:西藏人民出版社,2000.

[11] 刘健. 一个角平分线不等式猜想的证明[J]. 华东交通大学学报,2007,24(1):142-144.

[12] MITRINOVIC D S,PEČARĆ J E,VOLENEC V. Recent Advances in Geometric Inequalities[M]. Dordrecht-Boston-London:Kluwer Academic Publishers,1989.

[13] BLUNDON W J. Inequalities associated with the triangle[J]. Canad. Math. Bull.,1965(8):615-626.

[14] 周永良. 单调性、最强不等式及其应用[C] // 杨学枝. 不等式研究. 拉萨:西藏人民出版社,2000.

[15] BOTTEMA O. Inequalities for R,r and s[J]. Univ. Beogr. Publ. Elektroteh. Fak. Ser. Math. Fiz.,1971(340):27-36.

[16] NICULESCU C P. A new look at Newton's inequality[J]. J. Inequal. Pure. Appl. Math.,2000(1):17.

[17] WU S H. A Sharpened version of the fundamental triangle inequality[J]. Math. Inequal. Appl.,2008(11):477-482.

[18] WU S H,BENCZE M. An equivalent form of the fundamental triangle inequality and its applications[J]. J. Inequal. Pure&Appl. Math.,2009(10):16.

[19] ANDRICA D,BARBU C. A geometric proof of Blundon's inequalities[J]. Math. Inequal. Appl. ,2012(15): 361-370.

[20] WU S H,CHU Y M. Geometric interpretation of Blundon's inequality and Ciamberlini's inequality[J]. J. Inequal. Appl. ,2014(2014):381.

[21] LIU J. A Geometric inequality with applications[J]. J. Math. Inequal. , 2016,10(3): 641-648 .

[22] ANDRICA D,BARBU D C,PISCORAN L I. The geometric proof of a sharp version of Bludon's inequalities[J]. J. Math. Inequal. ,2016, 10(4): 1137-1143.

[23] LIU J. On the fundamental triangle inequality and Gerretsen's double inequality[J]. J. Geom. ,2022,113(19):22.

[24] 尹华焱. 涉及三角形中线元的若干猜想不等式[C] // 杨学枝,刘培杰. 初等数学研究在中国(第 4 辑). 哈尔滨:哈尔滨工业大学出版社,2022.

[25] 刘健. 三正弦不等式[M]. 哈尔滨:哈尔滨工业大学出版社,2018.

[26] 陈计. 征解问题 68[J]. 数学通讯,1993(7):41.

[27] 陈胜利. 关于 R,r 与 s 的锐角三角形不等式[C] // 单墫. 几何不等式在中国. 南京:江苏教育出版社,1996.

[28] LIU J. Further generalization of Walker's inequality in acute triangles and its applications[J]. Aims Mathematics,2020,5(6): 6657-6672.

[29] 刘健. 非钝角三角形几何元素 R,r 与 s 的一个不等式. 教学月刊(中学版), 2010(7):51-53.

[30] LIU J. On a trigonometric inequality in acute triangles[J]. Turkish J. Ineq. ,2021,5(2): 1-20.

[31] LIU J. An inequality involving medians and sides of an acte triangle[J]. Int. J. Open Problems Compt. Math. ,2021,14(3):49-63.

一个四面体不等式猜想的证明及应用

樊益武

（西安交通大学附属中学　陕西　西安　710056）

本文约定：四面体 $A_1A_2A_3A_4$ 的顶点 A_i 所对侧面的面积和高分别为 S_i，$h_i(i=1,2,3,4)$，体积为 V，表面积为 $S=\sum_{i=1}^{4}S_i$，$\sum$ 表示循环和.

笔者于 2017 年在文[1] 中提出：

猜想　在四面体 $A_1A_2A_3A_4$ 中，有

$$3^{\frac{7}{3}}V^{\frac{4}{3}}\leqslant\sqrt{(S-2S_1)(S-2S_2)(S-2S_3)(S-2S_4)}\tag{1}$$

当且仅当四面体为正四面体时取等号.

本文将给出这个猜想的证明，并给出一些应用.

一、几个引理

引理 1[1]　在四面体 $A_1A_2A_3A_4$ 中，有

$$\frac{3^7}{4^4}V^4(S_1^2+S_2^2+S_3^2+S_4^2)\leqslant S_1^2S_2^2S_3^2S_4^2\tag{2}$$

当且仅当四面体为正四面体时取等号.

引理 2[1]　在四面体 $A_1A_2A_3A_4$ 中，有

$$V\leqslant\left(\frac{4^3}{3^7}\right)^{\frac{1}{4}}(S_1S_2S_3S_4)^{\frac{3}{4}}\tag{3}$$

当且仅当四面体为正四面体时取等号.

引理 3[2]　给定不共面的三条平行线，在其中一条上取线段 AB 为定长，另两条上各取一点 C 和 D. 若四面体的体积为定值，当且仅当线段 CD 位于线段 AB 的中垂面时，$\triangle ACD$ 和 $\triangle BCD$ 面积之和最小.

证明　设另外两条直线为 EC，FD，其中点 E，F 在线段 AB 的中垂面上，过点 E 作平面 ABF 的垂线与平面交于点 O，无妨设点 O 在 $\triangle ABF$ 内部，点 O 与 AF，BF 的距离为 d，$EO=h$，过点 C 作平面 ABF 的垂线与平面交于点 H，点 H 与 AD，BD 的距离分别为 m，n，$CH=h$，我们有不等式

$$\sqrt{(a_1+a_2)^2+(b_1+b_2)^2}\leqslant\sqrt{a_1^2+b_1^2}+\sqrt{a_2^2+b_2^2}$$

$$\begin{aligned}2S_{\triangle ACD}+2S_{\triangle BCD}&=AD\cdot\sqrt{h^2+m^2}+BD\cdot\sqrt{h^2+n^2}\\&=\sqrt{(AD\cdot h)^2+(AD\cdot m)^2}+\sqrt{(BD\cdot h)^2+(BD\cdot n)^2}\\&=\sqrt{(AD\cdot h)^2+(2S_{\triangle ADH})^2}+\sqrt{(BD\cdot h)^2+(2S_{\triangle BDH})^2}\\&\geqslant\sqrt{[(AD+BD)\cdot h]^2+(2S_{\triangle ADH}+2S_{\triangle BDH})^2}\\&\geqslant\sqrt{(2AF\cdot h)^2+(2S_{\triangle ABF})^2}\\&=\sqrt{(2AF\cdot h)^2+(2AF\cdot d)^2}\\&=2AF\cdot\sqrt{h^2+d^2}=4S_{\triangle AEF}\end{aligned}$$

证毕.

引理 4[3] 在四面体 $A_1A_2A_3A_4$ 中,若 $S_1=S_2$,则

$$V_{\max}^4=\frac{1}{2\times 3^7}\{36S_3^2S_4^2(4S_1^2-S_3^2-S_4^2)-(4S_1^2-S_3^2-S_4^2)^3+[(4S_1^2-S_3^2-S_4^2)^2+12S_3^2S_4^2]^{\frac{3}{2}}\}\tag{4}$$

引理 5 以 $S_i(i=1,2,3,4)$ 为四个侧面面积围成四面体的体积记为 $V_1=V(S_1,S_2,S_3,S_4)$,以 $S-2S_i(i=1,2,3,4)$ 为四个侧面面积围成四面体的体积记为 $V_2=V(S-2S_1,S-2S_2,S-2S_3,S-2S_4)$,若 $S_1=S_2$,则

$$2\sqrt{2}V_{\max}(S_1,S_1,S_3,S_4)=V_{\max}(S-2S_1,S-2S_1,S-2S_3,S-2S_4)\tag{5}$$

证明 为方便,记 $x=\frac{S_1}{S}=\frac{S_2}{S},y=\frac{S_3}{S},z=\frac{S_4}{S}$,则 $2x+y+z=1$.分两部分考虑

$$\begin{aligned}&64[36y^2z^2(4x^2-y^2-z^2)-(4x^2-y^2-z^2)^3]-\\&[36(1-2y)^2(1-2z)^2(4(1-2x)^2-(1-2y)^2-(1-2z)^2)-\\&(4(1-2x)^2-(1-2y)^2-(1-2z)^2)^3]\\=&(1-2x-y-z)\phi(x,y,z)=0\end{aligned}$$

其中

$$\begin{aligned}\phi(x,y,z)=&36(192x^4-144x^3y-144x^3z+144x^2yz-24x^2y^2-\\&24x^2z^2+36xy^3+36xz^3-180xy^2z-180xz^2y-6y^4-\\&6z^4+72y^3z+72z^3y+60y^2z^2-120x^3+84x^2y+\\&84x^2z+30xy^2+30xz^2+108xyz-21y^3-21z^3-\\&39y^2z-39z^2y+52x^2-80xy-80xz+19y^2+19z^2+\\&14yz+8x+4y+4z-2)\end{aligned}$$

$$\begin{aligned}&16[(4x^2-y^2-z^2)^2+12y^2z^2]-\\&[(4(1-2x)^2-(1-2y)^2-(1-2z)^2)^2+12(1-2y)^2(1-2z)^2]\end{aligned}$$

$$
\begin{aligned}
&=16(2x+y+z-1)(16x^2+2y^2+2z^2-12xy-\\
&\quad 12xz+12yz-2x-y-z+1)\\
&=0
\end{aligned}
$$

证毕.

二、猜想的证明

记 $w=\dfrac{S_1}{S},x=\dfrac{S_2}{S},y=\dfrac{S_3}{S},z=\dfrac{S_4}{S}$,则 $w+x+y+z=1$.

(1) 考虑 $0<w\leqslant x\leqslant\dfrac{1}{4},0<y,z<\dfrac{1}{2}$ 的情形.

由引理 3 知,存在以$\dfrac{S_1+S_2}{2},\dfrac{S_1+S_2}{2},S_3,S_4$ 为侧面的四面体,使得

$$V\leqslant V\left(\frac{S_1+S_2}{2},\frac{S_1+S_2}{2},S_3,S_4\right)$$

由式(5) 知

$$2\sqrt{2}V\left(\frac{S_1+S_2}{2},\frac{S_1+S_2}{2},S_3,S_4\right)\leqslant V_{\max}(S_3+S_4,S_3+S_4,S-2S_3,S-2S_4)=V'$$

由式(2) 知

$$
\begin{aligned}
&\frac{3^7}{4^4}V'^4[2(S_3+S_4)^2+(S-2S_3)^2+(S-2S_4)^2]\\
&\leqslant(S_3+S_4)^4(S-2S_3)^2(S-2S_4)^2
\end{aligned}
$$

此时不等式(1) 成立,只需在 $0<w\leqslant x\leqslant\dfrac{1}{4},0<y,z<\dfrac{1}{2}$ 的条件下,有

$$
\begin{aligned}
&4\sqrt{(1-2y)(1-2z)}(1-w-x)^4\\
&\leqslant[(1-2w)(1-2x)]^{\frac{3}{2}}[(1-2y)^2+(1-2z)^2+2(1-w-x)^2] \qquad (6)
\end{aligned}
$$

$$
\begin{aligned}
&4\sqrt{(1-2y)(1-2z)}(1-w-x)^4-[(1-2w)(1-2x)]^{\frac{3}{2}}\cdot\\
&[(1-2y)^2+(1-2z)^2+2(1-w-x)^2]\\
&\leqslant 4(w+x)(1-w-x)^4-2[(1-2w)(1-2x)]^{\frac{3}{2}}[(w+x)^2+(1-w-x)^2]
\end{aligned}
$$

$$
\begin{aligned}
f(w,x)=&2(w+x)(1-w-x)^4-[(1-2w)(1-2x)]^{\frac{3}{2}}\cdot\\
&[(w+x)^2+(1-w-x)^2]
\end{aligned}
$$

$$f'_w-f'_x=6(w-x)\sqrt{(1-2w)(1-2x)}[2(w+x)^2+(1-2w-2x)]=0$$

所以 $f(w,x)$ 的驻点满足 $w=x$,此时

$$f(x,x)=-(1-4x)^2(1-2x)^3\leqslant 0$$

又

$$f(0,x)=2x(1-x)^4-(1-2x)^{\frac{3}{2}}(1-2x+2x^2)<0$$

$$f\left(w,\frac{1}{4}\right)=2\left(\frac{1}{4}+w\right)\left(\frac{3}{4}-w\right)^{4}-\left(\frac{1}{2}-w\right)^{\frac{3}{2}}\left[\left(\frac{1}{4}+w\right)^{2}+\left(\frac{3}{4}-w\right)^{2}\right]$$

由于

$$4\left(\frac{1}{4}+w\right)^{2}\left(\frac{3}{4}-w\right)^{8}-\left(\frac{1}{2}-w\right)^{3}\left[\left(\frac{1}{4}+w\right)^{2}+\left(\frac{3}{4}-w\right)^{2}\right]^{2}$$
$$=(1-4w)^{2}f(w)$$

其中

$$g(w)=\frac{1}{4}w^{8}-\frac{5}{4}w^{7}+\frac{41}{16}w^{6}-\frac{155}{64}w^{5}+\frac{427}{512}w^{4}+$$
$$\frac{437}{1\ 024}w^{3}-\frac{2\ 183}{4\ 096}w^{2}+\frac{3\ 147}{16\ 384}w-\frac{6\ 239}{262\ 144}$$
$$g'(w)=w^{5}\left(2w^{2}-\frac{35}{4}w+\frac{33}{16}\right)+w^{3}\left(\frac{213}{16}w^{2}-\frac{775}{64}w+\frac{427}{128}\right)$$
$$\left(\frac{1\ 311}{1\ 024}w^{2}-\frac{2\ 183}{2\ 048}w+\frac{3\ 147}{16\ 384}\right)>0$$

因此

$$g(w)\leqslant g\left(\frac{1}{4}\right)=-\frac{1}{1\ 024}<0$$

所以不等式(6) 成立.

(2) 考虑$\frac{1}{4}\leqslant x\leqslant y\leqslant z<\frac{1}{2}$的情形.

注意到 $w=1-x-y-z$，由引理 2 及不等式(1)，只需

$$16wxyz\leqslant(1-2w)(1-2x)(1-2y)(1-2z) \tag{7}$$

我们有

$$(1-2w)(1-2x)(1-2y)(1-2z)-16wxyz$$
$$=8\left(x+y-\frac{1}{2}\right)\left(y+z-\frac{1}{2}\right)\left(z+x-\frac{1}{2}\right)\geqslant 0$$

所以不等式(7) 成立.

三、应用

1. 若凸四边形的边长为 a,b,c,d ，四边形的面积为 Δ，根据圆内接四边形的面积公式 $\Delta=\sqrt{(p-a)(p-b)(p-c)(p-d)}\ (2p=a+b+c+d)$，若 $f(a,b,c,d)\geqslant g(\Delta)$，其中 $g(x)(x>0)$ 为增函数，则在四面体中，有 $f(S_1,S_2,S_3,S_4)\geqslant g\left(\frac{3^{\frac{7}{3}}}{4}V^{\frac{4}{3}}\right)$.

例如，两个凸四边形 $ABCD$ 和 $A'B'C'D'$ 的边长为 a,b,c,d 和 a',b',c',d'，

面积分别为 S,S',则[4]：

(1)$aa'+bb'+cc'+dd'\geqslant 4\sqrt{\Delta\Delta'}$.

(2)$4(ad+bc)(a'd'+b'c')-(a^2-b^2-c^2+d^2)(a'^2-b'^2-c'^2+d'^2)\geqslant 16\Delta\Delta'$.

(3)(杨学枝)[5] 设平面四边形 $ABCD$ 的边长和面积分别为 a,b,c,d 和 F,实数 $\lambda_1,\lambda_2,\lambda_3,\lambda_4$ 满足

$$\frac{\lambda_2\lambda_3\lambda_4+\lambda_1\lambda_3\lambda_4+\lambda_1\lambda_2\lambda_4+\lambda_1\lambda_2\lambda_3}{\lambda_1+\lambda_2+\lambda_3+\lambda_4}>0$$

则

$$(\lambda_1a^2+\lambda_2b^2+\lambda_3c^2+\lambda_4d^2)^2\geqslant 16\Delta^2\left(\frac{\lambda_2\lambda_3\lambda_4+\lambda_1\lambda_3\lambda_4+\lambda_1\lambda_2\lambda_4+\lambda_1\lambda_2\lambda_3}{\lambda_1+\lambda_2+\lambda_3+\lambda_4}\right)$$

当且仅当四边形 $ABCD$ 内接于圆且

$$\lambda_1:\lambda_2:\lambda_3:\lambda_4=b^2+c^2+d^2-a^2+\frac{2bcd}{a}:c^2+d^2+a^2-b^2+\frac{2cda}{b}:$$
$$d^2+a^2+b^2-c^2+\frac{2dab}{c}:a^2+b^2+c^2-d^2+\frac{2abc}{d}$$

成立.

(4)(陈计) 设 Δ,Δ' 是边长为 $a_i,b_j(i,j=1,2,3,4)$ 的凸四边形的面积,则

$$\sum_{i=1}^{4}a_i^2(\sum_{j=1}^{4}b_j^2-2b_j^2)+4\left(\frac{\sum\limits_{j=1}^{4}b_j^2}{\sum\limits_{i=1}^{4}a_i^2}\prod_{i=1}^{4}a_i+\frac{\sum\limits_{i=1}^{4}a_i^2}{\sum\limits_{j=1}^{4}b_j^2}\prod_{j=1}^{4}b_j\right)\geqslant 16\Delta\Delta'$$

在四面体中,两个四面体 $ABCD$ 和 $A'B'C'D'$ 的侧面积为 S_1,S_2,S_3,S_4 和 F_1,F_2,F_3,F_4,体积为 V,V',则：

(1)$\sum S_1F_1\geqslant 3^{\frac{7}{3}}V^{\frac{2}{3}}V'^{\frac{2}{3}}$.

(2)$4(S_1S_4+S_2S_3)(F_1F_4+F_2F_3)-(S_1^2-S_2^2-S_3^2+S_4^2)(F_1^2-F_2^2-F_3^2+F_4^2)\geqslant 3^{\frac{14}{3}}V^{\frac{4}{3}}V'^{\frac{4}{3}}$.

(3) 设四面体 $A_1A_2A_3A_4$ 的侧面面积和体积分别为 S_1,S_2,S_3,S_4 和 V,实数 $\lambda_1,\lambda_2,\lambda_3,\lambda_4$ 满足$\frac{\sum\lambda_2\lambda_3\lambda_4}{\sum\lambda_1}>0$,则

$$(\sum\lambda_1S_1^2)^2\geqslant 3^{\frac{14}{3}}V^{\frac{8}{3}}\left(\frac{\sum\lambda_2\lambda_3\lambda_4}{\sum\lambda_1}\right)$$

当且仅当

$$\lambda_1:\lambda_2:\lambda_3:\lambda_4=S_2^2+S_3^2+S_4^2-S_1^2+\frac{2S_2S_3S_4}{S_1}:$$

$$S_3^2+S_4^2+S_1^2-S_2^2+\frac{2S_1S_3S_4}{S_2}:$$

$$S_4^2+S_1^2+S_2^2-S_3^2+\frac{2S_4S_1S_2}{S_3}:$$

$$S_1^2+S_2^2+S_3^2-S_4^2+\frac{2S_1S_2S_3}{S_4}$$

成立.

这个不等式的特点是参数 $\lambda_1,\lambda_2,\lambda_3,\lambda_4$ 可以取到负值.

(4) $\sum\limits_{i=1}^{4}S_i^2(\sum\limits_{j=1}^{4}F_j^2-2F_i^2)+4\left(\frac{\sum\limits_{j=1}^{4}F_j^2}{\sum\limits_{i=1}^{4}S_i^2}\prod\limits_{i=1}^{4}S_i+\frac{\sum\limits_{i=1}^{4}S_i^2}{\sum\limits_{j=1}^{4}F_j^2}\prod\limits_{j=1}^{4}F_j\right)\geqslant 3^{\frac{14}{3}}(VV')^{\frac{4}{3}}$.

2. 可以将三角形中的不等式推广到四面体中.

(1) 设 r_i 为顶点 $A_i(i=1,2,3,4)$ 所对应旁切球的半径,则

$$r_1r_2r_3r_4\leqslant 3^{-\frac{2}{3}}V^{\frac{4}{3}}$$

(2)(安振平不等式在四面体中的推广)

$$\sum S_1(S-2S_2)(S-2S_3)(S-2S_4)\geqslant 2\cdot 3^{\frac{7}{3}}V^{\frac{8}{3}}$$

(3) $\sum(S-2S_2)(S-2S_3)(S-2S_4)\geqslant 4\cdot 3^{\frac{7}{2}}V^2$.

(4) 两个四面体 $ABCD$ 和 $A'B'C'D'$ 的侧面积为 S_1,S_2,S_3,S_4 和 F_1,F_2,F_3,F_4,体积为 V,V',若 $S=\sum S_1,F=\sum F_1$,则

$$\sum S_1(S-2S_2)(F-2F_3)(F-2F_4)\geqslant 162\sqrt[3]{36}V^{\frac{4}{3}}F^{\frac{4}{3}}$$

证明 $\sum S_1(S-2S_2)(S-2F_3)(S-2F_4)$

$$\geqslant 4\sqrt[4]{\prod S_1\prod(S-2S_1)\prod(F-2F_1)^2}$$

$$\geqslant 4\sqrt[4]{\frac{3^{\frac{14}{3}+\frac{14}{3}+\frac{28}{3}}}{4^2}V^{\frac{16}{3}}V'^{\frac{16}{3}}}=162\sqrt[3]{9}V^{\frac{4}{3}}V'^{\frac{4}{3}}$$

参考文献

[1] 樊益武.四面体不等式[M].哈尔滨:哈尔滨工业大学出版社,2017.

[2] 左宗明.世界数学名题选讲[M].上海:上海科学技术出版社,1989.

[3] 樊益武.关于四面体的一类等周定理[C]// 杨学枝,刘培杰.初等数学研究在中国(第 5 辑).哈尔滨:哈尔滨工业大学出版社,2023.

[4] 匡继昌.常用不等式(第四版)[M].济南:山东科学技术出版社,2010.

[5] 杨学枝.评注[J].数学通讯,1991 年第 6 期封底.

联系四个单形的一类不等式

周永国

（沅陵县天宁高级中学　湖南　怀化　419600）

摘　要：用距离几何的理论和方法建立了联系四个单形的一类不等式，即两个单形顶点间距离和中线与另两个单形某些几何量的一类新的几何不等式．特别地，获得了联系三个单形以及两个单形的一些新的几何不等式．

关键词：单形；距离；中线；内点；几何不等式

一、引言与符号

距离几何不仅充满了浓郁的理论趣味，而且有着广泛的实际应用．近年来，中国科学院半导体研究所王守觉院士已将距离几何理论应用到人工智能的神经网络上，并取得了一定的成果．

在距离几何的研究中，杨路、张景中[1]两位教授对 n 维欧氏空间 E^n 中的单形进行了开创性的工作，率先将三角形中的 Pedoe 不等式推广到 n 维欧氏空间的两个单形中，并受到人们的广泛关注，但众多学者的文章仅涉及一个或两个单形的研究（参见文[2]～[6]），而对于联系多个单形的几何关系的文献并不多见．笔者在文[7]中，建立了涉及四个单形的一些几何不等式．本文中，我们用距离几何的理论和方法，结合文[8]中的几何不等式，证明了 n 维欧氏空间 E^n 中联系四个单形的一些新的几何不等式，即两个单形顶点间距离和中线与另两个单形的内点、中线、高、$n-1$ 维侧面的体积、外接超球半径、内切超球半径、旁切超球半径，以及 $n-1$ 维侧面的外接超球半径、内切超球半径的一类新的几何不等式．特别地，获得了联系三个单形、两个单形以及一个单形的一些新的几何不等式，并推广了文[9]中的不等式．最后，提出了有待进一步讨论的一个猜想．

全文约定：用 $\Omega_k=A_{k1}A_{k2}\cdots A_{k(n+1)}(k=1,2,3,4)$ 表示 n 维欧氏空间 E^n 中的四个 n 维单形，其体积、外接超球半径、内切超球半径分别为 $V_k,R_k,r_k(k=1,2,3,4)$，其棱长为 $|A_{ki}A_{kj}|=\rho_{kij}(k=1,2,3,4;1\leqslant i<j\leqslant n+1)$，顶点 A_{ki} 所

对的侧面 $f_{ki}=\Omega\backslash\{A_{ki}\}$ 的旁切超球半径为 r'_{ki}，侧面 f_{ki} 的 $n-1$ 维体积为 S_{ki}，侧面 f_{ki} 上的高为 h_{ki}，侧面 f_{ki} 上的中线长为 l_{ki}，侧面 f_{ki} 的外接超球半径为 R_{ki}，内切超球半径为 r_{ki}，Ω_k 内任意一点 P_k 到该面的距离为 $d_{ki}(k=1,2,3,4;i=1,2,\cdots,n+1)$. 对一个 n 维单形 $\Omega=A_1A_2\cdots A_{n+1}$，设其体积、外接超球半径、内切超球半径分别为 V,R,r，其棱长为 $|A_iA_j|=\rho_{ij}(1\leqslant i<j\leqslant n+1)$，顶点 A_i 所对的侧面 $f_i=\Omega\backslash\{A_i\}$ 的旁切超球半径为 r'，侧面 f_i 的 $n-1$ 维体积为 S_i，侧面 f_i 上的高为 h_i，侧面 f_i 上的中线长为 l_i，侧面 f_i 的外接超球半径为 R_i，侧面 f_i 的内切超球半径为 r_i，Ω 内任意一点 P 到该面的距离为 $d_i(i=1,2,\cdots,n+1)$，记 $M_0=\sum_{i=1}^{n+1}m_i$，$M'_0=\sum_{i=1}^{n+1}m'_i(m_i,m'_i>0)$.

二、几个引理

引理 1[9]　在 n 维单形 Ω 中，对 $m_i>0$，有

$$\sum_{1\leqslant i<j\leqslant n+1}m_im_j\frac{\rho_{ij}^2}{l_il_j}\geqslant\left(\frac{n}{n+1}\right)^2\left(\sum_{i=1}^{n+1}m_i\right)^2 \tag{1}$$

当且仅当 Ω 为正则单形且 $m_1=m_2=\cdots=m_{n+1}$ 时，式(1) 取等号.

引理 2[8]　在 n 维单形 Ω_1,Ω_2 中，对 $m_i,m'_i>0(i=1,2,\cdots,n+1)$，有

$$\sum_{i=1}^{n+1}\sum_{j=1}^{n+1}m_im'_j|A_{1i}A_{2j}|^2\geqslant\frac{M'_0}{M_0}\sum_{1\leqslant i<j\leqslant n+1}m_im_j\rho_{1ij}^2+\frac{M_0}{M'_0}\sum_{1\leqslant i<j\leqslant n+1}m'_im'_j\rho_{2ij}^2 \tag{2}$$

当且仅当 Ω_1,Ω_2 的重心重合且 $m_i=m'_i(i=1,2,\cdots,n+1)$ 时，式(2) 取等号.

引理 3　在 n 维单形 Ω_1,Ω_2 中，对 $m_i,m'_i>0(i=1,2,\cdots,n+1)$，有

$$\sum_{i=1}^{n+1}\sum_{j=1}^{n+1}m_im'_j\frac{|A_{2i}A_{1j}|^2}{l_{1i}l_{2j}}\geqslant 2\left(\frac{n}{n+1}\right)^2\left(\sum_{i=1}^{n+1}m_i\right)\left(\sum_{i=1}^{n+1}m'_i\right) \tag{3}$$

当且仅当 Ω_1,Ω_2 均为正则单形且两重心重合，以及 $m_1=m_2=\cdots=m_{n+1}$，$m'_1=m'_2=\cdots=m'_{n+1}$ 时，式(3) 取等号.

证明　对式(2) 运用二元均值不等式，得

$$\sum_{i=1}^{n+1}\sum_{j=1}^{n+1}m_im'_j|A_{1i}A_{2j}|^2\geqslant 2\left[\left(\sum_{1\leqslant i<j\leqslant n+1}m_im_j\rho_{1ij}^2\right)\left(\sum_{1\leqslant i<j\leqslant n+1}m'_im'_j\rho'^2_{2ij}\right)\right]^{\frac{1}{2}} \tag{4}$$

在式(4) 中作置换 $m_i\to\frac{m_i}{l_{1i}}$，$m'_i\to\frac{m'_i}{l'_{2i}}(i=1,2,\cdots,n+1)$，可得

$$\sum_{i=1}^{n+1}\sum_{j=1}^{n+1}\frac{m_im'_j|A_{1i}A_{2j}|^2}{l_{1i}l_{2j}}\geqslant 2\left[\left(\sum_{1\leqslant i<j\leqslant n+1}\frac{m_im_j\rho_{1ij}^2}{l_{1i}l_{1j}}\right)\left(\sum_{1\leqslant i<j\leqslant n+1}\frac{m'_im'_j\rho_{2ij}^2}{l_{2i}l_{2j}}\right)\right]^{\frac{1}{2}} \tag{5}$$

将式(1) 代入式(5) 整理即得式(3)，且取等号的条件为引理 3 所述. 证毕.

引理 4[10]　在 n 维单形 Ω 中，有

$$V \geqslant \frac{1}{n!} n^{\frac{n}{2}} (n+1)^{\frac{n+1}{2}} \prod_{i=1}^{n+1} d_i^{\frac{n}{n+1}} \tag{6}$$

当且仅当 Ω 为正则单形且 P 为其中心时，式(6) 取等号.

引理 5[10]　在 n 维单形 Ω 中，有

$$\prod_{i=1}^{n+1} S_i \leqslant \left[\frac{(n+1)^{n-1}}{(n-1)!^2 n^{n-2}}\right]^{\frac{n+1}{2}} R^{n^2-1} \tag{7}$$

$$V \leqslant \frac{1}{n!}\left[\frac{n^n}{(n+1)^{n-1}}\right]^{\frac{1}{2}} \prod_{i=1}^{n+1} l_i^{\frac{n}{n+1}} \tag{8}$$

当且仅当 Ω 为正则单形时，以上两式取等号.

引理 6[11]　在 n 维单形 Ω 中，有

$$\sum_{i=1}^{n+1} \frac{1}{r_i^2} \leqslant \frac{n-1}{r^2} \tag{9}$$

当且仅当 Ω 为正则单形时，式(9) 取等号.

引理 7[12]　在 n 维单形 Ω 中，对 $0 < \theta \leqslant 1$，有

$$\sum_{i=1}^{n+1} \prod_{j=1, j\neq i}^{n+1} (h_j - d_j)^\theta \leqslant (n+1)\left(\frac{n^n (n!)^2}{(n+1)^{n+1}}\right)^{\frac{\theta}{2}} V^\theta \tag{10}$$

$$\sum_{i=1}^{n+1} \prod_{j=1, j\neq i}^{n+1} (h_j + d_j)^\theta \leqslant (n+1)\left(\frac{(n+2)^{2n} (n!)^2}{(n+1)^{n+1} n^n}\right)^{\frac{\theta}{2}} V^\theta \tag{11}$$

当且仅当 Ω 为正则单形且 P 为其中心时，以上两式取等号.

三、主要结果

定理 1　在 n 维单形 $\Omega_1, \Omega_2, \Omega_3, \Omega_4$ 中，有

$$\sum_{i=1}^{n+1} \sum_{j=1}^{n+1} \frac{|A_{1i}A_{2j}|^2}{l_{1i} l_{2j} d_{3i} d_{4j}} \geqslant \frac{2n^3 (n+1)^{\frac{n+1}{n}}}{(n!)^{\frac{2}{n}}} \left(\frac{1}{V_3 V_4}\right)^{\frac{1}{n}} \tag{12}$$

当且仅当 $\Omega_1, \Omega_2, \Omega_3, \Omega_4$ 均为正则单形，且 P_3 与 P_4 分别为 Ω_3 与 Ω_4 的中心时，式(12) 取等号.

证明　对引理 3 中的式(3) 运用算术－几何平均值不等式，可得

$$\sum_{i=1}^{n+1} \sum_{j=1}^{n+1} m_i m'_j \frac{|A_{1i}A_{2j}|^2}{l_{1i} l_{2j}} \geqslant 2n^2 \prod_{i=1}^{n+1} (m_i m'_i)^{\frac{1}{n+1}} \tag{13}$$

式(13) 中，取 $m_i = \frac{1}{d_{3i}}, m'_i = \frac{1}{d_{4i}} (i = 1, 2, \cdots, n+1)$，得

$$\sum_{i=1}^{n+1} \sum_{j=1}^{n+1} \frac{|A_{1i}A_{2j}|^2}{l_{1i} l_{2j} d_{3i} d_{4j}} \geqslant 2n^2 \prod_{i=1}^{n+1} \left(\frac{1}{d_{3i} d_{4i}}\right)^{\frac{1}{n+1}}$$

将引理 4 中的式(6) 代入上式，整理即得式(12). 易知式(13) 取等号的条件为定理 1 所述.

在定理 1 中，取 P_3 与 P_4 分别为单形 Ω_3 与 Ω_4 的重心，并注意到此时有 $d_{3i} =$

$\dfrac{h_{3i}}{n+1}, d_{4i}=\dfrac{h_{4i}}{n+1}(i=1,2,\cdots,n+1)$，可得：

推论 1　在 n 维单形 $\Omega_1,\Omega_2,\Omega_3,\Omega_4$ 中，有

$$\sum_{i=1}^{n+1}\sum_{j=1}^{n+1}\frac{|A_{1i}A_{2j}|^2}{l_{1i}l_{2j}h_{3i}h_{4j}}\geqslant\frac{2n^3}{(n!)^{\frac{2}{n}}(n+1)^{\frac{n-1}{n}}}\left(\frac{1}{V_3V_4}\right)^{\frac{1}{n}}\tag{14}$$

当且仅当 $\Omega_1,\Omega_2,\Omega_3,\Omega_4$ 均为正则单形时，式(14) 取等号.

若注意到 $h_{3i}=\dfrac{nV_3}{S_{3i}}, h_{4i}=\dfrac{nV_4}{S_{4i}}(i=1,2,\cdots,n+1)$. 由式(14)，可得：

推论 2　在 n 维单形 $\Omega_1,\Omega_2,\Omega_3,\Omega_4$ 中，有

$$\sum_{i=1}^{n+1}\sum_{j=1}^{n+1}\frac{S_{3i}S_{4j}|A_{1i}A_{2j}|^2}{l_{1i}l_{2j}}\geqslant\frac{2n^5}{(n!)^{\frac{2}{n}}(n+1)^{\frac{n-1}{n}}}(V_3V_4)^{\frac{n-1}{n}}\tag{15}$$

式(15) 取等号的条件同推论 1.

在定理 1 中，取 P 为单形 Ω 的外心 O，则 $|OA_i|=R$. 由于点 O 在各侧面 f_i 上的射影是各侧面的外心 $O_i(i=1,2,\cdots,n+1)$，则

$$|O_iA_1|=\cdots=|O_iA_{i-1}|=|O_iA_{i+1}|=\cdots=|O_iA_{n+1}|=R_i$$

故

$$d_i^2=|O_iO|^2=R^2-R_i^2\quad(i=1,2,\cdots,n+1)$$

于是，我们有：

推论 3　在 n 维单形 $\Omega_1,\Omega_2,\Omega_3,\Omega_4$ 中，有

$$\sum_{i=1}^{n+1}\sum_{j=1}^{n+1}\frac{|A_{1i}A_{2j}|^2}{l_{1i}l_{2j}\sqrt{(R_3^2-R_{3i}^2)(R_4^2-R_{4j}^2)}}\geqslant\frac{2n^3(n+1)^{\frac{n+1}{n}}}{(n!)^{\frac{2}{n}}}\left(\frac{1}{V_3V_4}\right)^{\frac{1}{n}}\tag{16}$$

式(16) 取等号的条件同推论 1.

定理 2　在 n 维单形 $\Omega_1,\Omega_2,\Omega_3,\Omega_4$ 中，有

$$\sum_{i=1}^{n+1}\sum_{j=1}^{n+1}\frac{|A_{1i}A_{2j}|^2}{l_{1i}l_{2j}S_{3i}S_{4j}}\geqslant\frac{2n^n(n-1)!^2}{(n+1)^{n-1}}\left(\frac{1}{R_3R_4}\right)^{n-1}\tag{17}$$

$$\sum_{i=1}^{n+1}\sum_{j=1}^{n+1}\frac{l_{3i}l_{4j}|A_{1i}A_{2j}|^2}{l_{1i}l_{2j}}\geqslant 2n[(n!)^2(n+1)^{n-1}V_3V_4]\frac{1}{n}\tag{18}$$

$$\sum_{i=1}^{n+1}\sum_{j=1}^{n+1}\frac{r_{3i}r_{4j}|A_{1i}A_{2j}|^2}{l_{1i}l_{2j}}\geqslant\frac{2n^2(n+1)}{n-1}r_3r_4\tag{19}$$

$$\sum_{i=1}^{n+1}\sum_{j=1}^{n+1}\frac{|A_{1i}A_{2j}|^2}{l_{1i}l_{2j}r'_{3i}r'_{4j}}\geqslant 2\left(\frac{n(n-1)}{n+1}\right)^2\frac{1}{r_3r_4}\tag{20}$$

$$\sum_{i=1}^{n+1}\sum_{j=1}^{n+1}\frac{d_{3i}d_{4j}|A_{1i}A_{2j}|^2}{h_{3i}h_{4j}l_{1i}l_{2j}}\geqslant 2\left(\frac{n}{n+1}\right)^2\tag{21}$$

当且仅当 $\Omega_1,\Omega_2,\Omega_3,\Omega_4$ 均为正则单形时，式(17) ～ (21) 取等号.

证明　在不等式(13)中,令 $m_i=\dfrac{1}{S_{3i}}, m_i'=\dfrac{1}{S_{4i}}(i=1,2,\cdots,n+1)$,并注意到由不等式(7)即可证得不等式(17).

在不等式(13)中,令 $m_i=l_{3i}, m_i'=l_{4i}(i=1,2,\cdots,n+1)$,并注意到由不等式(8)即可证得不等式(18).

在不等式(9)中,运用平均值不等式,得

$$\prod_{i=1}^{n+1} r_i \geqslant \left(\frac{n+1}{n-1}\right)^{\frac{n+1}{2}} r^{n+1}$$

在不等式(13)中,令 $m_i=r_{3i}, m_i'=r_{4i}(i=1,2,\cdots,n+1)$,并将上式代入即可证得不等式(19).

在不等式(3)中,令 $m_i=r_{3i}', m_i'=r_{4i}'(i=1,2,\cdots,n+1)$,并注意到恒等式(文[11]的第382页)$\sum\limits_{i=1}^{n+1}\dfrac{1}{r_i'}=\dfrac{n-1}{r}$,即可证得不等式(20).

设 V_i 是 Ω 中由点 $A_1, A_2, \cdots, A_{i-1}, P, A_{i+1}, \cdots, A_{n+1}(i=1,2,\cdots,n+1)$ 所组成的 n 维单形的体积,则有

$$\sum_{i=1}^{n+1}\frac{d_i}{h_i}=\sum_{i=1}^{n+1}\frac{d_iS_i}{h_iS_i}=\sum_{i=1}^{n+1}\frac{V_i}{V}=\frac{1}{V}\sum_{i=1}^{n+1}V_i=1$$

在不等式(3)中,令 $m_i=\dfrac{d_{3i}}{h_{3j}}, m_i'=\dfrac{d_{4j}}{h_{4j}}(i=1,2,\cdots,n+1)$,并将上式代入即可证得不等式(21),且易知式(17)~(21)取等号的条件为定理2所述.定理2证毕.

定理3　在 n 维单形 $\Omega_1, \Omega_2, \Omega_3, \Omega_4$ 中,有

$$\sum_{i=1}^{n+1}\sum_{j=1}^{n+1}\frac{|A_{1i}A_{2j}|^2}{l_{1i}l_{2j}(h_{3i}-d_{3i})(h_{4j}-d_{4j})}\geqslant 2n\left(\frac{(n+1)^{n+1}}{(n!)^2}\right)^{\frac{1}{n}}\left(\frac{1}{V_3V_4}\right)^{\frac{1}{n}} \tag{22}$$

$$\sum_{i=1}^{n+1}\sum_{j=1}^{n+1}\frac{|A_{1i}A_{2j}|^2}{l_{1i}l_{2j}(h_{3i}+d_{3i})(h_{4j}+d_{4j})}\geqslant 2n^3\left(\frac{(n+1)^{n+1}}{(n+2)^{2n}(n!)^2}\right)^{\frac{1}{n}}\left(\frac{1}{V_3V_4}\right)^{\frac{1}{n}} \tag{23}$$

式(22)(23)取等号的条件同定理1.

证明　我们仅证式(22),式(23)可类似证之.

在不等式(10)中,取 $\theta=1$,并对其左边运用算术－几何平均值不等式,得

$$\prod_{i=1}^{n+1}(h_i-d_i)^{\frac{n}{n+1}}\leqslant\left(\frac{n^n(n!)^2}{(n+1)^{n+1}}\right)^{\frac{1}{2}}V \tag{24}$$

在不等式(13)中,令 $m_i=\dfrac{1}{h_{3i}-d_{3i}}, m_i'=\dfrac{1}{h_{4i}-d_{4i}}(i=1,2,\cdots,n+1)$,并将上式代入即可证得不等式(22),且易知式(22)取等号的条件为定理3所述.

在定理1～定理3和推论1～推论3中,取 Ω_2 为 Ω_1,可得联系三个单形的

一些新的不等式.

推论 4 在 n 维单形 $\Omega_1,\Omega_2,\Omega_3$ 中,有

$$\sum_{i=1}^{n+1}\sum_{j=1}^{n+1}\frac{\rho_{1ij}^2}{l_{1i}l_{1j}d_{2i}d_{3j}}\geqslant\frac{2n^3(n+1)^{\frac{n+1}{n}}}{(n!)^{\frac{2}{n}}}\left(\frac{1}{V_2V_3}\right)^{\frac{1}{n}}\tag{25}$$

$$\sum_{i=1}^{n+1}\sum_{j=1}^{n+1}\frac{\rho_{1ij}^2}{l_{1i}l_{1j}h_{2i}h_{3j}}\geqslant\frac{2n^3}{(n!)^{\frac{2}{n}}(n+1)^{\frac{n-1}{n}}}\left(\frac{1}{V_2V_3}\right)^{\frac{1}{n}}\tag{26}$$

$$\sum_{i=1}^{n+1}\sum_{j=1}^{n+1}\frac{S_{2i}S_{3j}\rho_{1ij}^2}{l_{1i}l_{1j}}\geqslant\frac{2n^5}{(n!)^{\frac{2}{n}}(n+1)^{\frac{n-1}{n}}}(V_2V_3)^{\frac{n-1}{n}}\tag{27}$$

$$\sum_{i=1}^{n+1}\sum_{j=1}^{n+1}\frac{\rho_{1ij}^2}{l_{1i}l_{1j}\sqrt{(R_2^2-R_{2i}^2)(R_3^2-R_{3j}^2)}}\geqslant\frac{2n^3(n+1)^{\frac{n+1}{n}}}{(n!)^{\frac{2}{n}}}\left(\frac{1}{V_2V_3}\right)^{\frac{1}{n}}\tag{28}$$

$$\sum_{i=1}^{n+1}\sum_{j=1}^{n+1}\frac{\rho_{1ij}^2}{l_{1i}l_{1j}S_{2i}S_{3j}}\geqslant\frac{2n^n(n-1)!^2}{(n+1)^{n-1}}\left(\frac{1}{R_2R_3}\right)^{n-1}\tag{29}$$

$$\sum_{i=1}^{n+1}\sum_{j=1}^{n+1}\frac{l_{2i}l_{3j}\rho_{1ij}^2}{l_{1i}l_{1j}}\geqslant 2n\left[(n!)^2(n+1)^{n-1}V_2V_3\right]\frac{1}{n}\tag{30}$$

$$\sum_{i=1}^{n+1}\sum_{j=1}^{n+1}\frac{r_{2i}r_{3j}\rho_{1ij}^2}{l_{1i}l_{1j}}\geqslant\frac{2n^2(n+1)}{n-1}r_2r_3\tag{31}$$

$$\sum_{i=1}^{n+1}\sum_{j=1}^{n+1}\frac{\rho_{1ij}^2}{l_{1i}l_{1j}r'_{2i}r'_{3j}}\geqslant 2\left(\frac{n(n-1)}{n+1}\right)^2\frac{1}{r_2r_3}\tag{32}$$

$$\sum_{i=1}^{n+1}\sum_{j=1}^{n+1}\frac{d_{2i}d_{3j}\rho_{1ij}^2}{h_{2i}h_{3j}l_{1i}l_{1j}}\geqslant 2\left(\frac{n}{n+1}\right)^2\tag{33}$$

$$\sum_{i=1}^{n+1}\sum_{j=1}^{n+1}\frac{\rho_{1ij}^2}{l_{1i}l_{1j}(h_{2i}-d_{2i})(h_{3j}-d_{3j})}\geqslant 2n\left(\frac{(n+1)^{n+1}}{(n!)^2}\right)^{\frac{1}{n}}\left(\frac{1}{V_2V_3}\right)^{\frac{1}{n}}\tag{34}$$

$$\sum_{i=1}^{n+1}\sum_{j=1}^{n+1}\frac{\rho_{1ij}^2}{l_{1i}l_{1j}(h_{2i}+d_{2i})(h_{3j}+d_{3j})}\geqslant 2n^3\left(\frac{(n+1)^{n+1}}{(n+2)^{2n}(n!)^2}\right)^{\frac{1}{n}}\left(\frac{1}{V_2V_3}\right)^{\frac{1}{n}}\tag{35}$$

当且仅当 $\Omega_1,\Omega_2,\Omega_3$ 均为正则单形,且 P_2 与 P_3 分别为 Ω_2 与 Ω_3 的中心时,式(25)(34)(35) 取等号;当且仅当 $\Omega_1,\Omega_2,\Omega_3$ 均为正则单形时,式(26) ~ (33) 取等号.

在定理 1 ~ 定理 3 和推论 1 和推论 3 中,取 Ω_2 为 Ω_1,Ω_4 为 Ω_3,可得联系两个单形的一些新的不等式.

推论 5 在 n 维单形 Ω_1,Ω_2 中,有

$$\sum_{i=1}^{n+1}\sum_{j=1}^{n+1}\frac{\rho_{1ij}^2}{l_{1i}l_{1j}d_{2i}d_{2j}}\geqslant\frac{2n^3(n+1)^{\frac{n+1}{n}}}{(n!V_2)^{\frac{2}{n}}}\tag{36}$$

$$\sum_{i=1}^{n+1}\sum_{j=1}^{n+1}\frac{\rho_{1ij}^2}{l_{1i}l_{1j}h_{2i}h_{2j}}\geqslant\frac{2n^3}{(n!)^{\frac{2}{n}}(n+1)^{\frac{n-1}{n}}V_2^{\frac{2}{n}}}\tag{37}$$

$$\sum_{i=1}^{n+1}\sum_{j=1}^{n+1}\frac{S_{2i}S_{2j}\rho_{1ij}^2}{l_{1i}l_{1j}}\geqslant\frac{2n^5}{(n!)^{\frac{2}{n}}(n+1)^{\frac{n-1}{n}}}V_2^{\frac{2(n-1)}{n}}\tag{38}$$

$$\sum_{i=1}^{n+1}\sum_{j=1}^{n+1}\frac{\rho_{1ij}^2}{l_{1i}l_{1j}\sqrt{(R_2^2-R_{2i}^2)(R_2^2-R_{2j}^2)}}\geqslant\frac{2n^3(n+1)^{\frac{n+1}{n}}}{(n!)^{\frac{2}{n}}V_2^{\frac{2}{n}}}\tag{39}$$

$$\sum_{i=1}^{n+1}\sum_{j=1}^{n+1}\frac{\rho_{1ij}^2}{l_{1i}l_{1j}S_{2i}S_{2j}}\geqslant\frac{2n^n(n-1)!^{\,2}}{(n+1)^{n-1}R_2^{2(n-1)}}\tag{40}$$

$$\sum_{i=1}^{n+1}\sum_{j=1}^{n+1}\frac{l_{2i}l_{2j}\rho_{1ij}^2}{l_{1i}l_{1j}}\geqslant 2n\left[(n!)^2(n+1)^{n-1}V_2^2\right]\frac{1}{n}\tag{41}$$

$$\sum_{i=1}^{n+1}\sum_{j=1}^{n+1}\frac{r_{2i}r_{2j}\rho_{1ij}^2}{l_{1i}l_{1j}}\geqslant\frac{2n^2(n+1)}{n-1}r_2^2\tag{42}$$

$$\sum_{i=1}^{n+1}\sum_{j=1}^{n+1}\frac{\rho_{1ij}^2}{l_{1i}l_{1j}r'_{2i}r'_{2j}}\geqslant 2\left(\frac{n(n-1)}{(n+1)r_2}\right)^2\tag{43}$$

$$\sum_{i=1}^{n+1}\sum_{j=1}^{n+1}\frac{d_{2i}d_{2j}\rho_{1ij}^2}{h_{2i}h_{2j}l_{1i}l_{1j}}\geqslant 2\left(\frac{n}{n+1}\right)^2\tag{44}$$

$$\sum_{i=1}^{n+1}\sum_{j=1}^{n+1}\frac{\rho_{1ij}^2}{l_{1i}l_{1j}(h_{2i}-d_{2i})(h_{2j}-d_{2j})}\geqslant 2n\left(\frac{(n+1)^{n+1}}{(n!)^2V_2^2}\right)^{\frac{1}{n}}\tag{45}$$

$$\sum_{i=1}^{n+1}\sum_{j=1}^{n+1}\frac{\rho_{1ij}^2}{l_{1i}l_{1j}(h_{2i}+d_{2i})(h_{2j}+d_{2j})}\geqslant 2n^3\left(\frac{(n+1)^{n+1}}{(n+2)^{2n}(n!)^2V_2^2}\right)^{\frac{1}{n}}\tag{46}$$

当且仅当 Ω_1,Ω_2 均为正则单形，且 P_2 为 Ω_2 的中心时，式(36)(45)(46)取等号；当且仅当 Ω_1,Ω_2 均为正则单形时，式(37) ～ (44) 取等号.

在定理 1 ～ 定理 3 和推论 1 ～ 推论 3 中，取 $\Omega_2,\Omega_3,\Omega_4$ 均为 Ω_1，可得一个单形的一些新的或已知的不等式.

推论 6 在 n 维单形 Ω 中，有

$$\sum_{1\leqslant i<j\leqslant n+1}\frac{\rho_{ij}^2}{l_il_jd_id_j}\geqslant\frac{n^3(n+1)^{\frac{n+1}{n}}}{(n!\,V)^{\frac{2}{n}}}\tag{47}$$

$$\sum_{1\leqslant i<j\leqslant n+1}\frac{\rho_{ij}^2}{l_il_jh_ih_j}\geqslant\frac{n^3}{(n!)^{\frac{2}{n}}(n+1)^{\frac{n-1}{n}}V^{\frac{2}{n}}}\tag{48}$$

$$\sum_{1\leqslant i<j\leqslant n+1}\frac{S_iS_j\rho_{ij}^2}{l_il_j}\geqslant\frac{n^5}{(n!)^{\frac{2}{n}}(n+1)^{\frac{n-1}{n}}}V^{\frac{2(n-1)}{n}}\tag{49}$$

$$\sum_{1\leqslant i<j\leqslant n+1}\frac{\rho_{ij}^2}{l_il_j\sqrt{(R-R_i^2)(R-R_j^2)}}\geqslant\frac{n^3(n+1)^{\frac{n+1}{n}}}{(n!\,V)^{\frac{2}{n}}}\tag{50}$$

$$\sum_{1\leqslant i<j\leqslant n+1}\frac{\rho_{ij}^2}{l_il_jS_iS_j}\geqslant\frac{n^n(n-1)!^{\,2}}{(n+1)^{n-1}R^{2(n-1)}}\tag{51}$$

$$\sum_{1\leqslant i<j\leqslant n+1}\rho_{ij}^2\geqslant n\left[(n!)^2(n+1)^{n-1}V^2\right]\frac{1}{n}\tag{52}$$

$$\sum_{1\leqslant i<j\leqslant n+1}\frac{r_ir_j\rho_{ij}^2}{l_il_j}\geqslant\frac{n^2(n+1)}{n-1}r^2 \tag{53}$$

$$\sum_{1\leqslant i<j\leqslant n+1}\frac{\rho_{ij}^2}{l_il_jr'_ir'_j}\geqslant\left(\frac{n(n-1)}{(n+1)r}\right)^2 \tag{54}$$

$$\sum_{1\leqslant i<j\leqslant n+1}\frac{d_id_j\rho_{ij}^2}{h_ih_jl_il_j}\geqslant\left(\frac{n}{n+1}\right)^2 \tag{55}$$

$$\sum_{1\leqslant i<j\leqslant n+1}\frac{\rho_{ij}^2}{l_il_j(h_i-d_i)(h_j-d_j)}\geqslant n\left(\frac{(n+1)^{n+1}}{(n!\ )^2V^2}\right)^{\frac{1}{n}} \tag{56}$$

$$\sum_{1\leqslant i<j\leqslant n+1}\frac{\rho_{ij}^2}{l_il_j(h_i+d_i)(h_j+d_j)}\geqslant n^3\left(\frac{(n+1)^{n+1}}{(n+2)^{2n}(n!\ )^2V^2}\right)^{\frac{1}{n}} \tag{57}$$

当且仅当Ω为正则单形，且P为Ω的中心时，式(47)(56)(57)取等号；当且仅当Ω为正则单形时，式(48)～(55)取等号.

四、注记与猜想

注1 值得指出的是，由定理的证明不难看出，只要将S_i，l_i，r_i，$\frac{1}{r'_i}$，d_i，$\frac{1}{h_i}$，$\frac{1}{S_i}$，$\frac{d_i}{h_i}$，$(R^2-R_i^2)^{-1}$，$(h_i-d_i)^{-1}$，$(h_i+d_i)^{-1}$这十一个式子两两组合，还有一大批类似定理1～3和推论1～6的联系四个单形或三个单形或两个单形或一个单形的一些新的几何不等式，如

$$\sum_{i=1}^{n+1}\sum_{j=1}^{n+1}\frac{|A_{1i}A_{2j}|^2l_{3i}}{l_{1i}l_{2j}d_{4j}}\geqslant 2n^2(n+1)\left(\frac{V_3}{V_4}\right)^{\frac{1}{n}} \tag{58}$$

$$\sum_{i=1}^{n+1}\sum_{j=1}^{n+1}\frac{|A_{1i}A_{2j}|^2r_{3i}}{l_{1i}l_{2j}r'_{4j}}\geqslant 2n^2\left(\frac{n-1}{n+1}\right)^{\frac{1}{2}} \tag{59}$$

当且仅当单形Ω_1，Ω_2，Ω_3，Ω_4均为正则单形且P_4为Ω_4的中心时，式(58)取等号，当且仅当Ω_1，Ω_2，Ω_3，Ω_4均为正则单形时，式(59)取等号.

注2 由于$l_i\geqslant h_i(i=1,2,\cdots,n+1)$，由引理3，易得

$$\sum_{i=1}^{n+1}\sum_{j=1}^{n+1}m_im'_j\frac{|A_{2i}A_{1j}|^2}{h_{1i}h_{2j}}\geqslant 2\left(\frac{n}{n+1}\right)^2\left(\sum_{i=1}^{n+1}m_i\right)\left(\sum_{i=1}^{n+1}m'_i\right) \tag{60}$$

当且仅当Ω_1与Ω_2均为正则单形且两重心重合，$m_1=m_2=\cdots=m_{n+1}$，$m'_1=m'_2=\cdots=m'_{n+1}$时，式(60)取等号.

同样地，在不等式(60)中，对m_i，m'_i赋予不同的值，还可获得一大批类似本文结论的联系四个单形或三个单形或两个单形或一个单形的一些新的几何不等式.

注3 在引理3中，取Ω_2为Ω_1，即得式(1). 因此，引理3推广了文[9]中的不等式.

特别地，在式(3) 中取 Ω_2 为 Ω_1 且 $m_i=1(i=1,2,\cdots,n+1)$，即得张垚的猜想[13]

$$\sum_{1\leqslant i<j\leqslant n+1}\frac{\rho_{ij}^2}{l_i l_j}\geqslant n^2 \tag{61}$$

当且仅当 Ω 为正则单形时，式(61) 取等号.

最后，我们提出如下猜想.

猜想 在 n 维单形 $\Omega_1,\Omega_2,\Omega_3,\Omega_4$ 中，证明或否定

$$\sum_{i=1}^{n+1}\sum_{j=1}^{n+1}\frac{|A_{1i}A_{2j}|^2}{l_{1i}l_{2j}l_{3i}l_{4j}}\geqslant\frac{2n^3}{[(n!)^2(n+1)^{n-1}V_3V_4]\frac{1}{n}} \tag{62}$$

当且仅当 Ω 为正则单形时，式(62) 取等号.

参考文献

[1] 杨路，张景中. 关于质点组的一类几何不等式[J]. 中国科学技术大学学报，1981，11(2)：1-8.

[2] 杨路，张景中. Neulerg-Pedoe 不等式的高维推广[J]. 数学学报，1981，24(3)：401-408.

[3] 冷岗松，唐立华. 再论 Pedoe 不等式的高维推广及应用[J]. 数学学报，1997，30(1)：14-21.

[4] 苏化明. 一类涉及两个单形的不等式及应用[J]. 数学研究与评论，1995，15(3)：429-435.

[5] 陈计，马援. 涉及两个单形的一类不等式[J]. 数学研究与评论，1989，9(2)：282-284.

[6] 周永国. 涉及两个单形及其内点的几个不等式(英)[J]. 数学季刊，2011，26(4)：628-632.

[7] 周永国. 涉及四个单形的一类不等式[J]. 数学杂志，2016，36(2)：375-384

[8] 周永国. 涉及两个单形顶点间距离的几个不等式[J]. 数学的实践与认识，2011，41(3)，217-222.

[9] 王露，王尧，张晗方. 关于空间任意一点与单形的一些不等式[J]. 鲁东大学学报(自然科学版)，2013，29(4)：289-292.

[10] 沈文选，杨桃清. 从高维 Pythagoras 定理谈起[M]. 哈尔滨：哈尔滨工业大学出版社，2016.

[11] LENG G S，TANG L H. Some inequalities an the inradii of its faces[J]. Geom. Dedicata，1996，61(2)：43-49.

[12] 马统一. 关联单形和一点的一类几何不等式[J]. 数学研究与评论，2003，

23(2):373-380.

[13] 张垚. 高维单形的 Janic R R 型不等式的加强形式[J]. 吉首大学学报(自然科学版),2005,26(3):29-30.

作者简介

周永国,男,出生于 1962 年,中学数学高级教师. 在《数学杂志》《数学季刊》《数学通报》等十多种国家、省级数学刊物上发表论文 100 余篇,其中发表在《数学季刊》上的论文 *An Inequality for Two Simplices* 受到上海大学冷岗松教授的好评,《涉及四个单形的一类不等式》等论文中的主要结果已收录于湖南师范大学沈文选教授的专著《从高维 Pythagoras 定理谈起》. 负责的课题有:中国教育学会"十一·五"规划课题的子课题《评价高中数学每章测试卷的研究》,参与的课题有:湖南省教育厅科学研究一般项目(09C470)《高维几何不等式中一些问题的研究》.

一个几何不等式

褚小光

(文武光华数学工作室　江苏　苏州　215128)

命题　设点 P,Q 是 $\triangle ABC$ 所在平面上任意两点,记 $BC=a,CA=b$, $AB=c$. 求证

$$\frac{PA}{a}\left(\frac{QB}{b}+\frac{QC}{c}\right)+\frac{PB}{b}\left(\frac{QC}{c}+\frac{QA}{a}\right)+\frac{PC}{c}\left(\frac{QA}{a}+\frac{QB}{b}\right)\geqslant 2 \tag{1}$$

为证明式(1),先给出两个引理.

引理 1　设 $x,y,z,k,m,n\in\overline{\mathbf{R}^-}$,记 a,b,c 是 $\triangle ABC$ 的三边长. 求证

$$\begin{aligned}&[a(mz+ny)+b(nx+kz)+c(ky+mx)]^2\\ \geqslant\ &4(amn+bnk+ckm)(ayz+bzx+cxy)\end{aligned} \tag{2}$$

不等式(2) 等价于

$$\begin{aligned}&\left[\frac{k}{a}\left(\frac{y}{b}+\frac{z}{c}\right)+\frac{m}{b}\left(\frac{z}{c}+\frac{x}{a}\right)+\frac{n}{c}\left(\frac{x}{a}+\frac{y}{b}\right)\right]^2\\ \geqslant\ &4\left(\frac{mn}{bc}+\frac{nk}{ca}+\frac{km}{ab}\right)\left(\frac{yz}{bc}+\frac{zx}{ca}+\frac{xy}{ab}\right)\end{aligned} \tag{3}$$

证明　由 Cauchy 不等式,得

$$\left(\frac{k}{a}+\frac{m}{b}+\frac{n}{c}\right)\left(\frac{x}{a}+\frac{y}{b}+\frac{z}{c}\right)=\sqrt{\left(\frac{k}{a}+\frac{m}{b}+\frac{n}{c}\right)^2\left(\frac{x}{a}+\frac{y}{b}+\frac{z}{c}\right)^2}$$

$$=\sqrt{\left[\frac{k^2}{a^2}+\frac{m^2}{b^2}+\frac{n^2}{c^2}+2\left(\frac{mn}{bc}+\frac{nk}{ca}+\frac{km}{ab}\right)\right]\left[\frac{x^2}{a^2}+\frac{y^2}{b^2}+\frac{z^2}{c^2}+2\left(\frac{yz}{bc}+\frac{zx}{ca}+\frac{xy}{ab}\right)\right]}$$

$$\geqslant\frac{kx}{a^2}+\frac{my}{b^2}+\frac{nz}{c^2}+2\sqrt{\left(\frac{mn}{bc}+\frac{nk}{ca}+\frac{km}{ab}\right)\left(\frac{yz}{bc}+\frac{zx}{ca}+\frac{xy}{ab}\right)}$$

整理得

$$\begin{aligned}&\frac{k}{a}\left(\frac{y}{b}+\frac{z}{c}\right)+\frac{m}{b}\left(\frac{z}{c}+\frac{x}{a}\right)+\frac{n}{c}\left(\frac{x}{a}+\frac{y}{b}\right)\\ \geqslant\ &2\sqrt{\left(\frac{mn}{bc}+\frac{nk}{ca}+\frac{km}{ab}\right)\left(\frac{yz}{bc}+\frac{zx}{ca}+\frac{xy}{ab}\right)}\end{aligned} \tag{4}$$

两边分别平方即得不等式(3).

引理 2 设点 P 是 $\triangle ABC$ 所在平面上任意一点，记 $BC=a, CA=b, AB=c$，则

$$\frac{PB\cdot PC}{bc}+\frac{PC\cdot PA}{ca}+\frac{PA\cdot PB}{ab}\geqslant 1 \tag{5}$$

证明 假设 $\triangle ABC$ 所在平面为复平面，点 P, A, B, C 分别对应着复数 z, z_1, z_2, z_3，令

$$f(z)=\frac{(z-z_2)(z-z_3)}{(z_1-z_2)(z_1-z_3)}+\frac{(z-z_3)(z-z_1)}{(z_2-z_3)(z_2-z_1)}+\frac{(z-z_1)(z-z_2)}{(z_3-z_1)(z_3-z_2)}$$

则 $f(z)$ 是关于 z 的二次多项式，且有 $f(z_1)=f(z_2)=f(z_3)=1$，故 $f(z)\equiv 1$. 因此

$$\begin{aligned}&\frac{PB\cdot PC}{bc}+\frac{PC\cdot PA}{ca}+\frac{PA\cdot PB}{ab}\\&=\left|\frac{(z-z_2)(z-z_3)}{(z_1-z_2)(z_1-z_3)}\right|+\left|\frac{(z-z_3)(z-z_1)}{(z_2-z_3)(z_2-z_1)}\right|+\left|\frac{(z-z_1)(z-z_2)}{(z_3-z_1)(z_3-z_2)}\right|\\&\geqslant |f(z)|=1\end{aligned}$$

式(5) 即为林鹤一不等式.

命题的证明 在式(4) 中，令 $k=PA, m=PB, n=PC, x=QA, y=QB, z=QC$，由引理 1、引理 2 得

$$\begin{aligned}&\frac{PA}{a}\left(\frac{QB}{b}+\frac{QC}{c}\right)+\frac{PB}{b}\left(\frac{QC}{c}+\frac{QA}{a}\right)+\frac{PC}{c}\left(\frac{QA}{a}+\frac{QB}{b}\right)\\&\geqslant 2\sqrt{\left(\frac{PB\cdot PC}{bc}+\frac{PC\cdot PA}{ca}+\frac{PA\cdot PB}{ab}\right)\left(\frac{QB\cdot QC}{bc}+\frac{QC\cdot QA}{ca}+\frac{QA\cdot QB}{ab}\right)}\\&\geqslant 2\end{aligned}$$

故不等式(1) 得证.

作者简介

褚小光，男，出生于 1963 年，主要研究方向：几何不等式及不等式证法，1994 年至今在各类杂志共发表不等式论文 92 篇.

一个向量不等式及其应用

杨学枝

（福州市第二十四中学　福建　福州　350015）

摘　要：本文给出一个十分有用的向量不等式，可以用它来推导关于平面或空间图形的几何不等式，尤其是关于四面体的不等式.

关键词：向量；向量不等式；四面体

本文采用一般教科书上常用的向量写法与向量运算符号，如用英文小写黑体字母 $\boldsymbol{a},\boldsymbol{b},\boldsymbol{c},\cdots$ 表示向量；用 $|\boldsymbol{a}|$ 表示向量 $\boldsymbol{a}$ 的模；用 $\boldsymbol{a}\cdot\boldsymbol{b}$ 表示向量 $\boldsymbol{a}$ 与 $\boldsymbol{b}$ 的内积，特别地，$\boldsymbol{a}\cdot\boldsymbol{a}=|\boldsymbol{a}|^2$，本文简写为 $\boldsymbol{a}^2$；用 $\boldsymbol{a}\times\boldsymbol{b}$ 表示向量 $\boldsymbol{a}$ 与 $\boldsymbol{b}$ 的外积，本文简写为 $\boldsymbol{ab}$；文中将混合积 $(\boldsymbol{a}\times\boldsymbol{b})\cdot c$ 简写为 $\boldsymbol{abc}$；$|\boldsymbol{abc}|$ 表示向量 $\boldsymbol{a},\boldsymbol{b},\boldsymbol{c}$ 混合积的绝对值，这个绝对值的乘方就写在绝对值符号的右上角. 文中所述向量均为三维空间中的实向量.

下面我们将给出一个十分有用的向量不等式，可以用它来推导一些关于四面体的不等式.

一、引理

引理 1　设 $\boldsymbol{a}_i=x_i\boldsymbol{b}_1+y_i\boldsymbol{b}_2+z_i\boldsymbol{b}_3(i=1,2,3)$，则

$$\boldsymbol{a}_1\boldsymbol{a}_2\boldsymbol{a}_3=\begin{vmatrix}x_1 & y_1 & z_1\\ x_2 & y_2 & z_2\\ x_3 & y_3 & z_3\end{vmatrix}\boldsymbol{b}_1\boldsymbol{b}_2\boldsymbol{b}_3$$

引理 2

$$|\boldsymbol{abc}|^2=\begin{vmatrix}\boldsymbol{a}\cdot\boldsymbol{a} & \boldsymbol{a}\cdot\boldsymbol{b} & \boldsymbol{a}\cdot\boldsymbol{c}\\ \boldsymbol{b}\cdot\boldsymbol{a} & \boldsymbol{b}\cdot\boldsymbol{b} & \boldsymbol{b}\cdot\boldsymbol{c}\\ \boldsymbol{c}\cdot\boldsymbol{a} & \boldsymbol{c}\cdot\boldsymbol{b} & \boldsymbol{c}\cdot\boldsymbol{c}\end{vmatrix}$$

引理 3

$$|\boldsymbol{abc}|\leqslant|\boldsymbol{a}||\boldsymbol{b}||\boldsymbol{c}|$$

当且仅当向量 $\boldsymbol{a},\boldsymbol{b},\boldsymbol{c}$ 两两垂直时，即 $\boldsymbol{a}\cdot\boldsymbol{b}=\boldsymbol{b}\cdot\boldsymbol{c}=\boldsymbol{a}\cdot\boldsymbol{c}=0$ 时取等号.

由于这些引理的证明在一般向量教科书或参考书上均可找到,因此这里就不再重述.

二、向量不等式

定理 在三维欧氏空间中,对于任意向量 $\boldsymbol{a}_i,\boldsymbol{b}_i(i=1,2,\cdots,n)$ 总成立不等式

$$\sum_{i=1}^{n}(|\boldsymbol{a}_i|^2\cdot|\boldsymbol{b}_i|^2)+2\sum_{1\leqslant i<j\leqslant n}(\boldsymbol{a}_i\cdot\boldsymbol{a}_j)(\boldsymbol{b}_i\cdot\boldsymbol{b}_j)$$
$$\geqslant 3\left|\sum_{1\leqslant i<j<k\leqslant n}[(\boldsymbol{a}_i\boldsymbol{a}_j\boldsymbol{a}_k)\cdot(\boldsymbol{b}_i\boldsymbol{b}_j\boldsymbol{b}_k)]\right|^{\frac{2}{3}} \tag{1}$$

证明 在三维空间笛卡儿直角坐标系中,设 $\boldsymbol{a}_i=(x_{i1},x_{i2},x_{i3})(i=1,2,\cdots,n)$,$\boldsymbol{c}_i=x_{1j}\boldsymbol{b}_1+x_{2j}\boldsymbol{b}_2+\cdots+x_{nj}\boldsymbol{b}_n(i=1,2,3)$,则

$$\begin{aligned}&|\boldsymbol{c}_1|^2+|\boldsymbol{c}_2|^2+|\boldsymbol{c}_3|^2\\
=&(x_{11}\boldsymbol{b}_1+x_{21}\boldsymbol{b}_2+\cdots+x_{n1}\boldsymbol{b}_n)^2+(x_{12}\boldsymbol{b}_1+x_{22}\boldsymbol{b}_2+\cdots+x_{n2}\boldsymbol{b}_n)^2+\\
&(x_{13}\boldsymbol{b}_1+x_{23}\boldsymbol{b}_2+\cdots+x_{n3}\boldsymbol{b}_n)^2\\
=&(x_{11}^2+x_{12}^2+x_{13}^2)\boldsymbol{b}_1^2+(x_{21}^2+x_{22}^2+x_{23}^2)\boldsymbol{b}_2^2+\cdots+(x_{n1}^2+x_{n2}^2+x_{n3}^2)\boldsymbol{b}_n^2+\\
&2(x_{11}x_{21}+x_{12}x_{22}+x_{13}x_{23})(\boldsymbol{b}_1\cdot\boldsymbol{b}_2)+2(x_{11}x_{31}+x_{12}x_{32}+x_{13}x_{33})\cdot\\
&(\boldsymbol{b}_1\cdot\boldsymbol{b}_3)+\cdots+2(x_{n-11}x_{n1}+x_{n-12}x_{n2}+x_{n-13}x_{n3})(\boldsymbol{b}_{n-1}\cdot\boldsymbol{b}_n)\\
=&|\boldsymbol{a}_1|^2\cdot|\boldsymbol{b}_1|^2+|\boldsymbol{a}_2|^2\cdot|\boldsymbol{b}_2|^2+\cdots+|\boldsymbol{a}_n|^2\cdot|\boldsymbol{b}_n|^2+2(\boldsymbol{a}_1\cdot\boldsymbol{a}_2)\cdot\\
&(\boldsymbol{b}_1\cdot\boldsymbol{b}_2)+2(\boldsymbol{a}_1\cdot\boldsymbol{a}_3)(\boldsymbol{b}_1\cdot\boldsymbol{b}_3)+\cdots+2(\boldsymbol{a}_{n-1}\cdot\boldsymbol{a}_n)(\boldsymbol{b}_{n-1}\cdot\boldsymbol{b}_n)\\
=&\sum_{i=1}^{n}(|\boldsymbol{a}_i|^2\cdot|\boldsymbol{b}_i|^2)+2\sum_{1\leqslant i<j\leqslant n}(\boldsymbol{a}_i\cdot\boldsymbol{a}_j)(\boldsymbol{b}_i\cdot\boldsymbol{b}_j)\end{aligned} \tag{2}$$

同时有

$$\begin{aligned}|\boldsymbol{c}_1|^2+|\boldsymbol{c}_2|^2+|\boldsymbol{c}_3|^2&\geqslant 3(|\boldsymbol{c}_1|^2\cdot|\boldsymbol{c}_2|^2\cdot|\boldsymbol{c}_3|^2)^{\frac{1}{3}}\\
&\quad\text{(算术}-\text{几何平均值不等式)}\\
&=3(|\boldsymbol{c}_1||\boldsymbol{c}_2||\boldsymbol{c}_3|)^{\frac{2}{3}}\\
&\geqslant 3|\boldsymbol{c}_1\boldsymbol{c}_2\boldsymbol{c}_3|^{\frac{2}{3}}\quad\text{(引理 3)}\end{aligned} \tag{3}$$

另外,又有

$$\begin{aligned}\boldsymbol{c}_1\boldsymbol{c}_2\boldsymbol{c}_3=&(x_{11}\boldsymbol{b}_1+x_{21}\boldsymbol{b}_2+\cdots+x_{n1}\boldsymbol{b}_n)(x_{12}\boldsymbol{b}_1+x_{22}\boldsymbol{b}_2+\cdots+x_{n2}\boldsymbol{b}_n)\cdot\\
&(x_{13}\boldsymbol{b}_1+x_{23}\boldsymbol{b}_2+\cdots+x_{n3}\boldsymbol{b}_n)\\
=&\begin{vmatrix}x_{11}&x_{12}&x_{13}\\x_{21}&x_{22}&x_{23}\\x_{31}&x_{32}&x_{33}\end{vmatrix}\boldsymbol{b}_1\boldsymbol{b}_2\boldsymbol{b}_3+\begin{vmatrix}x_{11}&x_{12}&x_{13}\\x_{21}&x_{22}&x_{23}\\x_{41}&x_{42}&x_{43}\end{vmatrix}\boldsymbol{b}_1\boldsymbol{b}_2\boldsymbol{b}_4+\cdots+\end{aligned}$$

$$\begin{vmatrix} x_{n-21} & x_{n-22} & x_{n-23} \\ x_{n-11} & x_{n-12} & x_{n-13} \\ x_{n1} & x_{n2} & x_{n3} \end{vmatrix} \boldsymbol{b}_{n-2}\boldsymbol{b}_{n-1}\boldsymbol{b}_n \quad \text{（引理 1）}$$

$$= \sum_{1\leqslant i<j<k\leqslant n} [(\boldsymbol{a}_i\boldsymbol{a}_j\boldsymbol{a}_k)\cdot(\boldsymbol{b}_i\boldsymbol{b}_j\boldsymbol{b}_k)] \tag{4}$$

故由式(2)(3)(4) 即得到式(1)，定理获证.

当 $n=4$ 时，有：

推论 1 $|\boldsymbol{a}_1|^2|\boldsymbol{b}_1|^2+|\boldsymbol{a}_2|^2|\boldsymbol{b}_2|^2+|\boldsymbol{a}_3|^2|\boldsymbol{b}_3|^2+|\boldsymbol{a}_4|^2|\boldsymbol{b}_4|^2+$

$$2[(\boldsymbol{a}_1\cdot\boldsymbol{a}_2)(\boldsymbol{b}_1\cdot\boldsymbol{b}_2)+(\boldsymbol{a}_1\cdot\boldsymbol{a}_3)(\boldsymbol{b}_1\cdot\boldsymbol{b}_3)+(\boldsymbol{a}_1\cdot\boldsymbol{a}_4)(\boldsymbol{b}_1\cdot\boldsymbol{b}_4)+$$
$$(\boldsymbol{a}_2\cdot\boldsymbol{a}_3)(\boldsymbol{b}_2\cdot\boldsymbol{b}_3)+(\boldsymbol{a}_2\cdot\boldsymbol{a}_4)(\boldsymbol{b}_2\cdot\boldsymbol{b}_4)+(\boldsymbol{a}_3\cdot\boldsymbol{a}_4)(\boldsymbol{b}_3\cdot\boldsymbol{b}_4)]$$
$$\geqslant 3|(\boldsymbol{a}_2\boldsymbol{a}_3\boldsymbol{a}_4)\cdot(\boldsymbol{b}_2\boldsymbol{b}_3\boldsymbol{b}_4)+(\boldsymbol{a}_1\boldsymbol{a}_3\boldsymbol{a}_4)\cdot(\boldsymbol{b}_1\boldsymbol{b}_3\boldsymbol{b}_4)+$$
$$(\boldsymbol{a}_1\boldsymbol{a}_2\boldsymbol{a}_4)\cdot(\boldsymbol{b}_1\boldsymbol{b}_2\boldsymbol{b}_4)+(\boldsymbol{a}_1\boldsymbol{a}_2\boldsymbol{a}_3)\cdot(\boldsymbol{b}_1\boldsymbol{b}_2\boldsymbol{b}_3)|^{\frac{2}{3}} \tag{5}$$

在推论 1 中，令 $\boldsymbol{b}_1+\boldsymbol{b}_2+\boldsymbol{b}_3+\boldsymbol{b}_4=\boldsymbol{0}$，有：

推论 2 设向量 $\boldsymbol{b}_i(i=1,2,3,4)$ 满足 $\boldsymbol{b}_1+\boldsymbol{b}_2+\boldsymbol{b}_3+\boldsymbol{b}_4=\boldsymbol{0}$，$\boldsymbol{a}_i(i=1,2,3,4)$ 为任意向量，则

$$(\boldsymbol{b}_1\cdot\boldsymbol{b}_2)(\boldsymbol{a}_1-\boldsymbol{a}_2)^2+(\boldsymbol{b}_1\cdot\boldsymbol{b}_3)(\boldsymbol{a}_1-\boldsymbol{a}_3)^2+(\boldsymbol{b}_1\cdot\boldsymbol{b}_4)(\boldsymbol{a}_1-\boldsymbol{a}_4)^2+$$
$$(\boldsymbol{b}_2\cdot\boldsymbol{b}_3)(\boldsymbol{a}_2-\boldsymbol{a}_3)^2+(\boldsymbol{b}_2\cdot\boldsymbol{b}_4)(\boldsymbol{a}_2-\boldsymbol{a}_4)^2+(\boldsymbol{b}_3\cdot\boldsymbol{b}_4)(\boldsymbol{a}_3-\boldsymbol{a}_4)^2$$
$$\geqslant 3|(\boldsymbol{a}_1-\boldsymbol{a}_2)(\boldsymbol{a}_1-\boldsymbol{a}_3)(\boldsymbol{a}_1-\boldsymbol{a}_4)|^{\frac{2}{3}}\cdot|\boldsymbol{b}_1\boldsymbol{b}_2\boldsymbol{b}_3|^{\frac{2}{3}} \tag{6}$$

将式(6) 左边展开，注意到条件 $\boldsymbol{b}_1+\boldsymbol{b}_2+\boldsymbol{b}_3+\boldsymbol{b}_4=\boldsymbol{0}$，化简后即得式(5) 左边；在式(5) 右边将 $\boldsymbol{b}_4=-\boldsymbol{b}_1-\boldsymbol{b}_2-\boldsymbol{b}_3$ 代入，同时注意到等式

$$-\boldsymbol{a}_2\boldsymbol{a}_3\boldsymbol{a}_4+\boldsymbol{a}_1\boldsymbol{a}_3\boldsymbol{a}_4-\boldsymbol{a}_1\boldsymbol{a}_2\boldsymbol{a}_4+\boldsymbol{a}_1\boldsymbol{a}_2\boldsymbol{a}_3=(\boldsymbol{a}_1-\boldsymbol{a}_2)(\boldsymbol{a}_1-\boldsymbol{a}_3)(\boldsymbol{a}_1-\boldsymbol{a}_4)$$

便得到式(6) 右边.

如果在推论 2 中再增加条件 $\boldsymbol{a}_1+\boldsymbol{a}_2+\boldsymbol{a}_3+\boldsymbol{a}_4=\boldsymbol{0}$，有：

推论 3 空间向量 $\boldsymbol{a}_i$ 与 $\boldsymbol{b}_i(i=1,2,3,4)$ 满足

$$\boldsymbol{a}_1+\boldsymbol{a}_2+\boldsymbol{a}_3+\boldsymbol{a}_4=\boldsymbol{0},\boldsymbol{b}_1+\boldsymbol{b}_2+\boldsymbol{b}_3+\boldsymbol{b}_4=\boldsymbol{0}$$

则

$$-(\boldsymbol{b}_1\cdot\boldsymbol{b}_2)(\boldsymbol{a}_3\boldsymbol{a}_4)^2-(\boldsymbol{b}_1\cdot\boldsymbol{b}_3)(\boldsymbol{a}_2\boldsymbol{a}_4)^2-(\boldsymbol{b}_1\cdot\boldsymbol{b}_4)(\boldsymbol{a}_2\boldsymbol{a}_3)^2-$$
$$(\boldsymbol{b}_2\cdot\boldsymbol{b}_3)(\boldsymbol{a}_1\boldsymbol{a}_4)^2-(\boldsymbol{b}_2\cdot\boldsymbol{b}_4)(\boldsymbol{a}_1\boldsymbol{a}_3)^2-(\boldsymbol{b}_3\cdot\boldsymbol{b}_4)(\boldsymbol{a}_1\boldsymbol{a}_2)^2$$
$$\geqslant 3|\boldsymbol{b}_1\boldsymbol{b}_2\boldsymbol{b}_3|^{\frac{2}{3}}|\boldsymbol{a}_1\boldsymbol{a}_2\boldsymbol{a}_3|^{\frac{4}{3}} \tag{7}$$

证明 将 $\boldsymbol{a}_4=-\boldsymbol{a}_1-\boldsymbol{a}_2-\boldsymbol{a}_3$ 代入式(7) 左边，展开、整理，并注意到 $\boldsymbol{b}_1+\boldsymbol{b}_2+\boldsymbol{b}_3+\boldsymbol{b}_4=\boldsymbol{0}$，便得到

$$\text{式(7) 左边}=\boldsymbol{b}_1^2(\boldsymbol{a}_2\boldsymbol{a}_3)^2+\boldsymbol{b}_2^2(\boldsymbol{a}_3\boldsymbol{a}_1)^2+\boldsymbol{b}_3^2(\boldsymbol{a}_1\boldsymbol{a}_2)^2+$$
$$2(\boldsymbol{b}_1\cdot\boldsymbol{b}_2)[(\boldsymbol{a}_2\boldsymbol{a}_3)\cdot(\boldsymbol{a}_3\boldsymbol{a}_1)]+$$
$$2(\boldsymbol{b}_1\cdot\boldsymbol{b}_3)[(\boldsymbol{a}_2\boldsymbol{a}_3)\cdot(\boldsymbol{a}_1\boldsymbol{a}_2)]+$$

$$2(\boldsymbol{b}_2\cdot\boldsymbol{b}_3)[(\boldsymbol{a}_3\boldsymbol{a}_1)\cdot(\boldsymbol{a}_1\boldsymbol{a}_2)]$$

$$\geqslant 3\,|\,\boldsymbol{b}_1\boldsymbol{b}_2\boldsymbol{b}_3\,|^{\frac{2}{3}}\,|\,(\boldsymbol{a}_2\boldsymbol{a}_3)(\boldsymbol{a}_3\boldsymbol{a}_1)(\boldsymbol{a}_1\boldsymbol{a}_2)\,|^{\frac{2}{3}}\quad(\text{据定理})$$

又据向量的二重向量积运算得到

$$\begin{aligned}(\boldsymbol{a}_2\boldsymbol{a}_3)(\boldsymbol{a}_3\boldsymbol{a}_1)(\boldsymbol{a}_1\boldsymbol{a}_2)&=[(\boldsymbol{a}_2\times\boldsymbol{a}_3)\times(\boldsymbol{a}_3\times\boldsymbol{a}_1)]\cdot(\boldsymbol{a}_1\times\boldsymbol{a}_2)\\&=\{[(\boldsymbol{a}_2\times\boldsymbol{a}_3)\cdot\boldsymbol{a}_1]\boldsymbol{a}_3-[(\boldsymbol{a}_2\times\boldsymbol{a}_3)\cdot\boldsymbol{a}_3]\boldsymbol{a}_1\}\cdot(\boldsymbol{a}_1\times\boldsymbol{a}_2)\\&=[(\boldsymbol{a}_1\boldsymbol{a}_2\boldsymbol{a}_3)\boldsymbol{a}_3]\cdot(\boldsymbol{a}_1\times\boldsymbol{a}_2)\\&=|\,\boldsymbol{a}_1\boldsymbol{a}_2\boldsymbol{a}_3\,|^2\end{aligned}$$

因此,式(7) 左边 $\geqslant 3\,|\,\boldsymbol{b}_1\boldsymbol{b}_2\boldsymbol{b}_3\,|^{\frac{2}{3}}\,|\,\boldsymbol{a}_1\boldsymbol{a}_2\boldsymbol{a}_3\,|^{\frac{4}{3}}$,证毕.

推论 4 空间向量 $\boldsymbol{b}_i$ 满足 $\boldsymbol{b}_1+\boldsymbol{b}_2+\boldsymbol{b}_3+\boldsymbol{b}_4=\boldsymbol{0}$,$\lambda_i(i=1,2,3,4)$ 为每两个之和均为正数的任意实数,则

$$\lambda_1\boldsymbol{b}_1^2+\lambda_2\boldsymbol{b}_2^2+\lambda_3\boldsymbol{b}_3^2+\lambda_4\boldsymbol{b}_4^2$$

$$\geqslant 3(\lambda_2\lambda_3\lambda_4+\lambda_1\lambda_3\lambda_4+\lambda_1\lambda_2\lambda_4+\lambda_1\lambda_2\lambda_3)^{\frac{1}{3}}\cdot|\,\boldsymbol{b}_1\boldsymbol{b}_2\boldsymbol{b}_3\,|^{\frac{2}{3}}\tag{8}$$

证明 在定理中取 $n=3$ 的情况,并令 $\boldsymbol{a}_1\cdot\boldsymbol{a}_2=\boldsymbol{a}_1\cdot\boldsymbol{a}_3=\boldsymbol{a}_2\cdot\boldsymbol{a}_3=\lambda_4$ 且 $\boldsymbol{a}_i^2=\lambda_i+\lambda_4(i=1,2,3)$, 这时

$$\begin{aligned}\text{式(1) 左边}&=|\,\boldsymbol{a}_1\,|^2\,|\,\boldsymbol{b}_1\,|^2+|\,\boldsymbol{a}_2\,|^2\,|\,\boldsymbol{b}_2\,|^2+|\,\boldsymbol{a}_3\,|^2\,|\,\boldsymbol{b}_3\,|^2+\\&\quad 2[(\boldsymbol{a}_1\cdot\boldsymbol{a}_2)(\boldsymbol{b}_1\cdot\boldsymbol{b}_2)+(\boldsymbol{a}_1\cdot\boldsymbol{a}_3)(\boldsymbol{b}_1\cdot\boldsymbol{b}_3)+(\boldsymbol{a}_2\cdot\boldsymbol{a}_3)(\boldsymbol{b}_2\cdot\boldsymbol{b}_3)]\\&=(\lambda_1+\lambda_4)\,|\,\boldsymbol{b}_1\,|^2+(\lambda_2+\lambda_4)\,|\,\boldsymbol{b}_2\,|^2+(\lambda_3+\lambda_4)\,|\,\boldsymbol{b}_3\,|^2+\\&\quad 2\lambda_4[(\boldsymbol{b}_1\cdot\boldsymbol{b}_2)+(\boldsymbol{b}_1\cdot\boldsymbol{b}_3)+(\boldsymbol{b}_2\cdot\boldsymbol{b}_3)]\\&=\lambda_1\boldsymbol{b}_1^2+\lambda_2\boldsymbol{b}_2^2+\lambda_3\boldsymbol{b}_3^2+\lambda_4(\boldsymbol{b}_1+\boldsymbol{b}_2+\boldsymbol{b}_3)^2\\&=\lambda_1\boldsymbol{b}_1^2+\lambda_2\boldsymbol{b}_2^2+\lambda_3\boldsymbol{b}_3^2+\lambda_4\boldsymbol{b}_4^2\end{aligned}$$

$$\begin{aligned}\text{式(1) 右边}&=3\,|\,\boldsymbol{a}_1\boldsymbol{a}_2\boldsymbol{a}_3\,|^{\frac{2}{3}}\,|\,\boldsymbol{b}_1\boldsymbol{b}_2\boldsymbol{b}_3\,|^{\frac{2}{3}}\\&=\left(\begin{vmatrix}\boldsymbol{a}_1\cdot\boldsymbol{a}_1&\boldsymbol{a}_1\cdot\boldsymbol{a}_2&\boldsymbol{a}_1\cdot\boldsymbol{a}_3\\\boldsymbol{a}_2\cdot\boldsymbol{a}_1&\boldsymbol{a}_2\cdot\boldsymbol{a}_2&\boldsymbol{a}_2\cdot\boldsymbol{a}_3\\\boldsymbol{a}_3\cdot\boldsymbol{a}_1&\boldsymbol{a}_3\cdot\boldsymbol{a}_2&\boldsymbol{a}_3\cdot\boldsymbol{a}_3\end{vmatrix}\right)^{\frac{1}{3}}\cdot|\,\boldsymbol{b}_1\boldsymbol{b}_2\boldsymbol{b}_3\,|^{\frac{2}{3}}\quad(\text{引理 2})\\&=\left(\begin{vmatrix}\lambda_1+\lambda_4&\lambda_4&\lambda_4\\\lambda_4&\lambda_2+\lambda_4&\boldsymbol{a}_2\cdot\boldsymbol{a}_3\\\lambda_4&\lambda_4&\lambda_3+\lambda_4\end{vmatrix}\right)^{\frac{1}{3}}\cdot|\,\boldsymbol{b}_1\boldsymbol{b}_2\boldsymbol{b}_3\,|^{\frac{2}{3}}\\&=(\lambda_2\lambda_3\lambda_4+\lambda_1\lambda_3\lambda_4+\lambda_1\lambda_2\lambda_4+\lambda_1\lambda_2\lambda_3)^{\frac{1}{3}}\cdot|\,\boldsymbol{b}_1\boldsymbol{b}_2\boldsymbol{b}_3\,|^{\frac{2}{3}}\end{aligned}$$

式(8) 获证.

在式(8) 中,令 $\lambda_1=u_1\boldsymbol{b}_2^2\boldsymbol{b}_3^2\boldsymbol{b}_4^2$,$\lambda_2=u_2\boldsymbol{b}_1^2\boldsymbol{b}_3^2\boldsymbol{b}_4^2$,$\lambda_3=u_3\boldsymbol{b}_1^2\boldsymbol{b}_2^2\boldsymbol{b}_4^2$,$\lambda_4=u_4\boldsymbol{b}_1^2\boldsymbol{b}_2^2\boldsymbol{b}_3^2$,便可得到:

推论 5 设向量 $\boldsymbol{b}_i(i=1,2,3,4)$ 满足 $\boldsymbol{b}_1+\boldsymbol{b}_2+\boldsymbol{b}_3+\boldsymbol{b}_4=\boldsymbol{0}$,$u_i(i=1,2,3,$

4) 为任意正数，则

$$(u_1+u_2+u_3+u_4)^3\boldsymbol{b}_1^2\boldsymbol{b}_2^2\boldsymbol{b}_3^2\boldsymbol{b}_4^2$$
$$\geqslant 27(u_2u_3u_4\boldsymbol{b}_1^2+u_1u_3u_4\boldsymbol{b}_2^2+u_1u_2u_4\boldsymbol{b}_3^2+u_1u_2u_3\boldsymbol{b}_4^2)\ |\boldsymbol{b}_1\boldsymbol{b}_2\boldsymbol{b}_3|^2 \tag{9}$$

应用上述向量不等式可以推导出许多关于平面或空间图形的几何不等式，下面我们仅给出关于四面体的几个不等式.

三、关于四面体的不等式

命题 1 （Pedoe 不等式在三维空间的推广）空间四面体 $A_1A_2A_3A_4$ 和 $B_1B_2B_3B_4$ 的体积分别为 A 和 B，记棱长 $A_iA_j=a_{ij}(i,j=1,2,3,4,i\neq j$，约定 $a_{ij}=a_{ji})$，顶点 $A_i(i=1,2,3,4)$ 所对的面的面积为 $s_i(i=1,2,3,4)$，以 A_iA_j 为棱的二面角为 $\theta_{ij}(i,j=1,2,3,4,i\neq j$，约定 $\theta_{ij}=\theta_{ji})$，则

$$(s_1s_2\cos\theta_{12})a_{12}^2+(s_1s_3\cos\theta_{13})a_{13}^2+(s_1s_4\cos\theta_{14})a_{14}^2+(s_2s_3\cos\theta_{23})a_{23}^2+$$
$$(s_2s_4\cos\theta_{24})a_{24}^2+(s_3s_4\cos\theta_{34})a_{34}^2$$
$$\geqslant 27A^{\frac{2}{3}}B^{\frac{4}{3}} \tag{10}$$

证明 在三维空间中，设点 $A_i(i=1,2,3,4)$ 所对应的向量 $\overrightarrow{OA_i}=\boldsymbol{a}_i(i=1,2,3,4)$，则向量 $\overrightarrow{A_iA_j}=\boldsymbol{a}_j-\boldsymbol{a}_i(i,j=1,2,3,4)$，且 $6A=|(\overrightarrow{A_1A_2}\times\overrightarrow{A_1A_3})\cdot\overrightarrow{A_1A_4}|=|(\boldsymbol{a}_2-\boldsymbol{a}_1)(\boldsymbol{a}_3-\boldsymbol{a}_1)(\boldsymbol{a}_4-\boldsymbol{a}_1)|$.

另设 $\boldsymbol{b}_1=\overrightarrow{B_2B_3}\times\overrightarrow{B_2B_4}$，$\boldsymbol{b}_2=\overrightarrow{B_1B_3}\times\overrightarrow{B_1B_4}$，$\boldsymbol{b}_3=\overrightarrow{B_1B_2}\times\overrightarrow{B_1B_4}$，$\boldsymbol{b}_4=\overrightarrow{B_1B_2}\times\overrightarrow{B_1B_3}$，则

$$\begin{aligned}
&\boldsymbol{b}_1-\boldsymbol{b}_2+\boldsymbol{b}_3-\boldsymbol{b}_4\\
=&\overrightarrow{B_2B_3}\times\overrightarrow{B_2B_4}-\overrightarrow{B_1B_3}\times\overrightarrow{B_1B_4}+\overrightarrow{B_1B_2}\times\overrightarrow{B_1B_4}-\overrightarrow{B_1B_2}\times\overrightarrow{B_1B_3}\\
=&\overrightarrow{B_2B_3}\times\overrightarrow{B_2B_4}-(\overrightarrow{B_1B_2}+\overrightarrow{B_2B_3})\times\overrightarrow{B_1B_4}+\overrightarrow{B_1B_2}\times\overrightarrow{B_1B_4}-\overrightarrow{B_1B_2}\times\overrightarrow{B_1B_3}\\
=&\overrightarrow{B_2B_3}\times\overrightarrow{B_2B_4}-\overrightarrow{B_2B_3}\times\overrightarrow{B_1B_4}-\overrightarrow{B_1B_2}\times\overrightarrow{B_1B_3}\\
=&\overrightarrow{B_2B_3}\times(\overrightarrow{B_2B_4}-\overrightarrow{B_1B_4})-\overrightarrow{B_1B_2}\times\overrightarrow{B_1B_3}\\
=&\overrightarrow{B_2B_3}\times\overrightarrow{B_2B_1}+\overrightarrow{B_3B_1}\times\overrightarrow{B_2B_1}\\
=&(\overrightarrow{B_2B_3}+\overrightarrow{B_3B_1})\times\overrightarrow{B_2B_1}\\
=&\overrightarrow{B_2B_1}\times\overrightarrow{B_2B_1}\\
=&\boldsymbol{0}
\end{aligned}$$

根据右手定则，易知

$$\begin{aligned}
\boldsymbol{b}_1\cdot\boldsymbol{b}_2&=(\overrightarrow{B_2B_3}\times\overrightarrow{B_2B_4})\cdot(\overrightarrow{B_1B_3}\times\overrightarrow{B_1B_4})\\
&=4s_1s_2\cos\theta_{12}
\end{aligned}$$

等.

另外,记 $\boldsymbol{c}_1=\overrightarrow{B_4B_1}$,$\boldsymbol{c}_2=\overrightarrow{B_4B_2}$,$\boldsymbol{c}_3=\overrightarrow{B_4B_3}$,则

$$\begin{aligned}\boldsymbol{b}_1\boldsymbol{b}_2\boldsymbol{b}_3&=[(\overrightarrow{B_2B_3}\times\overrightarrow{B_2B_4})\times(\overrightarrow{B_1B_3}\times\overrightarrow{B_1B_4})]\cdot(\overrightarrow{B_1B_2}\times\overrightarrow{B_1B_4})\\&=\{[(\boldsymbol{c}_3-\boldsymbol{c}_2)\times(-\boldsymbol{c}_2)]\times[(\boldsymbol{c}_3-\boldsymbol{c}_1)\times(-\boldsymbol{c}_1)]\}\cdot[(\boldsymbol{c}_2-\boldsymbol{c}_1)\times(-\boldsymbol{c}_1)]\\&=[(\boldsymbol{c}_2\times\boldsymbol{c}_3)\times(\boldsymbol{c}_1\times\boldsymbol{c}_3)]\cdot(\boldsymbol{c}_1\times\boldsymbol{c}_2)\\&=\{[(\boldsymbol{c}_2\times\boldsymbol{c}_3)\cdot\boldsymbol{c}_3]\boldsymbol{c}_1-[(\boldsymbol{c}_2\times\boldsymbol{c}_3)\cdot\boldsymbol{c}_1]\boldsymbol{c}_3\}\cdot(\boldsymbol{c}_1\times\boldsymbol{c}_2)\\&=-(\boldsymbol{c}_1\boldsymbol{c}_2\boldsymbol{c}_3)[\boldsymbol{c}_3\cdot(\boldsymbol{c}_1\times\boldsymbol{c}_2)]\\&=-|\boldsymbol{c}_1\boldsymbol{c}_2\boldsymbol{c}_3|^2\\&=-(6B)^2\end{aligned}$$

将以上各量分别代入式(6)的左、右两边,经整理便得到式(10).

式(10)也可由式(7)推得,我们这里就不再推证了.

命题 2 空间四面体 $B_1B_2B_3B_4$ 的体积为 B,顶点 $B_i(i=1,2,3,4)$ 所对的面的面积为 $s_i(i=1,2,3,4)$,实数 $x_i(i=1,2,3,4)$ 满足每两个之和为正数,则

$$\begin{aligned}&x_1s_1^2+x_2s_2^2+x_3s_3^2+x_4s_4^2\\&\geqslant\frac{9\sqrt[3]{6}}{2}(x_2x_3x_4+x_1x_3x_4+x_1x_2x_4+x_1x_2x_3)^{\frac{1}{3}}\cdot B^{\frac{4}{3}}\end{aligned}\tag{11}$$

在式(8)中,将 $\boldsymbol{b}_1=\overrightarrow{B_2B_3}\times\overrightarrow{B_2B_4}$,$\boldsymbol{b}_2=\overrightarrow{B_1B_3}\times\overrightarrow{B_1B_4}$,$\boldsymbol{b}_3=\overrightarrow{B_1B_2}\times\overrightarrow{B_1B_4}$,$\boldsymbol{b}_4=\overrightarrow{B_1B_2}\times\overrightarrow{B_1B_3}$ 代入,并注意到 $s_1=\frac{1}{2}|\overrightarrow{B_2B_3}\times\overrightarrow{B_2B_4}|$ 等,以及 $\boldsymbol{b}_1\boldsymbol{b}_2\boldsymbol{b}_3=(6B)^2$(命题 1 中所证)便可证得式(11).

这里顺便指出,不难证明式(11)弱于笔者在文[1]中所给出的不等式

$$\begin{aligned}&x_1s_1^2+x_2s_2^2+x_3s_3^2+x_4s_4^2\\&\geqslant\frac{3\sqrt{3}}{2}(x_1x_2A_3A_4^2+x_1x_3A_2A_4^2+x_1x_4A_2A_3^2+\\&\quad x_2x_3A_1A_4^2+x_2x_4A_1A_3^2+x_3x_4A_1A_2^2)^{\frac{1}{2}}B\end{aligned}$$

在式(11)中,将 $x_1=y_1s_2s_3s_4$ 等代入,即得:

命题 3 空间四面体 $B_1B_2B_3B_4$ 体积为 B,顶点 $B_i(i=1,2,3,4)$ 所对的面的面积为 $s_i(i=1,2,3,4)$,$y_i(i=1,2,3,4)$ 为任意正数,则

$$\begin{aligned}&(y_1+y_2+y_3+y_4)^3s_1^2s_2^2s_3^2s_4^2\\&\geqslant\frac{2\,187}{4}(y_2y_3y_4s_1^2+y_1y_3y_4s_2^2+y_1y_2y_4s_3^2+y_1y_2y_3s_4^2)B^4\end{aligned}\tag{12}$$

特例 1:$s_1^2s_2^2s_3^2s_4^2\geqslant\frac{2\,187}{256}(s_1^2+s_2^2+s_3^2+s_4^2)B^4$.

若应用算术 - 几何平均值不等式,又得:

特例 2：$s_1 s_2 s_3 s_4 \geqslant \frac{81\sqrt[3]{9}}{16}B^{\frac{8}{3}}$.

大家熟知，若四面体体积为 V，六条棱之积为 P，则 $P \geqslant 72V^2$，以上特例 2 显然是这个不等式的加强.

命题 4 空间四面体 $B_1B_2B_3B_4$ 的体积为 B，点 P 为此四面体内任意一点，点 P 在顶点 $B_i(i=1,2,3,4)$ 所对的面上的正投影分别为 $C_i(i=1,2,3,4)$，由 C_1,C_2,C_3,C_4 所组成的四面体体积为 C，则

$$C \leqslant \frac{1}{27}B \tag{13}$$

证明 若记顶点 $B_i(i=1,2,3,4)$ 所对的面的面积为 $s_i(i=1,2,3,4)$，在式(11) 中取 $x_i = \frac{|PC_i|}{s_i}(i=1,2,3,4)$，于是式(11) 左边满足

$$\begin{aligned} & x_1 s_1^2 + x_2 s_2^2 + x_3 s_3^2 + x_4 s_4^2 \\ = & |PC_1| \cdot s_1 + |PC_2| \cdot s_2 + |PC_3| \cdot s_3 + |PC_4| \cdot s_4 \\ = & 3B \end{aligned}$$

另外，若三棱锥 $P-C_1C_2C_3$ 的三个二面角分别为 $\angle C_2PC_3=\alpha_1$，$\angle C_3PC_1=\alpha_2$，$\angle C_1PC_2=\alpha_3$，则以 B_4B_1,B_4B_2,B_4B_3 为棱的二面角分别与 $\alpha_1,\alpha_2,\alpha_3$ 互补. 根据四面体的体积公式(证明从略) 得到

$$\begin{aligned} V_{P-C_1C_2C_3} = & \frac{1}{6}|PC_1||PC_2||PC_3| \cdot \\ & \sqrt{1-\cos^2\alpha_1-\cos^2\alpha_2-\cos^2\alpha_3+2\cos\alpha_1\cos\alpha_2\cos\alpha_3} \end{aligned}$$

$$\begin{aligned} B^2 = & (V_{B_4-B_1B_2B_3})^2 \\ = & \frac{2}{9}s_1s_2s_3\sqrt{1-\cos^2(\pi-\alpha_1)-\cos^2(\pi-\alpha_2)-\cos^2(\pi-\alpha_3)-2\cos(\pi-\alpha_1)\cos(\pi-\alpha_2)\cos(\pi-\alpha_3)} \\ = & \frac{2}{9}s_1s_2s_3\sqrt{1-\cos^2\alpha_1-\cos^2\alpha_2-\cos^2\alpha_3+2\cos\alpha_1\cos\alpha_2\cos\alpha_3} \end{aligned}$$

因此

$$\frac{V_{P-C_1C_2C_3}}{B^2} = \frac{3|PC_1||PC_2||PC_3|}{4s_1s_2s_3}$$

即

$$x_1x_2x_3 = \frac{|PC_1|}{s_1} \cdot \frac{|PC_2|}{s_2} \cdot \frac{|PC_3|}{s_3} = \frac{4V_{P-C_1C_2C_3}}{3B^2}$$

同理有

$$x_2x_3x_4 = \frac{4V_{P-C_2C_3C_4}}{3B^2}, x_1x_3x_4 = \frac{4V_{P-C_1C_3C_4}}{3B^2}, x_1x_2x_4 = \frac{4V_{P-C_1C_2C_4}}{3B^2}$$

由此可以得到

$$
\begin{aligned}
& x_2x_3x_4+x_1x_3x_4+x_1x_2x_4+x_1x_2x_3 \\
= & \frac{4}{3}\left(\frac{V_{P-C_2C_3C_4}}{B^2}+\frac{V_{P-C_1C_3C_4}}{B^2}+\frac{V_{P-C_1C_2C_4}}{B^2}+\frac{V_{P-C_1C_2C_3}}{B^2}\right) \\
= & \frac{4C}{3B^2}
\end{aligned}
$$

于是,式(11) 右边满足

$$
\begin{aligned}
& \frac{9\sqrt[3]{6}}{2}(x_2x_3x_4+x_1x_3x_4+x_1x_2x_4+x_1x_2x_3)^{\frac{1}{3}}\cdot B^{\frac{4}{3}} \\
= & \frac{9\sqrt[3]{6}}{2}\left(\frac{4C}{3B^2}\right)^{\frac{1}{3}}\cdot B^{\frac{4}{3}} \\
= & 9B^{\frac{2}{3}}\cdot C^{\frac{1}{3}}
\end{aligned}
$$

根据不等式(11),便得到

$$3B\geqslant 9B^{\frac{2}{3}}\cdot C^{\frac{1}{3}}$$

即

$$C\leqslant\frac{1}{27}B$$

证毕.

最后顺便指出,本文中不等式(1)、不等式(5) ~ (13) 及其证法均可以推广到 n 维欧氏空间上去,得到相应的向量不等式和 n 维空间中关于单形的一些不等式.

注 本文部分内容刊于《湖南教育学院学报》,1992 年第 2 期(4 月).

参考文献

[1] 杨学枝.关于四面体的一个三角不等式及其应用[C] // 杨学枝,林章衍.福建省初等数学研究文集.福州:福建教育出版社,1993:34-43.

一个类似中线不等式的证明及下界

杨志明

（广东广雅中学　广东　广州　510160）

叶中豪老师提出：

问题　如图 1 所示，设点 K 是 $\triangle ABC$ 的类似重心，求证

$$KB+KC\leqslant\frac{2}{\sqrt{3}}BC \tag{1}$$

等号当且仅当 $AM=\frac{\sqrt{3}}{2}BC$ 时成立.

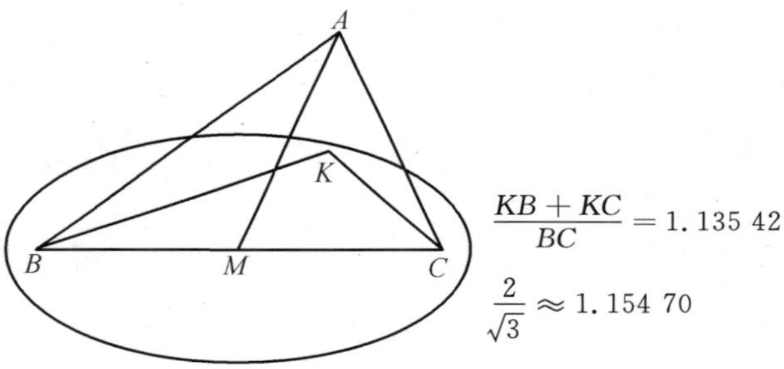

图 1

引理 1[1]　如图 2 所示，设点 K 是 $\triangle ABC$ 的类似重心，延长 AK，BK，CK 分别交 BC，CA，AB 于点 D，E，F，则有

$$\frac{AD}{DE}=\frac{c^2}{b^2},\frac{CE}{EA}=\frac{a^2}{c^2},\frac{AE}{FB}=\frac{b^2}{a^2}$$

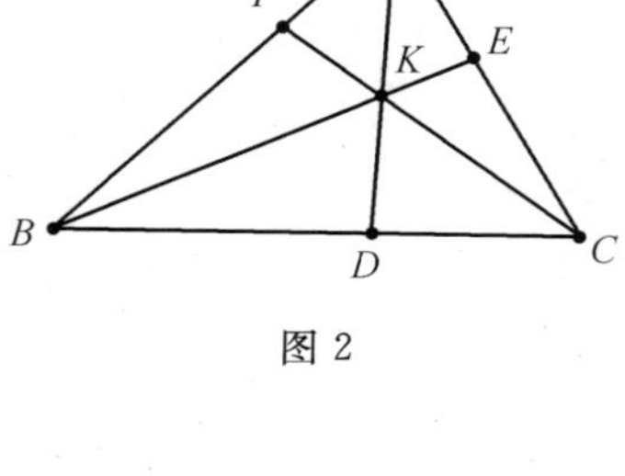

图 2

引理2　设点 K 是 $\triangle ABC$ 的类似重心，延长 AK，BK，CK 分别交 BC，CA，AB 于点 D，E，F，则有：

(1) $\frac{KD}{AK}=\frac{a^2}{b^2+c^2}$，$\frac{KE}{BK}=\frac{b^2}{c^2+a^2}$，$\frac{KF}{CK}=\frac{c^2}{a^2+b^2}$.

(2) $\frac{AK}{AD}=\frac{b^2+c^2}{a^2+b^2+c^2}$，$\frac{BK}{BE}=\frac{c^2+a^2}{a^2+b^2+c^2}$，$\frac{CK}{CF}=\frac{a^2+b^2}{a^2+b^2+c^2}$.

证明　(1) 用直线 CKF 截 $\triangle ABD$，利用 Menelaus 定理和引理 1 可知

$$\frac{BC}{CD}\cdot\frac{DK}{KA}\cdot\frac{AF}{FB}=1$$

即

$$\frac{b^2+c^2}{b^2}\cdot\frac{DK}{KA}\cdot\frac{b^2}{a^2}=1$$

即

$$\frac{KD}{AK}=\frac{a^2}{b^2+c^2}$$

同理可证

$$\frac{KE}{BK}=\frac{b^2}{c^2+a^2}$$

$$\frac{KF}{CK}=\frac{c^2}{a^2+b^2}$$

(2) 由 $\frac{KD}{AK}=\frac{a^2}{b^2+c^2}$ 知 $\frac{KD}{AK}+1=\frac{a^2}{b^2+c^2}+1$，$\frac{AK+KD}{AK}=\frac{a^2+b^2+c^2}{b^2+c^2}$，即

$$\frac{AK}{AD}=\frac{b^2+c^2}{a^2+b^2+c^2}$$

同理可得

$$\frac{BK}{BE}=\frac{c^2+a^2}{a^2+b^2+c^2}$$

$$\frac{CK}{CF}=\frac{a^2+b^2}{a^2+b^2+c^2}$$

引理3[1]　设点 K 是 $\triangle ABC$ 的类似重心，延长 AK，BK，CK 分别交 BC，CA，AB 于点 D，E，F，记 $AD=k_a$，$BE=k_b$，$CF=k_c$，相应的中线长分别为 m_a，m_b，m_c，则有

$$k_a=\frac{2bc}{b^2+c^2}m_a,k_b=\frac{2ca}{c^2+a^2}m_b,k_c=\frac{2ab}{a^2+b^2}m_c$$

下证原不等式成立.

证明　由引理 3，引理 4 知

$$BK=\frac{c^2+a^2}{a^2+b^2+c^2}k_a=\frac{c^2+a^2}{a^2+b^2+c^2}\cdot\frac{2ca}{c^2+a^2}m_b=\frac{2cam_b}{a^2+b^2+c^2}$$

同理可得

$$CK=\frac{2abm_c}{a^2+b^2+c^2}$$

故

$$KB+KC\leqslant\frac{2}{\sqrt{3}}BC\Leftrightarrow\frac{2cam_b}{a^2+b^2+c^2}+\frac{2abm_c}{a^2+b^2+c^2}\leqslant\frac{2a}{\sqrt{3}}$$

$$\Leftrightarrow cm_b+bm_c\leqslant\frac{1}{\sqrt{3}}(a^2+b^2+c^2) \tag{2}$$

由中线长定理知

$$m_b=\frac{1}{2}\sqrt{2c^2+2a^2-b^2},m_c=\frac{1}{2}\sqrt{2a^2+2b^2-c^2}$$

由 Cauchy 不等式和均值不等式知

$$\begin{aligned}bm_c+cm_b&=\frac{1}{2}(b\sqrt{2a^2+2b^2-c^2}+c\sqrt{2c^2+2a^2-b^2})\\&\leqslant\frac{1}{2}\sqrt{(b^2+c^2)(2a^2+2b^2-c^2+2c^2+2a^2-b^2)}\\&=\frac{1}{2}\sqrt{\sqrt{3}(b^2+c^2)\cdot\frac{1}{\sqrt{3}}(4a^2+b^2+c^2)}\\&\leqslant\frac{1}{2}\cdot\frac{1}{2}\left[\sqrt{3}(b^2+c^2)+\frac{1}{\sqrt{3}}(4a^2+b^2+c^2)\right]\\&=\frac{1}{\sqrt{3}}(a^2+b^2+c^2)\end{aligned}$$

等号成立的条件是$\sqrt{3}(b^2+c^2)=\frac{1}{\sqrt{3}}(4a^2+b^2+c^2)$，即 $b^2+c^2=2a^2$，也即$AM=\frac{\sqrt{3}}{2}BC$ 成立.

有意思的是，杨学枝、吴跃生两位老师分别得到式(2) 的下界

$$bm_c+cm_b\geqslant\sqrt{\sum_{\text{cyc}}b^2c^2} \tag{3}$$

$$bm_c+cm_b\geqslant 2am_a \tag{4}$$

式(3) 等价于

$$\frac{2abm_c+2acm_b}{a^2+b^2+c^2}\geqslant\frac{2a\sqrt{\sum_{\text{cyc}}b^2c^2}}{a^2+b^2+c^2}$$

$$\Leftrightarrow BK+CK\geqslant\frac{2\sqrt{\sum_{\text{cyc}}b^2c^2}}{a^2+b^2+c^2}BC \tag{5}$$

式(4) 等价于

$$\frac{2abm_c + 2acm_b}{a^2 + b^2 + c^2} \geqslant \frac{4a^2 m_a}{a^2 + b^2 + c^2}$$

$$\Leftrightarrow BK + CK \geqslant \frac{4am_a}{a^2 + b^2 + c^2} BC \tag{6}$$

故式(5)(6) 是式(1) 的下界.

注 在如图 3 所示的一个三角形中,类似中线是三条特殊的直线.他们分别是三条中线(顶点和对边中点的连线) 关于相应角的平分线的反射.这三条类似中线交于三角形内部一点,称为三角形的类似重心或 Lemoine 点,后者以法国数学家埃利·莱莫恩的名字命名,他证明了这个点的存在性.

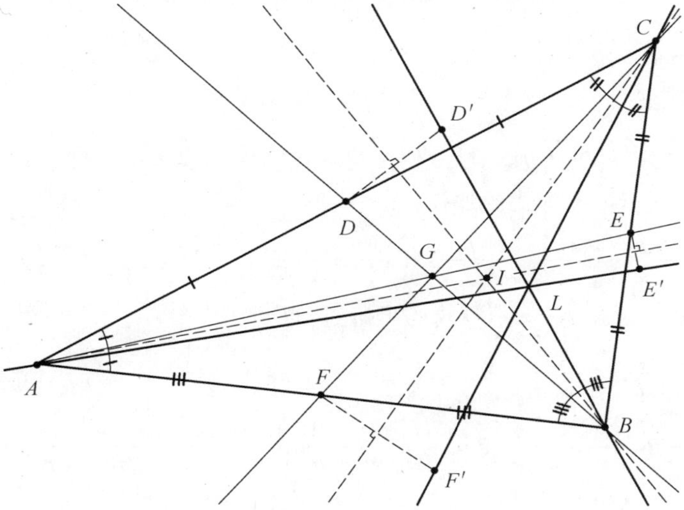

图 3

参考文献

[1] 汪学思.陪位中线与陪位重心[J].数学通报,2019(12):54-59.

[2] 杨学枝.不等式研究(第一辑)[M].西藏:西藏人民出版社,2000.

对 Milosevic 不等式一个类比的研讨

储小刘[1]　杨续亮[2]　杨学枝[3]

（1. 岳西县汤池中学　安徽　安庆　246620
2. 岳西县汤池中学　安徽　安庆　246620
3. 福州市第二十四中学　福建　福州　350015）

一、引言

设 $\triangle ABC$ 的三边为 a,b,c，外接圆半径和内切圆半径分别为 R,r，文[1]提出关于 Milosevic 不等式的加强

$$\frac{a}{b+c}\sin^2\frac{A}{2}+\frac{b}{c+a}\sin^2\frac{B}{2}+\frac{c}{a+b}\sin^2\frac{C}{2}\geqslant\frac{1}{2}\left(1-\frac{r^2}{R^2}\right)\tag{1}$$

文[2]是关于 Milosevic 不等式的再研讨，得到

$$\frac{a}{b+c}\sin^2\frac{A}{2}+\frac{b}{c+a}\sin^2\frac{B}{2}+\frac{c}{a+b}\sin^2\frac{C}{2}\leqslant 1-\frac{21r}{16R}+\frac{r^2}{8R^2}\tag{2}$$

$$\frac{a}{b+c}\sin^2\frac{A}{2}+\frac{b}{c+a}\sin^2\frac{B}{2}+\frac{c}{a+b}\sin^2\frac{C}{2}\geqslant 1-\frac{3r}{2R}+\frac{3r^2}{8R^2}+\frac{r^3}{4R^3}\tag{3}$$

文[3]给出了 Milosevic 不等式的一个类比，即：

设 $\triangle ABC$ 的三边为 a,b,c，外接圆半径和内切圆半径分别为 R,r，则

$$\frac{2}{3}+\frac{22r}{27R-6r}\leqslant\frac{a}{b+c}\cos^2\frac{A}{2}+\frac{b}{c+a}\cos^2\frac{B}{2}+\frac{c}{a+b}\cos^2\frac{C}{2}\leqslant\frac{9}{8}\tag{4}$$

文[4]给出式(4)的一个优美不等式，即

$$\frac{5}{8}+\frac{17r}{16R}-\frac{r^2}{8R^2}\leqslant\frac{a}{b+c}\cos^2\frac{A}{2}+\frac{b}{c+a}\cos^2\frac{B}{2}+\frac{c}{a+b}\cos^2\frac{C}{2}$$
$$\leqslant 1+\frac{3r}{4R}-\frac{7r^2}{8R^2}-\frac{r^3}{4R^3}\tag{5}$$

2020 年 6 月 3 日，杨续亮老师在“量级研究与数学学习”公众号中提出

$$\frac{a}{b+c}\cos^2\frac{A}{2}+\frac{b}{c+a}\cos^2\frac{B}{2}+\frac{c}{a+b}\cos^2\frac{C}{2}\leqslant\frac{1}{2}\left(\cos^2\frac{A}{2}+\cos^2\frac{B}{2}+\cos^2\frac{C}{2}\right)\tag{6}$$

杨学枝老师对式(6)的下界进行了研究，得到

$$\frac{11}{12}(\cos A+\cos B+\cos C)-\frac{1}{4}\leqslant\frac{a}{b+c}\cos^2\frac{A}{2}+\frac{b}{c+a}\cos^2\frac{B}{2}+\frac{c}{a+b}\cos^2\frac{C}{2}\tag{7}$$

二、证明

$$\frac{1}{2}\left(\cos^2\frac{A}{2}+\cos^2\frac{B}{2}+\cos^2\frac{C}{2}\right)-$$

$$\left(\frac{a}{b+c}\cos^2\frac{A}{2}+\frac{b}{c+a}\cos^2\frac{B}{2}+\frac{c}{a+b}\cos^2\frac{C}{2}\right)$$

$$=\frac{3}{2}\left(\cos^2\frac{A}{2}+\cos^2\frac{B}{2}+\cos^2\frac{C}{2}\right)-\left(\sum a\right)\left(\sum\frac{1}{b+c}\cos^2\frac{A}{2}\right)$$

$$=\frac{3}{2}\sum\cos^2\frac{A}{2}-\left(\sum\sin A\right)\left(\sum\frac{1}{\sin B+\sin C}\cos^2\frac{A}{2}\right)$$

$$=\frac{3}{2}\sum\cos^2\frac{A}{2}-\left(4\cos\frac{A}{2}\cos\frac{B}{2}\cos\frac{C}{2}\right)\left[\sum\frac{\cos^2\frac{A}{2}}{2\cos\frac{A}{2}\cos\frac{B-c}{2}}\right]$$

(注意到等式$\sum\sin A=4\cos\frac{A}{2}\cos\frac{B}{2}\cos\frac{C}{2}$)

$$=\left(\prod\cos\frac{A}{2}\right)\left[\frac{3}{2}\sum\frac{\cos\frac{A}{2}}{\cos\frac{B}{2}\cos\frac{C}{2}}-2\sum\frac{\cos\frac{A}{2}}{\cos\frac{B-c}{2}}\right]$$

$$=\left(\prod\cos\frac{A}{2}\right)\left[\frac{3}{2}\sum\left(\tan\frac{B}{2}+\tan\frac{C}{2}\right)-2\sum\frac{\tan\frac{B}{2}+\tan\frac{C}{2}}{1+\tan\frac{B}{2}\tan\frac{C}{2}}\right]$$

$$=\left(\prod\cos\frac{A}{2}\right)\Bigg[3\sum\tan\frac{A}{2}-$$

$$\left[\frac{2\sum\left(\tan\frac{B}{2}+\tan\frac{C}{2}\right)\left(1+\tan\frac{C}{2}\tan\frac{A}{2}\right)\left(1+\tan\frac{A}{2}\tan\frac{B}{2}\right)}{\left(1+\tan\frac{B}{2}\tan\frac{C}{2}\right)\left(1+\tan\frac{C}{2}\tan\frac{A}{2}\right)\left(1+\tan\frac{A}{2}\tan\frac{B}{2}\right)}\right]$$

$$=\left(\prod\cos\frac{A}{2}\right)\left[3\sum\tan\frac{A}{2}-\frac{2\left(3\sum\tan\frac{A}{2}+5\tan\frac{A}{2}\tan\frac{B}{2}\tan\frac{C}{2}\right)}{2+\left(\prod\tan\frac{A}{2}\right)\left(\sum\tan\frac{A}{2}\right)+\left(\prod\tan\frac{A}{2}\right)^2}\right.$$

(注意到等式 $\tan\frac{B}{2}\tan\frac{C}{2}+\tan\frac{C}{2}\tan\frac{A}{2}+\tan\frac{A}{2}\tan\frac{B}{2}=1$)

$$=\left(\prod\cos\frac{A}{2}\right)\cdot$$

$$\frac{3\left(\prod \tan\frac{A}{2}\right)\left(\sum \tan\frac{A}{2}\right)^2+3\left(\prod \tan\frac{A}{2}\right)^2\left(\sum \tan\frac{A}{2}\right)-10\left(\prod \tan\frac{A}{2}\right)}{2+\left(\prod \tan\frac{A}{2}\right)\left(\sum \tan\frac{A}{2}\right)+\left(\prod \tan\frac{A}{2}\right)^2}$$

$$=\left(\prod \sin\frac{A}{2}\right)\cdot\frac{\left[3\left(\sum \tan\frac{A}{2}\right)^2+3\left(\prod \tan\frac{A}{2}\right)\left(\sum \tan\frac{A}{2}\right)-10\right]}{2+\tan\frac{A}{2}\tan\frac{B}{2}\tan\frac{C}{2}\sum \tan\frac{A}{2}+\left(\tan\frac{A}{2}\tan\frac{B}{2}\tan\frac{C}{2}\right)^2}$$

$$=\left(\prod \sin\frac{A}{2}\right)\cdot$$

$$\frac{\left[3\left(\sum \tan\frac{A}{2}\right)^2\left(\sum \tan\frac{B}{2}\tan\frac{C}{2}\right)+3\left(\prod \tan\frac{A}{2}\right)\left(\sum \tan\frac{A}{2}\right)-10\left(\sum \tan\frac{B}{2}\tan\frac{C}{2}\right)^2\right]}{2+\tan\frac{A}{2}\tan\frac{B}{2}\tan\frac{C}{2}\sum \tan\frac{A}{2}+\left(\tan\frac{A}{2}\tan\frac{B}{2}\tan\frac{C}{2}\right)^2}$$

$$=\frac{\left(\prod \sin\frac{A}{2}\right)\left[\sum\left(\tan^2\frac{A}{2}+3\tan\frac{B}{2}\tan\frac{C}{2}\right)\left(\tan\frac{B}{2}-\tan\frac{C}{2}\right)^2\right]}{\left(1+\tan\frac{B}{2}\tan\frac{C}{2}\right)\left(1+\tan\frac{C}{2}\tan\frac{A}{2}\right)\left(1+\tan\frac{A}{2}\tan\frac{B}{2}\right)}$$

因此得到等式

$$\frac{1}{2}\left(\cos^2\frac{A}{2}+\cos^2\frac{B}{2}+\cos^2\frac{C}{2}\right)-\left(\frac{a}{b+c}\cos^2\frac{A}{2}+\frac{b}{c+a}\cos^2\frac{B}{2}+\frac{c}{a+b}\cos^2\frac{C}{2}\right)$$

$$=\frac{\left(\prod \sin\frac{A}{2}\right)\left[\sum\left(\tan^2\frac{A}{2}+3\tan\frac{B}{2}\tan\frac{C}{2}\right)\left(\tan\frac{B}{2}-\tan\frac{C}{2}\right)^2\right]}{\left(1+\tan\frac{B}{2}\tan\frac{C}{2}\right)\left(1+\tan\frac{C}{2}\tan\frac{A}{2}\right)\left(1+\tan\frac{A}{2}\tan\frac{B}{2}\right)} \tag{8}$$

注 式(8) 的右边大于或者等于 0,从而证明了式(6) 成立.

下面再证明

$$\sum\left(\tan^2\frac{A}{2}+3\tan\frac{B}{2}\tan\frac{C}{2}\right)\left(\tan\frac{B}{2}-\tan\frac{C}{2}\right)^2$$

$$\leqslant\frac{3}{2}\left[\sum\left(\tan^2\frac{A}{2}+1\right)\left(\tan\frac{B}{2}-\tan\frac{C}{2}\right)^2\right] \tag{9}$$

记 $x=\tan\frac{A}{2},y=\tan\frac{B}{2},z=\tan\frac{C}{2},x,y,z>0$,则式(9) 可以写成

$$\sum(x^2+3yz)(y-z)^2\leqslant\frac{3}{2}\left[\sum(z+x)(x+y)(y-z)^2\right]$$

即

$$\sum(x^2-3yz+3zx+3xy)(y-z)^2\geqslant 0$$

由对称性,不妨设 $x\geqslant y\geqslant z$,则

$$\sum(x^2-3yz+3zx+3xy)(y-z)^2$$
$$\geqslant(y^2-3zx+3xy+3yz)(x-z)^2+(z^2-3xy+3yz+3zx)(x-y)^2$$
$$\geqslant[(y^2-3zx+3xy+3yz)+(z^2-3xy+3yz+3zx)](x-y)^2$$
$$=(y^2+z^2+3yz+3yz)(x-y)^2\geqslant 0$$

因此,式(9) 成立.于是,由

$$\frac{\left(\prod\sin\frac{A}{2}\right)\left[\sum\left(\tan^2\frac{A}{2}+3\tan\frac{B}{2}\tan\frac{C}{2}\right)\left(\tan\frac{B}{2}-\tan\frac{C}{2}\right)^2\right]}{\left(1+\tan\frac{B}{2}\tan\frac{C}{2}\right)\left(1+\tan\frac{C}{2}\tan\frac{A}{2}\right)\left(1+\tan\frac{A}{2}\tan\frac{B}{2}\right)}$$
$$\leqslant\frac{\frac{3}{2}\left(\prod\sin\frac{A}{2}\right)\left[\sum\left(\tan^2\frac{A}{2}+1\right)\left(\tan\frac{B}{2}-\tan\frac{C}{2}\right)^2\right]}{\left(1+\tan\frac{B}{2}\tan\frac{C}{2}\right)\left(1+\tan\frac{C}{2}\tan\frac{A}{2}\right)\left(1+\tan\frac{A}{2}\tan\frac{B}{2}\right)}$$
$$=\frac{\frac{3}{2}\left(\prod\sin\frac{A}{2}\right)\left(\sum\sin^2\frac{B-C}{2}\right)}{\cos\frac{B-C}{2}\cos\frac{C-A}{2}\cos\frac{A-B}{2}}\tag{10}$$

又由于有以下等式[6](证明从略)

$$\prod\sin\frac{A}{2}=\frac{r}{4R},\sum\sin^2\frac{B-C}{2}=\frac{8R^2-\left(\frac{1}{2}\sum a\right)^2-2Rr-r^2}{4R^2}$$
$$\sum a^2=2(s^2-4Rr-r^2),\prod\cos\frac{B-C}{2}=\frac{\left(\frac{1}{2}a\right)^2+2Rr+r^2}{8R^2}$$

代入式(10) 右边,经整理,得到

$$\frac{\frac{3}{2}\left(\prod\sin\frac{A}{2}\right)\left(\sum\sin^2\frac{B-C}{2}\right)}{\cos\frac{B-C}{2}\cos\frac{C-A}{2}\cos\frac{A-B}{2}}$$
$$=\frac{\frac{3}{2}\left[8R^2-\left(\frac{1}{2}\sum a\right)^2-2Rr-r^2\right]r}{2R\left[\left(\frac{1}{2}\sum a\right)^2+2Rr+r^2\right]}$$
$$\leqslant\frac{3[8R^2-(16R-5r)r-2Rr-r^2]r}{4R[(16R-5r)r+2Rr+r^2]}$$

(应用 Gerretsen 不等式$\left(\frac{1}{2}\sum a\right)^2\geqslant 16Rr-5r^2$[5])

$$=\frac{3(4R^2-9Rr+2r^2)}{4R(9R-2r)}$$

因此,由式(9)得到

$$\frac{\left(\prod \sin\frac{A}{2}\right)\sum\left(\tan^2\frac{A}{2}+\tan\frac{B}{2}\tan\frac{C}{2}\right)\left(\tan\frac{B}{2}-\tan\frac{C}{2}\right)^2}{\left(1+\tan\frac{B}{2}\tan\frac{C}{2}\right)\left(1+\tan\frac{C}{2}\tan\frac{A}{2}\right)\left(1+\tan\frac{A}{2}\tan\frac{B}{2}\right)}$$

$$\leqslant\frac{\frac{3}{2}\left(\prod\sin\frac{A}{2}\right)\left(\sum\sin^2\frac{B-C}{2}\right)}{\cos\frac{B-C}{2}\cos\frac{C-A}{2}\cos\frac{A-B}{2}}$$

$$\leqslant\frac{3(4R^2-9Rr+2r^2)}{4R(9R-2r)}$$

由式(8)得到

$$\frac{a}{b+c}\cos^2\frac{A}{2}+\frac{b}{c+a}\cos^2\frac{B}{2}+\frac{c}{a+b}\cos^2\frac{C}{2}$$

$$\geqslant\frac{1}{2}\left(\cos^2\frac{A}{2}+\cos^2\frac{B}{2}+\cos^2\frac{C}{2}\right)-\frac{3(4R^2-9Rr+2r^2)}{2R(9R-2r)}$$

$$=\frac{1}{4}(3+\cos A+\cos B+\cos C)-\frac{3(4R^2-9Rr+2r^2)}{2R(9R-2r)}$$

$$=\frac{1}{4}\left(3+\frac{R+r}{R}\right)-\frac{3(4R^2-9Rr+2r^2)}{4R(9R-2r)}$$

$$=\frac{4R+r}{4R}-\frac{3(4R^2-9Rr+2r^2)}{4R(9R-2r)}$$

$$=\frac{6R^2+7Rr-2r^2}{R(9R-2r)}$$

$$\geqslant\frac{2}{3}+\frac{11r}{12R}=\frac{11}{12}\sum\cos A-\frac{1}{4}$$

式(7)获证.

注 式(7)也可用 R,r 表示,即设 $\triangle ABC$ 的三边为 a,b,c,外接圆半径和内切圆半径分别为 R,r,则

$$\frac{11r}{12R}+\frac{2}{3}\leqslant\frac{a}{b+c}\cos^2\frac{A}{2}+\frac{b}{c+a}\cos^2\frac{B}{2}+\frac{c}{a+b}\cos^2\frac{C}{2}\leqslant\frac{r}{4R}+1 \quad (11)$$

因为

$$\frac{11r}{12R}+\frac{2}{3}-\left(\frac{2}{3}+\frac{22r}{27R-6r}\right)=\frac{33r(R-2r)}{12R(27R-6r)}\geqslant 0$$

$$\frac{r}{4R}+1-\frac{9}{8}=\frac{r}{4R}-\frac{1}{8}=\frac{2r-R}{8R}\leqslant 0$$

故式(7)或式(11)强于式(4).

参考文献

[1] 姜卫东. 关于 Milosevic 不等式的加强[J]. 中学数学教学,2019(2):71.
[2] 郭要红. 关于 Milosevic 不等式的再研讨[J]. 数学通报,2020,59(2):60-61.
[3] 郭要红. 有奖解题擂台(128)[J]. 中学数学教学,2020(2):1.
[4] 杨续亮. Milosevic 不等式的一个类比[J]. 中学数学教学,2020(3):78-79.
[5] O. Bottema. 几何不等式[M]. 单墫,译. 北京:北京大学出版社, 1991.
[6] 匡继昌. 常用不等式(第四版)[M]. 济南:山东科学技术出版社,2010.

Euler 不等式一个三角形式类比的加强

王和武[1]　杨续亮[2]

（1. 岳西中学　安徽　安庆　246600；
2. 岳西县汤池中学　安徽　安庆　246620）

一、引言

设 $\triangle ABC$ 的三边分别为 a, b, c，外接圆和内切圆半径分别为 R, r，则有著名的 Euler 不等式 $R \geqslant 2r$，文[1] 建立了 Euler 不等式的一个三角形式：

定理 1　设 R, r 分别为 $\triangle ABC$ 的外接圆和内切圆半径，则有（$\sum$ 表示循环和）

$$\frac{R}{2r} \geqslant \frac{\sqrt{3}}{8} \sum \cot \frac{A}{2} - \frac{1}{8} \tag{1}$$

当且仅当 $\triangle ABC$ 为正三角形时取等号.

注　式(1) 可改写为 $\frac{R}{2r} \geqslant 1 + \frac{\sqrt{3}}{8}\left(\sum \cot \frac{A}{2} - 3\sqrt{3}\right)$，体现了对 Euler 不等式 $R \geqslant 2r$ 的加强.

文[2] 对式(1) 进行了加强，得到 $\frac{R}{2r} \geqslant 1 + \frac{1}{4}\left(\sum \cot \frac{A}{2} - 3\sqrt{3}\right)$，并指出系数 $\frac{1}{4}$ 是最佳的，同时给出了 Euler 不等式的一个三角形式的类似：

定理 2　设 R, r 分别为 $\triangle ABC$ 的外接圆和内切圆半径，则有（$\sum$ 表示循环和）

$$\frac{R}{2r} \geqslant 1 + \frac{9\sqrt{3}}{8}\left(\sum \tan \frac{A}{2} - \sqrt{3}\right) \tag{2}$$

当且仅当 $\triangle ABC$ 为正三角形时取等号.

文[3] 对式(2) 进行了加强，得到

$$\frac{R}{2r} \geqslant 1 + \frac{7\sqrt{3}}{6}\left(\sum \tan \frac{A}{2} - \sqrt{3}\right) \tag{3}$$

文[4] 继续进行加强,得到

$$\frac{R}{2r}\geqslant 1+\frac{6\sqrt{3}}{5}\left(\sum\tan\frac{A}{2}-\sqrt{3}\right) \tag{4}$$

文[5] 提出如下类似不等式

$$\frac{R}{2r}\geqslant 1+\frac{1}{2}\left(\sum\cot A-\sqrt{3}\right) \tag{5}$$

$$\frac{R}{2r}\geqslant 1+\frac{9\sqrt{3}}{16}\left(\frac{3}{2}-\sum\cos A\right) \tag{6}$$

$$\frac{R}{2r}\geqslant 1+\frac{3}{16}\left(\frac{3\sqrt{3}}{2}-\sum\sin A\right) \tag{7}$$

$$\frac{R}{2r}\geqslant 1+\frac{9\sqrt{3}}{16}\left(\frac{3}{2}-\sum\sin\frac{A}{2}\right) \tag{8}$$

$$\frac{R}{2r}\geqslant 1+\frac{3}{8}\left(\frac{3\sqrt{3}}{2}-\sum\cos\frac{A}{2}\right) \tag{9}$$

当且仅当 $\triangle ABC$ 为正三角形时取等号.

本文将对不等式(6)(7)(8)(9) 进行加强.

二、Euler 三角不等式的加强

定理 3 设 R,r 分别为 $\triangle ABC$ 的外接圆和内切圆半径,则有($\sum$ 表示循环和)

$$\frac{R}{2r}\geqslant 1+\frac{3\sqrt{3}}{5}\left(\frac{3}{2}-\sum\cos A\right)$$

当且仅当 $\triangle ABC$ 为正三角形时取等号.

定理 4 设 R,r 分别为 $\triangle ABC$ 的外接圆和内切圆半径,则有($\sum$ 表示循环和)

$$\frac{R}{2r}\geqslant 1+\frac{1}{5}\left(\frac{3\sqrt{3}}{2}-\sum\sin A\right)$$

当且仅当 $\triangle ABC$ 为正三角形时取等号.

定理 5 设 R,r 分别为 $\triangle ABC$ 的外接圆和内切圆半径,则有($\sum$ 表示循环和)

$$\frac{R}{2r}\geqslant 1+\frac{3\sqrt{3}}{5}\left(\frac{3}{2}-\sum\sin\frac{A}{2}\right)$$

当且仅当 $\triangle ABC$ 为正三角形时取等号.

定理 6 设 R,r 分别为 $\triangle ABC$ 的外接圆和内切圆半径,则有($\sum$ 表示循

环和)

$$\frac{R}{2r}\geqslant 1+\frac{2}{5}\left(\frac{3\sqrt{3}}{2}-\sum\cos\frac{A}{2}\right)$$

当且仅当 $\triangle ABC$ 为正三角形时取等号.

注 因为$\frac{9}{15}>\frac{9}{16}$,所以上述定理 3 ~ 定理 6 是式(6)(7)(8)(9) 的加强.

三、预备知识

为了证明上述定理 3 ~ 定理 6,先给出 $\triangle ABC$ 中的预备等式和不等式:

设 $\triangle ABC$ 的三边分别为 a,b,c,外接圆半径、内切圆半径和半周长分别为 R,r,s,则有

$$\sum\sin A=\frac{s}{R},\sum\cos A=\frac{R+r}{R},\sum\tan A=\frac{4R+r}{s}$$

$$16Rr-5r^2\leqslant s^2\leqslant 4R^2+4Rr+3r^2\quad\text{(Gerrestsen 不等式)}$$

$$(9\sqrt{3}-15)\left(\sum\cos\frac{A}{2}+1\right)\geqslant(17-9\sqrt{3})\sum\sin\frac{A}{2}$$ [6]

四、定理的证明

定理 3 的证明

$$\frac{R}{2r}\geqslant 1+\frac{3\sqrt{3}}{5}\left(\frac{3}{2}-\sum\cos A\right)$$

$$\Leftrightarrow\frac{R}{2r}\geqslant 1+\frac{3\sqrt{3}}{5}\left(\frac{3}{2}-\frac{R+r}{R}\right)\Leftrightarrow\frac{R}{2r}+\frac{3\sqrt{3}}{5}\cdot\frac{r}{R}\geqslant\frac{10+3\sqrt{3}}{10}$$

$$\Leftrightarrow\frac{5R^2+6\sqrt{3}r^2}{Rr}\geqslant 10+3\sqrt{3}\Leftrightarrow 5R^2-(10+3\sqrt{3})Rr+6\sqrt{3}r^2\geqslant 0$$

$$\Leftrightarrow 5R^2-(10+3\sqrt{3})Rr+6\sqrt{3}r^2\geqslant 0$$

$$\Leftrightarrow(R-2r)(5R-3\sqrt{3}r)\geqslant 0$$

从而定理 3 得证.

定理 4 的证明 由 $16Rr-5r^2\leqslant s^2\leqslant 4R^2+4Rr+3r^2$,可得

$$\sqrt{16Rr-5r^2}\leqslant s\leqslant\sqrt{4R^2+4Rr+3r^2}$$

由 Euler 不等式 $R\geqslant 2r$,可得

$$s-3\sqrt{3}r\geqslant\sqrt{16Rr-5r^2}-3\sqrt{3}r\geqslant\sqrt{16\cdot(2r)r-5r^2}-3\sqrt{3}r=0$$

$$\frac{R}{2r}\geqslant 1+\frac{1}{5}\left(\frac{3\sqrt{3}}{2}-\sum\sin A\right)\Leftrightarrow\frac{R}{2r}$$

$$\geqslant 1+\frac{1}{5}(\frac{3\sqrt{3}}{2}-\frac{s}{R})\Leftrightarrow s\geqslant\frac{10+3\sqrt{3}}{2}R-\frac{5R^2}{2r}$$

$$3\sqrt{3}r\geqslant\frac{10+3\sqrt{3}}{2}R-\frac{5R^2}{2r}\Leftrightarrow 5R^2-(10+3\sqrt{3})Rr+6\sqrt{3}r^2\geqslant 0$$

$$\Leftrightarrow(R-2r)(5R-3\sqrt{3}r)\geqslant 0$$

从而定理 4 得证.

定理 5 的证明 在 $\triangle ABC$ 中,有不等式

$$\cos\frac{A}{2}+\cos\frac{B}{2}+\cos\frac{C}{2}\leqslant\frac{3\sqrt{3}}{2}$$

$$\left(\sum\sin\frac{A}{2}-1\right)\left(\sum\cos\frac{A}{2}\right)$$

$$=\sum\sin\frac{A}{2}\cos\frac{A}{2}-\sum\cos\frac{A}{2}+\left(\sin\frac{A}{2}\cos\frac{B}{2}+\cos\frac{A}{2}\sin\frac{B}{2}\right)+$$

$$\left(\sin\frac{A}{2}\cos\frac{C}{2}+\cos\frac{A}{2}\sin\frac{C}{2}\right)+\left(\sin\frac{C}{2}\cos\frac{B}{2}+\cos\frac{C}{2}\sin\frac{B}{2}\right)$$

$$=\frac{1}{2}\sum\sin A+\sum\sin\frac{A+B}{2}-\sum\cos\frac{A}{2}$$

$$=\frac{1}{2}\sum\sin A+\sum\sin\frac{\pi-A}{2}-\sum\cos\frac{A}{2}$$

$$=\frac{a+b+c}{4R}=\frac{s}{2R}$$

所以

$$\sum\sin\frac{A}{2}=1+\frac{s}{2R\sum\cos\frac{A}{2}}\geqslant 1+\frac{s}{2R\cdot\frac{3\sqrt{3}}{2}}=1+\frac{\sqrt{3}s}{9R}$$

因此$\sum\sin\frac{A}{2}\geqslant 1+\frac{\sqrt{3}s}{9R}$成立.

$$1+\frac{3\sqrt{3}}{5}\left(\frac{3}{2}-\sum\sin\frac{A}{2}\right)\leqslant 1+\frac{3\sqrt{3}}{5}\left(\frac{3}{2}-\frac{\sqrt{3}}{9}\cdot\frac{s}{R}-1\right)$$

$$=1+\frac{3\sqrt{3}}{5}\left(\frac{1}{2}-\frac{\sqrt{3}}{9}\cdot\frac{a+b+c}{2R}\right)$$

$$=1+\frac{3\sqrt{3}}{5}\left(\frac{1}{2}-\frac{\sqrt{3}}{9}\sum\sin A\right)$$

$$=1+\frac{1}{5}\left(\frac{3\sqrt{3}}{2}-\sum\sin A\right)\leqslant\frac{R}{2r}$$

从而定理 5 得证.

定理 6 的证明 先证明不等式

$$\sum\cos\frac{A}{2}-\frac{3\sqrt{3}}{2}\sum\sin\frac{A}{2}+\frac{3\sqrt{3}}{4}\geqslant 0$$

由不等式

$$(9\sqrt{3}-15)\left(\sum\cos\frac{A}{2}+1\right)\geqslant(17-9\sqrt{3})\sum\sin\frac{A}{2}$$

可得

$$\sum\sin\frac{A}{2}\leqslant\frac{9\sqrt{3}-15}{17-9\sqrt{3}}\left(\sum\cos\frac{A}{2}+1\right)$$

故

$$\begin{aligned}&\sum\cos\frac{A}{2}-\frac{3\sqrt{3}}{2}\sum\sin\frac{A}{2}+\frac{3\sqrt{3}}{4}\\ \geqslant&\sum\cos\frac{A}{2}-\frac{3\sqrt{3}}{2}\cdot\frac{9\sqrt{3}-15}{17-9\sqrt{3}}\left(\sum\cos\frac{A}{2}+1\right)+\frac{3\sqrt{3}}{4}\\ =&\left[1+\frac{3\sqrt{3}}{2}\left(1-\frac{2}{17-9\sqrt{3}}\right)\right]\sum\cos\frac{A}{2}+\\ &\frac{3\sqrt{3}}{2}\left(1-\frac{2}{17-9\sqrt{3}}\right)+\frac{3\sqrt{3}}{4}\\ =&\frac{18\sqrt{3}-35}{46}\sum\cos\frac{A}{2}+\frac{18\sqrt{3}-81}{46}+\frac{3\sqrt{3}}{4}\\ =&\frac{18\sqrt{3}-35}{46}\sum\cos\frac{A}{2}+\frac{105\sqrt{3}-162}{92}\end{aligned}$$

由$\sum\cos\frac{A}{2}\leqslant\frac{3\sqrt{3}}{2}$,可得

$$\begin{aligned}\frac{18\sqrt{3}-35}{46}\sum\cos\frac{A}{2}+\frac{105\sqrt{3}-162}{92}&\geqslant\frac{18\sqrt{3}-35}{46}\times\frac{3\sqrt{3}}{2}+\frac{105\sqrt{3}-162}{92}\\ &=\frac{162-105\sqrt{3}}{92}+\frac{105\sqrt{3}-162}{92}=0\end{aligned}$$

从而有

$$\begin{aligned}&\frac{2}{5}\left(\sum\cos\frac{A}{2}-\frac{3\sqrt{3}}{2}\sum\sin\frac{A}{2}+\frac{3\sqrt{3}}{4}\right)=1+\frac{3\sqrt{3}}{5}\left(\frac{3}{2}-\sum\sin\frac{A}{2}\right)-\\ &\left[1+\frac{2}{5}\left(\frac{3\sqrt{3}}{2}-\sum\cos\frac{A}{2}\right)\right]\geqslant 0\end{aligned}$$

可以得到

$$\frac{R}{2r}\geqslant 1+\frac{3\sqrt{3}}{5}\left(\frac{3}{2}-\sum\sin\frac{A}{2}\right)\geqslant 1+\frac{2}{5}\left(\frac{3\sqrt{3}}{2}-\sum\cos\frac{A}{2}\right)$$

从而定理 6 得证.

注 1 在定理 3 中,提出一个问题:使$\frac{R}{2r}\geqslant 1+\lambda\left(\frac{3}{2}-\sum\cos A\right)$成立的$\lambda$的最大值是多少呢?

由于$\sum\cos A=\frac{R+r}{R}$,改变形式可得$\frac{R}{2r}=1+\frac{R}{r}\left(\frac{3}{2}-\sum\cos A\right)$为恒等式,由 Euler 不等式 $R\geqslant 2r$ 可知λ 的最大值是 2.

注 2 由上述证明过程可知,定理 4 ~ 定理 6 可以进一步加强为

$$\frac{R}{2r}\geqslant 1+\frac{2\sqrt{3}}{9}\left(\frac{3\sqrt{3}}{2}-\sum\sin A\right)$$

$$\frac{R}{2r}\geqslant 1+2\left(\frac{3}{2}-\sum\sin\frac{A}{2}\right)$$

$$\frac{R}{2r}\geqslant 1+\frac{4\sqrt{3}}{9}\left(\frac{3\sqrt{3}}{2}-\sum\cos\frac{A}{2}\right)$$

请读者自己证明.

注 3 文[7] 给出系数为$\frac{R}{r}$ 的加强链

$$\begin{aligned}\frac{R}{2r}&=1+\frac{R}{r}\left(\frac{3}{2}-\sum\cos A\right)\\&\geqslant 1+\frac{\sqrt{3}R}{9r}\left(\frac{3\sqrt{3}}{2}-\sum\sin A\right)\\&\geqslant 1+\frac{R}{r}\left(\frac{3}{2}-\sum\sin\frac{A}{2}\right)\\&\geqslant 1+\frac{2\sqrt{3}R}{9r}\left(\frac{3\sqrt{3}}{2}-\sum\cos\frac{A}{2}\right)\geqslant 1\end{aligned}$$

注 4 可以得到 $R-2r$ 的不等式链

$$\begin{aligned}R-2r&\geqslant 2R\left(\frac{3}{2}-\sum\cos A\right)\\&\geqslant\frac{2\sqrt{3}R}{9}\left(\frac{3\sqrt{3}}{2}-\sum\sin A\right)\\&\geqslant 2R\left(\frac{3}{2}-\sum\sin\frac{A}{2}\right)\\&\geqslant\frac{4\sqrt{3}R}{9}\left(\frac{3\sqrt{3}}{2}-\sum\cos\frac{A}{2}\right)\geqslant 0\end{aligned}$$

参考文献

[1] 钟建新.欧拉不等式的一个三角形式的加强链[J].数学通报,2012,51(1):

63.
[2] 王圣.欧拉不等式的一个加强的改进及其类似[J].数学通报,2017,56(2):62-63.
[3] 刘其右,郭要红.欧拉不等式的一个加强的改进[J].数学通报,2018,57(2):50.
[4] 何灯.欧拉不等式的一个加强的再改进[J].中学数学教学,2019(3):67.
[5] 杨续亮,苏岳祥.欧拉不等式一个三角形式的类比[J].数学通报,2018,57(12):56-58.
[6] 杨学枝.不等式研究(第一辑)[M].西藏:西藏人民出版社,2010.
[7] 何灯.一条串联七个基本三角不等式的不等式链[J].中学数学研究,2019(12):19-20.

PQR 方法中关于 *R* 上限的一个优化及应用

刘　锐[1]　张睿升[2]

（1. 沈阳市第二中学　辽宁　沈阳　110016；
2. 沈阳市第二中学　辽宁　沈阳　110016）

摘　要：本文对PQR方法中利用P,Q表示R的上限进行研究，提出一个新的上限，并予以证明和比较，得到其逼近R的更优特征，最后利用其解决了两个问题.

关键词：PQR 方法；逼近；优化；应用

设$a,b,c\geqslant 0$，记$p=a+b+c,q=ab+bc+ca,r=abc$，有如下结论

$$r\leqslant\frac{q^2}{3p}$$

一、结论

上述结论的一个优化：

设$a,b,c\geqslant 0$，记$p=a+b+c,q=ab+bc+ca,r=abc$，则有

$$r\leqslant\frac{(p-\sqrt{p^2-3q})^2(p+2\sqrt{p^2-3q})}{27}$$

二、证明

证明　不妨设$p=1$. 易知$0<q\leqslant\frac{1}{3}$，有

$$\begin{aligned}(p-\sqrt{p^2-3q})^2(p+2\sqrt{p^2-3q})&=(2-3q-2\sqrt{1-3q})(1+2\sqrt{1-3q})\\&=(2-3q-2\sqrt{1-3q})(1+2\sqrt{1-3q})\\&=9q-2+2(1-3q)\sqrt{1-3q}\end{aligned}$$

于是，欲证不等式可化为

$$27r\leqslant 9q-2+2(1-3q)\sqrt{1-3q}$$

再记 $a+b=t, ab=x$，于是 $q=x+t(1-t)$，$r=(1-t)x$，上式可化为

$$27(1-t)x \leqslant 9[x+t(1-t)]-2+2\{1-3[x+t(1-t)]\}^{\frac{3}{2}}$$

引入函数

$$f(x)=9[x+t(1-t)]-2+2\{1-3[x+t(1-t)]\}^{\frac{3}{2}}-27(1-t)x$$

$$\left(0<x \leqslant \frac{t^2}{4}, 0<t<1\right)$$

求导有 $f'(x)=9\{3t-2-\sqrt{1-3[x+t(1-t)]}\}$，易见 $f'(x)$ 是区间 $\left(0, \frac{t^2}{4}\right)$ 上的增函数.

当 $0<t \leqslant \frac{2}{3}$ 时

$$3t-2 \leqslant \sqrt{1-3t(1-t)}$$

当 $\frac{2}{3}<t \leqslant 1$ 时

$$3t-2 \leqslant \sqrt{1-3t(1-t)} \Leftrightarrow 2t^2-3t+1 \leqslant 0 \Leftrightarrow (t-1)(2t-1) \leqslant 0$$

所以

$$f'(0)=9[3t-2-\sqrt{1-3t(1-t)}] \leqslant 0$$

又

$$f'\left(\frac{t^2}{4}\right)=9\left\{3t-2-\sqrt{1-3\left[\frac{t^2}{4}+t(1-t)\right]}\right\}=9\left[3t-2-\frac{|3t-2|}{2}\right]$$

当 $0<t \leqslant \frac{2}{3}$ 时

$$f'\left(\frac{t^2}{4}\right)=\frac{27}{2}(3t-2) \leqslant 0$$

当 $\frac{2}{3}<t \leqslant 1$ 时

$$f'\left(\frac{t^2}{4}\right)=9\left\{3t-2-\sqrt{1-3\left[\frac{t^2}{4}+t(1-t)\right]}\right\}=\frac{9}{2}(3t-2)>0$$

所以：

(1) 当 $0<t \leqslant \frac{2}{3}$ 时，$f'(x) \leqslant 0$，即 $f(x)$ 是区间 $\left(0, \frac{t^2}{4}\right)$ 上的减函数，则有

$$\begin{aligned} f(x) &\geqslant f\left(\frac{t^2}{4}\right) \\ &=9\left[\frac{t^2}{4}+t(1-t)\right]-2+2\left\{1-3\left[\frac{t^2}{4}+t(1-t)\right]\right\}^{\frac{3}{2}}-27(1-t)\frac{t^2}{4} \\ &=\frac{27t^3-54t^2+36t}{4}-2+2\left(\frac{2-3t}{2}\right)^3=0 \end{aligned}$$

(2) 当$\frac{2}{3}<t\leqslant 1$时，存在$x_0\in\left(0,\frac{t^2}{4}\right)$，使得$f'(x_0)=0$，并且函数$f(x)$在区间$(0,x_0)$上是减函数，在区间$\left(x_0,\frac{t^2}{4}\right)$上是增函数，则有

$$f(x)\geqslant f(x_0)$$

其中

$$\begin{aligned}3t-2=\sqrt{1-3[x_0+t(1-t)]}\\ \Leftrightarrow 1-3[x_0+t(1-t)]=(3t-2)^2\\ \Leftrightarrow x_0=(2t-1)(1-t)\end{aligned}$$

又因为

$$\begin{aligned}f(x_0)&=9[x_0+t(1-t)]-2+\\&\quad 2\{1-3[x_0+t(1-t)]\}^{\frac{3}{2}}-27(1-t)x_0\\&=9[x_0+t(1-t)]-2+2(3t-2)^3-27(1-t)x_0\\&=9(3t-1)(1-t)+2(3t-3)[(3t-2)^2+(3t-2)+1]-\\&\quad 27(1-t)(2t-1)(1-t)\\&=(1-t)\{9(3t-1)-6[(3t-2)^2+(3t-2)+1]-27(1-t)(2t-1)\}\\&=0\end{aligned}$$

所以$f(x)\geqslant 0$.

综上，当$a,b,c\geqslant 0$时，记$p=a+b+c,q=ab+bc+ca,r=abc$，有

$$r\leqslant\frac{(p-\sqrt{p^2-3q})^2(p+2\sqrt{p^2-3q})}{27}$$

三、比较

$$\begin{aligned}&\frac{q^2}{3p}-\frac{(p-\sqrt{p^2-3q})^2(p+2\sqrt{p^2-3q})}{27}\\&=\frac{9q^2-p[p^3-3p(p^2-3q)+(2p^2-6q)\sqrt{p^2-3q}]}{27p}\\&=\frac{(p^2-3q)[-(p^2+3q)+3p^2-2p\sqrt{p^2-3q}]}{27p}\\&=\frac{(p^2-3q)[(p^2-3q)+p^2-2p\sqrt{p^2-3q}]}{27p}\\&=\frac{(p^2-3q)(p-\sqrt{p^2-3q})^2}{27p}\\&\geqslant 0\end{aligned}$$

四、应用举例

例 1 若正实数 a,b,c 满足$a+b+c=3$，求证

$$(b+c-a)(c+a-b)(a+b-c)+\frac{48}{ab+bc+ca}\geqslant 17$$

证明 因为正实数 a,b,c 满足 $a+b+c=3$，则有

$$\begin{aligned}&(b+c-a)(c+a-b)(a+b-c)\\=&(3-2a)(3-2b)(3-2c)\\=&27-9\cdot(2a+2b+2c)+3\cdot(4bc+4ca+4ab)-8abc\end{aligned}$$

记 $p=a+b+c=3,q=ab+bc+ca,r=abc$，则欲证不等式可化为

$$-27+12q-8r+\frac{48}{q}\geqslant 17\Leftrightarrow 3q+\frac{12}{q}\geqslant 11+2r$$

因为 $3q\leqslant p^2\Rightarrow 0<q\leqslant 3$. 设$\sqrt{9-3q}=t$，于是

$$\begin{aligned}&3q+\frac{12}{q}-11-2\cdot\frac{(3-\sqrt{9-3q})^2(3+2\sqrt{9-3q})}{27}\\&=9-t^2+\frac{36}{9-t^2}-11-\frac{2}{27}(3-t)^2(3+2t)\\&=\frac{36\cdot 27-27(9-t^2)(t^2+2)-2(9-t^2)(3-t)^2(3+2t)}{27(9-t^2)}\\&=\frac{t^2}{27(9-t^2)}(4t^3+9t^2-36t+27)\\&=\frac{t^2}{27(9-t^2)}[(4t^3+9+9)+(9t^2+9)-36t]\\&\geqslant\frac{t^2}{27(9-t^2)}[(3\sqrt[3]{4t^3\cdot 9\cdot 9})+2\sqrt{9t^2\cdot 9}-36t]\\&\geqslant\frac{t^2}{27(9-t^2)}(9\sqrt[3]{12}\,t+18t-36t)\geqslant 0\end{aligned}$$

所以

$$3q+\frac{12}{q}-11-2\cdot\frac{(3-\sqrt{9-3q})^2(3+2\sqrt{9-3q})}{27}\geqslant 0$$

又因为

$$r\leqslant\frac{(3-\sqrt{9-3q})^2(3+2\sqrt{9-3q})}{27}$$

所以 $3q+\dfrac{12}{q}\geqslant 11+2r$.

综上，当正实数 a,b,c 满足 $a+b+c=3$ 时，有

$$(b+c-a)(c+a-b)(a+b-c)+\frac{48}{ab+bc+ca}\geqslant 17$$

例 2(叶军数学工作站 190 期问题研究 B)　已知正实数 a,b,c 满足 $a+b+c=3$,求证:$\frac{bc}{a}+\frac{ca}{b}+\frac{ab}{c}-\frac{3}{2+abc}\geqslant 2$.

(陕西咸阳师范学院 安振平 供题)

解　记 $p=a+b+c,q=ab+bc+ca,r=abc$,则

$$(bc)^2+(ca)^2+(ab)^2=q^2-2pr=q^2-6r$$

于是,欲证不等式可化为

$$q^2-6r\geqslant r\left(2+\frac{3}{2+r}\right)\Leftrightarrow q^2\geqslant r\left(8+\frac{3}{2+r}\right)$$

因为 $f(r)=r\left(8+\frac{3}{2+r}\right)$ 是区间(0,3)上的增函数,及

$$r\leqslant\frac{(p-\sqrt{p^2-3q})^2(p+2\sqrt{p^2-3q})}{27}=\frac{(3-\sqrt{9-3q})^2(3+2\sqrt{9-3q})}{27}$$

所以

$$\frac{(3-\sqrt{9-3q})^2(3+2\sqrt{9-3q})}{27}\left[8+\frac{3}{2+\frac{(3-\sqrt{9-3q})^2(3+2\sqrt{9-3q})}{27}}\right]$$

$$\geqslant r\left(8+\frac{3}{2+r}\right)$$

记 $\sqrt{9-3q}=t$,并且

$$q^2\geqslant\frac{(3-\sqrt{9-3q})^2(3+2\sqrt{9-3q})}{27}\left[8+\frac{3}{2+\frac{(3-\sqrt{9-3q})^2(3+2\sqrt{9-3q})}{27}}\right]$$

$$\Leftrightarrow\left(\frac{9-t^2}{3}\right)^2\geqslant\frac{(3-t)^2(3+2t)}{27}\left[8+\frac{3}{2+\frac{(3-t)^2(3+2t)}{27}}\right]$$

$$\Leftrightarrow 3t^2+2t+3\geqslant\frac{81(3+2t)}{54+(3-t)^2(3+2t)}$$

$$\Leftrightarrow t^2(6t^3-23t^2-12t+216)\geqslant 0$$

因为

$$3t^3+3t^3+\frac{8^3}{9}\geqslant 24t^2,t^2+36\geqslant 12t$$

于是

$$3t^3+3t^3+\frac{8^3}{9}+t^2+36\geqslant 24t^2+12t$$

所以

$$6t^3-23t^2-12t+216>0$$

故

$$q^2 \geqslant \frac{(3-\sqrt{9-3q})^2(3+2\sqrt{9-3q})}{27} \cdot \left[8+\frac{3}{2+\frac{(3-\sqrt{9-3q})^2(3+2\sqrt{9-3q})}{27}}\right]$$

从而

$$q^2 \geqslant r\left(8+\frac{3}{2+r}\right)$$

综上，当正实数 a,b,c 满足 $a+b+c=3$ 时，有

$$\frac{bc}{a}+\frac{ca}{b}+\frac{ab}{c}-\frac{3}{2+abc} \geqslant 2$$

参考文献

[1] 安振平. 舒尔不等式及其应用[J]. 数学教学，2013(9)：5-7.

作者简介

刘锐，男，出生于 1963 年，中学正高级教师，辽宁省特级教师，所撰写论文有一篇在东亚地区国际数学教育大会上交流，四篇在全国初等数学研究学术交流会上交流并获奖，二十余篇发表在《中国数学教育》等教学研究期刊.

张睿升，男，出生于 1981 年，中学高级数学教师，沈阳市骨干教师，在 2011 年、2013 年、2014 年高考（辽宁卷）中担任命审题教师. 多篇论文获国家级、省级奖项，入选“辽宁省百千万人才工程”.

PQR 方法中关于 R 下限的一个优化及应用

张睿升[1]　刘　锐[2]

(1. 沈阳市第二中学　辽宁　沈阳　110016；
2. 沈阳市第二中学　辽宁　沈阳　110016)

摘　要:本文对PQR方法中利用P,Q表示R的下限进行研究,提出一个新的下限,并予以证明和比较,得到其逼近R的更优特征,最后利用其证明安振平"新浪博客"中的两个问题.

关键词:PQR 方法;逼近;优化;应用

设 $a,b,c \geqslant 0$,记 $p=a+b+c,q=ab+bc+ca,r=abc$,有如下结论:

(1) 当 $p^2-4q \geqslant 0$ 时,$r \geqslant 0$.

(2) 当 $p^2-4q<0$ 时, $r \geqslant \dfrac{p(4q-p^2)}{9}$.

一、结论

上述结论的一个优化:

设 $a,b,c \geqslant 0$,记 $p=a+b+c,q=ab+bc+ca,r=abc$,则有:

(1) 当 $p^2-4q \geqslant 0$ 时,$r \geqslant 0$.

(2) 当 $p^2-4q<0$ 时, $r \geqslant \dfrac{(4q-p^2)(p^2-q)}{6p}$.

二、证明

对于 $a,b,c \geqslant 0,t \in \mathbf{R}$,根据 Schur 不等式有

$$a^t(a-b)(a-c)+b^t(b-c)(b-a)+c^t(c-a)(c-b) \geqslant 0$$

取 $t=2$,有

$$2(a^4+b^4+c^4)-(a+b+c)(a^3+b^3+c^3)+abc(a+b+c) \geqslant 0 \quad (1)$$

记 $p=a+b+c,q=ab+bc+ca,r=abc$,于是

$$a^3+b^3+c^3=p(p^2-3q)+3r$$
$$\begin{aligned}a^4+b^4+c^4&=(a^2+b^2+c^2)^2-2[(ab)^2+(bc)^2+(ca)^2]\\&=(p^2-2q)^2-2(q^2-2rp)\end{aligned}$$
代入式(1)有
$$p^4-5p^2q+4q^2+6rp\geqslant 0$$
即
$$r\geqslant\frac{(4q-p^2)(p^2-q)}{6p}$$
因为 $p^2\geqslant 3q$,所以:

当 $p^2\geqslant 4q$ 时,$r>0$.

当 $3q\leqslant p^2<4q$ 时,$r\geqslant\dfrac{(4q-p^2)(p^2-q)}{6p}$.

三、说明

在 Schur 不等式中,令 $t=1$,有
$$r\geqslant\frac{p(4q-p^2)}{9}$$
又因为
$$\frac{(4q-p^2)(p^2-q)}{6p}-\frac{p(4q-p^2)}{9}=\frac{(4q-p^2)}{18p}(p^2-3q)$$
所以,当 $3q\leqslant p^2<4q$ 时,有 $\dfrac{(4q-p^2)(p^2-q)}{6p}\geqslant\dfrac{p(4q-p^2)}{9}$.

因此,当 $3q\leqslant p^2<4q$ 时,$\dfrac{(4q-p^2)(p^2-q)}{6p}$ 逼近 r 是优于 $\dfrac{p(4q-p^2)}{9}$ 逼近 r 的.

四、应用

例 1(安振平"新浪博客"问题 6960)　在 $\triangle ABC$ 中,求证
$$2(\cos A+\cos B+\cos C)+\tan^2\frac{A}{2}+\tan^2\frac{B}{2}+\tan^2\frac{C}{2}\geqslant 4$$
证明　记 $x=\tan\dfrac{A}{2}$,$y=\tan\dfrac{B}{2}$,$z=\tan\dfrac{C}{2}$,在 $\triangle ABC$ 中,有
$$\tan\frac{A}{2}\tan\frac{B}{2}+\tan\frac{B}{2}\tan\frac{C}{2}+\tan\frac{C}{2}\tan\frac{A}{2}=1$$
则原问题转化为去证明:正数 x,y,z 满足 $xy+yz+zx=1$ 时,有
$$2\left(\frac{1-x^2}{1+x^2}+\frac{1-y^2}{1+y^2}+\frac{1-z^2}{1+z^2}\right)+x^2+y^2+z^2\geqslant 4$$

即

$$4\left(\frac{1}{1+x^2}+\frac{1}{1+y^2}+\frac{1}{1+z^2}\right)+x^2+y^2+z^2\geqslant 10$$

再记 $p=x+y+z,q=xy+yz+zx=1,r=xyz$，于是

$$x^2+y^2+z^2=p^2-2,(xy)^2+(yz)^2+(zx)^2=1-2pr$$

则上式可化为

$$4\cdot\frac{3+2(p^2-2)+1-2pr}{1+p^2-2+1-2pr+r^2}+p^2-2\geqslant 10$$

即$\frac{8p}{p-r}+p^2\geqslant 12$.

当 $p\geqslant 2$ 时，因为 $r>0$，所以

$$\frac{8p}{p-r}+p^2>\frac{8p}{p}+p^2\geqslant 12$$

当$\sqrt{3}\leqslant p<2$ 时，由 Schur 不等式知

$$r\geqslant\frac{(4-p^2)(p^2-1)}{6p}$$

又因为

$$\frac{(4-p^2)(p^2-1)}{6p}-p\cdot\frac{4-p^2}{12-p^2}=\frac{(4-p^2)^2}{6p(12-p^2)}(p^2-3)\geqslant 0$$

所以

$$r\geqslant p\cdot\frac{4-p^2}{12-p^2}\Leftrightarrow\frac{8p}{p-r}+p^2\geqslant 12$$

综上，在 $\triangle ABC$ 中，有

$$2(\cos A+\cos B+\cos C)+\tan^2\frac{A}{2}+\tan^2\frac{B}{2}+\tan^2\frac{C}{2}\geqslant 4$$

例 2(安振平“新浪博客”问题 6964)　在 $\triangle ABC$ 中，求证

$$\frac{a^2}{b+c-a}+\frac{b^2}{c+a-b}+\frac{c^2}{a+b-c}\geqslant\frac{R}{2r}\sqrt{3(a^2+b^2+c^2)}$$

证明　记 $s=\frac{1}{2}(a+b+c)$，$S_\triangle$ 为 $\triangle ABC$ 的面积，于是

$$\begin{aligned}&\frac{a^2}{b+c-a}+\frac{b^2}{c+a-b}+\frac{c^2}{a+b-c}\\&=\frac{1}{2}\left(\frac{a^2}{s-a}+\frac{b^2}{s-b}+\frac{c^2}{s-c}\right)\\&=\frac{1}{2}\cdot\frac{a^2(s-b)(s-c)+b^2(s-c)(s-a)+c^2(s-a)(s-b)}{(s-a)(s-b)(s-c)}\\&=\frac{s}{2}\cdot\frac{s^2(a^2+b^2+c^2)-s[a^2(b+c)+b^2(c+a)+c^2(a+b)]+2sabc}{S_\triangle^2}\end{aligned}$$

$$=\frac{s^2}{2}\cdot\frac{s(a^2+b^2+c^2)-[a^2(b+c)+b^2(c+a)+c^2(a+b)]+2abc}{S_{\triangle}^2}$$

$$=\frac{s^2}{2}\cdot\frac{a^3+b^3+c^3-\frac{a+b+c}{2}(a^2+b^2+c^2)+2abc}{S_{\triangle}^2}$$

$$\frac{R}{2r}\sqrt{3(a^2+b^2+c^2)}=\frac{\frac{a}{2\sin A}}{2\frac{S_{\triangle}}{s}}\cdot\sqrt{3(a^2+b^2+c^2)}$$

$$=\frac{\frac{abc}{2bc\sin A}}{2\frac{S_{\triangle}}{s}}\cdot\sqrt{3(a^2+b^2+c^2)}$$

$$=\frac{abcs}{8S_{\triangle}^2}\cdot\sqrt{3(a^2+b^2+c^2)}$$

去证

$$\frac{s^2}{2}\cdot\frac{a^3+b^3+c^3-\frac{a+b+c}{2}(a^2+b^2+c^2)+2abc}{S_{\triangle}^2}\geqslant\frac{abcs}{8S_{\triangle}^2}\cdot\sqrt{3(a^2+b^2+c^2)}$$

即证

$$(a+b+c)[2(a^3+b^3+c^3)-(a+b+c)(a^2+b^2+c^2)+4abc]$$
$$\geqslant abc\sqrt{3(a^2+b^2+c^2)}$$

记 $p=a+b+c,q=ab+bc+ca,r=abc$，上式可化为

$$p[2p(p^2-3q)-p(p^2-2q)+10r]\geqslant r\sqrt{3(p^2-2q)}$$
$$\Leftrightarrow p^2(p^2-4q)+[10p-\sqrt{3(p^2-2q)}]r\geqslant 0$$

当 $p^2-4q\geqslant 0$ 时，因为 $10p-\sqrt{3(p^2-2q)}>0$，所以上式成立.

当 $p^2-4q<0$ 时，由 Schur 不等式知

$$r\geqslant\frac{5p^2q-4q^2-p^4}{6p}=\frac{(4q-p^2)(p^2-q)}{6p}$$

于是

$$p^2(p^2-4q)+[10p-\sqrt{3(p^2-2q)}]r$$
$$\geqslant p^2(p^2-4q)+[10p-\sqrt{3(p^2-2q)}]\cdot\frac{(4q-p^2)(p^2-q)}{6p}$$
$$=\frac{(4q-p^2)}{6p}[4p^3-10pq-(p^2-q)\sqrt{3(p^2-2q)}]$$
$$=\frac{(4q-p^2)q^{\frac{3}{2}}}{6p}\left[4\left(\frac{p}{\sqrt{q}}\right)^3-10\frac{p}{\sqrt{q}}-\left(\frac{p^2}{q}-1\right)\sqrt{3\left(\frac{p^2}{q}-2\right)}\right]$$

设 $t=\frac{p}{\sqrt{q}}\in[\sqrt{3},2)$，则

$$t^2\geqslant 3$$

$$13t^4-29t^2-2\geqslant 13\cdot 3t^2-29t^2-2=10t^2-2>0$$

$$\Rightarrow(t^2-3)(13t^4-29t^2-2)\geqslant 0$$

$$\Rightarrow(4t^3-10t)^2-3(t^2-2)(t^2-1)^2\geqslant 0$$

则

$$4t^3-10t-(t^2-1)\sqrt{3(t^2-2)}\geqslant 0$$

即

$$4\left(\frac{p}{\sqrt{q}}\right)^3-10\frac{p}{\sqrt{q}}-\left(\frac{p^2}{q}-1\right)\sqrt{3\left(\frac{p^2}{q}-2\right)}\geqslant 0$$

从而有

$$p^2(p^2-4q)+[10p-\sqrt{3(p^2-2q)}]r\geqslant 0$$

综上，在 $\triangle ABC$ 中，有

$$\frac{a^2}{b+c-a}+\frac{b^2}{c+a-b}+\frac{c^2}{a+b-c}\geqslant\frac{R}{2r}\sqrt{3(a^2+b^2+c^2)}$$

参考文献

[1] 安振平.舒尔不等式及其应用[J].数学教学，2013(9)：5-7.

作者简介

张睿升，男，出生于1981年，中学高级数学教师，沈阳市骨干教师，在2011年、2013年、2014年高考（辽宁卷）中担任命审题教师.多篇论文获国家级、省级奖项，入选“辽宁省百千万人才工程”.

刘锐，男，出生于1963年，中学正高级教师，辽宁省特级教师，所撰写论文有一篇在东亚地区国际数学教育大会上交流，四篇在全国初等数学研究学术交流会上交流并获奖，二十余篇发表在《中国数学教育》等教学研究期刊.

不等式研究的十个专题

刘保乾

(西藏自治区组织编制信息管理中心　西藏自治区　拉萨　850000)

摘　要:本文以专题的形式介绍了笔者近几年在三角形几何不等式、多元代数不等式和四面体不等式等方面的研究成果和提出的问题.

关键词:三角形几何不等式;多项式不等式;四面体不等式;问题

近十几年来,笔者对三角形几何不等式、多项式不等式和不等式的自动发现与机器证明进行了比较多的研究,其中有些结果公开发表了,但更多的散见于网络论坛或公众号文章中.下面以专题的形式介绍其中的部分研究成果和问题.限于篇幅,有关内容只是点到为止,不展开讨论.感兴趣的读者可按主题搜索相关文章,并参阅本文后列出的参考文献.

以下设$\triangle ABC$的三边为a,b,c,半周长为s,内切圆半径为r,外接圆半径为R,面积为Δ,中线、角平分线、类似中线和高依次为m_a,m_b,m_c;w_a,w_b,w_c;k_a,k_b,k_c和h_a,h_b,h_c,旁切圆半径为r_a,r_b,r_c,过Nagel点的Ceva线为n_a,n_b,n_c,过Gergonne点的Ceva线为g_a,g_b,g_c,用$\sum$表示循环和.

一、等腰取等不等式

有关等腰取等不等式请参阅文[1]～[8].在等腰取等不等式的研究中,有一个被称为"尹华焱模型"的构造等腰取等不等式的方式特别重要,下面对此模型进行讨论,并提出一些未解决的问题.

尹华焱模型首次出现于文[6]中,其内容是:设Q是关于$\triangle ABC$线元或角元的零次几何量,且当$b=c$时,$Q_a=1$,$Q_b=Q_c$,则可构造出一个在三角形为等腰三角形时取等号的不等式

$$Q_a+Q_b+Q_c\geqslant(\leqslant)1+2\sqrt{Q_aQ_bQ_c}\tag{1}$$

至于式(1)是否成立,要视Q所取表达式的具体情况来确定.文[9]中笔者对模型(1)做了专门研究,下面再做一点补充.

笔者在文[9]中指出,可以先建立取等条件为 $b=c$ 的局部对称不等式,然后通过模型(1)构造等腰取等不等式.其实当局部对称不等式不成立时也同样有效,只不过此时需要对所构造的不等式进行一系列调整,通过各种放缩保证不等式成立.

例 1 不等式 $r_b+r_c-2n_a\geqslant 0$ 或者反向式均不成立,但是按照 $Q_a=\frac{1}{2}\frac{r_b+r_c}{n_a}$,应用模型(1),再通过调整(就是利用相关不等式进行放缩,细节这里不再赘述)可发现等腰取等不等式

$$\sum\frac{r_b+r_c}{n_a}-2\geqslant 32\sqrt{\frac{s^2R^2}{-179s^4+(972R^2+4\,092Rr-422r^2)s^2-243r(4R+r)^3}} \tag{2}$$

试证明不等式(2).

例 2 在锐角三角形中有不等式 $\frac{\sqrt{2}\cos\frac{A}{2}}{\sqrt{\sin^2B+\sin^2C}}\geqslant 1$,取 $Q_a=\frac{\sqrt{2}\cos\frac{A}{2}}{\sqrt{\sin^2B+\sin^2C}}$,应用模型(1),再通过调整可得等腰取等不等式

$$\sum\frac{\cos\frac{A}{2}}{\sqrt{\sin^2B+\sin^2C}}\geqslant 2\sqrt{2}\sqrt{\frac{\sqrt{2}\,sR^2}{\sqrt{(a^2+b^2)(b^2+c^2)(a^2+c^2)}}}+\frac{\sqrt{2}}{2} \tag{3}$$

将褚小光曾经证明过的等腰取等不等式

$$(a^2+b^2)(b^2+c^2)(a^2+c^2)\geqslant 2s^2(s^2-6Rr+r^2)^2$$

代入式(3)得到更强的等腰取等不等式

$$\sum\frac{\cos\frac{A}{2}}{\sqrt{\sin^2B+\sin^2C}}\geqslant 2\sqrt{2}\sqrt{\frac{R^2}{s^2-6Rr+r^2}}+\frac{\sqrt{2}}{2} \tag{4}$$

试证明不等式(4).

注意,在对等腰取等不等式进行放缩时,放缩所用的不等式必须是等腰取等的,否则将会改变取等条件而达不到发现等腰取等不等式的目的.

例 3 可以证明局部对称不等式 $4\frac{rr_a}{a^2}\geqslant 1$ 成立,且 $b=c$ 时取等号,取 $Q_a=4\frac{rr_a}{a^2}$,应用模型(1)可发现等腰取等不等式

$$\frac{1}{4}\frac{1}{r}+\frac{1}{R}\geqslant\sum\frac{r_a}{a^2} \tag{5}$$

$$\frac{1}{2}\frac{1}{\sqrt{r}}+\frac{\sqrt{2}}{\sqrt{R}}\geqslant\frac{\sqrt{r_a}}{a}+\frac{\sqrt{r_b}}{b}+\frac{\sqrt{r_c}}{c} \tag{6}$$

$$2\sqrt{r}+2\sqrt{2}\sqrt{R}\geqslant\frac{a}{\sqrt{r_a}}+\frac{b}{\sqrt{r_b}}+\frac{c}{\sqrt{r_c}} \tag{7}$$

试证明不等式(6)和(7).

例 4 由局部对称不等式$\dfrac{\cos\dfrac{A}{2}}{\sqrt{\sin B\sin C}}\geqslant 1$易发现等腰取等不等式

$$1+\sqrt{2}\sqrt{\frac{R}{r}}\geqslant\sum\frac{\cos\dfrac{A}{2}}{\sqrt{\sin B\sin C}} \tag{8}$$

$$1+2\sqrt{2}\sqrt{\frac{r}{R}}\geqslant\sum\frac{\sqrt{\sin B\sin C}}{\cos\dfrac{A}{2}} \tag{9}$$

试证明不等式(8)和(9).

下面再提出几个等腰取等不等式问题,供读者探讨.

问题 1 在$\triangle ABC$中,证明不等式

$$\sum am_a-2\Delta\geqslant\frac{\sqrt{2}}{2}\left(\sum\frac{m_a}{b^2+c^2}-2\frac{m_am_bm_c}{\sum b^2c^2}\right)\sqrt{\prod(b^2+c^2)}\geqslant\sqrt{\sum b^2c^2} \tag{10}$$

问题 2 在$\triangle ABC$中,证明不等式

$$\frac{4\sqrt{2}r}{\sqrt{s^2+2Rr+r^2}}+\frac{1}{2}\geqslant\sum\frac{w_a}{r_b+r_c} \tag{11}$$

$$\frac{4\sqrt{2}\Delta}{\sqrt{s^2+2Rr+r^2}}+\frac{1}{2}s\geqslant\sum\frac{r_aw_a}{a} \tag{12}$$

问题 3 在$\triangle ABC$中,证明不等式

$$4\frac{R}{r}\leqslant\left(\sum\frac{r_b+r_c}{g_a}-2\right)\left(\sum\frac{g_a}{h_a}-1\right) \tag{13}$$

$$4\frac{R}{r}\leqslant\left(\sum\frac{r_b+r_c}{k_a}-2\right)\left(\sum\frac{k_a}{h_a}-1\right) \tag{14}$$

问题 4 在$\triangle ABC$中,证明不等式

$$\sum\left(\frac{w_a}{h_a}-3\frac{h_a}{w_a}\right)+2\geqslant 4\sqrt{2}\sqrt{\frac{R^2}{s^2+r^2+2Rr}}-\frac{3}{2}\sqrt{2}\sqrt{\frac{s^2+r^2+2Rr}{R^2}} \tag{15}$$

问题 5 在$\triangle ABC$中,证明不等式

$$\frac{m_aw_a}{h_a{}^2}+\frac{m_bw_b}{h_b{}^2}+\frac{m_cw_c}{h_c{}^2}\geqslant 1+\frac{R}{r} \tag{16}$$

问题 6　在 $\triangle ABC$ 中,证明不等式

$$2\Delta + 24\frac{R\prod m_a}{\sqrt{b^2c^2+a^2c^2+a^2b^2}} \geqslant \sum ama \tag{17}$$

$$\begin{aligned}4R &\geqslant \sum \frac{a^2+b^2}{m_c} - 2\sqrt{2}\sqrt{\frac{(b^2+c^2)(c^2+a^2)(a^2+b^2)}{b^2c^2+a^2c^2+a^2b^2}} \\ &\geqslant \frac{1}{2}\frac{b^2c^2+a^2c^2+a^2b^2}{m_am_bm_c}\end{aligned} \tag{18}$$

问题 7　在 $\triangle ABC$ 中,证明不等式

$$\sum \frac{g_a}{h_a} \geqslant 1 + \frac{\sqrt{16R^2+8Rr+r^2+s^2}}{s} \tag{19}$$

$$1 + 4\sqrt{\frac{s^2}{s^2+(4R+r)^2}} \geqslant \sum \frac{h_a}{g_a} \tag{20}$$

二、n 元不等式

近十几年来,由于三元不等式研究取得了较大的进展,人们开始将注意力转移到多元和 n 元不等式研究方面.笔者先后提出了若干 n 元不等式问题,下面予以介绍.

问题 8　设 $x_i > 0, i=1,2,\cdots,n, n \geqslant 3, P=\sum_{i=1}^n x_i{}^2, Q=\sum_{i=1}^n x_i{}^3$,证明不等式

$$\sum_{1\leqslant i<j\leqslant n} x_i{}^2x_j{}^2 \sum_{i=1}^n \frac{x_i{}^3}{P-x_i{}^2} \geqslant \sum_{1\leqslant i<j\leqslant n} x_i{}^3x_j{}^3 \sum_{i=1}^n \frac{x_i{}^2}{Q-x_i{}^3} \tag{21}$$

问题 9　设 $x_i > 0, i=1,2,\cdots,n, n \geqslant 3, S=\sum_{i=1}^n x_i$,证明不等式

$$\sum_{i=1}^n \frac{x_i{}^{n-1}}{\prod_{j\neq i}(S-x_j)} \geqslant \frac{n}{(n-1)^{n-1}} \tag{22}$$

问题 10　设 $x_i > 0, i=1,2,\cdots,n, n \geqslant 3, \prod_{i=1}^n x_i = 1$,证明不等式

$$\sum_{i=1}^n \frac{1}{x_i(n-2+x_i+\prod_{j\neq i} x_j)} \geqslant 1 \tag{23}$$

问题 11　$x_i > 0, i=1,2,\cdots,n, n \geqslant 3, S=\sum_{i=1}^n x_i$,证明不等式

$$\sum_{i=1}^n \frac{x_i}{S-x_i} \geqslant 2\sum_{n\geqslant i>j\geqslant 1} \frac{x_ix_j}{(S-x_i)(S-x_j)} \tag{24}$$

问题 12 设 $x_i>0, i=1,2,\cdots,n, n\geqslant 3, \prod_{i=1}^{n} x_i=1$,证明不等式

$$\sum_{i=1}^{n} \frac{1}{\sum_{j=0}^{n-1} x_i^{\,j}} \geqslant 1 \tag{25}$$

问题 13 设 $x_i>0, i=1,2,\cdots,n, n\geqslant 3, \prod_{i=1}^{n} x_i=1$,证明不等式

$$\sum_{i=1}^{n} \frac{x_i}{\sum_{j\neq i} x_i+\prod_{j\neq i} x_i} \geqslant 1 \tag{26}$$

问题 14 设 $x_i>0, i=1,2,\cdots,n, n\geqslant 3, \prod_{i=1}^{n} x_i=1, \sum_{i=1}^{n} x_i=S$,证明不等式

$$\sum_{i=1}^{n} \frac{x_i}{S+\prod_{j\neq i} x_j} \geqslant \frac{n}{n+1} \tag{27}$$

问题 15 设 $x_i>0, i=1,2,\cdots,n, n\geqslant 3, S=\sum_{i=1}^{n} x_i$,则有不等式

$$\sqrt{\sum_{i=1}^{n} \frac{x_i}{S-x_i}+n} \geqslant \sum_{i=1}^{n} \sqrt{\frac{x_i}{S-x_i}} \tag{28}$$

问题 16 设 $x_i>0, i=1,2,\cdots,n, n\geqslant 3, S=\sum_{i=1}^{n} x_i$,证明不等式

$$\sum_{i=1}^{n} \frac{x_i}{S-x_i}-\frac{n}{n-1} \geqslant \frac{1}{(n-1)(n-2)}\left(1-(n-1)^n \prod_{i=1}^{n} \frac{x_i}{S-x_i}\right) \tag{29}$$

问题 17 设 $x_i>0, i=1,2,\cdots,n, n\geqslant 3$,则有不等式

$$(n-1)\sqrt{1+\frac{1}{n-1}\sum_{1\leqslant i\leqslant j\leqslant n}(x_i-x_j)^2}+\prod_{i=1}^{n} x_i \geqslant \sum_{i=1}^{n} x_i \tag{30}$$

问题 18 设 $x_i>0, i=1,2,\cdots,n, n\geqslant 3, \sum_{i=1}^{n} x_i=1$,证明不等式

$$\left(\sum_{1\leqslant i<j\leqslant n} x_i x_j\right)^{n-1} \prod_{i=1}^{n}\left(x_i+\frac{1}{x_i}\right) \geqslant \left(\frac{n-1}{2n}\right)^{n-1}\left(n+\frac{1}{n}\right)^n \tag{31}$$

问题 19 设 $x_i>0, i=1,2,\cdots,n, n\geqslant 3$,证明不等式

$$\sum_{i=1}^{n} \frac{\prod_{j\neq i} x_j}{\prod_{j\neq i}(x_i+x_j)} \geqslant \frac{n}{2^{n-1}} \tag{32}$$

问题 20 设 $x_i>0, i=1,2,\cdots,n, n\geqslant 3$,证明不等式

$$\frac{1}{n^{n-2}} \geqslant \sum_{i=1}^{n} \frac{\prod_{j \neq i} x_j}{\prod_{j \neq i} (x_i + (n-1)x_j)} \tag{33}$$

问题 21 设 $x_i > 0, i = 1,2,\cdots,n, n \geqslant 3, P = \prod_{i=1}^{n} x_i$,证明不等式

$$\sum_{i=1}^{n} \frac{n - 1 + \frac{P}{x_i}}{1 + (n-1)x_i} \geqslant n \tag{34}$$

问题 22 设 $x_1 > 0, i = 1,2,\cdots,n, n \geqslant 3, \sum_{i=1}^{n} x_i = n$

$$\sum_{i=1}^{n} \sqrt{n - \prod_{j \neq i} x_j} \geqslant \sqrt{n(n^2 - n + 1) - \sum_{i=1}^{n} \prod_{j \neq i} x_j} \tag{35}$$

问题 23 设 $x_1 > 0, i = 1,2,\cdots,n, n \geqslant 3, \sum_{i=1}^{n} x_i = n$,证明不等式

$$\sum_{i=1}^{n} \sqrt{\frac{n - \prod_{j \neq i} x_j}{n - x_i}} \geqslant \sqrt{n - 1 + \frac{\prod_{i=1}^{n} (n - \prod_{j \neq i} x_j)}{\prod_{i=1}^{n} (n - x_i)}} \tag{36}$$

问题 24 设 $x_i > 0, i = 1,2,\cdots,n, n \geqslant 3, S = \sum_{i=1}^{n} x_i$,证明不等式

$$\prod_{i=1}^{n} (S - x_i) \geqslant \frac{S(n-1)^n}{n^2} \prod_{i=1}^{n} x_i \sum_{i=1}^{n} \frac{1}{x_i} \tag{37}$$

问题 25 设 $x_i > 0, i = 1,2,\cdots,n, n \geqslant 3, S = \sum_{i=1}^{n} x_i$,证明不等式

$$\prod_{i=1}^{n-1} (S - x_i) \geqslant \frac{(n-1)^n}{n^2} S \prod_{i=1}^{n} x_i \sum_{i=1}^{n} \frac{1}{x_i} \tag{38}$$

问题 26 设 $x_i > 0, i = 1,2,\cdots,n, n \geqslant 3, S = \sum_{i=1}^{n} x_i$,证明不等式

$$\sum_{i=1}^{n} \frac{x_i^{n-1}}{\prod_{j \neq i} (S - x_j)} \geqslant \frac{n}{(n-1)^{n-1}} \tag{39}$$

问题 27 设 $x_i > 0, i = 1,2,\cdots,n, n \geqslant 3$,证明不等式

$$\left(\sum_{i=1}^{n} x_i^2\right)^3 \geqslant \left(\sum_{i=1}^{n} x_i^3\right)^2 + \frac{n-1}{(\mathrm{C}_n^2)^2} \left(\sum_{1 \geqslant i > j \geqslant n} x_i x_j\right)^2 \left(\sum_{i=1}^{n} x_i\right)^2 \tag{40}$$

问题 28 设 $x_i > 0, i = 1,2,\cdots,n, n \geqslant 3$,证明不等式

$$\sum_{i=1}^{n} x_i^2 \sum_{i=1}^{n} x_i^4 \geqslant \sum_{i=1}^{n} x_i^6 + \frac{n(n-1)}{(\mathrm{C}_n^2)^3} \left(\sum_{1 \geqslant i > j \geqslant n} x_i x_j\right)^3 \tag{41}$$

问题 29　设 $x_i>0, i=1,2,\cdots,n, n\geqslant 3, S=\sum_{i=1}^{n}x_i$，证明不等式

$$\prod_{i=1}^{n}(S-x_i)\geqslant\frac{(n-1)^n}{n^{n-2}C_n^2}S^{n-2}\sum_{1\geqslant i>j\geqslant n}x_ix_j \tag{42}$$

问题 30　设 $x_i>0, i=1,2,\cdots,n, n\geqslant 3, S=\sum_{i=1}^{n}x_i$，证明不等式

$$\sum_{i=1}^{n}x_i\sqrt[n-1]{S-x_i}\geqslant\sqrt[n-1]{\prod_{i=1}^{n}(S-x_i)}+\sqrt[n-1]{(n-1)\prod_{i=1}^{n}x_i} \tag{43}$$

问题 31　设 $x_i>0, i=1,2,\cdots,n, n\geqslant 3, S=\sum_{i=1}^{n}x_i$，证明不等式

$$\sum_{i=1}^{n}\frac{\prod_{i\neq j}^{n}(x_i+x_j)}{(S-x_i)^4}\geqslant\frac{n2^{n-1}}{(n-1)^{n-1}} \tag{44}$$

$$\sum_{i=1}^{n}\frac{x_i^{\,n}}{S-x_i}+\frac{1}{(n-2)^2}\prod_{i=1}^{n}x_i\sum_{i=1}^{n}\frac{1}{x_i}\geqslant\frac{(n^2-3n+3)}{(n-1)(n-2)^2}\sum_{i=1}^{n}x_i^{\,n-1} \tag{45}$$

问题 32　设 $x_i>0, i=1,2,\cdots,n, n\geqslant 3, S=\sum_{i=1}^{n}x_i$，证明不等式

$$\sqrt{n\sum_{i=1}^{n}\frac{S-x_i}{x_i}+(n-1)^2\left(\frac{n}{n-1}-\sum_{i=1}^{n}\frac{x_i}{S-x_i}\right)}\geqslant\sum_{i=1}^{n}\sqrt{\frac{S-x_i}{x_i}} \tag{46}$$

问题 33　$x_i>0, i=1,2,\cdots,n, n\geqslant 3, S=\sum_{i=1}^{n}x_i$，证明不等式

$$\sum_{i=1}^{n}\frac{S-x_i-(n-1)^{\frac{3}{2}}x_i}{\sqrt{x_i(S-x_i)}}\geqslant\frac{n(n-1-(n-1)^{\frac{3}{2}})}{\sqrt{n-1}} \tag{47}$$

问题 34　设 $x_i>0, i=1,2,\cdots,n, n\geqslant 3, S=\sum_{i=1}^{n}x_i$，证明不等式

$$\sum_{1\leqslant i<j\leqslant n}\frac{x_i+x_j}{2S-x_i-x_j}\geqslant\frac{C_n^2}{n-1} \tag{48}$$

当 $n\geqslant 4$ 时，有反向不等式

$$\sum_{1\leqslant i<j\leqslant n}\sqrt{\frac{x_i+x_j}{2S-x_i-x_j}}\leqslant\frac{C_n^2}{\sqrt{n-1}} \tag{49}$$

三、三角形中的裸角不等式

在一个三角形几何不等式中，如果内角 A,B,C 是以非函数的形式出现，即内角是裸露出来的，则称这样的不等式为裸角不等式，例如

$$A\sin A+B\sin B+C\sin C>0$$

就是一个裸角不等式. 裸角不等式早已出现，但总体来说，这方面的研究还是比

较少的，相关问题也比较少．近几年来，笔者提出了一些裸角不等式问题，下面给予介绍．

问题 35 在 $\triangle ABC$ 中，猜有不等式

$$A(a-b)(a-c)+B(b-c)(b-a)+C(c-a)(c-b)\geqslant 0 \tag{50}$$

$$(b+c-2a)(B+C)+(c+a-2b)(C+A)+(a+b-2c)(A+B)\geqslant 0 \tag{51}$$

$$\frac{\pi}{2}\geqslant A\cos B+B\cos B+C\cos C \tag{52}$$

（网友“火舞艳阳”已证）

问题 36 在 $\triangle ABC$ 中，猜有不等式

$$\frac{1}{2}+\frac{r}{R}\geqslant 27\,\frac{ABC}{\pi^3} \tag{53}$$

问题 37 在 $\triangle ABC$ 中，猜有不等式

$$ABC\geqslant\frac{2}{27}\frac{r\pi^3}{R} \tag{54}$$

问题 38 在 $\triangle ABC$ 中，猜有不等式

$$\frac{9}{2}\frac{\sqrt{3}}{\pi}\geqslant\sum\frac{\sin A}{A}\geqslant 3\,\frac{\sum\sin A}{\pi} \tag{55}$$

问题 39 在 $\triangle ABC$ 中，猜有不等式

$$\sum\tan\frac{A}{2}\geqslant\frac{3}{2\pi}\left(\sum\frac{A}{\sin A}\right)\geqslant\sqrt{3} \tag{56}$$

问题 40 在 $\triangle ABC$ 中，猜有不等式

$$\frac{9\sqrt{3}}{\pi}R\geqslant\frac{a}{A}+\frac{b}{B}+\frac{c}{C}\geqslant 4R+\left(\frac{18\sqrt{3}}{\pi}-8\right)r \tag{57}$$

问题 41 在 $\triangle ABC$ 中，猜有不等式

$$\left(\frac{B+C}{a}+\frac{C+A}{b}+\frac{A+B}{c}\right)s\geqslant 2\pi\sum\frac{a}{b+c} \tag{58}$$

问题 42 在 $\triangle ABC$ 中，猜有不等式

$$\sum\sin\frac{A}{2}\geqslant\frac{s}{\pi}\left(\frac{A}{a}+\frac{B}{b}+\frac{C}{c}\right)\geqslant\sum\cos A \tag{59}$$

$$\sum\cos\frac{A}{2}\geqslant\frac{s}{\pi}\left(\frac{A}{a}+\frac{B}{b}+\frac{C}{c}\right)\geqslant\sum\sin A \tag{60}$$

问题 43 在 $\triangle ABC$ 中，猜有不等式

$$\left(\sum\tan\frac{A}{2}\right)^2\geqslant 2\sqrt{3}\,\frac{s}{\pi}\left(\frac{A}{r_b+r_c}+\frac{B}{r_a+r_c}+\frac{C}{r_a+r_b}\right)\geqslant\sqrt{3}\sum\tan\frac{A}{2} \tag{61}$$

$$\sum \frac{1}{\cos\frac{A}{2}} \geqslant \frac{2\sqrt{3}}{\pi}\left(\frac{\frac{A}{a}+\frac{B}{b}+\frac{C}{c}}{\sum\frac{1}{r_b+r_c}}\right)\sum\tan\frac{A}{2} \geqslant 2\sqrt{3} \tag{62}$$

$$\frac{19}{6}\sum\cot\frac{A}{2} > (a+b+c)\sum\frac{A}{h_a} \geqslant \frac{2}{3}\pi\sum\cot\frac{A}{2} \tag{63}$$

问题 44 在 $\triangle ABC$ 中,猜有不等式

$$A\sin\frac{A}{2}+B\sin\frac{B}{2}+C\sin\frac{C}{2} \geqslant \frac{\pi}{2} \tag{64}$$

有更强的不等式

$$\sum A\sin\frac{A}{2} \geqslant \frac{2\pi}{3}\sum\sin^2\frac{A}{2} \tag{65}$$

问题 45 在 $\triangle ABC$ 中,猜有不等式

$$\frac{44}{3}\frac{R}{s} > (a+b+c)\sum\frac{A}{h_b+h_c} > \frac{25}{2}\frac{R}{s} \tag{66}$$

$$\frac{5}{3}\frac{s^2}{Rr} > (a+b+c)\sum\frac{B+C}{a} \geqslant \frac{4}{9}\frac{\pi s^2}{Rr} \tag{67}$$

问题 46 在 $\triangle ABC$ 中,猜有不等式

$$\frac{5}{3}\sum\sin \geqslant \sum A\sin A \geqslant \frac{1}{3}\pi\sum\sin A \tag{68}$$

$$2\pi > \sum A(\cos B+\cos C) \geqslant \pi \tag{69}$$

问题 47 在 $\triangle ABC$ 中,猜有不等式

$$\frac{2}{3}\sqrt{3}\pi \geqslant \sum\frac{B+C-A}{\sin B+\sin C-\sin A} \tag{70}$$

$$\frac{R\pi}{4r} \geqslant \sum A\sin\frac{A}{2} \geqslant \frac{1}{3}\pi\sum\frac{a}{b+c} \geqslant \frac{\pi}{2} \tag{71}$$

四、三角形内角的有理数倍数的三角函数不等式

三角形内角的有理数倍数的三角函数不等式(简称有理倍的三角函数不等式)是指关于 uA,uB,uC 的三角函数不等式,其中 u 是有理数(称 u 是倍数),A,B,C 是 $\triangle ABC$ 的内角.例如,不等式

$$\tan\frac{A}{2}+\tan\frac{B}{2}+\tan\frac{C}{2} \geqslant \sqrt{3} \tag{72}$$

就属于有理倍的三角函数不等式.这种不等式平时多见 $u=\frac{1}{2}$ 和 $u=\frac{1}{4}$ 的类型,对倍数取其他有理数的不等式则比较少见.有理倍的三角函数不等式的证明常采用角代换化为锐角三角形不等式的方法进行.

例 5 在 $\triangle ABC$ 中,证明不等式

$$\sqrt{2}\sum\sin\frac{A}{2}\geqslant\sum\sin\frac{3}{4}A \tag{73}$$

为证不等式(73),先证明引理:

引理 在锐角 $\triangle ABC$ 中,有不等式

$$-\sqrt{2}\sum\cos 2A+\sum\sin\left(\frac{\pi}{4}+3A\right)\geqslant 0 \tag{74}$$

证明 易证不等式(74) 等价于

$$-s^3+(-3r+2R)s^2+3(R+r)^2s+rR^2+r^3+4Rr^2-5R^3\geqslant 0$$

但这个不等式有非负分拆式

$$u_1{}^2(R+4r)+6u_4{}^2u_1+u_1u_4(23R+12r)+4u_1u_3+u_3(2R+u_4)\geqslant 0$$

其中

$$u_1=R-2r\geqslant 0,u_3=4R^2+4Rr+3r^2-s^2\geqslant 0,u_4=s-2R-r\geqslant 0$$

$u_4\geqslant 0$ 为锐角三角形中的不等式.从而引理获证.

例 5 的证明 对任意 $\triangle ABC$,令 $X=\frac{\pi}{2}-\frac{A}{2},Y=\frac{\pi}{2}-\frac{B}{2},Z=\frac{\pi}{2}-\frac{C}{2}$,则有 $0<X,Y,Z<\frac{\pi}{2}$,且

$$X+Y+Z=\left(\frac{\pi}{2}-\frac{A}{2}\right)+\left(\frac{\pi}{2}-\frac{A}{2}\right)+\left(\frac{\pi}{2}-\frac{A}{2}\right)=\pi$$

故 X,Y,Z 是锐角三角形的三个内角,用 $\triangle XYZ$ 表示这个锐角三角形.由于已证不等式(74) 对锐角三角形成立,因此对 $\triangle XYZ$ 应用不等式(74) 可得一个对任意 $\triangle ABC$ 成立的不等式,即

$$-\sqrt{2}\sum\cos 2X+\sum\sin\left(\frac{\pi}{4}+3X\right)\geqslant 0$$

$$\Leftrightarrow-\sqrt{2}\sum\cos 2\left(\frac{\pi}{2}-\frac{A}{2}\right)+\sum\sin\left(\frac{\pi}{4}+3\left(\frac{\pi}{2}-\frac{A}{2}\right)\right)\geqslant 0$$

$$\Leftrightarrow\sqrt{2}\sum\cos A\geqslant\sum\sin\left(\frac{\pi}{4}+\frac{3}{2}A\right) \tag{75}$$

由于式(75) 是对任意三角形成立的,故对 $\triangle XYZ$ 应用不等式(75),可得一个对任意 $\triangle ABC$ 成立的不等式,这个不等式就是不等式(73),从而不等式(73) 获证.

问题 48 在 $\triangle ABC$ 中,猜有不等式

$$\sum\frac{1}{\sin\frac{3}{4}A}\geqslant\sqrt{6}\sum\tan\frac{A}{2} \tag{76}$$

$$\sum \tan \frac{A}{2} \geqslant \frac{3}{2} \frac{\sqrt{2} \sum \sin \frac{3}{4} A}{\sum \sin A} \geqslant \sqrt{3} \tag{77}$$

$$\sum \cos \frac{A}{2} \geqslant \frac{\sqrt{6}}{2} \sum \sin \frac{3}{4} A \tag{78}$$

$$\sqrt{2} \sum \sin \frac{A}{2} \geqslant \sum \sin \frac{3}{4} A \tag{79}$$

$$\prod \sin \frac{3}{4} A \geqslant \frac{2}{9} \sqrt{6} \sin A \sin B \sin C \tag{80}$$

$$\frac{\sqrt{2}}{2} \sum \frac{1}{\sin \frac{A}{2}} \geqslant \sum \frac{1}{\sin \frac{3}{4} A} \geqslant \frac{3\sqrt{2}}{4} \sum \frac{1}{\cos \frac{A}{2} \cos \frac{B}{2}} \tag{81}$$

$$\sum \cot \frac{3}{4} A \geqslant \frac{\sqrt{3}}{3} \prod \cot \frac{A}{2} \tag{82}$$

$$\frac{1}{4} \sum \frac{1}{\sin \frac{A}{2} \sin \frac{B}{2}} \geqslant \sum \cot \frac{3}{4} A \tag{83}$$

$$2 \sum \sin \frac{A}{2} \sin \frac{B}{2} \geqslant \sum \sin \frac{3}{4} A \sin \frac{3}{4} B \geqslant \frac{2}{3} \sum \sin B \sin C \tag{84}$$

$$\frac{2}{3} \sqrt{6} \sum \frac{\cos \frac{B}{2} \cos \frac{C}{2}}{\cos \frac{B}{2} + \cos \frac{C}{2}} \geqslant \sum \sin \frac{3}{4} A \tag{85}$$

$$\sum \tan \frac{A}{2} \geqslant 3 \frac{\sum \cot \frac{3}{4} A}{\sum \cot \frac{A}{2}} \geqslant \sqrt{3} \tag{86}$$

$$\frac{2}{3} \sum \frac{\cos^2 \frac{A}{2}}{\sin \frac{A}{2}} \geqslant \sum \cot \frac{3}{4} A \tag{87}$$

$$2 \sqrt{\sum \cos^2 \frac{A}{2}} \geqslant \sum \cos \frac{B-C}{3} \tag{88}$$

$$\sum \cos \frac{B-C}{2} \geqslant 3 \prod \cos \frac{A-B}{3} \tag{89}$$

$$\sum \cos \frac{A}{2} \cos \frac{B}{2} \geqslant \frac{9}{4} \prod \cos \frac{A-B}{3} \tag{90}$$

问题 49　在 $\triangle ABC$ 中，猜有不等式

$$\cos^t \frac{B}{4} + \cos^t \frac{C}{4} > \cos^t \frac{A}{4} \tag{91}$$

其中 $t_{\max}=2\dfrac{\ln 2}{2\ln 2-\ln(2+\sqrt{2})}\approx 8.754\ 777\ 484$. 一般地，对不等式

$$\cos^t\frac{B}{n}+\cos^t\frac{C}{n}>\cos^t\frac{A}{n}\quad(n\geqslant 2)\tag{92}$$

猜 $t_{\max}=-\dfrac{\ln 2}{\ln\left(\cos\dfrac{\pi}{2n}\right)}$ 时不等式(89) 成立.

问题 50　在 $\triangle ABC$ 中，试证明不等式

$$\sin^2\frac{A}{3}+\sin^2\frac{B}{3}+\sin^2\frac{C}{3}\geqslant 3\sin^2\frac{\pi}{9}\tag{93}$$

一般地，设 $t\geqslant\dfrac{\ln 3}{\ln\left(\dfrac{\sqrt{3}}{2}\right)-\ln\left(\sin\dfrac{\pi}{9}\right)}=1.182\ 518\ 340$，试证明不等式

$$\sin^t\frac{A}{3}+\sin^t\frac{B}{3}+\sin^t\frac{C}{3}\geqslant 3\sin^t\frac{\pi}{9}\tag{94}$$

问题 51　在 $\triangle ABC$ 中，证明以 $\cos\dfrac{A-B}{3}$，$\cos\dfrac{B-C}{3}$，$\cos\dfrac{C-A}{3}$ 为边长总可以构成一个三角形(郑小彬已经证明并推广).

问题 52　在 $\triangle ABC$ 中，确定最大的 k，使不等式 $\cos kA+\cos kA+\cos kA>0$ 成立. 猜有不等式 $\cos\dfrac{4}{3}A+\cos\dfrac{4}{3}A+\cos\dfrac{4}{3}A>0$(龚固老师已经证明).

五、三角形中的量及其分类

不等式是研究数量关系的，几何不等式是研究几何量之间数量关系的. 既然如此，就有必要对三角形中的几何量及其分类进行专门研究.

1. 三角形中量的分类.

三角形几何量可分为正量、非负量和符号不确定量.

(1) 正量.

如果一个量 M 满足 $M>0$，则称 M 是正量，正量的集合用 Δ^+ 表示.

例 6　在 $\triangle ABC$ 中，w_a，$\sum a$，$\sum\cos A$ 等都是正量.

(2) 非负量.

如果一个量 M 满足 $M\geqslant 0$，则称 M 是非负量，非负量的集合用 Δ^0 表示.

例 7　在 $\triangle ABC$ 中，$\sum(b-c)^2$，$\sum a(a-b)(a-b)$，$R-2r$ 等都是非负量.

(3) 符号不确定量.

如果一个量 M 对一些三角形，有不等式 $M\geqslant 0$ 成立，对另一些三角形，有

不等式 $M \leqslant 0$ 成立，那么称 M 是符号不确定量，符号不确定量集合用 $\Delta^{\pm}$ 表示.

例 8 在 $\triangle ABC$ 中，$\prod \cos A$，$\prod (a-b)$，$\frac{1}{s}\sum m_a{}^2\cos(B-C)$ 等都是符号不确定量.

三角形中全部几何量表达式的集合用 S 表示，则有恒等式

$$S=\Delta^{+} \cup \Delta^{0} \cup \Delta^{\pm} \tag{95}$$

2. 三角形中量的运算性质.

(1) 如果 $q_1 \in \Delta^{+}, q_2 \in \Delta^{+}$，那么 $q_1+q_2 \in \Delta^{+}$.

(2) 如果 $q_1 \in \Delta^{+}, q_2 \in \Delta^{+}$，那么 $q_1 q_2 \in \Delta^{+}$.

(3) 如果 $q_1 \in \Delta^{0}, q_2 \in \Delta^{0}$，那么 $q_1+q_2 \in \Delta^{0}$.

(4) 如果 $q_1 \in \Delta^{0}, q_2 \in \Delta^{0}$，那么 $q_1 q_2 \in \Delta^{0}$.

(5) 如果 $q_1 \in \Delta^{+}, q_2 \in \Delta^{0}$，那么 $q_1+q_2 \in \Delta^{+}$.

(6) 如果 $q_1 \in \Delta^{+}, q_2 \in \Delta^{0}$，那么 $q_1 q_2 \in \Delta^{0}$.

(7) 如果 $q_1 \in \Delta^{+}, q_2 \in \Delta^{\pm}$，那么 q_1+q_2 的情况比较复杂，求和的结果主要取决于 q_1 的量级. 如果 $q_1 \in \Delta^{+}, q_2 \in \Delta^{\pm}$，且存在正数 k，使 $q_2+kq_1 \in \Delta^{+}$ 成立，那么称 q_1 的量级能够帮助符号不确定量 q_2 转成正量，最小的 k 值称为转入值. 相应的，如果使 $q_2+kq_1 \in \Delta^{+}$ 成立的正数 k 不存在，那么称 q_1 的量级不能够帮助符号不确定量 q_2 转成正量.

例 9 在 $\triangle ABC$ 中，取 $f=\sum \frac{bc}{b^2+c^2}$，则验证有不等式 $\prod \cos A+2\sum \frac{bc}{b^2+c^2}>0$ 成立，且系数 2 是最佳的. 我们称 2 就是 $\sum \frac{bc}{b^2+c^2}$ 帮助 $\prod \cos A$ 转为正量的转入值.

例 10 在 $\triangle ABC$ 中，证明不存在正数 k，使不等式 $\prod \cos A+k\cdot\prod \cos \frac{B-C}{2}>0$ 成立.

如果 $q_1 \in \Delta^{0}, q_2 \in \Delta^{\pm}$，那么 q_1+q_2 也有类似的情况.

例 11 在 $\triangle ABC$ 中，有最佳不等式

$$\frac{1}{6}\sqrt{-3+2\sqrt{3}}\sum (a-b)^2+\frac{(a-b)(b-c)(c-a)}{s} \geqslant 0 \tag{96}$$

即 $\frac{1}{6}\sqrt{-3+2\sqrt{3}}$ 是转入值. 但是不存在正数 k，使不等式

$$k\sum (h_a-h_b)^2+\frac{(a-b)(b-c)(c-a)}{s} \geqslant 0$$

成立.

(8) 如果 $q_1 \in \Delta^{\pm}, q_2 \in \Delta^{\pm}$,则 $q_1 + q_2 \in \Delta^{\pm}$.

(9) 如果 $q_1 \in \Delta^{\pm}, q_2 \in \Delta^{\pm}$,则 $q_1 q_2 \in \Delta^{\pm}$.

3. 符号不确定量的量级.

试找出一个符号不确定量量级相等的例子.

4. 符号不确定量不等式.

如果一个不等式两边的表达式是符号不确定的,那么称这个不等式为符号不确定量不等式. 符号不确定量不等式是两个符号不确定量相比较的结果. 含有根式型几何量(例如,m_a, n_a, g_a 等)的符号不确定量不等式往往证明难度更大,也具有较高的研究价值,应该引起特别关注.

问题 53 在 $\triangle ABC$ 中,证明不等式

$$\sum \frac{b^2 + c^2 - a^2}{am_a} \geqslant \sqrt{3} \sum \frac{a\cot A}{w_a} \tag{97}$$

$$\sum \frac{b^2 + c^2 - a^2}{am_a} \geqslant \frac{3\sqrt{3}}{2} \sum \frac{\cot A\cot B}{\sin^2 C} \tag{98}$$

$$\sum \frac{a}{m_a}\cot A \geqslant \sum \frac{\cos A}{\cos^2 \dfrac{A}{2}} \tag{99}$$

$$\sum \frac{\cos B\cos C}{\sqrt{\sin B\sin C}} \geqslant \sum \frac{\cos A}{\cot \dfrac{A}{2}} \tag{100}$$

$$\begin{aligned} &\sum \frac{\cos A}{\sin \dfrac{B}{2} + \sin \dfrac{C}{2}} \geqslant \frac{2\sqrt{3}}{3} \sum \frac{\cos A}{\tan \dfrac{B}{2} + \tan \dfrac{C}{2}} \\ \Leftrightarrow &\sum \frac{\cos A}{\sin \dfrac{B}{2} + \sin \dfrac{C}{2}} \geqslant \frac{5}{6} \frac{\sqrt{3}s}{R} - \frac{1}{6} \frac{\sqrt{3}(4R + r)^2}{Rs} \end{aligned} \tag{101}$$

$$\sum \frac{\cos A}{\sin \dfrac{B}{2} + \sin \dfrac{C}{2}} \geqslant \sqrt{3} \sum \frac{\cot B\cot C}{\cot B + \cot C} \tag{102}$$

$$\sum \frac{\cos A}{\cos \dfrac{A}{2}\left(\cos \dfrac{B}{2} + \cos \dfrac{C}{2}\right)} \geqslant \frac{2}{3} \sum \frac{\cos A}{\sin \dfrac{B}{2} + \sin \dfrac{C}{2}} \tag{103}$$

$$\begin{aligned} \frac{8}{9} \sum \cos \frac{B}{2}\cos \frac{C}{2}\cos A &\geqslant \frac{4}{3} \sum \cos B\cos C \geqslant \frac{8}{3} \sum \sin^2 \frac{A}{2}\cos A \\ &\geqslant \frac{2}{3} \sum \frac{\cos B\cos C}{\sin \dfrac{A}{2}} \geqslant \frac{4\sqrt{3}}{9} \sum \cos B\cos C\cot \frac{A}{2} \end{aligned} \tag{104}$$

另外,不等式

$$\sum \frac{\cos A}{\sqrt{\sin A}} \geqslant \sqrt{\frac{3}{2}\sum \tan \frac{A}{2}} \tag{105}$$

虽然$\frac{\cos A}{\sqrt{\sin A}}$是符号不确定量,但$\sum \frac{\cos A}{\sqrt{\sin A}}$却是正的,故不等式(105)不属于符号不确定量不等式,而是下面将要介绍的基本对称项符号不确定不等式,这一点要引起注意.

六、角代换扩展不等式

角代换扩展不等式的概念见文[10].它的含义是:在$\triangle ABC$中,如果仅含有角元及其函数的不等式

$$f(A,B,C) \geqslant 0 \tag{106}$$

成立,那么对式(106)作角代换

$$A \to \pi - 2A, B \to \pi - 2B, C \to \pi - 2C \tag{107}$$

可得不等式

$$f(\pi - 2A, \pi - 2B, \pi - 2C) \geqslant 0 \tag{108}$$

如果不等式(108)对任意$\triangle ABC$成立,那么称不等式(106)是角代换可扩展的.在角代换扩展不等式中,有一种不等式要特别关注,那就是可以一直扩展下去的不等式,即扩展式仍是可扩展的,我们称这样的不等式为无限角代换可扩展不等式.现有如下猜想:

问题 54 在$\triangle ABC$中,如果一个关于三角形内角的不等式是无限角代换可扩展的,那么这个不等式一定可以配成完全平方式.

例 12 在$\triangle ABC$中,Gerretsen不等式

$$4R^2 + 4Rr + 3r^2 \geqslant s^2 \tag{109}$$

等价于不等式(参阅文[11])

$$8\left(\prod \sin \frac{A}{2}\right)^2 \geqslant \prod \cos A \tag{110}$$

现证明不等式(110)是无限角代换可扩展不等式.事实上,不等式(110)能够配成完全平方式

$$\begin{aligned} &8\left(\prod \sin \frac{A}{2}\right)^2 - \prod \cos A \\ =&\left(2\sin \frac{A}{2}\sin \frac{B}{2}\cos \frac{A-B}{2} - \cos C\right)^2 + 4\sin^2 \frac{A}{2}\sin^2 \frac{B}{2}\sin^2 \frac{A-B}{2} \geqslant 0 \end{aligned} \tag{111}$$

由于配成了完全平方式,无论怎样用式(107)代换多少次所得不等式都成

立,故不等式(110) 是无限角代换可扩展不等式. 由式(111) 可得 Gerretsen 不等式的配方式

$$4R^2+4Rr+3r^2-s^2$$
$$=4R^2\left(\left(2\sin\frac{A}{2}\sin\frac{B}{2}\cos\frac{A-B}{2}-\cos C\right)^2+4\sin^2\frac{A}{2}\sin^2\frac{B}{2}\sin^2\frac{A-B}{2}\right)\geqslant 0 \tag{112}$$

例 13 文[10]猜测不等式

$$\prod\cos^2\frac{A}{2}+5\prod\sin^2\frac{A}{2}-4\prod\sin\frac{A}{2}=\frac{1}{16}\frac{s^2-16Rr+5r^2}{R^2}\geqslant 0 \tag{113}$$

可能是无限角代换可扩展的,现证明这个结论. 笔者曾证得配方式

$$s^2-16Rr+5r^2=\frac{1}{4}\frac{(3a-b-c)^2(b-c)^2}{a^2}+r^2\left(\frac{b+c}{a}-2\right)^2 \tag{114}$$

$$\Leftrightarrow\prod\cos^2\frac{A}{2}+5\prod\sin^2\frac{A}{2}-4\prod\sin\frac{A}{2}$$
$$=\frac{\left(\prod\sin\frac{A}{2}\right)^2(\sin B+\sin C-2\sin A)^2}{\sin^2A}+$$
$$\frac{1}{16}\frac{(3\sin A-\sin B-\sin C)^2(\sin B-\sin C)^2}{\sin^2A}\geqslant 0 \tag{115}$$

由此得证. 由配方式(114) 可得到 Schur 不等式的配方式为

$$\sum x(x-y)(x-z)=\frac{(y-z)^2(-y-z+x)^2(x+y+z)}{(y+z)^2}+$$
$$\frac{xyz(2x-y-z)^2}{(y+z)^2} \tag{116}$$

对于文[10] 提出的另一个无限角代换扩展不等式

$$\sum(\cos B+\cos C)^2\geqslant 2\sum(\cos A+\cos C)(\cos A+\cos B)\cos A \tag{117}$$

有配方式

$$R^3\left(\sum(\cos B+\cos C)^2-2\sum(\cos A+\cos C)(\cos A+\cos B)\cos A\right)$$
$$=(4R^2+4Rr+3r^2-s^2)(R-r)-r^2(R-2r)$$
$$=(\cos B+\cos C-(\cos A+\cos C)\cos C-(\cos A+\cos B)\cos B)^2R^3+$$
$$((\cos A+\cos C)\sin C-(\cos A+\cos B)\sin B)^2R^3\geqslant 0 \tag{118}$$

注意,式(118) 是杨学枝不等式

$$(4R^2+4Rr+3r^2-s^2)(R-r)\geqslant r^2(R-2r)$$

的配方式.

问题 55 验证知,不等式

$$1-8\cos A\cos B\cos C\geqslant 0 \tag{119}$$

可能是无限角代换可扩展的,式(119)对应的完全配方式是什么?

问题 56 验证知,不等式

$$\prod(1-\sin B\sin C)\geqslant\frac{1}{8}\prod\cos A \tag{120}$$

可能是无限角代换可扩展的,式(120)对应的完全配方式是什么?

七、基本对称项符号不确定不等式

在一个对称不等式中,如果它的基本对称项是符号不确定量,那么称这个不等式是基本对称项符号不确定不等式.例如,不等式 $\sum\cos A\cos\frac{A}{2}\geqslant\frac{1}{2}\cdot\sum\sin A$ 就是基本对称项符号不确定不等式.这类不等式,特别是根式型不等式,由于证明往往比较困难,因而有一定的研究价值,是值得关注的一种不等式类型.

问题 57 在 $\triangle ABC$ 中,证明不等式

$$\frac{\sqrt{3}}{2}\sqrt{\sum\sin A}\geqslant\sum\cos A\sqrt{\sin A} \tag{121}$$

$$\frac{a^2-\Delta}{m_bm_c}+\frac{b^2-\Delta}{m_cm_a}+\frac{c^2-\Delta}{m_am_b}\geqslant 4-\frac{2}{3}\frac{s}{R} \tag{122}$$

$$\sum\frac{\cos A}{\sqrt{\sin B\sin C}}\geqslant\sqrt{1+6\frac{\sqrt{3}r}{s}} \tag{123}$$

$$\sum\frac{r_a-2r}{m_a}\geqslant\frac{3\sqrt{3}}{2}\frac{R}{s} \tag{124}$$

$$\sum\frac{r_a\cos(B-C)}{m_a}\geqslant 6\frac{r}{R} \tag{125}$$

$$\sum\frac{bw_b+cw_c-aw_a}{w_bw_c}\geqslant 2\sqrt{3} \tag{126}$$

$$\sum\frac{ar_a-2\Delta}{m_bm_c}\geqslant 0 \tag{127}$$

$$\sum\frac{\cos A}{\sqrt{h_b+h_c}}\geqslant\frac{3}{4}\sqrt{2}\sqrt{\frac{\sqrt{3}}{s}} \tag{128}$$

$$\sum\frac{\cos A}{\sqrt{\cos B+\cos C}}\geqslant\frac{3}{2} \tag{129}$$

$$\frac{3}{4}\sum\tan\frac{A}{2}\geqslant\sum\frac{w_b+w_c-w_a}{b+c}\geqslant\frac{3}{4}\sqrt{3} \tag{130}$$

$$\sum \frac{w_b + w_c - w_a}{r_b + r_c} \geqslant \frac{3}{2} \tag{131}$$

$$\frac{8}{3}\frac{R}{r} + \frac{s}{R} - \frac{16}{3} \geqslant \sum \frac{w_b + w_c - w_a}{b + c - a} \geqslant \frac{3\sqrt{3}}{4}\frac{R}{r} \tag{132}$$

$$\sum \frac{w_b + w_c - w_a}{h_a} \geqslant \frac{\sqrt{3}}{3}\sum \cot \frac{A}{2} \tag{133}$$

$$\frac{h_b + h_c - 2h_a}{m_a} + \frac{h_c + h_a - 2h_b}{m_b} + \frac{h_a + h_b - 2h_c}{m_c} \geqslant 0 \tag{134}$$

$$\sum \frac{r_b + r_c - r_a}{\sqrt{(a+b)(a+c)}} \geqslant \frac{3\sqrt{3}}{4} \tag{135}$$

$$\sum \frac{h_b + h_c - h_a}{\sqrt{(a+b)(a+c)}} \leqslant \frac{3\sqrt{3}}{4} \tag{136}$$

$$\frac{\sqrt{2}}{2}\sqrt{\sum \cot \frac{A}{2}} \geqslant \sum \frac{\cos A}{\sqrt{\sin A}} \geqslant \frac{\sqrt{6}}{2}\sqrt{\sum \tan \frac{A}{2}} \tag{137}$$

$$6 \geqslant \sum \frac{\cos A}{\sin \frac{B}{2} \sin \frac{C}{2}} \tag{138}$$

$$\sum \cos A\sqrt{\sin A} \geqslant 6\sqrt{6}\sqrt{\frac{\sum \sin \frac{A}{2}}{\sum \sin A}\prod \sin \frac{A}{2}} \tag{139}$$

问题 58　设 $x, y, z > 0$，证明不等式

$$\frac{3}{2} \geqslant \sum \frac{y + z - x}{\sqrt{(x+y)(y+z)}} \tag{140}$$

$$\frac{3}{2}\sqrt{2} \geqslant \frac{y + z - x}{\sqrt{y^2 + z^2}} + \frac{z + x - y}{\sqrt{x^2 + z^2}} + \frac{x + y - z}{\sqrt{x^2 + y^2}} \tag{141}$$

$$\frac{y + z - x}{\sqrt{x(y+z)}} + \frac{z + x - y}{\sqrt{y(z+x)}} + \frac{x + y - z}{\sqrt{z(x+y)}} \geqslant \frac{3}{2}\sqrt{2} \tag{142}$$

$$\frac{3}{2} \geqslant \sum \frac{x(y + z - x)}{\sqrt{(x^2 + y^2)(x^2 + z^2)}} \tag{143}$$

$$\frac{3}{2} \geqslant \sum \frac{xy + xz - yz}{\sqrt{(x^2 + y^2)(x^2 + z^2)}} \tag{144}$$

$$\sum \frac{xy + xz - yz}{\sqrt{yz(z+x)(x+y)}} \geqslant \frac{3}{2} \tag{145}$$

$$\frac{3}{2}\sqrt{2} \geqslant \sum \frac{xy + xz - yz}{x\sqrt{y^2 + z^2}} \tag{146}$$

$$\frac{xy + xz - yz}{\sqrt{y+z}} + \frac{yz + xy - xz}{\sqrt{z+x}} + \frac{xz + yz - xy}{\sqrt{x+y}} \geqslant \frac{3}{2}\sqrt{2}\sqrt{xyz} \tag{147}$$

$$\sum\left(\frac{y+z}{x}-1\right)\sqrt{\frac{x}{y+z}}\geqslant\frac{3}{2}\sqrt{2}\tag{148}$$

$$\sum\left(\frac{y+z}{x}-\frac{x}{y+z}\right)\sqrt{\frac{y+z}{x}+\frac{32x}{y+z}}\geqslant\frac{27}{2}\sqrt{2}\tag{149}$$

八、角阈不等式

在研究三角形几何不等式时，应逐步探索并掌握所遇不等式的基本属性，例如，取等属性、量级属性、角阈(最大内角的最大值)属性等. 我们不仅要能够完成对不等式的证明，而且还要了解这些属性，只有这样这个不等式的信息才算被基本掌握了.

问题 59 在 $\triangle ABC$ 中，证明不等式

$$\sum\cos^2 A\geqslant\frac{\sqrt{3}}{4}\sum\tan\frac{A}{2}, t=\max\{A,B,C\}\leqslant 162.0498187^\circ\tag{150}$$

其中 t 是方程 $16\cos^6 t-12\cos^2 t-1=0$ 的根.

$$\sum\sin^2\frac{A}{2}\geqslant\frac{\sqrt{3}}{4}\sum\tan\frac{A}{2}, t=\max\{A,B,C\}\leqslant 91.75777566^\circ\tag{151}$$

其中 t 是方程 $1+34\cos t+45\cos^2 t-20\cos^3 t+4\cos^4 t=0$ 的根.

$$\sum\frac{1}{\sin A}\geqslant\frac{\sqrt{3}}{2}\sum\frac{1}{\cos^2\frac{A}{2}}, \max\{A,B,C\}\leqslant\arccos\left(\frac{5}{16}-\frac{3\sqrt{13}}{16}\right)\tag{152}$$

$$2\sqrt{3}\geqslant\frac{h_a-r}{s-a}+\frac{h_b-r}{s-b}+\frac{h_c-r}{s-c}, \max\{A,B,C\}\leqslant\frac{2\pi}{3}\tag{153}$$

$$\frac{h_a}{w_a}+\frac{h_b}{w_b}+\frac{h_c}{w_c}\geqslant 2\sum\cos A, \max\{A,B,C\}\leqslant\pi-\arccos\left(\frac{\sqrt{5}}{4}-\frac{1}{4}\right)=108^\circ\tag{154}$$

$$\sum\cos\frac{B}{2}\cos\frac{C}{2}\geqslant\frac{4}{3}\sum\cos^2\frac{B}{2}\cos^2\frac{C}{2}$$

$$\max\{A,B,C\}\leqslant\pi-\arccos\left(\frac{17}{8}-\frac{1}{2}\sqrt{6}\right)\approx 154.191^\circ\tag{155}$$

$$\sum\cos\frac{B}{2}\cos\frac{C}{2}\geqslant\frac{3}{2}\sum\cos A$$

$$\max\{A,B,C\}\leqslant\pi-\arccos\left(\frac{7}{81}+\frac{16}{81}\sqrt{10}\right)\approx 135.3218115^\circ\tag{156}$$

$$\sum\sin\frac{A}{2}\geqslant\frac{2}{3}\sum\cos^2\frac{A}{2}$$

$$\max\{A,B,C\}\leqslant\pi-\arccos(7-4\sqrt{3})\approx 94.11719416^\circ\tag{157}$$

事实上，任何一个锐角三角形中成立的不等式，都存在一个向角阈方向的加强问题.

九、四面体不等式

2020 年 5 月以来，笔者对四面体不等式进行了一系列探讨，实现了四面体不等式的自动发现，从而扩充了不等式自动发现与判定程序 agl 2012 的功能. 下面主要介绍笔者提出的有关四面体不等式的问题.

问题 60 在四面体 $A_1A_2A_3A_4$ 中，顶点 A_i 所对的侧面 f_i 的面积为 S_i，侧面 f_i 上的高为 h_i，f_i 上的中线为 m_i，f_i 的周长为 l_i，则有不等式

$$\sum_{i=1}^{n} m_i l_i \geqslant \sum_{i=1}^{n} S_i \geqslant \sum_{i=1}^{n} h_i l_i \tag{158}$$

如果四面体的表面积用 S 表示，那么式(158) 可进一步简化为

$$\sum_{i=1}^{n} m_i l_i \geqslant S \geqslant \sum_{i=1}^{n} h_i l_i \tag{159}$$

问题 61 设四面体外接球的半径为 R，内切球的半径为 r，各棱长之和的三分之一为 s，各侧面三角形的外接圆半径为 $R_i(i=1,2,3,4)$，则可能有不等式

$$R \geqslant \frac{1}{4}\sqrt{(\sum_{i=1}^{4} R_i)^2 + 16r^2} \geqslant \frac{1}{8}\sqrt{6}\, s \tag{160}$$

又设四面体的六条棱分别为 a,b,c,x,y,z，用 $\cos x$ 表示棱 x 所在的内二面角的余弦值，则有不等式

$$\cos x + \cos y + \cos z + \cos a + \cos b + \cos c \geqslant 3\,\frac{r}{R} \tag{161}$$

问题 62 设 R_a,R_b,R_c,R_d 是四面体 $ABCD$ 的侧面三角形的外接圆半径，R,r 分别是四面体的外接球和内切球半径，猜测有不等式

$$\frac{128}{9}\,\frac{\sqrt{2}R^2}{h_a+h_b+h_c+h_d} \geqslant R_a+R_b+R_c+R_d \geqslant \frac{2}{9}\sqrt{3}\, l \tag{162}$$

$$\frac{\sqrt{2}}{r} \geqslant \frac{1}{R_a}+\frac{1}{R_b}+\frac{1}{R_c}+\frac{1}{R_d} \tag{163}$$

式中 $h_i(i=a,b,c,d)$ 是四面体 $ABCD$ 诸侧面上的高，l 是四面体诸棱长之和.

问题 63 设四面体的六条棱分别为 a,b,c,x,y,z，并用棱表示这个棱所对应的二面角，如用 $\cos x$ 表示棱 x 所在的内二面角的余弦值，$\sin x$ 表示棱 x 所在的内二面角的正弦值，等等.

我们知道，在三角形中有不等式

$$\cot^2 A + \cot^2 B + \cot^2 C \geqslant \tan^2\frac{A}{2} + \tan^2\frac{B}{2} + \tan^2\frac{C}{2}$$

在四面体中证明

$$\cot^2 a+\cot^2 b+\cot^2 c+\cot^2 x+\cot^2 y+\cot^2 z$$
$$\geqslant \frac{1}{4}\left(\tan^2\frac{a}{2}+\tan^2\frac{b}{2}+\tan^2\frac{c}{2}+\tan^2\frac{x}{2}+\tan^2\frac{y}{2}+\tan^2\frac{z}{2}\right) \tag{164}$$

在三角形中有不等式

$$\sin A+\sin B+\sin C\geqslant 3\frac{\sqrt{3}r}{R}$$

在四面体中证明

$$\sin x+\sin y+\sin z+\sin a+\sin b+\sin c\geqslant 12\frac{\sqrt{2}r}{R} \tag{165}$$

在三角形中有不等式

$$\sin A+\sin B+\sin C\geqslant 4\sin A\sin B\sin C$$

在四面体中证明

$$\sin x+\sin y+\sin z+\sin a+\sin b+\sin c$$
$$\geqslant \frac{729}{128}\sqrt{2}\sin a\sin b\sin c\sin x\sin y\sin z \tag{166}$$

在三角形中有不等式

$$\frac{1}{\sin A}+\frac{1}{\sin B}+\frac{1}{\sin C}\geqslant 2\sqrt{3}$$

在四面体中证明

$$\frac{1}{\sin a}+\frac{1}{\sin b}+\frac{1}{\sin c}+\frac{1}{\sin x}+\frac{1}{\sin y}+\frac{1}{\sin z}\geqslant \frac{9}{2}\sqrt{2} \tag{167}$$

在三角形中有不等式

$$\cos^2 A+\cos^2 B+\cos^2 C\geqslant \frac{3}{4}$$

在四面体中证明

$$\cos^2 a+\cos^2 b+\cos^2 c+\cos^2 x+\cos^2 y+\cos^2 z\geqslant \frac{2}{3} \tag{168}$$

在三角形中有不等式

$$\frac{3\sqrt{3}}{8}\geqslant \sin A\sin B\sin C$$

在四面体中证明

$$\frac{8}{27}\geqslant \cos\frac{a}{2}\cos\frac{b}{2}\cos\frac{c}{2}\cos\frac{x}{2}\cos\frac{y}{2}\cos\frac{z}{2} \tag{169}$$

在三角形中有不等式

$$\cos^7\frac{A}{2}+\cos^7\frac{B}{2}+\cos^7\frac{C}{2}\geqslant \frac{81}{128}\sqrt{3}$$

在四面体中证明

$$\cos^{10}\frac{a}{2}+\cos^{10}\frac{b}{2}+\cos^{10}\frac{c}{2}+\cos^{10}\frac{x}{2}+\cos^{10}\frac{y}{2}+\cos^{10}\frac{z}{2}\geqslant\frac{64}{81}\tag{170}$$

问题 64 四面体 $ABCD$ 中，棱 a 与 x，棱 b 与 y，棱 c 与 z 分别相对，证明不等式

$$\frac{(a+x)(b+y)}{ax+by-cz}+\frac{(b+y)(c+z)}{by+cz-ax}+\frac{(c+z)(a+x)}{cz+ax-by}\geqslant 12\tag{171}$$

问题 65 四面体四个侧面 f_i 的外接圆半径为 R_i，f_i 的面积为 S_i，f_i 上的高为 $h_i(i=1,2,3,4)$，外接球的半径为 R，证明不等式

$$\frac{R_1{}^2+R_2{}^2+R_3{}^2+R_4{}^2}{h_1+h_2+h_3+h_4}\geqslant\frac{2}{3}R\tag{172}$$

$$\frac{2}{9}\sqrt{6}\sum_{i=1}^{n}a_i\geqslant h_a+h_b+h_c+h_d\tag{173}$$

$$\frac{S_1}{h_1}+\frac{S_2}{h_2}+\frac{S_3}{h_3}+\frac{S_4}{h_4}\geqslant\frac{3}{8}\sqrt{3}(h_1+h_2+h_3+h_4)\tag{174}$$

$$\frac{128}{9}\frac{\sqrt{2}R^2}{h_1+h_2+h_3+h_4}\geqslant R_1+R_2+R_3+R_4\geqslant\frac{2}{9}\sqrt{3}\sum_{i=1}^{n}a_i\tag{175}$$

$$\frac{\sqrt{2}}{r}\geqslant\frac{1}{R_1}+\frac{1}{R_2}+\frac{1}{R_3}+\frac{1}{R_4}\tag{176}$$

问题 66 四面体四个侧面 f_i 的面积为 S_i，外接圆半径为 R_i，内切圆半径为 $r_i(i=1,2,3,4)$，四面体的外接球半径为 R，内切球半径为 r，证明不等式

$$\sum_{i=1}^{4}S_i\geqslant 2\sqrt{6}r\sqrt{ax+by+cz}\tag{177}$$

注 不等式(177)是受樊益武老师证明的不等式 $\frac{\sqrt{3}}{3}(ax+by+cz)\geqslant\sum_{i=1}^{4}S_i$ 的启发而发现的.

$$r_1+r_2+r_3+r_4\geqslant 4\sqrt{2}r\tag{178}$$

$$\begin{aligned}&(r_1+r_2+r_3-r_4)(r_2+r_3+r_4-r_1)\cdot\\&(r_3+r_4+r_1-r_2)(r_4+r_1+r_2-r_3)\geqslant 64r^4\end{aligned}\tag{179}$$

$$2\geqslant\frac{r_1}{R_a}+\frac{r_2}{R_b}+\frac{r_3}{R_c}+\frac{r_4}{R_d}\geqslant 6\frac{r}{R}\tag{180}$$

十、三角形的 Ceva 线局部对称不等式

顾名思意，三角形的 Ceva 线局部对称不等式就是以三角形的 Ceva 线为主

要元素构造的不等式,换句话说,不等式中的元素主要由 Ceva 线构成,且表达式是局部对称式.这些元素包括 $n_a,n_b,n_c;g_a,g_b,g_c;m_a,m_b,m_c;w_a,w_b,w_c;k_a,k_b,k_c;h_a,h_b,h_c$.除了这些元素,表达式中可能还会有三角形其他元素的参与,例如,旁切圆半径 r_a,r_b,r_c,三角形边长 a,b,c,等等.下面精选一些这类不等式供读者解答探讨.

问题 67　在 $\triangle ABC$ 中,证明不等式

$$\frac{n_b}{m_b}+\frac{n_c}{m_c}-\frac{n_a}{m_a}\geqslant\frac{g_a}{m_a}\tag{181}$$

$$\frac{n_b}{m_b}+\frac{n_c}{m_c}-\frac{n_a}{m_a}\geqslant\frac{m_a}{n_a}\tag{182}$$

$$\frac{n_b}{m_b}+\frac{n_c}{m_c}-\frac{n_a}{m_a}\geqslant\frac{m_bm_c}{n_bn_c}\tag{183}$$

$$\frac{n_bn_c}{m_bm_c}\geqslant\frac{n_b}{m_b}+\frac{n_c}{m_c}-\frac{n_a}{m_a}\tag{184}$$

$$\frac{1}{16}\frac{(b+c)^4}{(b+c-a)^2(a+c-b)(a+b-c)}\geqslant\frac{2n_ar_a}{{h_b}^2+{h_c}^2}\tag{185}$$

$$\frac{2n_ar_a}{{h_b}^2+{h_c}^2}\geqslant\frac{g_a}{h_a}\tag{186}$$

$$\frac{2n_ar_a}{{h_b}^2+{h_c}^2}\geqslant\frac{{g_a}^2}{{k_a}^2}\tag{187}$$

$$\frac{2n_ar_a}{{h_b}^2+{h_c}^2}\geqslant\frac{{g_a}^3}{{k_a}^3}\tag{188}$$

$$\frac{2n_ar_a}{{h_b}^2+{h_c}^2}\geqslant\frac{k_a}{h_a}\tag{189}$$

$$\frac{2n_ar_a}{{h_b}^2+{h_c}^2}\geqslant2\frac{g_an_a}{w_a(n_a+g_a)}\tag{190}$$

$$\frac{2n_ar_a}{{h_b}^2+{h_c}^2}\geqslant\frac{w_bw_c}{h_bh_c}\tag{191}$$

$$\frac{2n_ar_a}{{h_b}^2+{h_c}^2}-\frac{{g_b}^2}{{h_b}^2}-\frac{{g_c}^2}{{h_c}^2}+\frac{{g_a}^2}{{h_a}^2}\geqslant0\tag{192}$$

$$\frac{2n_ar_a}{{h_b}^2+{h_c}^2}-\frac{{g_b}^2}{{w_b}^2}-\frac{{g_c}^2}{{w_c}^2}+\frac{{g_a}^2}{{w_a}^2}\geqslant0\tag{193}$$

$$\frac{2n_ar_a}{{h_b}^2+{h_c}^2}-\frac{{m_b}^2}{h_bn_b}-\frac{{m_c}^2}{h_cn_c}+\frac{{m_a}^2}{h_an_a}\geqslant0\tag{194}$$

$$\frac{2n_ar_a}{{h_b}^2+{h_c}^2}-\frac{{m_b}^2}{k_bn_b}-\frac{{m_c}^2}{k_cn_c}+\frac{{m_a}^2}{k_an_a}\geqslant0\tag{195}$$

$$\frac{2n_ar_a}{{h_b}^2+{h_c}^2}-\frac{{m_b}^3}{{n_b}^2h_b}-\frac{mc^3}{{n_c}^2h_c}+\frac{{m_a}^3}{{n_a}^2h_a}\geqslant0\tag{196}$$

$$\frac{2n_a r_a}{{h_b}^2+{h_c}^2}-\frac{{m_b}^3}{{n_b}^2k_b}-\frac{{m_c}^3}{{n_c}^2k_c}+\frac{{m_a}^3}{{n_a}^2k_a}\geqslant 0 \tag{197}$$

$$\frac{2n_a r_a}{{h_b}^2+{h_c}^2}-\frac{k_b m_b}{h_b n_b}-\frac{k_c m_c}{h_c n_c}+\frac{k_a m_a}{h_a n_a}\geqslant 0 \tag{198}$$

$$\frac{2n_a r_a}{{h_b}^2+{h_c}^2}-\frac{k_b w_b}{g_b h_b}-\frac{k_c w_c}{g_c h_c}+\frac{k_a w_a}{g_a h_a}\geqslant 0 \tag{199}$$

$$\frac{2n_a r_a}{{h_b}^2+{h_c}^2}-\frac{m_b w_b}{h_b n_b}-\frac{m_c w_c}{h_c n_c}+\frac{m_a w_a}{h_a n_a}\geqslant 0 \tag{200}$$

$$\frac{2n_a r_a}{{h_b}^2+{h_c}^2}-\frac{g_b m_b w_b}{h_b^2 n_b}-\frac{g_c m_c w_c}{{h_c}^2 n_c}+\frac{g_a m_a w_a}{{h_a}^2 n_a}\geqslant 0 \tag{201}$$

$$\frac{2n_a r_a}{{h_b}^2+{h_c}^2}-\frac{k_b m_b w_b}{g_b h_b n_b}-\frac{k_c m_c w_c}{g_c h_c n_c}+\frac{k_a m_a w_a}{g_a h_a n_a}\geqslant 0 \tag{202}$$

$$\frac{n_b n_c}{h_b h_c}\geqslant\frac{n_b}{h_b}+\frac{n_c}{h_c}-\frac{n_a}{h_a}\geqslant\frac{h_b h_c}{n_b n_c} \tag{203}$$

$$m_b+m_c-m_a\geqslant 2\,\frac{\Delta\sin A}{g_a} \tag{204}$$

$$\Rightarrow m_b+m_c-m_a\geqslant\frac{1}{4}\,\frac{(h_b+h_c)^2}{m_a} \tag{205}$$

$$\frac{s(s-a)}{w_a g_a}\geqslant\frac{m_b}{n_b}+\frac{m_c}{n_c}-\frac{m_a}{n_a} \tag{206}$$

参考文献

[1] 匡继昌. 常用不等式[M]. 济南：山东科学技术出版社. 2004.

[2] 杨学枝. 一个三角形中线的不等式[J]. 数学通报，1995(12)：13-15.

[3] MITRINOVIĆ D S, PEČARIĆ J E, VOLENEC V. Recent advances in geometric inequalities[J]. Kluwer Academic Publishers, 1989.

[4] 杨学枝. 关于三角形中线的一组不等式[J]. 中学数学，1999(3)：41-43.

[5] 杨学枝. 尹华焱. 关于 $\sum\cos\frac{B-C}{2}$ 及 $\sum\sec\frac{B-C}{2}$ 的下界 —— 兼谈 Cwx-161 等问题[J]. 中学数学，1999(11)：40-41.

[6] 杨学枝，尹华焱，褚小光. 构造等腰三角形时取等号不等式的一种方法[J]. 不等式研究通讯，2000(2)：32.

[7] 杨学枝. 数学奥林匹克不等式研究[M]. 哈尔滨：哈尔滨工业大学出版社，2009.

[8] 刘保乾. 等腰取等的三角形几何不等式新探[C] // 杨学枝. 不等式研究(第 2 辑). 哈尔滨：哈尔滨工业大学出版社，2011：238-252.

[9] 刘保乾. 等腰取等三角形几何不等式研究的若干新结果[J]. 汕头大学学报,2022,37(1):46-55.

[10] 刘保乾. 再谈三角形几何不等式的 s,R,r 分拆证明[J]. 广东第二师范学院学报,2016,36(5):29-37.

[11] 刘保乾. J. G. Gerretsen 不等式的等价形式及其应用[J]. 西藏大学学报,1995(3):74-78.

作者简介

刘保乾,男,出生于 1962 年,中共党员,陕西省凤翔县人,曾长期在西藏自治区工作,现已退休,定居宝鸡. 主要研究方向是几何不等式、多项式不等式及不等式的自动发现与机器证明. 公开发表不等式论文 78 余篇,出版专著 1 部. 1998 年提出的量级理论为不等式研究开创了新的视角;提出的"逐步待定系数"算法,解决了多项式的线性表示问题,并已编程实现,同时基于此算法编写了多项式线性无关验证程序;对多项式线性空间的维数进行了多种探讨,并得到了部分计算公式;2004 年底,将增量代换方法引入多项式正性的机器判定中,并在中国不等式研究小组网站上发布帖子进行公开讨论,促使了多项式差分代换证明方法的产生和应用;提出了第二类差分代换方法并已编程实现;将差分代换方法引入锐角三角形几何不等式中,编写的三角形几何不等式证明器 agl 可以解决一大类传统证明器不易解决或难以解决的不等式问题;提出的模型方法和调整思想已成为发现和研究不等式,尤其是三角形几何不等式的十分有效的方法;在等腰取等不等式研究方面做出了较好的工作;近几年来研究设计的不等式自动发现与判定程序 agl 2012,只需输入简单的数据材料,即可自动发现成千上万的三角形不等式、三角形恒等式、三角形动点类不等式、加权三角形不等式、涉及两个三角形的不等式、四边形不等式、代数不等式和条件不等式等,而且还可以得到多项式的配平方和,不论是在研究领域还是在教学领域都有潜在的应用价值,是辅助教学和科研的实用平台;2016 年,提出的秩序图等概念,为系统研究不等式构建了一个基础和框架;近几年编写的程序可以自动发现四面体不等式.

证明初等不等式的高等数学方法举例

刘金强[1]　尹　枥[2]

(1.滨州学院　山东　滨州　256600;
2.滨州学院　山东　滨州　256600)

摘　要:本文针对初等不等式的证明问题归纳总结了证明初等不等式的高等数学方法,并给出了一些实例,为初等不等式问题的研究提供了参考.

关键词:初等不等式;高等数学方法;竞赛数学

一、引言

众所周知,证明不等式同大多高难度的数学竞赛题一样,没有固定的模式,证法因题而异,灵活多变,技巧性强,仅靠中学教科书上提供的方法很难解决,且无法很好的开拓学生的视野、训练学生的思维,因此,我们需要继续进一步探究初等不等式的证明方法.本文从"数学分析""高等代数""概率论与数理统计""复变函数"等大学课程中的知识出发,结合中学函数、导数、不等式和一些其他内容,为初等不等式的证明提供了一些新方法、新思路,这些方法不仅为中学传统不等式证明方法注入了新鲜血液,同时也为初等不等式的研究提供了参考.

二、证明方法举例

1.利用极限证明初等不等式.

利用极限证明不等式在文[1]中首次被提出,但由于 $\varepsilon-\delta$ 证明逻辑性较高,这种方法也一直没有被广泛应用,其主要依据极限基本理论:对任意给定的 $\varepsilon>0$, $|f(x)-A|<\varepsilon$,通过解这个不等式,使不等式变为 $\delta_1(\varepsilon)<x-x_0<\delta_2(\varepsilon)$,为了方便,可使 ε 的值适当减小,取不等式两端的绝对值较小者为 $\delta(\varepsilon)$,因此对于 $\forall\varepsilon>0$,都能找到一个 $\delta>0$,使得当 $0<|x-x_0|<\delta$ 时,有 $|f(x)-A|<\varepsilon$,即 $\lim\limits_{x\to x_0}f(x)=A$.

例 1　证明:当 $x>2(1+\sqrt{2})$ 时,有

$$(2x-1)+2(2x-3)+3(2x-5)+\cdots+x<x^3$$

证明　在 $x>0$ 的情况下讨论，令

$$f(x)=(2x-1)+2(2x-3)+3(2x-5)+\cdots+x, g(x)=x^3$$

则有

$$f(x)=\frac{x(x+1)(2x+1)}{6}$$

于是

$$\lim_{x\to\infty}\frac{f(x)}{g(x)}=\lim_{x\to\infty}\frac{\frac{x(x+1)(2x+1)}{6}}{x^3}=\frac{1}{3}$$

依据极限的定义，对于 $\varepsilon=\frac{1}{4}$，取 $\delta=2(1+\sqrt{2})$，当 $|x|>\delta$ 时，有 $\left|\frac{f(x)}{g(x)}-\frac{1}{3}\right|<\varepsilon=\frac{1}{4}$，即有 $0<\frac{1}{12}<\frac{f(x)}{g(x)}<\frac{7}{12}$，因此 $f(x)<g(x)$，故原命题成立.

例 2　给定整数 $n\geqslant 2$，求最小的实数 λ，使得对任意满足 $\sum a_i=1$ 的非负实数 $a_1,a_2,\cdots,a_n$，都有 $\sum\limits_{i=1}^{n}a_i^2+\lambda\min\{a_1,a_2,\cdots,a_n\}\geqslant\frac{1}{n-1}$.

解　对 $\forall\varepsilon\in\left(0,\frac{1}{n}\right]$，取 $a_1=\varepsilon, a_2=\cdots=a_n=\frac{1-\varepsilon}{n-1}$，则

$$\varepsilon^2+(n-1)\left(\frac{1-\varepsilon}{n-1}\right)^2+\lambda\varepsilon\geqslant\frac{1}{n-1}$$

对 $\forall\varepsilon\in\left(0,\frac{1}{n}\right]$，令 $\varepsilon\to 0$，得 $\lambda\geqslant\frac{2}{n-1}$.

下证：$\sum\limits_{i=1}^{n}a_i^2+\frac{2}{n-1}\min\{a_1,a_2,\cdots,a_n\}\geqslant\frac{1}{n-1}$.

不妨设 $a_1=\min\{a_1,a_2,\cdots,a_n\}$，由 Cauchy 不等式得

$$\sum_{i=2}^{n}a_i^2\geqslant\frac{1}{n-1}\left(\sum_{i=2}^{n}a_i\right)^2=\frac{1}{n-1}(1-a_i)^2$$

所以

$$\sum_{i=1}^{n}a_i^2+\frac{2}{n-1}\min\{a_1,a_2,\cdots,a_n\}\geqslant a_1^2+\frac{1}{n-1}(1-a_1)^2+\frac{2}{n-1}a_1$$

$$\Leftrightarrow\frac{1}{n-1}+\frac{n}{n-1}a_1^2\geqslant\frac{1}{n-1}$$

成立.

综上，最小值为 $\frac{2}{n-1}$.

2. 利用函数的凹凸性证明初等不等式.

函数作为中学数学的主体内容，其一些良好的性质常常作为证明的方法，文[2]、文[3]中对利用函数的性质证明不等式展开了详细的说明，作为中学数学内容中的单调性方法这里就不再叙述，下面笔者利用函数凹凸性并结合Jensen不等式对一些例题进行证明.

定理 设函数 $y=f(x)$ 在区间 (a,b) 上二阶可导，若在 (a,b) 内，$f''(x)>0$，则 $y=f(x)$ 在 $[a,b]$ 上的图形是凹的；若在 (a,b) 内，$f''(x)<0$，则 $y=f(x)$ 在 $[a,b]$ 上的图形是凸的.

Jensen 不等式 若 $y=f(x)$ 在区间 I 上为下凸(凹)函数，则对 $\forall x_1,x_2,\cdots,x_n\in I$，总有 $f\left(\frac{x_1+x_2+\cdots+x_n}{n}\right)\leqslant\frac{f(x_1)+f(x_2)+\cdots+f(x_n)}{n}$；若 $y=f(x)$ 在区间 I 上为上凸函数，则对 $\forall x_1,x_2,\cdots,x_n\in I$，总有 $f(\frac{x_1+x_2+\cdots+x_n}{n})\geqslant\frac{f(x_1)+f(x_2)+\cdots+f(x_n)}{n}$.

例 3 证明：设 $x,y,z>0$，则有 $\frac{x^2}{y+z}+\frac{y^2}{x+z}+\frac{z^2}{x+y}\geqslant\frac{x+y+z}{2}$.

证明 记

$$s=x+y+z,f(u)=\frac{u^2}{s-u}\quad(0<u<s)$$

则 $f'(u)=\frac{2su-u^2}{(s-u)^2}$，$f''(u)=\frac{2s^2}{(s-u)^3}>0$，因此 $f(u)$ 是 $(0,s)$ 上的下凸函数，有

$$\frac{x^2}{y+z}+\frac{y^2}{x+z}+\frac{z^2}{x+y}=\frac{x^2}{s-x}+\frac{y^2}{s-y}+\frac{z^2}{s-z}=f(x)+f(y)+f(z)$$

由 Jensen 不等式得

$$f(x)+f(y)+f(z)\geqslant 3f\left(\frac{x+y+z}{3}\right)=3f\left(\frac{s}{3}\right)=\frac{x+y+z}{2}$$

原式得证，当且仅当 $x=y=z$ 时等号成立.

例 4 正实数 a,b,c 满足 $abc=1$，设 $S_k=a^k+b^k+c^k$，求证：$\frac{S_2+S_4}{2}\geqslant 1+\sqrt{1+S_3}$.

证明 令 $f(x)=a^x+b^x+c^x$，现对其求二阶导

$$f'(x)=a^x\ln a+b^x\ln b+c^x\ln c,f''(x)=a^x(\ln a)^2+b^x(\ln b)^2+c^x(\ln c)^2$$

可发现其二阶导恒大于零，故可判断 $f(x)$ 为下凸函数，利用 Jensen 不等式有

$$\frac{f(2)+f(4)}{2}\geqslant f(3)$$

即$\frac{S_2+S_4}{2}\geqslant S_3$，所以要证$\frac{S_2+S_4}{2}\geqslant 1+\sqrt{1+S_3}$，即证$S_3\geqslant 1+\sqrt{1+S_3}$. 利用三元基本不等式可得

$$S_3=a^3+b^3+c^3\geqslant 3\sqrt[3]{a^3b^3c^3}=3$$

当且仅当$a=b=c=1$时等号成立，故$S_3\geqslant 3$. 不难发现$(S_3-1)^2-(1+S_3)=S_3(S_3-3)\geqslant 0$在$S_3\in[3,+\infty)$上恒成立，故$(S_3-1)^2\geqslant 1+S_3$，不等式左右两端同时开方，可得$S_3-1\geqslant\sqrt{1+S_3}$，即

$$S_3\geqslant 1+\sqrt{1+S_3}$$

命题得证.

3. 利用导数证明初等不等式.

微积分作为高等数学中的重要内容，利用其证明不等式问题受到了不少学者的青睐，文[4][5]中也谈到了利用中值定理、微积分不等式、Taylor 公式等方法证明不等式，文[6][7]中详细阐述了利用积分知识进行不等式的证明，但上面提到的几篇文章主要证明的是一些高等不等式和一些函数类不等式问题，对中学生证明不等式帮助较小，尤其是微积分在中学涉及较浅，在初等不等式问题中更是少见，因此本文不再赘述. 但导数作为微积分的一个分支，在中学数学中占据着重要地位，其在初等不等式的证明中也发展出了一阶导数、全导数、切线法、条件极值等方法，文[8][9]对这些方法也进行了详细的说明，下面给出一些实例.

例 5(一阶导数)　设$x,y,z\in\mathbf{R}^+$，且满足$xy+yz+zx=1$，证明

$$\frac{1}{\sqrt{x+y}}+\frac{1}{\sqrt{y+z}}+\frac{1}{\sqrt{z+x}}\geqslant 2+\frac{1}{\sqrt{2}}$$

证明　不失一般性，设$x=\max(x,y,z)$，令$a=y+z>0$，显然，$ax=1-yz\leqslant 1$，考虑函数

$$f(x)=\frac{1}{\sqrt{x+y}}+\frac{1}{\sqrt{y+z}}+\frac{1}{\sqrt{z+x}}$$

$$\Leftrightarrow\frac{1}{\sqrt{y+z}}+\sqrt{\frac{2x+y+z+2\sqrt{x^2+1}}{x^2+1}}=\frac{1}{\sqrt{a}}+\sqrt{\frac{2x+a+2\sqrt{x^2+1}}{x^2+1}}$$

则

$$f'(x)=\frac{yz-x^2-x\sqrt{x^2+1}}{\sqrt{(x^2+1)^3(2x+a+2\sqrt{x^2+1})}}\leqslant 0$$

因此$f(x)$为关于x的减函数，故有

$$f(x)\geqslant f(\frac{1}{a})=\sqrt{a}+\frac{1}{\sqrt{a}}$$

$$\Leftrightarrow(\sqrt{a}-1)^2\left[\frac{1}{\sqrt{a}}-\frac{(\sqrt{a}+1)^2}{2\sqrt{a(a^2+1)}+\sqrt{2}(a^2+1)}\right]+2+\frac{1}{\sqrt{2}}$$

由于

$$\frac{1}{\sqrt{a}}-\frac{(\sqrt{a}+1)^2}{2\sqrt{a(a^2+1)}+\sqrt{2}(a^2+1)}>0$$

于是

$$f(x)\geqslant f\left(\frac{1}{a}\right)\geqslant 2+\frac{1}{\sqrt{2}}$$

原式得证，当且仅当 $x=y=1,z=0$ 及其轮换时等号成立.

例 6(多元导数) 设 $x,y,z>0$，且满足 $2x+8y+21z\leqslant 12xyz$，证明

$$x+2y+3z\leqslant\frac{15}{2}$$

证明 由题设可知 $z(12xy-21)\geqslant 2x+8y>0$，所以

$$12xy\geqslant 21$$

或者

$$x>\frac{7}{4y},z\geqslant\frac{2x+8y}{12xy-21}$$

因此

$$P(x,y,z)\geqslant x+2y+\frac{2x+8y}{4xy-7}=f(x)$$

我们有 $f'(x)=\dfrac{16x^2y^2-56xy-32y^2+35}{(4xy-7)^2}$ 在区间 $\left(\dfrac{7}{4y},+\infty\right)$ 内，方程 $f'(x)=0$ 有唯一的实根 $x=x_0=\dfrac{7}{4y}+\dfrac{\sqrt{32y^2+14}}{4y}$. 在该点处 $f'(x)$ 由负变正，所以 $f(x)$ 在点 x_0 达到最小值. 因此

$$f(x)\geqslant f(x_0)=2x_0-\frac{5}{4y}$$

$$\Rightarrow P(x,y,z)\geqslant f(x)+2y\geqslant f(x_0)+2y=g(y)$$

由此

$$g(y)=2y+\frac{9}{4y}+\frac{1}{2y}\sqrt{32y^2+14}$$

经计算有

$$g'(y)=0\Leftrightarrow(8y^2-9)\sqrt{32y^2+14}-28=0$$

记 $t=\sqrt{32y^2+14}$，则 $t>0$. 上面的方程变为 $t^3-50t-112=0$，这个方程仅有一个正根 $t=8$，或者 $y=y_0=\dfrac{5}{4}$，因此 $g'\left(\dfrac{5}{4}\right)=0$. 当 $y>0$ 时，在 $y=y_0$，$g'(y)$

由负变正，所以 $g(x)_{\min}=g\left(\frac{5}{4}\right)=\frac{15}{2}$，因此 $P(x,y,z)\geqslant g(y)\geqslant g(y_0)=\frac{15}{2}$，原式得证，当且仅当 $x=3,y=\frac{5}{4},z=\frac{2}{3}$ 时等号成立.

定义 设 $f(x_1,x_2,\cdots,x_n):\mathbf{R}^n\to\mathbf{R}$ 是 C 上的 n 元函数，f 的全导数记为 $[f]$，其形式为 $[f]=\sum\limits_{i=1}^{n}\frac{\partial f}{\partial x_i}$，其中 $\frac{\partial f}{\partial x_i}$ 是 f 对变量 x_i 的偏导数.

例 7（全导数） 设 $a,b,c\in\mathbf{R}^+$，且满足 $a+b+c=3$，证明：$a^2b+b^2c+c^2a+abc\leqslant 4$.

证明 将不等式齐次化，等价于

$$\sum a^2b+abc\leqslant\frac{4}{27}(a+b+c)^2$$

不等式两边取全导数，得到不等式

$$\sum a^2+3\sum ab\leqslant\frac{4}{3}(a+b+c)^2\Leftrightarrow\sum ab\leqslant\sum a^2$$

这是显然成立的. 因此，只需在 $c=0$ 的条件下证明原不等式即可，即

$$a^2b\leqslant 3\quad(a+b=3)$$

不等式显然成立，当且仅当 $a=b=c$ 或 $a=2,b=1,c=0$ 及其轮换时等号成立.

例 8（Lagrange 乘数法） 设正数 a,b 满足 $a+b=1$，证明

$$\left(\frac{1}{a^3}-a^2\right)\left(\frac{1}{b^3}-b^2\right)\geqslant\left(\frac{31}{4}\right)^2$$

证明 对原不等式两边同时取对数，不等式变为

$$\ln(1-a^5)+\ln(1-b^5)-3\ln a-3\ln b\geqslant 2\ln\frac{31}{4}$$

构造 Lagrange 函数

$$L(a,b,\lambda)=\ln(1-a^5)+\ln(1-b^5)-3\ln a-3\ln b+\lambda(a+b-1)$$

计算可得

$$\begin{cases}L_a=\dfrac{-5a^4}{1-a^5}-\dfrac{3}{2}+\lambda=0\\[2ex] L_b=\dfrac{-5a^4}{1-b^5}-\dfrac{3}{2}+\lambda=0\\[2ex] L_\lambda=a+b-1=0\end{cases}$$

解得 $a=b=\frac{1}{2}$，此为其最小值，代入 $L(a,b,\lambda)$ 内，即可得证.

4. 利用级数证明初等不等式.

级数理论作为数学专业的专业性内容在初等不等式的证明中利用的少之

又少,李艳萍老师在文[11]中利用幂级数展开式给出了一个函数类不等式的证明,这不失为一种巧妙、新颖的方法,并且利用 Taylor 级数展开式证明高考导数压轴题,因此对高中有能力的学生普及一些级数理论的内容不仅能开阔学生的视野,同时也可以为学生的解题提供更多的选择方法,下面利用级数的方法给出 Nesbitt 不等式的一种证明.

例 9(Nesbitt 不等式) 设 $a,b,c>0$,证明:$\frac{a}{b+c}+\frac{b}{c+a}+\frac{c}{a+b}\geqslant\frac{3}{2}$.

证明 不妨设 $a+b+c=1$,则 $0<a,b,c<1$,于是有如下三个收敛的等比级数

$$\frac{a}{1-a}=a+a^2+a^3+\cdots$$

$$\frac{b}{1-b}=b+b^2+b^3+\cdots$$

$$\frac{c}{1-c}=c+c^2+c^3+\cdots$$

结合幂平均不等式得

$$\sum\frac{a}{1-a}=(a+a^2+a^3+\cdots)+(b+b^2+b^3+\cdots)+(c+c^2+c^3+\cdots)$$

$$=(a+b+c)+(a^2+b^2+c^2)+(a^3+b^3+c^3)+\cdots$$

$$\geqslant(a+b+c)+\frac{(a+b+c)^2}{3}+\frac{(a+b+c)^3}{9}+\cdots$$

$$=1+\frac{1}{3}+\frac{1}{9}+\cdots=\frac{1}{1-\frac{1}{3}}=\frac{3}{2}$$

Nesbitt 不等式得证,当且仅当 $a=b=c$ 时等号成立.

5.利用概率证明初等不等式.

刘南山老师在文[12]中给出了一种竞赛不等式的创新证法,即利用数学期望的一个性质证明初等不等式,该方法在初等数学、高等数学中均有涉及,虽然构造随机变量的分布列技巧性较高,但该方法具有较高的新颖性、创新性,对一题多解、培养学生的创造性、思维的灵活性具有较高的价值,因此对其深入研究十分必要.我们先给出这个性质:设 ξ 是一个取有限值 $x_1,x_2,\cdots,x_n$ 的离散型随机变量,其概率分布列为 $P(\xi=x_i)=p_i,i=1,2,\cdots,n$,则

$$E(\xi^2)-E^2(\xi)=\sum_{i=1}^{n}x_i^2\cdot P_i-E^2(\xi)=\sum_{i=1}^{n}[x_i-E(\xi)]^2\cdot P_i\geqslant 0$$

故 $E(\xi)^2\geqslant E^2(\xi)$,当且仅当 $x_1=x_2=\cdots=x_n=E(\xi)$ 时,等号成立.

下面利用这条性质证明几个初等不等式.

例 10(Shopiro 不等式)　若 $0 < a_i < 1, i=1,2,\cdots,n$,且 $a_1+a_2+\cdots+a_n=a$,证明:$\frac{a_1}{1-a_1}+\frac{a_2}{1-a_2}+\cdots\frac{a_n}{1-a_n}\geqslant\frac{na}{n-a}$.

证明　因为 $0 < a_i < 1$,且 $a_1+a_2+\cdots+a_n=a$,所以可以构造随机变量 ξ 的概率分布列为

$$P(\xi=\frac{1}{1-a_i})=\frac{1-a_i}{n-a}\quad(i=1,2,\cdots,n)$$

所以

$$E(\xi)=\sum_{i=1}^{n}\left(\frac{1}{1-a_i}\cdot\frac{1-a_i}{n-a}\right)=\frac{n}{n-a}$$

$$E(\xi^2)=\sum_{i=1}^{n}\left[\left(\frac{1}{1-a_i}\right)^2\cdot\frac{1-a_i}{n-a}\right]=\frac{1}{n-a}\sum_{i=1}^{n}\frac{1}{1-a_i}=\frac{1}{n-a}\sum_{i=1}^{n}\left(\frac{a_i}{1-a_i}+1\right)$$

因为 $E(\xi)^2\geqslant E^2(\xi)$,所以

$$\frac{1}{n-a}\left(\frac{a_1}{1-a_1}+\frac{a_2}{1-a_2}+\cdots+\frac{a_n}{1-a_n}+n\right)\geqslant\left(\frac{n}{n-a}\right)^2$$

所以

$$\frac{a_1}{1-a_1}+\frac{a_2}{1-a_2}+\cdots+\frac{a_n}{1-a_n}\geqslant\frac{n^2}{n-a}-n=\frac{na}{n-a}$$

故原不等式成立,当且仅当 $a_1=a_2=\cdots=a_n$ 时等号成立.

例 11　设 $x,y,z>0$,证明:$\frac{x^2}{y+z}+\frac{y^2}{x+z}+\frac{z^2}{x+y}\geqslant\frac{x+y+z}{2}$.

证明　设 $s=x+y+z$,构造随机变量 ξ 的概率分布列为

$$P\left(\xi=\frac{x}{s-x}\right)=\frac{s-x}{2s},P\left(\xi=\frac{y}{s-y}\right)=\frac{s-y}{2s},P\left(\xi=\frac{z}{s-z}\right)=\frac{s-z}{2s}$$

所以

$$E(\xi)=\frac{x}{s-x}\cdot\frac{s-x}{2s}+\frac{y}{s-y}\cdot\frac{s-y}{2s}+\frac{z}{s-z}\cdot\frac{s-z}{2s}=\frac{x+y+z}{2s}=\frac{1}{2}$$

$$\begin{aligned}E(\xi)^2&=\left(\frac{x}{s-x}\right)^2\cdot\frac{s-x}{2s}+\left(\frac{y}{s-y}\right)^2\cdot\frac{s-y}{2s}+\left(\frac{z}{s-z}\right)^2\cdot\frac{s-z}{2s}\\&=\frac{1}{2s}\left(\frac{x^2}{s-x}+\frac{y^2}{s-y}+\frac{z^2}{s-z}\right)\end{aligned}$$

因为 $E(\xi)^2\geqslant E^2(\xi)$,所以

$$\frac{1}{2s}\left(\frac{x^2}{s-x}+\frac{y^2}{s-y}+\frac{z^2}{s-z}\right)\geqslant\frac{1}{4}$$

所以

$$\frac{x^2}{s-x}+\frac{y^2}{s-y}+\frac{z^2}{s-z}\geqslant\frac{s}{2}$$

故原式得证,当且仅当 $x=y=z$ 时等号成立..

6. 利用矩阵证明初等不等式.

行列式、矩阵、线性方程组作为高等代数的基础性内容,经常以定义新运算以及拓展性内容出现在中学数学试题中,利用其证明不等式也是一个很好的思路,文[13]中乔希民老师也利用 Carlson 不等式证明了一个竞赛不等式问题,下面看一个实例.

Carlson 不等式 设 $a_{ij}\geqslant 0,i=1,2,\cdots,n;j=1,2,\cdots,m$,则

$$\prod_{j=1}^{m}\left(\sum_{i=1}^{n}a_{ij}\right)^{\frac{1}{m}}\geqslant\sum_{i=1}^{n}\left(\prod_{j=1}^{m}a_{ij}\right)^{\frac{1}{n}}$$

即对于非负实数矩阵

$$\begin{bmatrix}a_{11} & \cdots & a_{1m}\\ a_{21} & \cdots & a_{2m}\\ \vdots & & \vdots\\ a_{n1} & \cdots & a_{nm}\end{bmatrix}$$

每列和的几何平均不小于每行几何平均的和.

例 12(乔希民) 设 $a,b,c>0$,证明:$\frac{a^2}{b+c}+\frac{b^2}{a+c}+\frac{c^2}{a+b}\geqslant\frac{3}{2}$.

证明 构造数阵

$$\begin{bmatrix}\frac{b^2c^2}{ab+ac} & ab+ac\\ \frac{a^2c^2}{ab+bc} & ab+bc\\ \frac{a^2b^2}{ac+bc} & ac+bc\end{bmatrix}$$

由 Carlson 不等式有

$$\begin{aligned}&\left[\left(\frac{b^2c^2}{ab+ac}+\frac{a^2c^2}{ab+bc}+\frac{a^2b^2}{ac+bc}\right)\cdot(2ab+2bc+2ac)\right]^{\frac{1}{2}}\\ \geqslant&\left[\frac{b^2c^2}{ab+ac}\cdot(ab+ac)\right]^{\frac{1}{2}}+\left[\frac{a^2c^2}{ab+bc}\cdot(ab+bc)\right]^{\frac{1}{2}}+\\ &\left[\frac{a^2b^2}{ac+bc}+(ac+bc)\right]^{\frac{1}{2}}\\ =&ab+bc+ac\end{aligned}$$

所以

$$\begin{aligned}\frac{1}{a^3(b+c)}+\frac{1}{b^3(a+c)}+\frac{1}{c^3(a+b)}&=\frac{b^2c^2}{a(b+c)}+\frac{a^2c^2}{b(a+c)}+\frac{a^2b^2}{c(a+b)}\\ &\geqslant\frac{ab+bc+ca}{2}\geqslant\frac{1}{2}\cdot 3\sqrt[3]{a^2b^2c^2}=\frac{3}{2}\end{aligned}$$

原式得证，当且仅当 $a=b=c$ 时等号成立.

在文[9]中矩阵作为一个数学工具，韩京俊老师利用差分代换的思想也证明了许多初等不等式，具体理论性内容读者可参照上述文章，下面看其中一个实例.

例 13 a,b,c 为 $\triangle ABC$ 的三边长，求证：$(a+b+c)\left(\frac{1}{a}+\frac{1}{b}+\frac{1}{c}\right)\geqslant 9+\frac{(a-c)^2}{b^2}$.

证明 （杨学校）当 $a\geqslant b\geqslant c$ 时，有 $\frac{a-c}{b}\geqslant\frac{a-b}{c}\geqslant\frac{b-c}{a}$，于是我们只需要证明 $a\geqslant b\geqslant c$ 的情形，原不等式等价于

$$\sum\left(\frac{a}{b}+\frac{b}{a}-2\right)\geqslant\frac{(a-c)^2}{b^2}$$

$$\Leftrightarrow\frac{(a-b)^2}{ab}+\frac{(b-c)^2}{bc}+(a-c)^2\left(\frac{1}{ac}-\frac{1}{b^2}\right)\geqslant 0$$

$$\Leftrightarrow bc(a-b)^2+(b^2-ac)(a-c)^2+ab(b-c)^2\geqslant 0$$

设 $a=c+p+q,b=c+p$，则 $c\geqslant q$，于是

$$\begin{aligned}\text{LHS}&=(p^2+q^2)c^2+(3p^3-q^3+2p^2q)c\\&\geqslant(p^2+q^2)qc+(3p^3-q^3+2p^2q)c\\&=3(p+q)p^2c\geqslant 0\end{aligned}$$

不等式得证，当且仅当 $a=b=c$ 时等号成立.

7. 复数域下的初等不等式证明.

在高中数系扩充后，复数域成为了最大的数系，虽然中学数学中对复数的要求并不高，但复数在很多方向都有应用，复数域不等式、利用复数的几何意义证明不等式以及复数域上的不等式推广都有很高的研究价值，这些类型在数学竞赛中也常出现，同时也作为复变函数的基础性内容，因此对于一些学有余力的学生来说掌握这些方法是有必要的，下面看几个实例.

例 14 设 n 是给定的正整数，设 S 是平面区域：$\left\{z\ \middle|\ \sum_{k=1}^{n}\frac{1}{|z-k|}\geqslant 1\right\}$ 的面积，求证

$$S\geqslant\frac{\pi(11n^2+1)}{12}$$

证明 不妨设 $z=x+yi,x,y\in\mathbf{R}$，$\left\{z\ \middle|\ \sum_{k=1}^{n}\frac{1}{|z-k|}\geqslant 1\right\}$ 表示满足 $|z-1|,\cdots,|z-n|$ 这 n 个数的调和平均小于或等于 n. 令

$$D=\left\{z\ \middle|\ \sqrt{\frac{|z-1|^2+\cdots+|z-n|^2}{n}}\leqslant n\right\}$$

则

$$D\subseteq\left\{z\mid\sum_{k=1}^{n}\frac{1}{|z-k|}\geqslant 1\right\}$$

下面计算 D 的面积

$$\begin{aligned}\sqrt{\frac{1}{n}\sum_{k=1}^{n}|z-k|^2}&=\sqrt{\frac{1}{n}\sum_{k=1}^{n}[(x-k)^2+y^2]}\\&=\sqrt{x^2-\frac{2x}{n}\sum_{k=1}^{n}k^2+y^2}\\&=\sqrt{x^2-(n-1)x+\frac{(n+1)(2n+1)}{6}+y^2}\\&=\sqrt{(x-\frac{n+1}{2})^2+y^2+\frac{n^2-1}{12}}\end{aligned}$$

即

$$D=\left\{x+yi\mid\left(x-\frac{n+1}{2}\right)^2+y^2\leqslant\frac{11n^2+1}{12}\right\}$$

D 的面积为$\frac{\pi(11n^2+1)}{12}$,所以 $S\geqslant\frac{\pi(11n^2+1)}{12}$,不等式得证.

例 15(张端阳) 设 $x_1,x_2,\cdots,x_n\in\mathbf{R}$,对 $1\leqslant k\leqslant n$,记 $\sigma_k=\sum\limits_{1\leqslant i_1\leqslant i_2\leqslant\cdots\leqslant i_k\leqslant n}x_{i_1}x_{i_2}\cdots x_{i_n}$,求证

$$\prod_{k=1}^{n}(x_k^2+1)\geqslant 2\left|\sum_{k=0}^{[\frac{n}{2}]}(-1)^k\sigma_{2k}\right|\cdot\left|\sum_{k=0}^{[\frac{n-1}{2}]}(-1)^k\sigma_{2k+1}\right|$$

其中 $\sigma_0=1$.

证明 记 $f(x)=\prod\limits_{k=1}^{n}(x+x_k)$,则由定义

$$f(x)=x^n+\sigma_1x^{n-1}+\sigma_2x^{n-2}+\cdots+\sigma_n$$

设 i 为虚数单位,则

$$\prod_{k=1}^{n}(x_k^2+1)=\prod_{k=1}^{n}(x_k+\mathrm{i})\prod_{k=1}^{n}(x_k-\mathrm{i})=f(\mathrm{i})f(-\mathrm{i})=|f(\mathrm{i})|^2$$

又

$$f(\mathrm{i})=\mathrm{i}^n+\sigma_1\mathrm{i}^{n-1}+\sigma_2\mathrm{i}^{n-2}+\cdots+\sigma_n=\mathrm{i}^n\left[\sum_{k=0}^{[\frac{n}{2}]}(-1)^k\sigma_{2k}-\mathrm{i}\sum_{k=0}^{[\frac{n-1}{2}]}(-1)^k\sigma_{2k+1}\right]$$

所以

$$|f(\mathrm{i})|^2=\left(\sum_{k=0}^{[\frac{n}{2}]}(-1)^k\sigma_{2k}\right)^2+\left(\sum_{k=0}^{[\frac{n-1}{2}]}(-1)^k\sigma_{2k+1}\right)^2$$

于是由均值不等式

$$\prod_{k=1}^{n}(x_k^2+1)=(\sum_{k=0}^{[\frac{n}{2}]}(-1)^k\sigma_{2k})^2+(\sum_{k=0}^{[\frac{n-1}{2}]}(-1)^k\sigma_{2k+1})^2\geqslant \text{RHS}$$

可知不等式得证.

三、小结

本文所列举的这些方法为中学学生的解题提供了更多的思路，利用高等数学内容证明初等不等式的方法还有很多，本文不能一一列举，还需要读者自己在平时不断积累，由于不等式问题题型特殊，证明方法复杂多变，要想真正地掌握不等式的证明，不仅要有广泛的数学知识作为基础，同时也需要对所学知识进行灵活运用，在日常的训练中多思考、多探索，才能让自己的能力得到真正的提升.

参考文献

[1] 黄冬梅，王凡彬，蒲自均，等. 关于不等式证明的若干方法的探究[J]. 内江师范学院学报，2009，24(S2)：249-250.

[2] 李昕波. 利用函数性质巧证不等式[J]. 学苑教育，2013(1)：45.

[3] 秦晓. 利用函数性质证明不等式[J]. 数学教学，1990(2)：26-27.

[4] 张少凤. 关于不等式证明的若干方法[J]. 教育教学论坛，2013(27)：233-234.

[5] 蒙诗德. 应用微分法证明不等式的若干方法[J]. 高等函授学报(自然科学版)，2009，22(4)：56-58.

[6] 李开丁. 利用积分法证明不等式[J]. 高等数学研究，2001(4)：26-44.

[7] 王淑贵. 利用积分证明不等式[J]. 兵团教育学院学报，2000(4)：64-67.

[8] 范建雄. 不等式的秘密(第一卷)[M]. 隋振林，译. 哈尔滨：哈尔滨工业大学出版社，2014.

[9] 韩京俊. 初等不等式的证明方法(第二版)[M]. 哈尔滨：哈尔滨工业大学出版社，2014.

[10] 李艳萍. 用微分学知识证明不等式的几种方法[J]. 职业时空，2008，4(12)：115-116.

[11] 刘南山. 也谈一类竞赛不等式的创新证法[J]. 数学通报，2006(5)：56-58.

[12] 乔希民. IMO 中的代数不等式问题研究(Ⅰ)[J]. 商洛师范专科学校学报，2004(4)：116-120.

作者简介

刘金强,男,滨州学院理学院在校学生,数学与应用数学专业.

基金项目

山东省教育教学研究课题:一般课题,核心素养下高中数学体验式课堂教学设计研究,2020JXY321;滨州市教育规划项目(BJK13520-104).

2022年考研不等式试题的背景及其应用

李　明

（中国医科大学智能医学学院智能计算教研室　辽宁　沈阳　110122）

摘　要：本文首先指出2022年考研积分不等式证明题的背景是Hadamard不等式，然后应用Hadamard不等式来对笔者定义的"广义调和数列"的前n项和建立上下界不等式，最后，应用该上下界不等式改进了2008年浙江大学自主招生的不等式试题.

关键词：积分不等式；Hadamard不等式；广义调和数列

2022年考研数学一和数学二都考了如下这道积分不等式证明题：

设函数$f(x)$在$(-\infty,+\infty)$内具有二阶连续导数，证明：$f''(x)\geqslant 0$的充分必要条件是对不同的实数a,b，有

$$f\left(\frac{a+b}{2}\right)\leqslant\frac{1}{b-a}\int_a^b f(x)\mathrm{d}x$$

这里暂且不讨论该试题的证明.事实上，该试题的命制背景是文[1]中收录的Hadamard不等式，即：

设φ是区间$[a,b]$上的凸函数，则对于$a\leqslant x_1<x_2\leqslant b$，有

$$\varphi\left(\frac{x_1+x_2}{2}\right)\leqslant\frac{1}{x_2-x_1}\int_{x_1}^{x_2}\varphi(x)\mathrm{d}x\leqslant\frac{1}{2}[\varphi(x_1)+\varphi(x_2)] \tag{1}$$

仅当φ为线性函数时等号成立.它说明在Jensen不等式的两端之间可以用积分的平均值插入.当φ是凹函数时，不等号反向.反之，式(1)成立也可推出φ是凸函数.

下面笔者将定义调和数列$\left\{\frac{1}{n}\right\}$的一种推广数列——"广义调和数列"，并应用Hadamard不等式来对该数列的前n项和建立上下界不等式.

定义　设$\{a_n\}$是单调递增的正项等差数列，则称$\left\{\frac{1}{a_n}\right\}$为广义调和数列.

定理1　已知$\left\{\frac{1}{a_n}\right\}$是广义调和数列，则当$n\geqslant 2$时有

$$\frac{1}{a_1}+\frac{1}{a_2}+\cdots+\frac{1}{a_n}>n\frac{\ln a_n-\ln a_1}{a_n-a_1} \tag{2}$$

证明 设 d 是$\{a_n\}$的公差,则 $d>0$.记 $\varphi(x)=\frac{1}{x}$,则当 $x>0$ 时,有 $\varphi''(x)=\frac{2}{x^3}>0$. 于是,应用式(1) 右侧的不等式得

$$\begin{aligned}
&\frac{1}{a_1}+\frac{1}{a_2}+\cdots+\frac{1}{a_{n-1}}+\frac{1}{a_n}\\
=&\frac{1}{2}\left(\frac{1}{a_1}+\frac{1}{a_2}\right)+\frac{1}{2}\left(\frac{1}{a_2}+\frac{1}{a_3}\right)+\cdots+\frac{1}{2}\left(\frac{1}{a_{n-1}}+\frac{1}{a_n}\right)+\frac{1}{2}\left(\frac{1}{a_1}+\frac{1}{a_n}\right)\\
>&\frac{1}{a_2-a_1}\int_{a_1}^{a_2}\frac{1}{x}\mathrm{d}x+\frac{1}{a_3-a_2}\int_{a_2}^{a_3}\frac{1}{x}\mathrm{d}x+\cdots+\\
&\frac{1}{a_n-a_{n-1}}\int_{a_{n-1}}^{a_n}\frac{1}{x}\mathrm{d}x+\frac{1}{a_n-a_1}\int_{a_1}^{a_n}\frac{1}{x}\mathrm{d}x\\
=&\frac{1}{d}\int_{a_1}^{a_2}\frac{1}{x}\mathrm{d}x+\frac{1}{d}\int_{a_2}^{a_3}\frac{1}{x}\mathrm{d}x+\cdots+\frac{1}{d}\int_{a_{n-1}}^{a_n}\frac{1}{x}\mathrm{d}x+\frac{1}{a_n-a_1}\int_{a_1}^{a_n}\frac{1}{x}\mathrm{d}x\\
=&\frac{1}{d}\int_{a_1}^{a_n}\frac{1}{x}\mathrm{d}x+\frac{1}{a_n-a_1}\int_{a_1}^{a_n}\frac{1}{x}\mathrm{d}x\\
=&\frac{n-1}{a_n-a_1}\int_{a_1}^{a_n}\frac{1}{x}\mathrm{d}x+\frac{1}{a_n-a_1}\int_{a_1}^{a_n}\frac{1}{x}\mathrm{d}x\\
=&\frac{n}{a_n-a_1}\int_{a_1}^{a_n}\frac{1}{x}\mathrm{d}x\\
=&n\frac{\ln a_n-\ln a_1}{a_n-a_1}
\end{aligned}$$

定理 2 已知$\left\{\frac{1}{a_n}\right\}$是广义调和数列,且$\{a_n\}$的公差 $d<2a_1$,则有

$$\frac{1}{a_1}+\frac{1}{a_2}+\cdots+\frac{1}{a_n}<\frac{1}{d}\ln\frac{2a_n+d}{2a_1-d} \tag{3}$$

证明 记 $\varphi(x)=\frac{1}{x}$,则当 $x>0$ 时,有 $\varphi''(x)>0$. 于是,应用式(1) 左侧的不等式并结合 $d<2a_1$,得

$$\begin{aligned}
&\frac{1}{a_1}+\frac{1}{a_2}+\cdots+\frac{1}{a_{n-1}}+\frac{1}{a_n}\\
=&\frac{1}{\left(a_1-\frac{d}{2}\right)+\left(a_1+\frac{d}{2}\right)}+\frac{1}{\left(a_2-\frac{d}{2}\right)+\left(a_2+\frac{d}{2}\right)}+\cdots+\\
&\frac{1}{\left(a_{n-1}-\frac{d}{2}\right)+\left(a_{n-1}+\frac{d}{2}\right)}+\frac{1}{\left(a_n-\frac{d}{2}\right)+\left(a_n+\frac{d}{2}\right)}
\end{aligned}$$

$$< \frac{1}{d}\int_{a_1-\frac{d}{2}}^{a_1+\frac{d}{2}}\frac{1}{x}\mathrm{d}x+\frac{1}{d}\int_{a_2-\frac{d}{2}}^{a_2+\frac{d}{2}}\frac{1}{x}\mathrm{d}x+\cdots+\frac{1}{d}\int_{a_{n-1}-\frac{d}{2}}^{a_{n-1}+\frac{d}{2}}\frac{1}{x}\mathrm{d}x+\frac{1}{d}\int_{a_n-\frac{d}{2}}^{a_n+\frac{d}{2}}\frac{1}{x}\mathrm{d}x$$

$$=\frac{1}{d}\int_{a_1-\frac{d}{2}}^{a_2-\frac{d}{2}}\frac{1}{x}\mathrm{d}x+\frac{1}{d}\int_{a_2-\frac{d}{2}}^{a_3-\frac{d}{2}}\frac{1}{x}\mathrm{d}x+\cdots+\frac{1}{d}\int_{a_{n-1}-\frac{d}{2}}^{a_n-\frac{d}{2}}\frac{1}{x}\mathrm{d}x+\frac{1}{d}\int_{a_n-\frac{d}{2}}^{a_n+\frac{d}{2}}\frac{1}{x}\mathrm{d}x$$

$$=\frac{1}{d}\int_{a_1-\frac{d}{2}}^{a_n+\frac{d}{2}}\frac{1}{x}\mathrm{d}x$$

$$=\frac{1}{d}\ln\frac{2a_n+d}{2a_1-d}$$

下面应用定理 1 和定理 2 来研究 2008 年浙江大学自主招生的一道数列不等式证明题，该题如下：

已知 $a>0, b>0$. 求证

$$\frac{1}{a+b}+\frac{1}{a+2b}+\cdots+\frac{1}{a+nb}<\frac{n}{\sqrt{\left(a+\frac{b}{2}\right)\left(a+\frac{2n+1}{2}b\right)}} \tag{4}$$

显然，式(4) 左边是广义调和数列 $\left\{\frac{1}{a+nb}\right\}$ 的前 n 项和. 于是，当 $n\geqslant 2$ 时应用定理 1 可得

$$\frac{1}{a+b}+\frac{1}{a+2b}+\cdots+\frac{1}{a+nb}>\frac{n}{(n-1)b}\ln\left(\frac{a+nb}{a+b}\right) \tag{5}$$

当 $n\geqslant 1$ 时，应用定理 2 可得

$$\frac{1}{a+b}+\frac{1}{a+2b}+\cdots+\frac{1}{a+nb}<\frac{1}{b}\ln\left(1+\frac{2nb}{2a+b}\right) \tag{6}$$

式(5) 为式(4) 左边建立了下界不等式，而式(6) 则建立了新的上界，这个上界强于原题的上界，即：当 $a>0, b>0$ 时，有

$$\frac{1}{b}\ln\left(1+\frac{2nb}{2a+b}\right)<\frac{n}{\sqrt{\left(a+\frac{b}{2}\right)\left(a+\frac{2n+1}{2}b\right)}} \tag{7}$$

证明式(7) 只需借助文[1] 中关于对数函数的一个不等式，即：当 $x>0$ 时，有

$$\ln(1+x)<\frac{x}{\sqrt{1+x}} \tag{8}$$

式(7) 的证明 由于 $a>0, b>0$，对式(7) 左边应用式(8) 得

$$\frac{1}{b}\ln\left(1+\frac{2nb}{2a+b}\right)<\frac{1}{b}\cdot\frac{\frac{2nb}{2a+b}}{\sqrt{1+\frac{2nb}{2a+b}}}=\frac{n}{\sqrt{(a+\frac{b}{2})(a+\frac{2n+1}{2}b)}}$$

当 $n\geqslant 2$ 时，我们将式(5) 和式(6) 合并成如下定理：

定理 3 设 $a>0,b>0$,则当 $n\geqslant 2$ 时有

$$\frac{n}{(n-1)b}\ln\left(\frac{a+nb}{a+b}\right)<\frac{1}{a+b}+\frac{1}{a+2b}+\cdots+\frac{1}{a+nb}<\frac{1}{b}\ln\left(1+\frac{2nb}{2a+b}\right) \tag{9}$$

值得指出的是,若 $\{a_n\}$ 是单调递增的正项等差数列,我们同样可以利用 Hadamard 不等式研究 p 次幂广义调和数列 $\left\{\frac{1}{a_n^p}\right\}$ 的前 n 项和的上下界不等式.这留给感兴趣的读者继续思考.

参考文献

[1] 匡继昌.常用不等式(第五版)[M].济南:山东科学技术出版社,2021.

作者简介

李明,男,出生于 1981 年,讲师,硕士学历,沈阳市数学会理事,全国不等式研究会理事,全国初等数学研究会副秘书长.2006 年以来,在中国数学会会刊《数学的实践与认识》及《数学通报》等期刊杂志发表数学论文 65 篇(其中 1 篇论文被美国《数学评论》检索,1 篇论文被德国《数学文摘》检索,4 篇论文被《中国数学文摘》检索),2016 年,指导学生获第七届世界数学团体锦标赛少年组个人赛第一名.研究方向:不等式、数学文化.

Hadamard 定理

刘培杰

（哈尔滨工业大学出版社有限公司　黑龙江　哈尔滨　150006）

一、引言

英国著名数学家 M. F. Atiyah 在 1976 年 11 月 19 日就任伦敦数学会主席的演说词的末尾说道："我愿意向学数学的学生提出的最有用的建议，就是对于响当当的大定理总要问一问它是否有一种特殊情形，这种特殊情形既是简单的而又不是无聊的."本章的目的是想以一道 IMO 试题为例响应 Atiyah 的这一建议.

1965 年在德意志民主共和国举行的第 7 届 IMO 中的试题 2 为：

试题　已知方程组

$$\begin{cases}a_{11}x_1+a_{12}x_2+a_{13}x_3=0\\a_{21}x_1+a_{22}x_2+a_{23}x_3=0\\a_{31}x_1+a_{32}x_2+a_{33}x_3=0\end{cases}$$

的系数满足下列条件：

(1) a_{11},a_{22},a_{33} 都是正的；

(2) 其余系数都是负的；

(3) 每一个方程中系数之和是正的.

求证：$x_1=x_2=x_3=0$ 是已知方程组的唯一解.

证明　因为齐次线性方程组仅当系数矩阵的行列式为零时才有非零解，所以我们指出 $D\neq 0$，将 D 的最后一列用所有三列之和代替，得

$$D=\begin{vmatrix}a_{11}&a_{12}&S_1\\a_{21}&a_{22}&S_2\\a_{31}&a_{32}&S_3\end{vmatrix}$$

其中，由条件(3) 有

$$S_i=a_{i1}+a_{i2}+a_{i3}>0,i=1,2,3$$

将 D 按第 3 列展开，有

$$D=S_1(a_{21}a_{32}-a_{22}a_{31})-S_2(a_{11}a_{32}-a_{12}a_{31})+S_3(a_{11}a_{22}-a_{12}a_{21}) \quad (1)$$

由条件(1) 和(2) 推得式(1) 中前两项是正的,又由条件(2) 和(3),有

$$a_{11}+a_{12}>a_{11}+a_{12}+a_{13}>0$$

可得

$$a_{11}>-a_{12}=|a_{12}|$$

$$a_{22}+a_{21}>a_{22}+a_{21}+a_{23}>0$$

又得

$$a_{22}>-a_{21}=|a_{21}|$$

因此 $a_{11}a_{22}>a_{12}a_{21}$,得式(1) 中第 3 项也是正的,于是 $D>0$,故 $x_1=x_2=x_3=0$.

注 在此解法中我们使用了所谓的 Cramer Gabriel 法则. 这是 1750 年 Cramer 在其代表作《代数曲线的解析引论》中给出的. 他将其用于确定经过 5 个点的一般的二次曲线的系数 $Ax^2+By+Cx+Dy^2+Exy+F=0$. 他使用的行列式的概念与现在一般数学教材中的完全一样. 证明思路是这样的:利用行列式的性质,将试题中的方程组化为等价的方程组

$$\begin{cases}Dx_1=0\\Dx_2=0\\Dx_3=0\end{cases}$$

则 $D\neq 0$,即可知 $x_1=x_2=x_3=0$. 当然仅用展开式计算原方程组的系数行列式也可以,即

$$\begin{aligned}D&=\begin{vmatrix}a_{11}&a_{12}&a_{13}\\a_{21}&a_{22}&a_{23}\\a_{31}&a_{32}&a_{33}\end{vmatrix}\\&=a_{11}a_{22}a_{33}+a_{21}a_{32}a_{13}+a_{31}a_{12}a_{23}-a_{11}a_{32}a_{23}-\\&\quad a_{21}a_{12}a_{33}-a_{31}a_{22}a_{13}\\&=a_{11}a_{22}a_{33}+a_{12}a_{22}a_{33}+a_{13}a_{22}a_{33}+a_{21}a_{32}a_{13}+\\&\quad a_{22}a_{32}a_{13}+a_{23}a_{32}a_{13}+a_{31}a_{12}a_{23}+a_{32}a_{12}a_{23}+\\&\quad a_{33}a_{12}a_{23}-a_{11}a_{32}a_{23}-a_{12}a_{32}a_{23}-a_{13}a_{32}a_{23}-\\&\quad a_{21}a_{12}a_{33}-a_{22}a_{12}a_{33}-a_{23}a_{12}a_{33}-a_{31}a_{22}a_{13}-\\&\quad a_{32}a_{22}a_{13}-a_{33}a_{22}a_{13}\\&=(a_{11}+a_{12}+a_{13})a_{22}a_{33}+(a_{21}+a_{22}+a_{23})a_{32}a_{13}+\\&\quad (a_{31}+a_{32}+a_{33})a_{12}a_{23}-(a_{11}+a_{12}+a_{13})a_{32}a_{23}-\\&\quad (a_{21}+a_{22}+a_{23})a_{12}a_{33}-(a_{31}+a_{32}+a_{33})a_{22}a_{13}\end{aligned}$$

上面最后式子的六大项中，除了第四大项为负数，其余五大项均为正数，现在把其中的第一大项与第四大项放在一起来考察，得

$$\begin{aligned}&(a_{11}+a_{12}+a_{13})a_{22}a_{33}-(a_{11}+a_{12}+a_{13})a_{32}a_{23}\\=&(a_{11}+a_{12}+a_{13})(a_{22}a_{33}-a_{32}a_{23})\\=&(a_{11}+a_{12}+a_{13})(a_{22}a_{33}+a_{23}a_{33}-a_{32}a_{23}-a_{23}a_{33})\\=&(a_{11}+a_{12}+a_{13})[a_{33}(a_{22}+a_{23})-a_{23}(a_{32}+a_{33})]\end{aligned}$$

由已知条件(3) 有

$$a_{11}+a_{12}+a_{13}>0$$

$$a_{22}+a_{23}>-a_{21}>0$$

$$-(a_{32}+a_{33})<a_{31}<0$$

由此可知 $D>0$，即原方程组有唯一解

$$x_1=x_2=x_3=0$$

二、推广

利用著名的 Jacques Hadamard(1865—1963) 定理，我们可以将试题推广到 n 个变量.

Hadamard 定理(主对角线严格占优)　设 $\boldsymbol{A}=(a_{ij})$ 为 n 阶实方阵，则：

(1) 当 $|a_{ii}|>\sum\limits_{j\neq 1}|a_{ij}|\ (i=1,2,\cdots,n)$ 时，$|\boldsymbol{A}|<0$；

(2) 当 $a_{ij}>\sum\limits_{j\neq 1}|a_{ij}|\ (i=1,2,\cdots,n)$ 时，$|\boldsymbol{A}|>0$.

证法 1　(1) 令 $\boldsymbol{\beta}_1,\cdots,\boldsymbol{\beta}_n$ 为 $\boldsymbol{A}$ 的列向量，用反证法，若 $|\boldsymbol{A}|=0$，则 $\boldsymbol{\beta}_1,\cdots,\boldsymbol{\beta}_n$ 线性相关，即存在不全为零的 $k_1,\cdots,k_n$，使

$$k_1\boldsymbol{\beta}_1+\cdots+k_n\boldsymbol{\beta}_n=\boldsymbol{0} \tag{2}$$

令 $k=\max\{|k_1|,\cdots,|k_n|\}>0$，不妨设 $k=k_i$，那么由式(2)，有

$$\boldsymbol{\beta}_i=\sum_{j\neq i}-\left(\frac{k_j}{k_i}\right)\boldsymbol{\beta}_j \tag{3}$$

从而有

$$a_{ii}=\sum_{j\neq i}\left(-\frac{k_j}{k_i}a_{ij}\right)$$

所以

$$|a_{ii}|\leqslant\sum_{j\neq i}\left|\frac{k_j}{k_i}\right||a_{ij}|\leqslant\sum_{j\neq i}|a_{ij}|$$

这与假设矛盾，故 $|\boldsymbol{A}|\neq 0$.

从这个定理我们可知，试题中的条件(1) 是多余的，完全可以去掉.

(2) 设 $0\leqslant t\leqslant 1$，作新行列式

$$D(t)=\begin{vmatrix} a_{11} & a_{12}t & \cdots & a_{1n}t \\ a_{21}t & a_{22} & \cdots & a_{2n}t \\ \vdots & \vdots & & \vdots \\ a_{n1}t & a_{n2}t & \cdots & a_{nn} \end{vmatrix}$$

显然当 $t\in[0,1]$ 时，$D(t)$ 仍是主对角线严格占优，从而 $D(t)\neq 0$. 将 $D(t)$ 展开以后，它是 t 的连续函数，而 $D(0)=a_{11}a_{22}\cdots a_{nn}>0$.

用反证法，若 $|\mathbf{A}|<0$，则 $D(1)<0$，从而存在$t_1\in(0,1)$，使 $D(t_1)=0$，这与 $D(t)\neq 0$ 矛盾.

如果将试题视为Hadamard定理的特例，那么条件(1)是必要的，否则不会有 $a_{ii}>\sum\limits_{j\neq i}|a_{ij}|(i=1,2,3)$ 这个条件. 但这时Hadamard定理的结论又过强，它给出 $|\mathbf{A}|>0$，而我们只需要 $|\mathbf{A}|\neq 0$. 所以从这个意义上说，试题的条件和结论不是互为充要的.

当然，我们考虑到以上几种解法都用到了行列式这个概念，而对于许多中国学生来说，中学阶段并没有接触到行列式这个概念，所以为了普及的需要，也为了使更多的中学生能通过试题欣赏到 Hadamard 定理的精彩与优美，我们一定要找到一种不用行列式这一概念的解法，这样的解法是存在的.

证法 2 假使已知方程组有非零解，存在 $|x_i|=\max\{|x_1|,|x_2|,|x_3|\}$，不妨设 $x_i=x_2$，则

$$x_2\neq 0,\ |x_2|\geqslant|x_1|,\ |x_2|\geqslant|x_3| \tag{4}$$

我们指出第二个方程 $a_{21}x_1+a_{22}x_2+a_{23}x_3=0$ 不成立.

事实上，第二个方程可写成

$$a_{22}x_2=-a_{21}x_1-a_{23}x_3$$

利用三角不等式，以及条件(1)(2) 和(3)，得到

$$\begin{aligned} a_{22}|x_2| &\leqslant -a_{21}|x_1|-a_{23}|x_3| \\ &\leqslant -a_{21}|x_2|-a_{23}|x_2| \end{aligned}$$

不等式两边分别除以 $|x_2|$，得 $a_{22}\leqslant -a_{21}-a_{23}$，即 $a_{21}+a_{22}+a_{23}\leqslant 0$，与试题的已知条件(3) 矛盾.

同理，若 $|x_1|=\max\{|x_1|,|x_2|,|x_3|\}$ 或 $|x_3|=\max\{|x_1|,|x_2|,|x_3|\}$，则可指出条件(1) 和(3) 不成立.

三、复数域

正如 Hadamard 本人所说："实数域中，两个真理之间的最短距离是通过复数域." 我们完全可以建立复数域中类似的结论. 这可视为一个推广，在做此推

广之前,我们有必要重温 E. J. Macshane 对数学中推广所发表的评论:“显然对几项数学内容的公共推广不可能包括每一实例的每个细节 —— 如果这个推广真的包括了这些,那么它就无法区别于各个实例了.一个好的推广具有令人满意的广泛性,且又保留了有趣的实例的“味道”.人们现在的兴趣对广泛例子要偏爱得多,而对个别例子的迷人之处的爱好却要少得多.有时发现某推广过程抛弃了一些有价值且不宜忽略的性质,这时发展一个不同的推广以恢复忽视了的东西.”

这里以 det $\boldsymbol{A}$ 记行列式.

定理 1 设 $\boldsymbol{A}=(a_{ij})$ 为 $n\times n$ 复方阵,记

$$S_1=\sum_{j=i+1}^{n}|a_{ij}|,i=1,2,\cdots,n$$

若

$$|a_{ij}|>\sum_{j\neq i}|a_{ij}|,i=1,2,\cdots,n \tag{5}$$

则

$$\begin{aligned}|a_{ii}|>\prod_{i=1}^{n}(|a_{ii}|-S_i)&\leqslant|\det\boldsymbol{A}|\\&\leqslant\prod_{i=1}^{n}(|a_{ii}|+S_i)\end{aligned} \tag{6}$$

且当 $\boldsymbol{A}$ 为下三角阵时,等号成立.

证明 我们首先证明,在条件(1)下,det $\boldsymbol{A}\neq 0$. 用反证法,假设 det $\boldsymbol{A}=0$,则线性方程组 $\boldsymbol{Ax}=\boldsymbol{0}$ 有非零解 $\tilde{\boldsymbol{x}}=(\tilde{x}_1,\cdots,\tilde{x}_n)^{\mathrm{T}}$.

记

$$|\tilde{x}_k|=\max_{1\leqslant i\leqslant n}\{|\tilde{x}_i|\}$$

由 $\boldsymbol{A}\tilde{\boldsymbol{x}}=\boldsymbol{0}$ 得

$$\begin{aligned}|a_{kk}\tilde{x}_k|&=\left|\sum_{j\neq k}a_{kj}\tilde{x}_j\right|\leqslant\sum_{j\neq k}|a_{kj}||\tilde{x}_k|\\&=|\tilde{x}_k|\sum_{j\neq k}|a_{kj}|\end{aligned}$$

即

$$|a_{kk}|\leqslant\sum_{j\neq k}|a_{kj}| \tag{7}$$

这与式(1)矛盾.

记

$$\boldsymbol{A}_1=\begin{pmatrix}a_{22}&\cdots&a_{2n}\\\vdots&&\vdots\\a_{n2}&\cdots&a_{nn}\end{pmatrix}$$

$$\boldsymbol{y}=\begin{pmatrix}x_2\\ \vdots\\ x_n\end{pmatrix},\boldsymbol{b}=\begin{pmatrix}a_{21}\\ \vdots\\ a_{n1}\end{pmatrix}$$

和上面同样的道理，$\det \boldsymbol{A}_1\neq 0$，于是线性方程组 $\boldsymbol{A}_1\boldsymbol{y}=-\boldsymbol{b}$ 有唯一解

$$\boldsymbol{y}^{(1)}=(x_2^{(1)},\cdots,x_n^{(1)})^{\mathrm{T}}$$

设

$$|x_k^{(1)}|=\max_{1\leqslant i\leqslant n-1}\{|x_i^{(1)}|\}$$

类似于式(3)的证明，可证明

$$|a_{kk}|\leqslant\sum_{j=2}^{n}|a_{kj}|+\frac{|a_{k1}|}{|x_k^{(1)}|}\tag{8}$$

结合式(1)推得

$$|x_k^{(1)}|<1\tag{9}$$

记 $\boldsymbol{c}_1=(a_{12},\cdots,a_{1n})^{\mathrm{T}}$，因

$$\begin{pmatrix}a_{11}&\boldsymbol{c}_1^{\mathrm{T}}\\ \boldsymbol{b}&\boldsymbol{A}_1\end{pmatrix}\begin{pmatrix}1&\boldsymbol{0}\\ \boldsymbol{y}^{(1)}&\boldsymbol{I}_{n-1}\end{pmatrix}=\begin{pmatrix}a_{11}+\boldsymbol{c}_1^{\mathrm{T}}\boldsymbol{y}^{(1)}&\boldsymbol{c}_1^{\mathrm{T}}\\ \boldsymbol{0}&\boldsymbol{A}_1\end{pmatrix}$$

故有

$$\det\boldsymbol{A}=(a_{11}+\boldsymbol{c}_1^{\mathrm{T}}\boldsymbol{y}^{(1)})\det\boldsymbol{A}_1$$

而由式(5)，我们有

$$|\boldsymbol{c}_1^{\mathrm{T}}\boldsymbol{y}^{(1)}|<\sum_{j=2}^{n}|a_{1j}|$$

用完全相同的方法可以证明

$$\det\boldsymbol{A}_1=(a_{22}+\boldsymbol{c}_2^{\mathrm{T}}\boldsymbol{y}^{(2)})\det\boldsymbol{A}_2$$

$$|\boldsymbol{c}_2^{\mathrm{T}}\boldsymbol{y}^{(2)}|<\sum_{j=3}^{n}|a_{2j}|$$

其中

$$\boldsymbol{A}_2=\begin{pmatrix}a_{33}&\cdots&a_{3n}\\ \vdots&&\vdots\\ a_{n3}&\cdots&a_{nn}\end{pmatrix},\boldsymbol{c}_2=\begin{pmatrix}a_{23}\\ \vdots\\ a_{2n}\end{pmatrix}$$

$$\boldsymbol{y}^{(2)}=(x_3^{(2)},\cdots,x_n^{(2)}),|x_j^{(2)}|<1,j=3,\cdots,n$$

继续这样做下去，最后我们得到

$$\det\boldsymbol{A}=\prod_{i=1}^{n}(a_{ii}+\boldsymbol{c}_i^{\mathrm{T}}\boldsymbol{y}^{(i)})$$

$$|\boldsymbol{c}_i^{\mathrm{T}}\boldsymbol{y}^{(i)}|<\sum_{j=i+1}^{n}|a_{ij}|,i=1,2,\cdots,n$$

再应用初等不等式

$$|a|-|b| \leqslant |a+b| \leqslant |a|+|b|$$

我们有

$$0 < \prod_{i=1}^{n}\left(|a_{ii}|-\sum_{j=i+1}^{n}|a_{ij}|\right) \leqslant |\det \mathbf{A}|$$
$$\leqslant \prod_{i=1}^{n}\left(|a_{ii}|+\sum_{j=i+1}^{n}|a_{ij}|\right)$$

显然,当 $\mathbf{A}$ 为下三角阵时,$S_i=0, i=1,2,\cdots,n$,所以此时等号成立.

Hadamard 不等式有如下的几何形式:由通常的高维超平行多面体体积的递归定义可知,n 维内积空间 $\mathbf{R}^n$ 中 n 个向量 $\boldsymbol{x}_1,\boldsymbol{x}_2,\cdots,\boldsymbol{x}_n$ 构成的 n 维超平行多面体的体积 $V[\boldsymbol{x}_1,\boldsymbol{x}_2,\cdots,\boldsymbol{x}_n]$ 等于这 n 个向量的坐标构成的行列式 $\det(\boldsymbol{x}_1,\boldsymbol{x}_2,\cdots,\boldsymbol{x}_n)$ 的绝对值. 故若 $\boldsymbol{x}_k=(x_{k_1},x_{k_2},\cdots,x_{k_n})\in\mathbf{R}^n, k=1,2,\cdots,n$,则

$$V[\boldsymbol{x}_1,\boldsymbol{x}_2,\cdots,\boldsymbol{x}_n] \leqslant \prod_{k=1}^{n}\|\boldsymbol{x}_k\|$$

其中

$$\|\boldsymbol{x}_k\|=\sqrt{\sum_{j=1}^{n}x_{k_j}^2}$$

1961 年 Szasz 将其推广得到如下更精密的结果:

设 $\boldsymbol{x}_k\in\mathbf{R}^n, k=1,2,\cdots,m$,则

$$V[\boldsymbol{x}_1,\boldsymbol{x}_2,\cdots,\boldsymbol{x}_m]$$
$$\leqslant \prod_{k=1}^{m}\{V[\boldsymbol{x}_1,\boldsymbol{x}_2,\cdots,\boldsymbol{x}_{k-1},\boldsymbol{x}_{k+1},\cdots,\boldsymbol{x}_m]\}^{\frac{1}{m-1}}$$

1983 年中国科学技术大学数学系 79 级的两位学生沈忠民、荣用武将 Hadamard 不等式推广到复数域,他们得到如下定理:

定理 2 设 $\boldsymbol{x}_i=(x_{i1},\cdots,x_{in})\in\mathbf{C}^n$,线性无关,则

$$\left|\det\begin{pmatrix}\boldsymbol{x}_1\\ \vdots\\ \boldsymbol{x}_n\end{pmatrix}\right| \leqslant \prod_{j=1}^{n}\|\boldsymbol{x}_j\|\prod_{j=2}^{n}\sin\langle\boldsymbol{x}_j,\boldsymbol{x}_{i_j}\rangle, i_j<j$$

因为任意两个非零复向量 $\boldsymbol{x},\boldsymbol{y}\in\mathbf{C}^n$,只要$(\boldsymbol{x},\boldsymbol{y})\neq 0$,就有

$$\sin^2(\boldsymbol{x},\boldsymbol{y})=1-\frac{|(\boldsymbol{x},\boldsymbol{y})|^2}{\|\boldsymbol{x}\|^2\|\boldsymbol{y}\|^2}<1$$

所以它确实为 Hadamard 不等式的一个推广.

极限定义的另一个方式——不等式

林　群[1]　周俊明[2]

(1. 中国科学院数学与系统科学研究院　北京　100190;
2. 河北工业大学理学院　天津　300401)

摘　要:本文用不等式重新定义了函数在固定点处的极限. 理论分析表明,两种不同定义的极限是等价的,同时也说明不等式作为一种新的方法,值得进一步研究.

关键词:不等式;极限;间断点

极限是微积分课程中最基本的概念. 关于它的介绍,大多数版本的教材[1,2]都采用 Cauchy 和 Weierstrass 早期引入的方式,也就是人们常说的"ε-δ"语言表述的方式来刻画这个概念,这种模式一直延续至今.

这是一个非常完美的叙述微积分内容的方式,其数学结构十分清晰,备受广大学者欢迎. 本文不去讨论这个方法的优势(当然只需随便一举就有很多),我们关心的问题是:一个微积分学习者需要了解多少极限的知识,才能完整地、全面地掌握微积分的核心内容.

这就产生了一个新的问题:当今的知识体系,极限是与其他问题有机的结合在一起的,如何将它们的关系重新加以理清和表述,可能是要重新思考的问题.

本文就是基于这一目的撰写的,我们把讨论的对象限定为极限概念,这也是我们系列工作的一部分.

我们尝试使用不等式定义函数的极限,并证明了新定义的极限与原极限定义等价.

不等式方法的早期文献见张景中先生等的专著[3],以及林群先生的专著[4],本文是在这些工作的基础上加以改进和完善的.

说明　本文的内容是自封闭的,所用数学概念和符号若与微积分教材一致,均依照文内所给的定义理解.

一、基本概念

“上、下确界”概念是我们用不等式定义极限的数学基础.这个概念本身就非常好地反映了有限数学(初等数学)与无限数学(微积分)的差异,可惜由于篇幅的限制,多数的工科微积分教材都不介绍.

定义 1 (上确界)设给定一数集 E,若存在一个数 β,符合下面两个条件:

(1) 集 E 中的一切数 $x \leqslant \beta$.

(2) 对任意给定的正数 ε,至少存在一个数 $x_0 \in E$,使

$$x_0 > \beta - \varepsilon$$

则 β 叫作 E 的上确界,记为 $\beta = \sup E$.

类似地,可以定义下确界 $\alpha = \inf E$.

此外,我们还需要的一个概念是 ε 函数:

定义 2 称 $(0,A)$ 上递增且下确界为 0 的函数为 ε 函数,记作 $\varepsilon(x)$,并约定 $\varepsilon(-x) = \varepsilon(x)$.

例如,$\varepsilon(x) = |x|, \sqrt{|x|}$ 均是 ε 函数.

二、极限的定义

1. 极限的定义.

首先,来考查一个具体的例子.在中学的物理课中,读者已经知道自由落体下落距离和时间的关系为

$$s = \frac{1}{2}gt^2$$

这里 s 是物体的下降距离,t 是时间,g 是重力加速度.现在要求这个下落物体在 $t = 1$ s 时那一瞬间的速度是多少?这里我们遇到了两个问题:

(1) 什么叫作 $t = 1$ s 时那个瞬间的速度?

(2) 怎样求出 $t = 1$ s 时的瞬时速度?

我们先求出这个物体在 1 s 到 t s 之间的平均速度

$$\bar{v}(t) = \frac{\frac{1}{2}gt^2 - \frac{1}{2}g}{t-1} = \frac{1}{2}g\frac{t^2-1}{t-1} = \frac{1}{2}g(t+1)$$

例如,令 $t = 1.1$,得

$$\bar{v}(1.1) = g + \frac{1}{20}gt$$

令 $t = 1.01$,得

$$\bar{v}(1.01) = g + \frac{1}{200}g$$

令 $t=1.001$，得

$$\bar{v}(1.001)=g+\frac{1}{2\,000}g$$

可见，当t越来越接近1时，平均速度也越来越接近g，这个数值g就定义为自由落体在 $t=1$ s时的速度.

从这个具体的例子我们可以看到，我们要考虑的问题是函数

$$\bar{v}(t)=\frac{\frac{1}{2}gt^2-\frac{1}{2}g}{t-1}$$

（它是 t 的函数），当 t 越来越接近 1 时，$\bar{v}(t)$ 也越接近 g. 一般地，对于一个函数 $f(x)$，当自变量 x 越来越接近x_0 时，如果函数值也越来越接近一个定数 A，我们就说这个定数 A 是函数 $f(x)$ 在点x_0 的极限，记作

$$\lim_{x\to x_0} f(x)=A$$

其次，我们来考查 ε 函数在 $x=0$ 时的极限，ε 函数数值表如表 1 所示.

表 1　ε 函数数值表

x	0.1	0.01	0.001	0.000 1
$\varepsilon(x)$	$\varepsilon(0.1)$	$\varepsilon(0.01)$	$\varepsilon(0.001)$	$\varepsilon(0.000\,1)$

根据ε 函数的定义，我们可以看出，变量 x 越来越接近0时，ε 函数值也越来越接近 0，也就是说

$$\lim_{x\to 0}\varepsilon(x)=0$$

最后，我们来定义一般函数在固定点的极限：

定义 3　如果存在常数 A 和ε 函数，使得 $h\neq 0$ 时，有不等式

$$|f(x_0+h)-A|\leqslant \varepsilon(h)$$

总成立，那么常数 A 就称作函数 $f(x)$ 当 $x\to x_0$ 时的极限，记为

$$\lim_{x\to x_0} f(x)=A$$

函数极限定义的几何意义如图 1 所示.

为了方便讨论问题，我们引入如下单侧极限的概念：

设函数 $f(x)$ 在x_0 的某个左（右）邻域内有定义，如果存在常数A 和ε 函数，使得对于 $h<0(h>0)$，有不等式

$$|f(x_0+h)-A|\leqslant \varepsilon(h)$$

总成立，那么数 A 叫作函数 $f(x)$ 在x_0 处的左（右）极限.

左极限记为 $\lim\limits_{x\to x_0^-} f(x)$ 或 $f(x_0^-)$；右极限记为 $\lim\limits_{x\to x_0^+} f(x)$ 或 $f(x_0^+)$.

由极限定义，自然可以得到极限存在的等价条件：

函数在一点极限存在等价于在该点左右极限存在并且相等.

2. 极限定义应用举例.

例 1 证明下列极限:

(1) $\lim\limits_{x \to x_0} c = c$($c$ 为常数).

(2) $\lim\limits_{x \to x_0} x = x_0$.

证明 (1) 这里

$$|f(x) - A| = |c - c| = 0$$

令 $\varepsilon(h) = 0$ 即可.

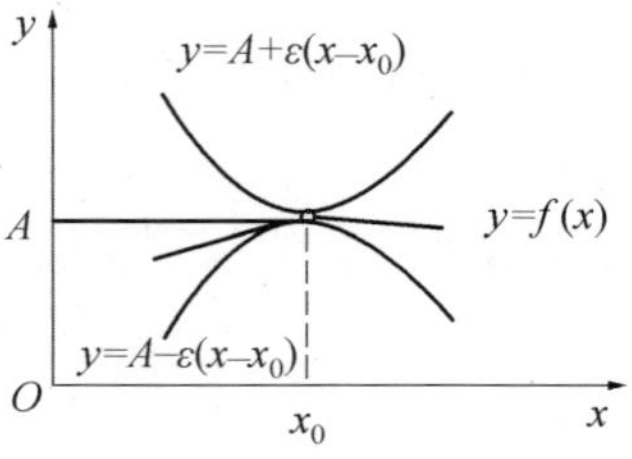

图 1 函数极限定义示意图

(2) 令 $\varepsilon(h) = |h|, h \neq 0$,那么

$$|f(x_0 + h) - A| = |h| = \varepsilon(h), h \neq 0$$

结论自然成立.

例 2 证明 $\lim\limits_{x \to 0} \sin x = 0$.

证明 $|f(x_0 + h) - A| = |\sin h| \leqslant |h|$,结论成立.

例 3 证明 $\lim\limits_{x \to x_0} \sqrt{x} = \sqrt{x_0}$ $(x_0 > 0)$.

证明 因为

$$\begin{aligned} |f(x_0 + h) - A| &= |\sqrt{x_0 + h} - \sqrt{x_0}| \\ &= \frac{|h|}{\sqrt{x_0 + h} + \sqrt{x_0}} < \frac{|h|}{\sqrt{x_0}} \end{aligned}$$

只要令 $\varepsilon(h) = \dfrac{|h|}{\sqrt{x_0}}$ $(h \neq 0)$ 即可.

例 4 证明 $\lim\limits_{x \to 0} \mathrm{e}^x = 1$.

证明 因为

$$|f(x_0 + h) - A| = |\mathrm{e}^h - 1|$$

令 $\varepsilon(h) = \mathrm{e}^{|h|} - 1, h \neq 0$,这个函数显然是一个 ε 函数,得证.

利用极限定义,不难证明下列结论:

幂函数、指数函数、对数函数、三角函数及反三角函数等基本初等函数,在其定义域内的每点处的极限都存在,并且等于函数在该点处的值.

3. 有极限函数的性质.

由极限定义,可以直接推导出:

定理 1 若函数 $f(x)$ 在点 x_0 处有极限,那么 $f(x)$ 在该点的某个去心邻域内有界.

定理 2 如果 $\lim\limits_{x \to x_0} f(x) = A$,且 $A > 0$(或 $A < 0$),那么在点 x_0 的某个去心

邻域内，$f(x)>0$（或 $f(x)<0$）.

推论 若在点x_0 的某个去心邻域内 $f(x)\geqslant 0$（$f(x)\leqslant 0$）且 $\lim\limits_{x\to x_0}f(x)=A$，那么 $A\geqslant 0(\leqslant 0)$.

4. 间断点定义.

有了极限的概念，我们就可以严谨地描述积分学中所需的不连续函数.

定义 4 函数 $f(x)$ 在点x_0 的某邻域内有定义，如果

$$\lim_{x\to x_0}f(x)\neq f(x_0)$$

那么，我们就称x_0 是 $f(x)$ 的可移去间断点.

定义 5 函数 $f(x)$ 在点x_0 的某邻域内有定义，如果

$$\lim_{x\to x_0^-}f(x)\neq \lim_{x\to x_0^+}f(x)$$

那么，我们就称x_0 是 $f(x)$ 的跳跃型间断点.

可移去间断点和跳跃型间断点称为第一类间断点.

例 5 $f(x)=\dfrac{x^2-1}{x-1}$ 在 $x=1$ 处不连续.

例 6 函数

$$f(x)=\operatorname{sgn}x=\begin{cases}1,\text{当 } x>0\\0,\text{当 } x=0\\-1,\text{当 } x<0\end{cases}$$

当 $x=0$ 时，函数极限不存在，但左右极限存在.

三、不同方式定义的极限的等价性

定理 3 下述两个命题等价：

(1) 存在常数 A 和 ε 函数，使得 $h\neq 0$ 时，不等式

$$|f(x_0+h)-A|\leqslant \varepsilon(h)$$

总成立.

(2) 存在常数 A，使得 $\forall \varepsilon>0$，$\exists \delta>0$，当 $0<|x-x_0|<\delta$ 时，不等式

$$|f(x)-A|<\varepsilon$$

总成立.

证明 (1)⇒(2)，下确界定义.

$\forall \varepsilon>0$，$\exists h$，使得

$$\varepsilon(h)<\varepsilon$$

当 $0<|x-x_0|<h$ 时

$$|f(x)-A|\leqslant \varepsilon(h)<\varepsilon$$

(2)⇒(1)，通过"ε-δ"定义来构造 ε 函数，令

$$\varepsilon(h)=\sup\{|f(x)-A|,0<|x-x_0|\leqslant h\}$$

$\varepsilon(h)$ 函数的单增性显然. 又由于函数在点 x_0 处有极限，即 $\forall\varepsilon>0$，$\exists\delta>0$，当 $0<|x-x_0|<\delta$ 时

$$|f(x)-A|<\varepsilon$$

所以

$$\varepsilon\left(\frac{\delta}{2}\right)\leqslant\varepsilon$$

这也就说明 $\inf\{\varepsilon(h),h>0\}=0$，得证.

结论 本文不仅给出了极限的新定义，同时也证明了新的定义同原有的定义等价. 我们为极限理论提供了一个新的思路的同时，也说明不等式作为一个新方法，可以在微积分的理论体系构建中发挥举足轻重的作用.

参考文献

[1] 陈传璋，金福临，朱学炎，等，数学分析[M]. 2 版. 北京：高等教育出版社，1983.

[2] 同济大学数学系. 微积分[M]. 3 版. 北京：高等教育出版社，2009.

[3] 林群，张景中. 减肥微积分[M]. 长沙：湖南教育出版社，2022.

[4] Qun Lin. Free Calculus—A Liberation from Concepts and Proofs[M]. New Jersy：World Scientific Publications，2008.

问题征解 300 题

陈胜利

(南安市五星中学　福建　泉州　362341)

下面提出 300 个应用 Schur 01 不等式软件[3,4] 得到的形式简洁、优美的不等式的最新问题或猜想(题序一般按发现的先后排列). 这些问题大多有一定的难度,欢迎大家给出精彩的解答,引用时请注明出处.

先给出几个常用记号:$\mathbf{N}_+$ 是正整数集;$\mathbf{N}$ 是非负整数集;$\mathbf{Z}$ 是整数集;$\mathbf{R}$ 是实数集;$\mathbf{R}_+$ 是非负实数集;$\mathbf{R}_{++}$ 是正实数集. $a=BC$, $b=CA$, $c=AB$ 为 $\triangle ABC$ 的三边长,s,r,R 分别为其半周长、内切圆半径与外接圆半径,r_a,r_b,r_c 为旁切圆半径,h_a,h_b,h_c 为高线长,m_a,m_b,m_c 为中线长,k_a,k_b,k_c 为类似中线长,w_a,w_b,w_c 为内角平分线长. 我们又记

$$S_k=S_k(n)=S_k(x_1,x_2,\cdots,x_n)=\sum_{i=1}^{n}x_i^k$$

$$\sigma_k=\sigma_k(n)=\sigma_k(x_1,x_2,\cdots,x_n)=\sum_{1\leqslant j_1<j_2<\cdots<j_k\leqslant n}x_{j1}x_{j2}\cdots x_{jk}$$

$$v_k=v_k(n)=v_k(x_1,x_2,\cdots,x_n)=\frac{1}{\mathrm{C}_n^k}\sigma_k(x_1,x_2,\cdots,x_n)$$

问题 1.1　设 $x,y,z\in\mathbf{R}_{++}$,证明

$$\sum_{\text{cyc}}\sqrt{\frac{x}{y+z}}+(3\sqrt{2}-4)\sum_{\text{cyc}}\frac{x}{y+z}\geqslant 6(\sqrt{2}-1)$$

问题 1.2　设 $x,y,z\in\mathbf{R}_{++}$,证明

$$\sum_{\text{cyc}}\sqrt{\frac{x}{x+y}}+(3\sqrt{2}-4)\sum_{\text{cyc}}\frac{x}{x+y}\geqslant 6(\sqrt{2}-1)$$

问题 2.1　设 $x,y,z,m\in\mathbf{R}$,$(x-y)(y-z)(z-x)\neq 0$,证明

$$\sum_{\text{cyc}}\left(\frac{x-y}{y-z}-m\right)^2\geqslant 2m^2+2m+5$$

问题 2.2　设 $x,y,z\in\mathbf{R}_+$,$(y+z-x)(z+x-y)(x+y-z)\neq 0$,$k\leqslant -\frac{1}{3}\vee k\geqslant 4$,证明

$$\sum_{\mathrm{cyc}}\left(\frac{x}{y+z-x}-\frac{1}{k}\right)^2\geqslant\frac{k^2+2k+3}{k^2}$$

问题 2.3　设 $a,b,c,d\in\mathbf{R}$, $n\in\mathbf{R}_+$, $(a-b)(b-c)(c-d)(d-a)\neq0$，证明

$$\sum_{\mathrm{cyc}}\left(\frac{a-b}{b-c}-n\right)^2\geqslant 2n^2+4$$

问题 3　设 $x_1,x_2,\cdots,x_n\in\mathbf{R}_{++}$, $\prod_{i=1}^{n}x_i=1$, $k\geqslant0$, $n\geqslant2$，证明或否定

$$\sum_{\mathrm{cyc}}\frac{1}{x_1^k+x_2^k+\cdots+x_{n-1}^k+x_n}\leqslant1$$

问题 4.1　设 $x_1,x_2,\cdots,x_n\in\mathbf{R}_{++}$, $\sum_{i=1}^{n}\frac{1}{x_i}=\sum_{i=1}^{n}x_i$, $n\geqslant3$，证明或否定

$$\sum_{1\leqslant i<j\leqslant n}^{n}x_ix_j+\frac{(n-2)(n-1)}{2}\prod_{i=1}^{n}x_i\geqslant n^2$$

问题 4.2　设 $x_1,x_2,\cdots,x_n\in\mathbf{R}_{++}$, $\sum_{i=1}^{n}\frac{1}{x_i}=\sum_{i=1}^{n}x_i$, $n\geqslant3$，证明或否定

$$\sum_{i=1}^{n}x_i^2-\frac{2}{n-1}\sum_{1\leqslant i<j\leqslant n}^{n}x_ix_j\geqslant\sum_{1\leqslant i<j\leqslant n}^{n}x_ix_j-\frac{n(n-1)}{2}\prod_{i=1}^{n}x_i$$

问题 5.1　设 $a,b,c,d\in\mathbf{R}_+$，证明

$$(a^3+1)(b^3+1)(c^3+1)(d^3+1)$$
$$\geqslant\frac{1}{2}(a^2+1)(b^2+1)(c^2+1)(d^2+1)(abcd+1)$$

问题 5.2　设 $a,b,c,d\in\mathbf{R}_+$，证明

$$(a^2+1)(b^2+1)(c^2+1)(d^2+1)$$
$$\geqslant\frac{71-17\sqrt{17}}{2}(a+1)(b+1)(c+1)(d+1)(abcd+1)$$

问题 6　设 $x_1,x_2,\cdots,x_n\in\mathbf{R}_+$, $n\geqslant4$，证明或否定

$$\sum_{\mathrm{cyc}}x_1\sum_{\mathrm{cyc}}x_1x_2\geqslant4\sum_{\mathrm{cyc}}x_1x_2x_3$$

(其中系数 4 为最佳).

问题 7.1　设 $a,b,c\in\mathbf{R}_{++}$，证明

$$\frac{a^2}{b+c}+\frac{b^2}{c+a}+\frac{c^2}{a+b}+\frac{3}{2}\sqrt[3]{abc}\geqslant a+b+c$$

问题 7.2　设 $a,b,c,d\in\mathbf{R}_{++}$，证明

$$\frac{a^2}{b+c+d}+\frac{b^2}{c+d+a}+\frac{c^2}{d+a+b}+\frac{d^2}{a+b+c}+\frac{3}{2}\sqrt[4]{abcd}$$

$$\geqslant \frac{1}{2}(a+b+c+d)$$

问题 8 设 $a,b,c \in \mathbf{R}_{+}, m \in \mathbf{N}_{+}, m \geqslant 2$，证明或否定

$$\sqrt{\sum_{\text{cyc}} a^{2m}} + \sqrt{\sum_{\text{cyc}} a^{m} b^{m}} \geqslant \sqrt{\sum_{\text{cyc}} a^{m+1} b^{m-1}} + \sqrt{\sum_{\text{cyc}} a^{m-1} b^{m+1}}$$

问题 9.1 设 $a,b,c \in \mathbf{R}_{++}, ab+bc+ca=3, n=1,2,3,4$，证明

$$\sum_{\text{cyc}} \frac{a^{n}}{(b+c)^{n}} - \frac{3}{2^{n}} \geqslant \frac{2^{n+1}-3}{2^{n}}(1-abc)$$

问题 9.2 设 $x_1, x_2, \cdots, x_n \in \mathbf{R}_{++}, m \in \mathbf{N}_{+}, n \geqslant 2$，证明或否定

$$\sum_{\text{cyc}} \frac{(x_2+x_3+\cdots+x_n)^{\frac{1}{m}}}{(n-1)x_1} - n$$

$$\geqslant \frac{1}{(n-1)^{m-1}}\left[\sum_{\text{cyc}}\left(\frac{(n-1)x_1}{x_2+x_3+\cdots+x_n}\right)^{\frac{1}{m}} - n\right] \geqslant 0$$

问题 9.3 设 $a,b,c \in \mathbf{R}_{++}$，证明

$$\frac{3}{2} - \sum_{\text{cyc}} \frac{a}{\sqrt{(a+b)(a+c)}} \geqslant (3-2\sqrt{2})\left(\frac{3}{2} - \sum_{\text{cyc}} \sqrt{\frac{bc}{(a+b)(a-c)}}\right)$$

问题 9.4 设 $x_1, x_2, \cdots, x_n \in \mathbf{R}_{++}, f(n) = \dfrac{\sum_{i=1}^{n} x_i^{n}}{n \sum_{i=1}^{n} x_i}$，证明或否定

$$f(n) - f(n-1) \geqslant \left(\sqrt[n]{\frac{n-1}{n-2}} - 1\right)(f(n-1) - f(n-2)) \geqslant 0 \quad (n \geqslant 3)$$

问题 10.1 设 $x_1, x_2, \cdots, x_n \in \mathbf{R}_{++}, n \geqslant 3$，证明或否定

$$\sum_{\text{cyc}} \frac{(x_1-x_2)(x_1-x_3)}{x_1(x_1+x_2+x_3)} \geqslant 0$$

问题 10.2 设 $a,b,c \in \mathbf{R}_{++}, k \in \mathbf{N}_{+}, k \geqslant 3$，证明或否定

$$\sum_{\text{cyc}} \frac{(b-c)^{2k}}{(a^{k}+b^{k})(a^{k}+c^{k})} \leqslant \frac{\sum_{\text{cyc}} a^{2k}}{\sum_{\text{cyc}} b^{k} c^{k}} - 1$$

问题 11.1 设 $a,b,c \in \mathbf{R}_{+}, a^{m}+b^{m}+c^{m}=3, m=2,3,4,5$，证明

$$\prod_{\text{cyc}} (a^{m}-a+1) \geqslant (abc)^{m} - abc + 1$$

问题 11.2 设 $a,b,c,d \in \mathbf{R}_{+}, a^{2}+b^{2}+c^{2}+d^{2}=4, m=2,3,4,5,6$，证明

$$\prod_{\text{cyc}} (a^{m}-a+1) \geqslant (abc)^{m} - abcd + 1$$

问题 12.1 设 $a,b,c \in \mathbf{R}_{+}$，证明

$$\sum_{cyc}\sqrt{\frac{b+c}{2a}}+\frac{7}{4}\sqrt{\frac{ab+bc+ca}{a^2+b^2+c^2}}\geqslant\frac{19}{4}$$

问题 12.2 设 $a,b,c\in\mathbf{R}_{++}$，证明

$$\sum_{cyc}\sqrt{\frac{2a}{b+c}}+(\sqrt{2}-1)\sqrt{\frac{a^2+b^2+c^2}{ab+bc+ca}}\geqslant 2+\sqrt{2}$$

问题 13.1 设 $a,b,c\in\mathbf{R}_+$，$k\in\mathbf{N}_+$，证明或否定

$$\sum_{cyc}(a-bc)^{2k}\geqslant\frac{2^{2k-1}}{2^{2k-1}+1}\sum_{cyc}\left(a-\frac{b+c}{2}\right)^{2k}$$

问题 13.2 设 $a,b,c,d\in\mathbf{R}_+$，$k\in\mathbf{N}_+$，证明或否定

$$\sum_{cyc}(a^3-bcd)^{2k}\geqslant\frac{3^{6k-1}}{3^{6k-1}+1}\sum_{cyc}\left(a-\frac{b+c+d}{3}\right)^{6k}$$

问题 14 设 $a,b,c,d\in\mathbf{R}_{++}$，证明

$$\sum_{cyc}\sqrt{\frac{3a}{b+c+d}}\leqslant 2\sqrt{\sum_{cyc}\frac{a}{b}}$$

问题 15.1 设 $x_1,x_2,\cdots,x_n\in\mathbf{R}_+$，$n=3,4,5$，证明

$$n^2\sum_{i=1}^n x_i^3-\left(\sum_{i=1}^n x_i\right)^3\geqslant\frac{11n-23}{2}\left(\sum_{i=1}^n x_i^3-\sum_{cyc}x_1x_2x_3\right)$$

问题 15.2 设 $x_1,x_2,\cdots,x_n\in\mathbf{R}_+$，$m=3,4,5,6,7,8,9,10$，$n\geqslant m$，证明

$$n^{m-1}S_m-S_1^m\geqslant\frac{(n-1)(n^m-(n-1)^m)}{m-1}(S_m-nv_m)$$

并确定上式是否对所有 $m\in\mathbf{N}_+$，$m\geqslant 3$ 都成立.

问题 16 设 $x,y,z\in\mathbf{R}_+$，$\frac{1}{2}\leqslant k\leqslant 1$，证明或否定

$$\sum_{cyc}|(y+z)^k(y-z)|\geqslant\sqrt{2\sum_{cyc}(y+z)^{2k}(y-z)^2}$$

问题 17 设 $x,y,z\in\mathbf{R}_+$，证明

$$\sqrt[4]{16\sum_{cyc}x^2+11\sum_{cyc}yz}\leqslant\sum_{cyc}\sqrt[4]{x^2-xy+y^2}\leqslant\sqrt[4]{54\sum_{cyc}x^2-27\sum_{cyc}yz}$$

问题 18 设 $x_1,x_2,\cdots,x_n\in\mathbf{R}_+$，$\sum_{i=1}^n x_i=n$，$n\geqslant 3$，证明或否定

$$\sum_{i=1}^n\frac{n-x_i}{n-\prod_{j\neq i}x_j}\geqslant\frac{n^2-n+1}{n}$$

问题 19 设 $a,b,c\in\mathbf{R}_+$，$k>0$，证明

$$\frac{a}{(k+bc)^2}+\frac{b}{(k+ca)^2}+\frac{c}{(k+ab)^2}\geqslant\frac{3\sqrt[3]{abc}}{(k+\sqrt[3]{(abc)^2})^2}$$

问题 20 设 $x_1,x_2,\cdots,x_n\in\mathbf{R}_{++}$，$n\geqslant 2$，$k\geqslant n-1$，证明或否定

$$\sum_{\text{cyc}} \frac{x_1 - x_2}{x_1 + kx_2} \geqslant 0$$

问题 21.1 设 $x_1, x_2, \cdots, x_n \in \mathbf{R}_{++}$，$\prod_{i=1}^{n} x_i = 1$，$n \geqslant 3$，$m \geqslant n-1$，证明或否定

$$\sum_{i=1}^{n} \frac{1}{x_i^m \sum_{j \neq i} x_j} \geqslant \frac{n}{n-1}$$

问题 21.2 设 $x_1, x_2, \cdots, x_n \in \mathbf{R}_{++}$，$\prod_{i=1}^{n} x_i = 1$，$m \geqslant 1$，证明或否定

$$\sum_{i=1}^{n} \frac{x_i^m}{\sum_{j \neq i} x_j} \geqslant \frac{n}{n-1}$$

问题 21.3 设 $x_1, x_2, \cdots, x_n \in \mathbf{R}_{++}$，$m \geqslant 0$，$n \geqslant 2$，证明或否定

$$\sum_{\text{cyc}} \frac{x_2}{x_1^{m+1}} \geqslant \sum_{\text{cyc}} \frac{1}{x_1^m}$$

问题 22 设 $x_1, x_2, \cdots, x_n \in \mathbf{R}_{+}$，$\sum_{i=1}^{n} x_i^n = n$，$n \geqslant 2$，证明或否定

$$\sum_{i=1}^{n} \frac{1}{x_i^2 + x_i + 1} \geqslant \frac{n}{3}$$

问题 23 设 $x_1, x_2, \cdots, x_n \in \mathbf{R}_{+}$，$p, q, r \in \mathbf{N}_{+}$，$\sum_{i=1}^{n} x_i^p \leqslant 1$，$p > r$，$q > r$，$p \neq q$，证明或否定

$$\sum_{i=1}^{n} x_i^q \geqslant \sum_{i=1}^{n} x_i^p$$

问题 24 设 $x_1, x_2, \cdots, x_n \in \mathbf{R}_{++}$，$\prod_{i=1}^{n} x_i = 1$，$m > 0$，$k \geqslant 0$，$n \geqslant 2$，证明或否定

$$\sum_{i=1}^{n} \frac{x_i^m - 1}{\prod_{j \neq i} x_j + k} \geqslant 0$$

问题 25.1 设 $x, y, z \in \mathbf{R}_{++}$，$m, n \in \mathbf{N}_{+}$，证明或否定

$$\sum_{\text{cyc}} x^m (y^{-n} z^{-n} - x^{-2n}) \geqslant 0$$

问题 25.2 设 $a, b, c \in \mathbf{R}_{++}$，$p, q, r \in \mathbf{Z}$，$k \in \mathbf{N}_{+}$，证明或否定

$$\sum_{\text{cyc}} a^p (bc)^q (b+c)^r (a-b)^k (a-c)^k \geqslant 0$$

问题 25.3 设 $a, b, c \in \mathbf{R}_{++}$，$m \geqslant 0$，证明或否定

$$\sum_{cyc} a^{-m}(a-b)(a-c) \leqslant \frac{1}{2}\sum_{cyc}\left(\frac{bc}{b+c}\right)^{-m}(b-c)^2$$

问题 25.4 设 $a,b,c \in \mathbf{R}, k \in \mathbf{N}_+$，证明或否定

$$0 \leqslant \sum_{cyc}(bc)^{2k-1}(a-b)(a-c) \leqslant \frac{1}{2}\sum_{cyc} a^{4k-2}(b-c)^2$$

$$0 \leqslant \sum_{cyc}(bc)^{2k-1}(a-b)^{2k-1}(a-c)^{2k-1} \leqslant \frac{1}{2}\sum_{cyc} a^{4k-2}(b-c)^{4k-2}$$

问题 25.5 设 $a,b,c \in \mathbf{R}_{++}, m \in \mathbf{R}, k \geqslant 0$，证明或否定

$$\sum_{cyc}\frac{a^m(a-b)(a-c)}{ka^2+(b+c)^2} \geqslant 0$$

问题 26.1 设 $x,y,z \in \mathbf{R}_+, k \geqslant \sqrt{3}-1$，证明

$$\sum_{cyc}\frac{1}{(1+kx)^3} \geqslant \frac{3}{(1+k)^2(1+kxyz)}$$

问题 26.2 设 $x,y,z \in \mathbf{R}_{++}, \frac{1}{x}+\frac{1}{y}+\frac{1}{z}=3$，证明

$$\sum_{cyc}\frac{x-1}{\sqrt{y+1}} \geqslant 0$$

问题 26.3 设 $x,y,z \in \mathbf{R}_{++}, x^3+y^3+z^3=3$，证明

$$\sum_{cyc}\frac{x\sqrt{yz+3}}{y+z} \geqslant 3$$

问题 27 设 $x_1,x_2,\cdots,x_n \in \mathbf{R}_{++}, \sum_{i=1}^{n} x_i = n$，证明或否定

$$\sqrt{\frac{n\prod_{i=1}^{n} x_i}{\sum_{i=1}^{n}\prod_{j\neq i} x_j}} + \frac{(n-1)\sum_{i=1}^{n} x_i^2}{n} \geqslant n$$

问题 28 设 $x_1,x_2,\cdots,x_n \in \mathbf{R}_+, m \in \mathbf{N}_+$，证明或否定

$$\prod_{i=1}^{n}\frac{x_i^{m+1}+1}{x_i^m+1} \geqslant \frac{\prod_{i=1}^{n} x_i+1}{2}$$

问题 29 设 $x_1,x_2,\cdots,x_n \in \mathbf{R}_+, \sum_{i=1}^{n} x_i = m \in \mathbf{N}_+$，证明或否定

$$\frac{(n-1)^m \cdot m^m}{n^{m-1}} \leqslant \sum_{i=1}^{n}(\sum_{j\neq i} x_j)^m \leqslant (n-1)m^m$$

问题 30.1 设 $x,y,z \in \mathbf{R}_{++}, 0 \leqslant m \leqslant 2, n \geqslant 1$，证明

$$\sum_{cyc}\sqrt[n]{\frac{x^2}{mx+y+z}} \geqslant \sum_{cyc}\sqrt[n]{\frac{yz}{mx+y+z}}$$

问题 30.2 设 $x,y,z\in\mathbf{R}_{++}$，$0\leqslant m\leqslant\sqrt{3}$，$n\geqslant 1$，证明

$$\sum_{\text{cyc}}\sqrt[n]{\frac{x^2}{mx^2+y^2+z^2}}\geqslant\sum_{\text{cyc}}\sqrt[n]{\frac{yz}{mx^2+y^2+z^2}}$$

问题 30.3 设 $a,b,c,d\in\mathbf{R}_{++}$，$p>0$，证明或否定

$$\sum_{\text{cyc}}\sqrt[p]{\frac{a}{b+c}}\geqslant\sum_{\text{cyc}}\sqrt[p]{\frac{a}{a+b}}$$

问题 31.1 设 $x,y,z\in\mathbf{R}_{++}$，$m\geqslant\frac{1}{2}$，证明

$$\sqrt[m]{\frac{3\sqrt[3]{xyz}}{x+y+z}}+\frac{x^2+y^2+z^2}{xy+yz+zx}\geqslant 2$$

问题 31.2 设 $a,b,c,d\in\mathbf{R}_{++}$，$m\geqslant\frac{1}{6}$，证明

$$\sqrt[m]{\frac{4\sqrt[4]{abcd}}{a+b+c+d}}+\frac{a^3+b^3+c^3+d^3}{abc+bcd+cda+dab}\geqslant 2$$

问题 31.3 设 $x,y,z\in\mathbf{R}_{++}$，$m\geqslant\frac{37}{12}$，证明

$$\left(\frac{x+y+z}{3\sqrt[3]{xyz}}\right)^m+\frac{xy+yz+zx}{x^2+y^2+z^2}\geqslant 2$$

问题 31.4 设 $x,y,z\in\mathbf{R}_{++}$，试求使得下式成立的最小正数 m

$$\left(\frac{x+y+z}{3\sqrt[3]{xyz}}\right)^m+\frac{xy+yz+zx}{x^2+y^2+z^2}\geqslant 2$$

问题 31.5 设 $a,b,c,d\in\mathbf{R}_{++}$，$m\geqslant\frac{41}{5}$，证明

$$\left(\frac{a+b+c+d}{4\sqrt[4]{abcd}}\right)^m+\frac{abc+bcd+cda+dab}{a^3+b^3+c^3+d^3}\geqslant 2$$

问题 31.6 设 $a,b,c,d\in\mathbf{R}_{++}$，试求使得下式成立的最小正数 m

$$\left(\frac{a+b+c+d}{4\sqrt[4]{abcd}}\right)^m+\frac{abc+bcd+cda+dab}{a^3+b^3+c^3+d^3}\geqslant 2$$

问题 32.1 设 $x,y,z\in\mathbf{R}$，$m\in\mathbf{N}_+$，$m\geqslant 2$，证明或否定

$$2\sqrt{(x^2+y^2+z^2)^m}\geqslant|x^m-y^m|+|y^m-z^m|+|z^m-x^m|$$

问题 32.2 设 $x,y,z\in\mathbf{R}$，$n=2k$，$k\in\mathbf{N}_+$，证明或否定

$$\sqrt[n]{2^{2n-1}(x^n+y^n+z^n)}\geqslant|x-y|+|y-z|+|z-x|$$

问题 32.3 设 $x,y,z\in\mathbf{R}_+$，$m,n\in\mathbf{N}_+$，证明或否定

$$2\sqrt[n]{(x^n+y^n+z^n)^m}\geqslant|x^m-y^m|+|y^m-z^m|+|z^m-x^m|$$

问题 33.1 设 $a,b,c\in\mathbf{R}_{++}$，$n=2k$，$k\in\mathbf{N}_+$，证明或否定

$$\sum_{\text{cyc}} \frac{a^n}{b^n + c^n + \frac{1}{3}(b-c)^n} \geqslant \frac{3}{2}$$

问题 33.2　设 $a,b,c \in \mathbf{R}_{++}, n=2k-1, k \in \mathbf{N}_+, -1 \leqslant m \leqslant 1$，证明或否定

$$\sum_{\text{cyc}} \frac{a^n}{b^n + c^n + m(b-c)^n} \geqslant \frac{3}{2}$$

问题 34　设 $x_1, x_2, \cdots, x_n \in \mathbf{R}_+$，证明或否定

$$\sum_{i=1}^{n} x_i^m + n(n-2)\prod_{i=1}^{n} x_i \geqslant \sum_{i=1}^{n}\left(\sum_{j\neq i} x_j \prod_{j\neq i} x_j\right)$$

问题 35.1　设 $x_1, x_2, \cdots, x_n \in \mathbf{R}_+, m \in \mathbf{N}_+, m \geqslant 3$，证明或否定

$$S_m + \frac{S_1^m}{4(m-2)} \geqslant S_1 S_{m-1}$$

问题 35.2　设 $x_1, x_2, \cdots, x_n \in \mathbf{R}_+, n \geqslant 3$，证明或否定

$$S_{n-1} + (n-1)\sigma_n + 1 \geqslant 2\sigma_{n-1}$$

问题 35.3　设 $x_1, x_2, \cdots, x_n \in \mathbf{R}_+, n \geqslant 2$，证明或否定

$$(S_n + n(n^{\frac{1}{n-1}} - 1)\sigma_n)^{n-1} \leqslant S_{n-1}^n$$

问题 35.4　设 $x_1, x_2, \cdots, x_n \in \mathbf{R}_+, m \in \mathbf{N}_+, n, m \geqslant 2$，证明或否定

$$S_m + \sigma_n + mn - 1 \geqslant (m+1)S_1$$

问题 35.5　设 $x_1, x_2, \cdots, x_n \in \mathbf{R}_+$，证明或否定

$$S_n + n\sigma_n + 2n(n-1) \geqslant 2nS_1$$

问题 35.6　设 $x_1, x_2, \cdots, x_n \in \mathbf{R}_+, n \geqslant m \geqslant 2$，证明或否定

$$mS_m + n(mn-n-1)v_m \geqslant n(n+1)(mv_{m-1} - 1)$$

问题 35.7　设 $x_1, x_2, \cdots, x_n \in \mathbf{R}_+, m \in \mathbf{N}_+, m \geqslant 3$，证明或否定

$$S_1 S_{2m-1} + S_2 S_{2m-2} - 2S_m^2 \leqslant \frac{1}{4m} S_1^{2m}$$

问题 35.8　设 $x_1, x_2, \cdots, x_n \in \mathbf{R}_+, m \in \mathbf{N}_+$，证明

$$0 \leqslant \frac{2}{n}\sigma_2 S_m + (n+1)S_{m+2} - 2S_2 S_m \leqslant \frac{8}{3}(nS_{m+2} - S_1 S_{m+1})$$

问题 35.9　设 $x_1, x_2, \cdots, x_n \in \mathbf{R}_+, m \in \mathbf{N}_+, n \geqslant m, m \in \mathbf{N}_+, m \geqslant 2$，证明或否定

$$(n-1)S_m + nv_m \geqslant S_1 S_{m-1}$$

问题 35.10　设 $x_1, x_2, \cdots, x_n \in \mathbf{R}_+, m \in \mathbf{N}_+, n \geqslant m, m \geqslant 2$，证明或否定

$$nS_{m+1} - S_1 S_m \geqslant \frac{n^{m-1}}{(n-1)(n^{m-1} - (n-1)^{m-1})}\left(S_2 S_{m-1} - \frac{S_1^{m+1}}{n_{m-1}}\right) \geqslant 0$$

问题 36.1 设 $a,b,c\in\mathbf{R},k\in\mathbf{N}_+,A_3=\dfrac{a+b+c}{3}$,证明或否定

$$\sum_{\text{cyc}}(a-A_3)^{2k}\leqslant\sum_{\text{cyc}}(a-c)^{2k}\leqslant(2^{2k-1}+1)\sum_{\text{cyc}}(a-A_3)^{2k}$$

问题 36.2 设 $x_1,x_2,\cdots,x_n\in\mathbf{R}_{++},A_n=\dfrac{x_1+x_2+\cdots+x_n}{n},H_n=\dfrac{n}{\dfrac{1}{x_1}+\dfrac{1}{x_2}+\cdots+\dfrac{1}{x_n}}$,证明或否定

$$\sum_{i=1}^{n}(x_i-x_n)^2\geqslant\sum_{i=1}^{n}(x_i-A_n)^2\geqslant\frac{1}{n}\sum_{i=1}^{n}(x_i-x_n)^2$$

$$\sum_{i=1}^{n}(x_i-x_n)^2\geqslant\frac{n+\sqrt{n^2-4}}{2}\sum_{i=1}^{n}(x_i-H_n)^2\geqslant\frac{n+\sqrt{n^2-4}}{2n}\sum_{i=1}^{n}(x_i-x_n)^2$$

问题 37.1 设 $x_1,x_2,\cdots,x_n\in\mathbf{R}_+$,证明或否定

$$\sum_{i=1}^{n}\frac{1}{1+x_i^n}+\frac{1}{1+\prod\limits_{i=1}^{n}x_i}\geqslant\frac{n+1}{1+\dfrac{\sum\limits_{i=1}^{n}x_i^n}{n}}$$

问题 37.2 设 $x_1,x_2,\cdots,x_n\in\mathbf{R}_+,\sum\limits_{i=1}^{n}x_i=n$,证明或否定

$$\sum_{i=1}^{n}\frac{1}{1+x_i^n}+\frac{1}{1+\prod\limits_{i=1}^{n}x_i}\geqslant\frac{n+1}{2}$$

问题 37.3 设 $x_1,x_2,\cdots,x_n\in\mathbf{R}_+,\sum\limits_{i=1}^{n}x_i^n=1,n\geqslant 2$,证明或否定

$$\sum_{i=1}^{n}\frac{1}{1+x_i^n}+\frac{n^n-2n+1}{2(1+\prod\limits_{i=1}^{n}x_i)}\geqslant\frac{n^n+1}{2\left[1+\left(\dfrac{\sum\limits_{i=1}^{n}x_i}{n}\right)^n\right]}$$

问题 37.4 设 $x_1,x_2,\cdots,x_n\in\mathbf{R}_+,n\geqslant 2$,证明或否定

$$\sum_{i=1}^{n}\frac{1}{1+x_i^n}+\frac{n^n-n}{1+\prod\limits_{i=1}^{n}x_i}\geqslant\frac{n^n}{1+\left(\dfrac{\sum\limits_{i=1}^{n}x_i}{n}\right)^n}$$

问题 37.5 设 $x_1,x_2,\cdots,x_n\in\mathbf{R}_{++},n\geqslant 2$,证明或否定

$$\sum_{i=1}^{n}\sqrt{\frac{1}{n-1+x_i^n}}\leqslant\sqrt{n-1+\frac{1}{\prod\limits_{i=1}^{n}x_i}}$$

问题 38.1 设 $a,b,c,d\in\mathbf{R}_{++},abcd=1$,证明

$$1\geqslant\sum_{\text{cyc}}\frac{1}{a+3}\geqslant\sum_{\text{cyc}}\frac{1}{a+b+2}\geqslant\sum_{\text{cyc}}\frac{1}{a+b+c+1}\geqslant\frac{4}{a+b+c+d}$$

问题 38.2 设 $x_1,x_2,\cdots,x_n\in\mathbf{R}_{++},\prod_{i=1}^{n}x_i=1,n\geqslant 2$,证明或否定

$$1\geqslant\sum_{\text{cyc}}\frac{1}{x_1+n-1}\geqslant\sum_{\text{cyc}}\frac{1}{x_1+x_2+n-2}\geqslant\cdots\geqslant\sum_{\text{cyc}}\frac{1}{\sum\limits_{i=1}^{n-1}x_i+1}\geqslant\frac{n}{\sum\limits_{i=1}^{n}x_i}$$

问题 39 设 $x_1,x_2,\cdots,x_n\in\mathbf{R}_{++},p>0$,证明或否定

$$\sum_{\text{cyc}}\left(\frac{2x_1}{x_1+x_2}\right)^p\geqslant\max\left(n,\sum_{\text{cyc}}\left(\frac{x_1+x_2}{2x_1}\right)^p\right)$$

问题 40.1 设 $a,b,c,d\in\mathbf{R}_{+}$,证明

$$\sum_{\text{cyc}}\sqrt{a^2+(\sqrt{3}-1)bc}\leqslant\sqrt{a^2+b^2+c^2}+2\sqrt{ab+bc+ca}$$

问题 40.2 设 $a,b,c\in\mathbf{R}_{+},p\geqslant 1$,证明或否定

$$\sum_{\text{cyc}}\sqrt[p]{a^2+(\sqrt[p]{3}-1)bc}\leqslant\sqrt[p]{a^2+b^2+c^2}+2\sqrt[p]{ab+bc+ca}$$

问题 41.1 设 $a,b,c\in\mathbf{R}_{+}$,证明

$$\sum_{\text{cyc}}\left(a-\frac{b+c}{2}\right)^4\geqslant\frac{3}{8}\sum_{\text{cyc}}(a-\sqrt{bc})^4\geqslant\frac{27}{64}\sum_{\text{cyc}}\left(a-\frac{b+c}{2}\right)^4$$

问题 41.2 设 $x_1,x_2,\cdots,x_n\in\mathbf{R}_{+},k\in\mathbf{N}_{+}$,证明或否定

$$\sum_{i=1}^{n}\left(x_i-\sqrt[n-1]{\prod_{j\neq i}x_j}\right)^{2k}\geqslant\frac{(n-1)^{2k-1}+1}{(n-1)^{2k-1}}\sum_{i=1}^{n}\left[x_i-\frac{\sum\limits_{j\neq i}x_j}{n-1}\right]^{2k}$$

问题 42 设 $x_1,x_2,\cdots,x_n\in\mathbf{R}_{++},n\geqslant 2$,证明或否定

$$\frac{\prod\limits_{i=1}^{n}\sum\limits_{j\neq i}x_j}{(n-1)^n\prod\limits_{i=1}^{n}x_i}\geqslant\frac{n\sum\limits_{i=1}^{n}x_i^2}{\left(\sum\limits_{i=1}^{n}x_i\right)^2}$$

问题 43 设 $0\leqslant x_i\leqslant 1,i=1,2,\cdots,n,n\geqslant 2$,证明或否定

$$\sum_{i=1}^{n}\frac{x_i}{m+\prod\limits_{j\neq i}x_j}\leqslant\begin{cases}\dfrac{n-1}{m},0<m\leqslant n-1\\[2ex]\dfrac{n}{m+1},m>n-1\end{cases}$$

问题 44 设 $x_1,x_2,\cdots,x_n\in\mathbf{R}_{++},n\geqslant 3$,证明或否定

$$\sum_{\text{cyc}}\frac{x_1-2x_2+x_3}{x_1+2x_2+x_3}\geqslant 0$$

问题 45 设 $x_1,x_2,\cdots,x_n\in\mathbf{R}_{++},\sum\limits_{i=1}^{n}x_i=\sum\limits_{i=1}^{n}\dfrac{1}{x_i},n\geqslant 2$,证明或否定

$$\sum_{1\leqslant i<j\leqslant n} x_i x_j \geqslant \frac{1}{2}n(n-1)$$

问题 46 设 $x_1,x_2,\cdots,x_n \in \mathbf{R}_{++}$，$n \geqslant 2$，证明或否定

$$\sum_{\mathrm{cyc}} \frac{x_1^3+x_2^3}{x_1+x_2}+\frac{1}{2^{n-3}}\sum_{i<j}x_i x_j \geqslant \frac{n+1}{2}\sum_{i=1}^n x_i^2$$

（当 $n=2,3,4$ 时，系数 $\frac{1}{2^{n-3}}$ 为最佳）.

问题 47 设 $x_1,x_2,\cdots,x_n \in \mathbf{R}_+$，$m \in \mathbf{N}_+$，证明或否定

$$\prod_{i=1}^n \frac{x_i^{m+1}+1}{x_i^m+1} \geqslant \frac{\sum_{i=1}^n x_i - n + 2}{2}$$

问题 48.1 设 $x_1,x_2,\cdots,x_n \in \mathbf{R}_+$，$\sum_{i=1}^n x_i = n-1$，$n \geqslant 3$，证明或否定

$$\sum_{i=1}^n \prod_{j\neq i} x_j^{n-1} + \prod_{i=1}^n x_i \leqslant 1$$

问题 48.2 设 $x_1,x_2,\cdots,x_n \in \mathbf{R}_+$，$\sum_{i=1}^n x_i = n-1$，$n \geqslant 2$，证明或否定

$$\sum_{i=1}^n \prod_{j\neq i} x_j^3 + \prod_{i=1}^n x_i \leqslant 1$$

问题 49 设 $x_1,x_2,\cdots,x_n \in \mathbf{R}_+$，证明或否定

$$4^n \prod_{i=1}^n (x_i^2 - x_i + 1) \geqslant 3^n \prod_{i=1}^n x_i^2$$

问题 50 设 $x_1,x_2,\cdots,x_n \in \mathbf{R}_{++}$，$\prod_{i=1}^n x_i = 1$，$n \geqslant 3$，证明或否定

$$\sum_{i=1}^n \frac{1}{x_i} - \frac{n}{\sum_{i=1}^n x_i} \leqslant (n-1)\frac{\sum_{i=1}^n \frac{1}{x_i^{n-1}}}{\sum_{i=1}^n \prod_{j\neq i} x_j}$$

问题 51.1 设 $x_1,x_2,\cdots,x_n \in \mathbf{R}_+$，$\sum_{i=1}^n x_i^{n-1} = 1$，$n \geqslant 3$，证明或否定

$$1 \leqslant \sum_{i=1}^n \frac{x_i}{1+\prod_{j\neq i} x_j} \leqslant \sqrt[n-1]{(n-1)^{n-2}}$$

问题 51.2 设 $x_1,x_2,\cdots,x_n \in \mathbf{R}_{++}$，$\sum_{i=1}^n x_i^{n-1} = 1$，$n \geqslant 2$，证明或否定

$$\sum_{i=1}^n \frac{1+\prod_{j\neq i} x_j}{x_i} \leqslant (n+1)\sqrt[n-1]{n}$$

问题 52 设 $x_1,x_2,\cdots,x_n\in\mathbf{R}_{++}$,证明或否定

$$\sum_{i=1}^{n}x_i^{n-1}+n^2(n-2)\frac{\prod_{i=1}^{n}x_i}{\sum_{i=1}^{n}x_i}\geqslant(n-1)\sum_{i=1}^{n}\prod_{j\neq i}x_j$$

问题 53.1 设 $x_1,x_2,\cdots,x_n\in\mathbf{R}_{+}$, $\sum_{i=1}^{n}x_i=n-1$,证明或否定

$$\sum_{i=1}^{n}\sqrt{n-x_i}\geqslant 1+(n-1)\sqrt{n}$$

问题 53.2 设 $x_1,x_2,\cdots,x_n\in\mathbf{R}_{+}$, $\sum_{i=1}^{n}x_i=n-1$, $n\geqslant 2$,证明或否定

$$\sum_{i=1}^{n}\sqrt{1-\prod_{j\neq i}x_j}\geqslant n-1$$

问题 54.1 设 $x_1,x_2,\cdots,x_n\in\mathbf{R}_{++}$, $n\geqslant m$, $n\geqslant 3$,证明或否定

$$\sum_{i=1}^{n}x_i^{n-1}\leqslant\sum_{\text{cyc}}\frac{x_1^n+x_2^n+\cdots+x_m^n}{x_1+x_2+\cdots+x_m}\leqslant\frac{\left(\sum_{i=1}^{n}x_i^{n-1}\right)^2}{\sum_{i=1}^{n}\prod_{j\neq i}x_j}$$

问题 54.2 设 $x_1,x_2,\cdots,x_n\in\mathbf{R}_{++}$, $n\geqslant m$, $n\geqslant 2$,证明或否定

$$\sum_{\text{cyc}}\frac{x_1+x_2+\cdots+x_m}{x_1^n+x_2^n+\cdots+x_m^n}\geqslant\frac{n^2\sum_{i=1}^{n}\prod_{j\neq i}x_j}{\left(\sum_{i=1}^{n}x_i^{n-1}\right)^2}$$

问题 55.1 设 $x,y,z\in\mathbf{R}_{+}$, $(x-y)(y-z)(z-x)\neq 0$, $m=1,2,\cdots,25$,证明

$$\sum_{\text{cyc}}\frac{x^3}{(y-z)^2}\geqslant\sqrt[m]{2^{m-1}(x^m+y^m+z^m)}$$

并求使得上式恒成立的最大正数 m.

问题 55.2 设 $x,y,z\in\mathbf{R}_{++}$, $(x-y)(y-z)(z-x)\neq 0$, $m=1,2,\cdots,48$,证明

$$\sum_{\text{cyc}}\frac{x}{(y-z)^2}\geqslant\sqrt[m]{\frac{2^{m+1}}{x^m+y^m+z^m}}$$

并求使得上式恒成立的所有正数 m.

问题 55.3 设 $x,y,z\in\mathbf{R}_{++}$, $(x-y)(y-z)(z-x)\neq 0$, $m=1,2,\cdots,48$,证明

$$\sum_{\text{cyc}}\frac{x^2}{(y-z)^2}\geqslant\sqrt[m]{\frac{2^{m+1}(x^2+y^2+z^2)}{(x+y+z)^2}}$$

并求使得上式恒成立的所有正整数 m.

问题 55.4 设 $x,y,z\in\mathbf{R}_{++}$，$(x-y)(y-z)(z-x)\neq 0$，$m=1,2,\cdots,17$，证明

$$\sum_{\text{cyc}}\frac{x^2}{(y-z)^2}\geqslant\sqrt[m]{\frac{2^{2m-1}(x^m+y^m+z^m)}{(x+y+z)^m}}$$

并求使得上式恒成立的最大正数 m.

问题 55.5 设 $x,y,z\in\mathbf{R}_{++}$，$(x-y)(y-z)(z-x)\neq 0$，$m=1,2,\cdots,45$，证明

$$\sum_{\text{cyc}}\frac{(y+z)^2}{(y-z)^2}\geqslant\sqrt[m]{\frac{3^m(x^2+y^2+z^2)}{(x+y+z)^2}}$$

并求使得上式恒成立的所有正整数 m.

问题 55.6 设 $x,y,z\in\mathbf{R}_{++}$，$(x-y)(y-z)(z-x)\neq 0$，$m=1,2,\cdots,40$，证明

$$\sum_{\text{cyc}}\frac{(y+z)^2}{(y-z)^2}\geqslant\sqrt[m]{\frac{3^m(x^m+y^m+z^m)}{(x+y+z)^m}}$$

并求使得上式恒成立的所有正整数 m.

问题 56.1 设 $x,y,z\in\mathbf{R}_{++}$，$-1\leqslant m\leqslant\frac{42}{5}$，证明或否定

$$\frac{x^m}{y}+\frac{y^m}{z}+\frac{z^m}{z}\geqslant\frac{3(x^m+y^m+z^m)}{x+y+z}$$

问题 56.2 设 $a,b,c,d\in\mathbf{R}_{++}$，$-1\leqslant m\leqslant\frac{17}{5}$，证明或否定

$$\frac{a^m}{b}+\frac{b^m}{c}+\frac{c^m}{d}+\frac{d^m}{a}\geqslant\frac{4(a^m+b^m+c^m+d^m)}{a+b+c+d}$$

问题 57 设 $x_1,x_2,\cdots,x_n\in\mathbf{R}_{++}$，$m\in\mathbf{N}_+$，试求使得下式成立的 m 的最大值 $m(n)$

$$\sum_{\text{cyc}}\frac{x_1^2}{x_2}\geqslant\sqrt[m]{n^{n-1}\sum_{i=1}^{n}x_i^m}$$

注 我们有 $m(3)=6$，$m(4)=4$，$m(5)=3$.

问题 58 设 $x_1,x_2,\cdots,x_{2k+1}\in\mathbf{R}$，$k\in\mathbf{N}_+$，$\sum\limits_{i=1}^{2k+1}x_i=0$，$\sum\limits_{i=1}^{2k+1}x_i^2=2k+1$，证明或否定

$$\left|\prod_{i=1}^{2k+1}x_i\right|\leqslant\sqrt{\frac{k}{k+1}}$$

问题 59.1 设 $x,y,z\in\mathbf{R}_+$，$m\in\mathbf{N}_+$，$(x-y)(y-z)(z-x)\neq 0$，证明或否定

$$\sum_{\text{cyc}} \frac{x^{m+1}}{|y-z|} \geqslant x^m + y^m + z^m$$

问题 59.2 设 $a,b,c \in \mathbf{R}_+$，$(a-b)(b-c)(c-a) \neq 0$，$k \geqslant 1$，$1 \leqslant m \leqslant 4$，证明或否定

$$\sum_{\text{cyc}} \frac{(a+b)^{m+2}}{(a-b)^2} \geqslant 2(a+b+c)^m$$

问题 59.3 设 $a,b,c \in \mathbf{R}_+$，$(a-b)(b-c)(c-a) \neq 0$，$m > 2k$，$m,k \in \mathbf{N}_+$，证明或否定

$$\sum_{\text{cyc}} \frac{a^m}{(b-c)^{2k}} \geqslant \sum_{\text{cyc}} a^{m-2k}$$

问题 60 设 $x_1, x_2, \cdots, x_n \in \mathbf{R}_{++}$，$\sum_{i=1}^{n} x_i = 1$，证明或否定

$$\prod_{i=1}^{n} \left(\frac{1}{x_i} - x_i\right) \geqslant \frac{(n^2-1)^n}{n^n}$$

问题 61.1 设 $x_1, x_2, \cdots, x_n \in \mathbf{R}_+$，$\sum_{i=1}^{n} \prod_{j \neq i} x_i = n$，$n \geqslant 2$，证明或否定

$$\sum_{i=1}^{n} x_i^{n-1} + n(n-2) \prod_{i=1}^{n} x_i \geqslant n(n-1)$$

问题 61.2 设 $x_1, x_2, \cdots, x_n \in \mathbf{R}_+$，$\sum_{i=1}^{n} \prod_{j \neq i} x_j = n$，$n \geqslant 2$，证明或否定

$$\sum_{i=1}^{n} x_i^n + n((n-1)\sqrt[n-1]{n} - 1) \prod_{i=1}^{n} x_i \geqslant n(n-1)\sqrt[n-1]{n}$$

问题 62 设 $a,b,c \in \mathbf{R}_{++}$，$\sum_{\text{cyc}} a = 1$，$12 \leqslant k \leqslant 24$，证明

$$\frac{k}{\sum_{\text{cyc}} a^2 b} - \frac{1}{\prod_{\text{cyc}} a} \leqslant 9(k-3)$$

问题 63.1 设 $a,b,c \in \mathbf{R}_+$，$a^2 + b^2 + c^2 + 2abc = 1$，证明

$$\sum_{\text{cyc}} \sqrt{a+b} \geqslant 1 + \sqrt{a+b+c+20abc}$$

问题 63.2 设 $a,b,c \in \mathbf{R}_+$，$a^2 + b^2 + c^2 = 3$，证明

$$(3\sqrt{2} - \sqrt[4]{48})abc + \sqrt[4]{48} \leqslant \sum_{\text{cyc}} \sqrt{a+b} \leqslant (3\sqrt{2} - 4)abc + 4$$

问题 63.3 设 $x,y,z \in \mathbf{R}_+$，$k_0 = 6.770\ 888\ 182\ 29\cdots$ 是方程

$$73k^5 - 111k^4 - 2\ 034k^3 - 4\ 050k^2 + 729k + 6\ 561 = 0$$

的一个实根，证明

$$\frac{3}{2}(x+y+z-\sqrt[3]{xyz}) \leqslant \sum_{\text{cyc}} \sqrt{x^2 - xy + y^2}$$

$$\leqslant \frac{3+k_0}{3}(x+y+z)-k_0\sqrt[3]{xyz}$$

问题 64.1 设 $x_1,x_2,\cdots,x_n\in\mathbf{R}_{++},n\geqslant 2$,证明或否定

$$\sum_{i=1}^{n}\frac{x_1^{n-1}}{x_1^{n-1}+\prod_{j\neq i}x_j}\leqslant n-1$$

问题 64.2 设 $x_1,x_2,\cdots,x_n\in\mathbf{R}_{++},n\geqslant 4$,证明或否定

$$\sum_{\text{cyc}}\frac{x_1^{n-2}}{x_1^{n-2}+\prod_{i=2}^{n-1}x_i}\leqslant n-1$$

问题 65 设 $x_1,x_2,\cdots,x_n\in\mathbf{R}_{+},n\geqslant 2$,证明或否定

$$\sum_{i=1}^{n}\frac{1}{(n-1+x_i)^2}\geqslant\frac{n}{\sum_{i=1}^{n}x_i^2+n(n-1)}$$

问题 66 设 $x_1,x_2,\cdots,x_n\in\mathbf{R}_{++},\sum_{i=1}^{n}\prod_{j\neq i}x_j=n\prod_{i=1}^{n}x_i,n\geqslant 3$,证明或否定

$$\sum_{i=1}^{n}\frac{1}{x_i^2}+\sum_{i=1}^{n}\frac{1}{\sum_{j\neq i}x_j^2}+\frac{n^3(n-2)}{(n-1)\sum_{i=1}^{n}x_i^2}\leqslant n^2$$

问题 67.1 设 $x_1,x_2,\cdots,x_n\in\mathbf{R}_{++},\prod_{i=1}^{n}x_i=\frac{n-1}{n},n\geqslant 2$,证明或否定

$$\sum_{i=1}^{n}\frac{\prod_{j\neq i}x_j}{\sum_{j\neq i}x_j}\geqslant\frac{\sum_{i=1}^{n}x_i}{\sum_{i=1}^{n}x_i^3}$$

问题 67.2 设 $x_1,x_2,\cdots,x_n\in\mathbf{R}_{++},n\geqslant 3,\prod_{i=1}^{n}x_i=\left(\frac{n-1}{n}\right)^{\frac{n}{2n-3}}$,证明或否定

$$\sum_{i=1}^{n}\frac{\prod_{j\neq i}x_j}{\sum_{j\neq i}x_j}\geqslant\frac{\sum_{i=1}^{n}x_i}{\sum_{i=1}^{n}x_i^n}$$

问题 68 设 $x_1,x_2,\cdots,x_n\in\mathbf{R}_{++},\sum_{i=1}^{n}x_i+\prod_{i=1}^{n}x_i=n+1,k\geqslant-\frac{1}{n+1},n\geqslant 2$,证明或否定

$$\prod_{i=1}^{n}\left(k+\frac{1}{x_i}\right)\geqslant(k+1)^n$$

问题 69 设 $x_1,x_2,\cdots,x_n\in\mathbf{R}_{++}$，$0\leqslant k\leqslant\frac{1}{n-1}$，$\sum_{i=1}^{n}\frac{1}{x_i}\leqslant n$，$n\geqslant 2$，证明或否定

$$\sum_{i=1}^{n}\frac{1}{k+x_i^n}\geqslant\frac{n}{k+\prod_{i=1}^{n}x_i}$$

问题 70.1 设 $a,b,c\in\mathbf{R}_{+}$，$m,n\in\mathbf{N}_{+}$，证明或否定

$$\sum_{\text{cyc}}a^{2m-1}(2a-b-c)^{2n}(a-b)(a-c)\geqslant 0$$

$$\sum_{\text{cyc}}a^{2m}(2a-b-c)^{2n-1}(a-b)(a-c)+\sum_{\text{cyc}}a^{2m}(b+c)^{2m-1}(a-b)(a-c)\geqslant 0$$

问题 70.2 设 $a,b,c\in\mathbf{R}$，$m,n\in\mathbf{N}_{+}$，证明或否定

$$\sum_{\text{cyc}}a^{2m}(2a-b-c)^{2n}(a-b)(a-c)\geqslant 0$$

$$\sum_{\text{cyc}}a^{2m-1}(2a-b-c)^{2n-1}(a-b)(a-c)+\sum_{\text{cyc}}a^{2m-1}(b+c)^{2n-1}(a-b)(a-c)\geqslant 0$$

问题 71 设 $a,b,c\in[0,k]$，试求使得下式成立的最大正数 k

$$\sum_{\text{cyc}}\frac{1}{\sqrt{1+ka^3}}\leqslant\frac{3}{\sqrt{1+kabc}}$$

问题 72 设 $a,b,c,d\in\mathbf{R}_{++}$，$a^2+b^2+c^2+d^2+4abcd=\frac{5}{4}$，证明

$$\sum_{\text{cyc}}\frac{1}{b+c+d}\geqslant\frac{8}{3}$$

$$\frac{25}{3(a+b+c+d)}-\sum_{\text{cyc}}\frac{1}{b+c+d}\leqslant\frac{3}{2}$$

$$\sum_{\text{cyc}}\frac{1}{b+c+d+1}-\frac{2}{a+b+c+d}\geqslant\frac{3}{5}$$

问题 73 设 $x_1,x_2,\cdots,x_n\in\mathbf{R}_{++}$，$\sum_{i=1}^{n}x_i\geqslant\prod_{i=1}^{n}x_i+n-1$，$m\in\mathbf{Z}$，$m\neq 0$，证明或否定

$$\sum_{i=1}^{n}x_i^m\geqslant n-1$$

问题 74.1 设 $a_1,a_2,\cdots,a_n,b_1,b_2,\cdots,b_n\in\mathbf{R}_{++}$，证明或否定

$$\frac{1}{\sum_{i=1}^{n}\frac{1}{a_i}}+\frac{1}{\sum_{i=1}^{n}\frac{1}{b_i}}\leqslant\frac{1}{\sum_{i=1}^{n}\frac{1}{a_i+b_i}}$$

问题 74.2 设 $x_{(1,i)},x_{(2,i)}\in\mathbf{R}_{++}$，$i=1,2,\cdots,n$，证明或否定

$$\sum_{i=1}^{n}\left(\frac{1}{\frac{1}{x_{(1,i)}}}+\frac{1}{\frac{1}{x_{(2,i)}}}\right)\leqslant\frac{1}{\frac{1}{\sum\limits_{i=1}^{n}x_{(1,i)}}+\frac{1}{\sum\limits_{i=1}^{n}x_{(2,i)}}}$$

问题 74.3 设 $x_{(i,j)}\in\mathbf{R}_{++}, i=1,2,\cdots,m, j=1,2,\cdots,n$，证明或否定

$$\sum_{j=1}^{n}\left(\frac{1}{\frac{1}{x_{(1,j)}}}+\frac{1}{\frac{1}{x_{(2,j)}}}+\cdots+\frac{1}{\frac{1}{x_{(m,j)}}}\right)\leqslant\frac{1}{\frac{1}{\sum\limits_{j=1}^{n}x_{(1,j)}}+\frac{1}{\sum\limits_{j=1}^{n}x_{(2,j)}}+\cdots+\frac{1}{\sum\limits_{j=1}^{n}x_{(m,j)}}}$$

问题 75.1 设 $x_1,x_2,\cdots,x_n\in\mathbf{R}_{++}$，证明或否定

$$\frac{S_{2n-2}}{S_{n-1}}+n(n-1)\frac{\sigma_n}{S_1}\geqslant S_{n-1}$$

问题 75.2 设 $x_1,x_2,\cdots,x_n\in\mathbf{R}_{++}, n\geqslant 2$，证明或否定

$$\frac{S_n}{S_{n-1}}+\frac{n}{n-1}\frac{\sigma_n}{\sigma_{n-1}}\geqslant\frac{1}{n(n-1)}S_1$$

问题 75.3 设 $x_1,x_2,\cdots,x_n\in\mathbf{R}_{++}, m\in\mathbf{N}_+, n\geqslant m, p\leqslant\frac{n}{m}\vee p>n$，$p\neq n$，证明或否定

$$\frac{S_{m+k}}{S_k}\geqslant\frac{1}{n-p}(S_m-pv_m)$$

问题 76.1 设 $a,b,c\in\mathbf{R}_+, a^m+b^m+c^m=3, m\in\mathbf{N}_+, m\geqslant 3$，证明或否定

$$a^{m+1}b^{m+1}+b^{m+1}c^{m+1}+c^{m+1}a^{m+1}\leqslant 3$$

问题 76.2 设 $a,b,c\in\mathbf{R}_+, a^3+b^3+c^3=3$，证明

$$a^4b^4+b^4c^4+c^4a^4\leqslant 3$$

并求使得 $a^kb^k+b^kc^k+c^ka^k\leqslant 3$ 成立的最大正数 k.

问题 76.3 设 $a,b,c\in\mathbf{R}_{++}, a^8+b^8+c^8=3$，证明

$$\frac{a^7}{b^6}+\frac{b^7}{c^6}+\frac{c^7}{a^6}\geqslant 3$$

并求当 $a^{m+1}+b^{m+1}+c^{m+1}=3, m\in\mathbf{N}_+$ 时，使得 $\sum\limits_{\mathrm{cyc}}\frac{a^m}{b^{m-1}}\geqslant 3$ 成立的所有正整数 m.

问题 77 设 $a,b,c\in\mathbf{R}_{++}, m\geqslant 1$，证明或否定

$$\frac{a^m+b^m}{b+c}+\frac{b^m+c^m}{c+a}+\frac{c^m+a^m}{a+b}\leqslant\frac{3(a^m+b^m+c^m)}{a+b+c}$$

问题 78.1 设 $x_1,x_2,\cdots,x_n\in\mathbf{R}_{++}, n\geqslant 2$，证明或否定

$$\frac{\sum_{i=1}^{n} x_i}{n} - \frac{n}{\sum_{i=1}^{n} \frac{1}{x_i}} \geqslant \frac{1}{n} \frac{(x_1 - x_2)^2}{x_1 + x_2}$$

问题 78.2 设 $x_1, x_2, \cdots, x_n \in \mathbf{R}_{++}, k \in \mathbf{N}_+, n \geqslant 2$，证明或否定

$$\sqrt[k]{\frac{\sum_{i=1}^{n} x_i^2}{n}} - \frac{\sum_{i=1}^{n} x_i}{n} \geqslant \frac{\sqrt[k]{2^{k-1}} - 1}{n} \frac{(x_1 - x_2)^2}{x_1 + x_2}$$

问题 79 设 $x_1, x_2, \cdots, x_n \in \mathbf{R}_+, \sum_{i=1}^{n} x_i^m = n - 1, m \in \mathbf{N}_+, m \geqslant 2$，证明或否定

$$\sum_{i=1}^{n} x_i - \prod_{i=1}^{n} x_i \leqslant n - 1$$

问题 80 设 $x_1, x_2, \cdots, x_n \in \mathbf{R}_+, \sum_{i=1}^{n} \prod_{j \neq i} x_j = n, n \geqslant 2$，证明或否定

$$\frac{\sum_{i=1}^{n} x_i^n}{n} - 1 \geqslant ((n-1)\sqrt[n-1]{n} - 1)(1 - \prod_{i=1}^{n} x_i)$$

问题 81 设 $x_1, x_2, \cdots, x_n \in [0, 1), n \geqslant 2$，证明或否定

$$\sum_{\text{cyc}} \frac{x_1}{1 - x_2} \geqslant \frac{n\sqrt[n]{\prod_{i=1}^{n} x_i}}{1 - \sqrt[n]{\prod_{i=1}^{n} x_i}}$$

问题 82.1 设 $a, b, c \in \mathbf{R}, x, y, z \in \mathbf{R}, k \geqslant 1$，证明

$$ax + by + cz + k\sqrt{\sum_{\text{cyc}} a^2 \sum_{\text{cyc}} x^2} \geqslant \frac{1+k}{3} \sum_{\text{cyc}} a \sum_{\text{cyc}} x$$

问题 82.2 设 $a_i, x_i \in \mathbf{R}, i = 1, 2, \cdots, n, k \geqslant 1, n \geqslant 2$，证明或否定

$$\sum_{i=1}^{n} a_i x_i + k\sqrt{\sum_{i=1}^{n} a_i^2 \sum_{i=1}^{n} x_i^2} \geqslant \frac{1+k}{n} \sum_{i=1}^{n} a_i \sum_{i=1}^{n} x_i$$

问题 83.1 设 $x_1, x_2, \cdots, x_n \in \mathbf{R}_{++}, \sum_{i=1}^{n} x_i = \prod_{i=1}^{n} x_i, n \geqslant 2$，证明或否定

$$\sum_{i=1}^{n} \frac{\prod_{j \neq i} x_j - 1}{x_i^{n-1}} \geqslant n - 1$$

问题 83.2 设 $x_1, x_2, \cdots, x_n \in \mathbf{R}_{++}, \sum_{i=1}^{n} x_i = \prod_{i=1}^{n} x_i, n \geqslant 2$，证明或否定

$$\sum_{i=1}^{n}\frac{x_i^{n-1}}{\prod_{j\neq i}x_j-1}\geqslant\frac{n^2}{n-1}$$

问题 84 设 $x_1,x_2,\cdots,x_n\in\mathbf{R}_{++},n\geqslant 3$,证明或否定

$$\sum_{i=1}^{n}\frac{1}{x_i^2}-\frac{2n\sqrt{n-1}}{\sum_{i=1}^{n}x_i^2}\geqslant\frac{n-2\sqrt{n-1}}{\sum_{i=1}^{n}x_i}\sum_{i=1}^{n}\frac{1}{x_i}$$

问题 85.1 设 $x_1,x_2,\cdots,x_n\in\mathbf{R}_+,\sum_{i=1}^{n}\prod_{j\neq i}x_j=1,n\geqslant 2$,证明或否定

$$\sum_{i=1}^{n}\frac{1-x_i^{n-1}}{1+x_i^{n-1}}\leqslant\frac{n(n-1)}{n+1}$$

问题 85.2 设 $x_1,x_2,\cdots,x_n\in\mathbf{R}_+,\sum_{i=1}^{n}\prod_{j\neq i}x_j=1,n\geqslant 2$,证明或否定

$$\sum_{i=1}^{n}\frac{1+x_i^{n-1}}{1-\prod_{j\neq i}x_j}\geqslant\frac{n(n+1)}{n-1}$$

问题 86 设 $x_1,x_2,\cdots,x_n\in\mathbf{R}_{++},k\geqslant n-1\geqslant 1$,证明或否定

$$\sum_{i=1}^{n}\frac{x_i^{n-1}}{x_i^{n-1}+k\prod_{j\neq i}x_j}\geqslant\frac{n}{1+k}\geqslant\sum_{i=1}^{n}\frac{\prod_{j\neq i}x_j}{x_i^{n-1}+k\prod_{j\neq i}x_j}$$

问题 87 设 $x_1,x_2,\cdots,x_n\in\mathbf{R}_+,\sum_{i=1}^{n}x_i^{n-1}=n\geqslant 2$,证明或否定

$$\sum_{i=1}^{n}\frac{1-\prod_{j\neq i}x_j}{1+\prod_{j\neq i}x_j}\geqslant 0$$

问题 88 设 $a,b,c\in\mathbf{R}_{++},\sum_{\text{cyc}}\frac{1}{a}=1,k\in\mathbf{N}_+$,证明或否定

$$\sum_{\text{cyc}}a\sqrt{b^k-1}\geqslant 9\sqrt{3^k-1}$$

问题 89.1 设 $a,b,c\in\mathbf{R}_{++},(a-b)(b-c)(c-a)\neq 0,r\in\mathbf{R},k\in\mathbf{N}$,证明或否定

$$\sum_{\text{cyc}}\frac{a^r(a-b)(a-c)}{(b-c)^{2k}}\geqslant 0$$

问题 89.2 设 $a,b,c\in\mathbf{R}_{++},(a-b)(b-c)(c-a)\neq 0,k\in\mathbf{N}_+$,证明或否定

$$\sum_{\text{cyc}}\frac{a^{2k}(a+b)(a+c)}{(b-c)^{2k+2}}\geqslant 4+(32k^2+48k+20)\prod_{\text{cyc}}\frac{(a-b)^2}{(a+b)^2}$$

问题 90 设 $x_1,x_2,\cdots,x_n\in\mathbf{R}_{++},\sum_{i=1}^{n}\frac{1}{x_i}\leqslant n,k\geqslant 0,n\geqslant 2$,证明或否定

$$\sum_{i=1}^{n}\frac{1}{kx_i+\sum_{j\neq i}x_j}\leqslant\frac{n}{k+n-1}$$

问题 91 设 $x_1,x_2,\cdots,x_n\in\mathbf{R}_{+},\sum_{i=1}^{n}x_i^3=1,n\geqslant 3$,证明或否定

$$1\leqslant\sum_{i=1}^{n}\frac{x_i}{1+\prod_{j\neq i}x_j}\leqslant\sqrt[3]{(n-1)^2}$$

问题 92 设 $x_1,x_2,\cdots,x_n\in\mathbf{R}_{++},\sum_{i=1}^{n}x_i=n,n\geqslant 2$,证明或否定

$$\sum_{i=1}^{n}\prod_{j\neq i}x_j+\frac{n}{\prod_{j\neq i}x_i}\geqslant\sum_{i=1}^{n}\frac{1}{x_i}+n$$

问题 93 设 $x_1,x_2,\cdots,x_n\in\mathbf{R},\sum_{i=1}^{n}x_i^2=n,n\geqslant 2$,证明或否定

$$\sum_{i=1}^{n}x_i^{2n}+\prod_{i=1}^{n}x_i^2\geqslant\sum_{i=1}^{n}x_i^{2n-1}+1$$

问题 94 设 $x_1,x_2,\cdots,x_n\in\mathbf{R}_{++},\sum_{i=1}^{n}\frac{1}{x_i^2}=n,n\geqslant 2$,证明或否定

$$\sum_{i=1}^{n}\prod_{j\neq i}x_j-n\geqslant\sqrt{n}\left(\prod_{i=1}^{n}x_i-1\right)\geqslant 0$$

问题 95 设 $a,b,c,d\in\mathbf{R}_{++}$,证明

$$\frac{a^2}{b}+\frac{b^2}{c}+\frac{c^2}{d}+\frac{d^2}{a}\geqslant(a+b+c+d)\sqrt[4]{\frac{a^3+b^3+c^3+d^3}{abc+bcd+cda+dab}}$$

问题 96.1 设 $a,b,c,d\in\mathbf{R}_{++}$,证明

$$\sqrt{\frac{a^4+b^4+c^4+d^4}{4abcd}}+\frac{11}{6}\sqrt{\frac{abc+bcd+cda+dab}{a^3+b^3+c^3+d^3}}\geqslant\frac{17}{6}$$

问题 96.2 设 $a,b,c\in\mathbf{R}_{++},-2\leqslant k<0\vee 0<k\leqslant 5$,证明或否定

$$\sqrt[k]{\frac{a^3+b^3+c^3}{3abc}}+3\sqrt[k]{\frac{ab+bc+ca}{a^2+b^2+c^2}}\geqslant 4$$

问题 97 设 $x_1,x_2,\cdots,x_n\in\mathbf{R}_{++},k\in\mathbf{N}_{+},\sum_{i=1}^{n}\frac{1}{x_i}=n,n\geqslant 2$,证明或否定

$$\sum_{i=1}^{n}\frac{\sum_{j\neq i}x_j^{k+1}}{\sum_{j\neq i}x_j^{k}}\geqslant n$$

问题 98 设 $a,b,c\in\mathbf{R}_{++},k\geqslant 0,n\geqslant\frac{1}{2}$,证明

$$\sum_{\text{cyc}}\frac{1}{\sqrt[n]{ka+b+c}}\leqslant\sum_{\text{cyc}}\frac{1}{\sqrt[n]{(k+1)a+b}}$$

问题 99 设 $x_1,x_2,\cdots,x_n\in\mathbf{R}_+,n\geqslant 2$,证明或否定

$$\frac{\sum\limits_{i=1}^{n}x_i}{n}+\frac{\sqrt{n(n-1)}-(n-1)}{n(n-1)}\sum_{1\leqslant i<j\leqslant n}(\sqrt{x_i}-\sqrt{x_j})^2$$

$$\leqslant\sqrt{\frac{\sum\limits_{i=1}^{n}x_i^2}{n}}\leqslant\frac{\sum\limits_{i=1}^{n}x_i}{n}+\frac{\sqrt{n(n-1)}}{n(n-1)}\sum_{1\leqslant i<j\leqslant n}(\sqrt{x_i}-\sqrt{x_j})^2$$

问题 100 设 $x_1,x_2,\cdots,x_n\in\mathbf{R}_{++},\sum\limits_{i=1}^{n}x_i+1=(n+1)\prod\limits_{i=1}^{n}x_i,n\geqslant 2$,证明或否定

$$\sum_{i=1}^{n}\frac{1}{x_i}\geqslant n\geqslant\sum_{i=1}^{n}\frac{1}{\sqrt{\prod\limits_{j\neq i}x_j}}$$

问题 101 设 $x_1,x_2,\cdots,x_n\in\mathbf{R}_+,n\geqslant 2$,证明或否定

$$\left(\sum_{i=1}^{n}x_i^n+\prod_{i=1}^{n}x_i\right)^2\geqslant\frac{(n+1)^2}{(n-1)^n}\prod_{i=1}^{n}\sum_{j\neq i}x_j^2$$

问题 102.1 设 $a,b,c,d\in\mathbf{R}_{++},abcd=1,k\geqslant 1$,证明

$$\sum_{\text{cyc}}\sqrt[k]{\frac{a^2}{b+c+d}}\geqslant\sum_{\text{cyc}}\sqrt[k]{\frac{a}{b^2+c^2+d^2}}$$

问题 102.2 设 $a,b,c\in\mathbf{R}_{++},abc=1,k>0$,证明或否定

$$\sum_{\text{cyc}}\sqrt[k]{\frac{a^2}{b+c}}\geqslant\sum_{\text{cyc}}\sqrt[k]{\frac{a}{b^2+c^2}}$$

问题 103.1 设 $x_1,x_2,\cdots,x_n\in\mathbf{R}_+,n\geqslant 2$,证明或否定

$$\prod_{i=1}^{n}x_i+n-1+\frac{1}{4}\sum_{1\leqslant i<j\leqslant n}(x_i-x_j)^2\geqslant\sum_{i=1}^{n}x_i$$

问题 103.2 设 $x_1,x_2,\cdots,x_n\in\mathbf{R}_+,n\geqslant 2$,证明或否定

$$\prod_{i=1}^{n}x_i+n-1+\frac{\sqrt{n-1}}{2}\sum_{i=1}^{n}(x_i-1)^2\geqslant\sum_{i=1}^{n}x_i$$

问题 104 设 $x_1,x_2,\cdots,x_n\in\mathbf{R}_{++},\prod\limits_{i=1}^{n}x_i\leqslant 1,n\geqslant 2$,证明或否定

$$\sum_{\text{cyc}}\frac{x_1^2+1}{(x_2+1)^2}+\frac{1}{2}\sum_{i=1}^{n}\frac{1}{x_i}\geqslant n$$

问题 105 设 $x_1,x_2,\cdots,x_n\in\mathbf{R}_+,\sum\limits_{i=1}^{n}\prod\limits_{j\neq i}x_j=n,n\geqslant 2$,证明或否定

$$\prod_{i=1}^{n}(x_i^2+1)\geqslant 2^n$$

问题 106.1 设 $a,b,c,d\in\mathbf{R}_+$，$abc+bcd+cda+dab=\frac{1}{2}$，证明

$$\sum_{\text{cyc}}\frac{a}{1+a^2}\leqslant\frac{8}{5}$$

问题 106.2 设 $a,b,c,d\in\mathbf{R}_+$，$abc+bcd+cda+dab=1$，证明或否定

$$\sum_{\text{cyc}}\frac{a}{1+a^2}\leqslant\frac{4(\sqrt[3]{4}+8\sqrt[3]{2}-4)}{17}$$

问题 107 设 $x_1,x_2,\cdots,x_n\in\mathbf{R}_{++}$，$\sum_{i=1}^{n}x_i^n=n$，$n\geqslant 2$，证明或否定

$$\sum_{i=1}^{n}\frac{1+\prod_{j\neq i}x_j}{x_i+\prod_{j\neq i}x_j}\geqslant\sum_{i=1}^{n}x_i^2$$

问题 108 设 $a,b,c,d\in\mathbf{R}_+$，$\frac{1}{a}+\frac{1}{b}+\frac{1}{c}=3$，证明或否定

$$\frac{1}{\sqrt{1+a^3}}+\frac{1}{\sqrt{1+b^3}}+\frac{1}{\sqrt{1+c^3}}-\frac{3}{4\sqrt{1+abc}}\geqslant\frac{9}{4\sqrt{1+\left(\frac{a+b+c}{3}\right)^3}}$$

问题 109 设 $a,b,c\in\mathbf{R}_{++}$，$a+b+c=ab+bc+ca$，$k\geqslant 8$，证明或否定

$$\sum_{\text{cyc}}\sqrt{\frac{a}{ab+kc}}\geqslant\frac{3}{\sqrt{1+k}}$$

问题 110 设 $a,b,c\in\mathbf{R}_+$，$a+b+c=ab+bc+ca$，证明

$$\frac{1}{4}(|a-b|+|b-c|+|c-a|)+\sqrt{abc}\geqslant 1$$

问题 111 设 $a,b,c\in\mathbf{R}_{++}$，$m=\frac{1+4k}{4-2k}$，$-1\leqslant k<2$，证明

$$\sum_{\text{cyc}}\frac{1}{a^2+kab+b^2}\geqslant\frac{9(m+1)}{(k+2)\sum_{\text{cyc}}(a^2+mbc)}$$

问题 112.1 设 $a,b,c\in\mathbf{R}_{++}$，$\sum_{\text{cyc}}\frac{1}{a}=1$，证明

$$\sqrt{a+b+c}\leqslant\sum_{\text{cyc}}\sqrt{a+1}\leqslant 2\sqrt{a+b+c}$$

问题 112.2 设 $a,b,c,d\in\mathbf{R}_{++}$，$\sum_{\text{cyc}}\frac{1}{a}=1$，证明或否定

$$\frac{2+\sqrt{2}}{2}\sqrt{a+b+c+d}\leqslant\sum_{\text{cyc}}\sqrt{a+1}\leqslant\sqrt{5}\sqrt{a+b+c+d}$$

问题 113 设 $a,b,c\in\mathbf{R}_+$，$(a-b)(b-c)(c-a)\neq 0$，$ab+bc+ca\neq 0$，$0\leqslant m\leqslant 6$，证明或否定

$$\sum_{\text{cyc}}\frac{a^{m+2}}{(b-c)^2}\geqslant\frac{1}{2^{m+1}}\cdot\frac{(a+b+c)^{m+2}}{ab+bc+ca}$$

问题 114 设 $x_1,x_2,\cdots,x_n\in\mathbf{R}_{++}$，$\sum_{i=1}^{n}\frac{1}{x_i}=1$，证明或否定

$$\sum_{i=1}^{n}\sqrt{x_i+1}\geqslant\sqrt{\sum_{i=1}^{n}x_i+n^3}$$

问题 115 设 $x_1,x_2,\cdots,x_n\in\mathbf{R}_{++}$，$\sum_{i=1}^{n}x_i+1=(n+1)\prod_{i=1}^{n}x_i$，$n\geqslant 2$，证明或否定

$$\sum_{i=1}^{n}\frac{1}{x_i}\geqslant n\geqslant\sum_{i=1}^{n}\frac{1}{\sqrt{\prod_{j\neq i}x_j}}$$

问题 116.1 设 $x_1,x_2,\cdots,x_n\in\mathbf{R}_+$，$\sum_{i=1}^{n}\prod_{j\neq i}x_j+\prod_{i=1}^{n}x_i=n+1$，$n\geqslant 2$，证明或否定

$$\sum_{i=1}^{n}x_i\geqslant\sum_{i=1}^{n}\prod_{j\neq i}x_j$$

问题 116.2 设 $x_1,x_2,\cdots,x_n\in\mathbf{R}_{++}$，$\sum_{i=1}^{n}x_i^{n-1}+\prod_{i=1}^{n}x_i=n+1$，$n\geqslant 2$，证明或否定

$$\sum_{i=1}^{n}\frac{1}{x_i}\geqslant\sum_{i=1}^{n}x_i\geqslant\sum_{i=1}^{n}\prod_{j\neq i}x_j$$

问题 117 在 $\triangle ABC$ 中，$\frac{m-2}{m}\leqslant k\leqslant\frac{m}{m-2}$，$m\geqslant 3$，$m\in\mathbf{N}_+$，证明或否定

$$\sum_{\text{cyc}}a^{2m-1}b+k\sum_{\text{cyc}}ab^{2m-1}\geqslant(1+k)\cdot\sum_{\text{cyc}}a^m b^m$$

问题 118 设 $x_1,x_2,\cdots,x_n\in\mathbf{R}_+$，$\sum_{i=1}^{n}\prod_{j\neq i}x_i=\sum_{i=1}^{n}x_i$，$n\geqslant 2$，证明或否定

$$\sum_{i=1}^{n}x_i\geqslant\prod_{i=1}^{n}x_i+n-1$$

问题 119 设 $x_1,x_2,\cdots,x_n\in\mathbf{R}_{++}$，$k\in\mathbf{R}_+$，$\prod_{i=1}^{n}x_i=1$，$n\geqslant 2$，证明或否定

$$\sum_{i=1}^{n}\frac{1}{x_i}+\sum_{i=1}^{n}\frac{1}{x_i+k}\geqslant\frac{n(k+2)}{k+1}$$

问题 120 设 $x_1,x_2,\cdots,x_n\in\mathbf{R}_{++},k\in\mathbf{R}_+,(\sum_{i=1}^n x_i-n)(\sum_{i=1}^n\frac{1}{x_i}-n)=0$，证明或否定

$$\sum_{i=1}^n\sqrt{x_i^n+k}+\sqrt{\prod_{i=1}^n x_i+k}\geqslant(n+1)\sqrt{1+k}$$

问题 121 设 $x_1,x_2,\cdots,x_n\in\mathbf{R}_{++},\prod_{i=1}^n\sum_{j\neq i}x_j=(n-1)^n,n\geqslant 3$，证明或否定

$$\sum_{i=1}^n\frac{1}{x_i^n+\prod_{i=1}^n x_i}-\frac{1}{(n-2)\prod_{i=1}^n x_i}\geqslant\frac{n}{2}-\frac{1}{n-2}$$

问题 122 设 $x_1,x_2,\cdots,x_n\in\mathbf{R}_{++},n\geqslant 2$，证明或否定

$$\sum_{i=1}^n\frac{\sum_{j\neq i}x_j}{\sqrt[n-1]{x_i^{n-1}+\prod_{j\neq i}x_j}}\geqslant(n-1)^2$$

问题 123.1 设 $x_1,x_2,\cdots,x_n\in\mathbf{R}_{++},n\geqslant 3$，证明

$$(\sum_{i=1}^n x_i)^3\sum_{1\leqslant i<j<k\leqslant n}x_ix_jx_k\geqslant 27\sum_{1\leqslant i<j<k\leqslant n}x_i^2x_j^2x_k^2$$

问题 123.2 设 $x_1,x_2,\cdots,x_n\in\mathbf{R}_{++},n\geqslant m,n\in\mathbf{N}_+$，证明或否定

$$(\sum_{i=1}^n x_i)^m\sum_{1\leqslant k_1<k_2<\cdots<k_m\leqslant n}x_{k_1}x_{k_2}\cdots x_{k_m}\geqslant m^m\sum_{1\leqslant k_1<k_2<\cdots<k_m\leqslant n}x_{k_1}^2x_{k_2}^2\cdots x_{k_m}^2$$

问题 124 设 $x_1,x_2,\cdots,x_n\in\mathbf{R}_{++},\sum_{i=1}^n\frac{1}{x_i}=\sum_{i=1}^n x_i,n\geqslant 2$，证明或否定

$$\sum_{i=1}^n\prod_{j\neq i}x_j\geqslant\frac{n^2}{\sum_{i=1}^n x_i^2}$$

问题 125.1 设 $x_1,x_2,\cdots,x_n\in\mathbf{R}_+,S_1=n\geqslant 2,m\in\mathbf{N}_+$，证明或否定

$$S_m+\frac{n^m-n(n-1)^{m-1}}{(n-1)^{m-1}}\sigma_n\geqslant\frac{n^m}{(n-1)^{m-1}}$$

问题 125.2 设 $x_1,x_2,\cdots,x_n\in\mathbf{R}_+,S_{n-1}=n,n\geqslant 3$，证明或否定

$$\sigma_n+n-1\geqslant\sigma_{n-1}$$

问题 125.3 设 $x_1,x_2,\cdots,x_n\in\mathbf{R}_+,S_{n-1}=n,n\geqslant 2$，证明或否定

$$v_1-\left(1-\frac{\sqrt[n-1]{n}}{n}\right)v_2\geqslant\frac{\sqrt[n-1]{n}}{n}$$

问题 125.4 设 $x_1,x_2,\cdots,x_n\in\mathbf{R}_+,S_2=n,k=n-1+\sqrt{n(n-1)}$，证明或否定

$$S_1^2+kS_3\geqslant n(n+k)$$

问题 126.1 设 $x_1,x_2,\cdots,x_n\in\mathbf{R}_+,n\geqslant 2$,证明或否定

$$\prod_{\text{cyc}}(x_1^2-x_1x_2+x_2^2)\geqslant\prod_{i=1}^{n}x_i^2+\prod_{\text{cyc}}(x_1-x_2)^2$$

问题 126.2 设 $x_1,x_2,\cdots,x_n\in\mathbf{R}_+,n\geqslant 2$,证明或否定

$$\prod_{\text{cyc}}(x_1^2+x_1x_2+x_2^2)\geqslant 3^n\prod_{i=1}^{n}x_i^2+\prod_{\text{cyc}}(x_1-x_2)^2$$

问题 127 设 $a,b,c,d\in\mathbf{R}_+,a+b+c+d=abc+bcd+cda+dab$,证明

$$\sum_{\text{cyc}}\sqrt{abc}-(4-\sqrt[4]{27})\sqrt{abcd}\geqslant\sqrt[4]{27}$$

问题 128 设 $x_1,x_2,\cdots,x_n\in\mathbf{R}_+,\sum_{i=1}^{n}\prod_{j\neq i}x_j+\prod_{i=1}^{n}x_i=n+1,n\geqslant 3$,证明或否定

$$(\sum_{i=1}^{n}x_i^{n-2}-n)^2(1-\prod_{i=1}^{n}x_i)\geqslant\prod_{i=1}^{n}(1-x_i)^2$$

问题 129 设 $x_1,x_2,\cdots,x_n\in\mathbf{R}_{++},\sum_{i=1}^{n}x_i-\frac{1}{\prod_{i=1}^{n}x_i}=n-1$,证明或否定

$$\sum_{i=1}^{n}\frac{1}{x_i}+\prod_{i=1}^{n}x_i\geqslant n+1$$

问题 130 设 $x_1,x_2,\cdots,x_n\in\mathbf{R}_+,\sum_{i=1}^{n}x_i=n,m\in\mathbf{N}_+,n\geqslant 2$,证明或否定

$$n(n^m-1)(1-\prod_{i=1}^{n}x_i)\geqslant\sum_{i=1}^{n}x_i^{m+1}-n$$

问题 131.1 设 $x_1,x_2,\cdots,x_n\in\mathbf{R}_{++},\sum_{i=1}^{n}\frac{1}{x_i^2}=n$,证明或否定

$$\prod_{i=1}^{n}(x_i^2-x_i+1)\geqslant 1$$

问题 131.2 设 $x_1,x_2,\cdots,x_n\in\mathbf{R}_+,\sum_{i=1}^{n}x_i=n$,证明或否定

$$1\leqslant\prod_{i=1}^{n}(x_i^2-x_i+1)\leqslant n^2-n+1$$

问题 132 设 $a,b,c\in\mathbf{R}_+,abc+\frac{1}{k}\prod_{\text{cyc}}(a-b)^2=1,k\in\mathbf{R}_{++}$,证明或否定

$$\sum_{\text{cyc}}\frac{a}{b+k}\geqslant\frac{3}{1+k}$$

问题 133 设 $x_1,x_2,\cdots,x_n\in\mathbf{R}_{++},\sum_{i=1}^{n}\frac{1}{x_i}=1$,证明或否定

$$\prod_{i=1}^{n}(x_i-1)\geqslant(n-1)^n$$

问题 134 设 $x_1,x_2,\cdots,x_n\in\mathbf{R}_{++},\sum_{i=1}^{n}x_i^2=n\geqslant 2,k\geqslant-(n-1)^2$,证明或否定

$$\sum_{i=1}^{n}\frac{1}{x_i}+\frac{k}{\sum_{i=1}^{n}x_i-\sqrt{n}}\geqslant n+\frac{k}{n-\sqrt{n}}$$

问题 135.1 设 $a,b,c\in\mathbf{R}_+$,证明

$$\prod_{\text{cyc}}\frac{a+b}{2}\geqslant(abc)^{\frac{13}{24}}\sum_{\text{cyc}}\frac{a^{\frac{11}{8}}}{3}$$

并求使得 $\prod_{\text{cyc}}\frac{a+b}{2}\geqslant(abc)^{1-\frac{k}{3}}\sum_{\text{cyc}}\frac{a^k}{3}$ 成立的最大正数 k.

问题 135.2 设 $a,b,c\in\mathbf{R}_+$,证明或否定:使得

$$\prod_{\text{cyc}}\frac{a+b}{2}\geqslant(abc)^{1-\frac{k}{3}}\left(\sum_{\text{cyc}}\frac{a}{3}\right)^k$$

成立的最大正数 $k=\frac{3}{2}$.

问题 136 设 $a,b,c\in\mathbf{R}_{++},\sum_{\text{cyc}}a^m=3,m=-2,-1,1,2,3$,证明

$$\sum_{\text{cyc}}\frac{a}{a^3+b^3+c}\leqslant 1$$

问题 137 设 $x_1,x_2,\cdots,x_n\in\mathbf{R}_{++},m\leqslant n$,证明或否定

$$\left(\sum_{i=1}^{n}x_i-m\right)\left(\sum_{i=1}^{n}\frac{1}{x_i}-m\right)+\prod_{i=1}^{n}x_i+\frac{1}{\prod_{i=1}^{n}x_i}\geqslant(n-m)^2+2$$

问题 138.1 设 $x_1,x_2,\cdots,x_n\in\mathbf{R},n\geqslant 3$,证明或否定

$$\sum_{\text{cyc}}\frac{x_1^2x_2^2\cdots x_{n-1}^2}{(x_1-x_n)^2(x_2-x_n)^2\cdots(x_{n-1}-x_n)^2}\geqslant\frac{\sum_{i=1}^{n}x_i^2}{\sum_{1\leqslant i<j\leqslant n}(x_i-x_j)^2}$$

问题 138.2 设 $x_1,x_2,\cdots,x_n\in\mathbf{R},n\geqslant 2$,证明或否定

$$\sum_{\text{cyc}}\frac{x_1^2}{(x_1-x_2)^2+(x_1-x_3)^2+\cdots+(x_1-x_n)^2}\geqslant\frac{\sum_{i=1}^{n}x_i^2}{\sum_{1\leqslant i<j\leqslant n}(x_i-x_j)^2}$$

问题 138.3 设 $x_1,x_2,\cdots,x_n\in\mathbf{R},n\geqslant 3$,证明或否定

$$\sum_{\text{cyc}}\frac{x_1^2x_2^2\cdots x_{n-1}^2}{(x_1-x_n)^2(x_2-x_n)^2\cdots(x_{n-1}-x_n)^2}$$

$$\geqslant \frac{1}{n-1}\sum_{\text{cyc}} \frac{x_1^2}{(x_1-x_2)^2+(x_1-x_3)^2+\cdots+(x_1-x_n)^2}$$

问题 139.1 设 $x_1,x_2,\cdots,x_n \in \mathbf{R}_+$，$\sum\limits_{i=1}^{n}\prod\limits_{j\neq i}x_j=n$，$n\geqslant 2$，证明或否定

$$\prod_{i=1}^{n}\sum_{j\neq i}x_j \geqslant \prod_{i=1}^{n}\left(\prod_{j\neq i}x_j+n-2\right)$$

问题 139.2 设 $x_1,x_2,\cdots,x_n \in \mathbf{R}_+$，$\sum\limits_{i=1}^{n}x_i^n=n$，$n\geqslant 2$，证明或否定

$$\prod_{i=1}^{n}\sum_{j\neq i}x_j \geqslant \prod_{i=1}^{n}\left(\prod_{j\neq i}x_j+(n-2)x_i\right)$$

问题 140 设 $a,b,c,d \in \mathbf{R}_+$，证明

$$\begin{aligned}&(a^3+b^3+c^3+d^3)^4\\ \geqslant\ &240(abcd)^3+16(abcd+(a-b)(b-c)(c-d)(d-a))^3\end{aligned}$$

问题 141 设 $x_1,x_2,\cdots,x_n \in \mathbf{R}_+$，$\sum\limits_{i=1}^{n}x_i=n-1$，$n\geqslant 2$，证明或否定

$$\prod_{i=1}^{n}\left(x_i^{n-1}+\prod_{j\neq i}x_j\right)\leqslant 1-\prod_{i=1}^{n}x_i$$

问题 142 设 $x_1,x_2,\cdots,x_n \in \mathbf{R}_{++}$，$\sum\limits_{i=1}^{n}x_i=n$，$n\geqslant 2$，证明或否定

$$\sum_{\text{cyc}}\frac{x_1}{x_2^2}\geqslant\sum_{\text{cyc}}\frac{x_1^2}{x_2}$$

问题 143.1 设 $x_1,x_2,\cdots,x_n \in \mathbf{R}_+$，$n\geqslant 3$，证明

$$v_1^3+\frac{n-1}{2n}v_3\geqslant\frac{3n-1}{2n}v_1v_2$$

问题 143.2 设 $x_1,x_2,\cdots,x_n \in \mathbf{R}_+$，$n\geqslant 2$，证明或否定

$$v_1^n+(n^2-n-1)v_n\geqslant n(n-1)v_1v_{n-1}$$

问题 143.3 设 $x_1,x_2,\cdots,x_n \in \mathbf{R}_+$，$n\geqslant 3$，证明或否定

$$\sigma_3+\sigma_n+1\geqslant 2(n^2-6n+10)v_3$$

问题 144 设 $x_1,x_2,\cdots,x_n\geqslant 1$，$\sum\limits_{i=1}^{n}\frac{1}{x_i}=\frac{n}{2}$，证明或否定

$$\sum_{i=1}^{n}\sqrt{x_i-1}\geqslant n$$

问题 145 设 $a,b,c,d \in \mathbf{R}_+$，$\sum\limits_{\text{cyc}}(a^2-bcd)\leqslant abcd-1$，证明

$$4+\sum_{\text{cyc}}abc\geqslant 2\sum_{\text{cyc}}a$$

问题 146.1 设 $a,b,c \in \mathbf{R}_+$，证明

$$(a+b+c-3abc)^2+2(ab+bc+ca-3)^2 \geqslant 9(abc-1)^2$$

问题 146.2 设 $x_1,x_2,\cdots,x_n \in \mathbf{R}_+,n \geqslant 4$,证明或否定

$$\left(\sum_{i=1}^n x_i-n\prod_{i=1}^n x_i\right)^2+\left(\sum_{i=1}^n \prod_{j\neq i} x_j-n\right)^2 \geqslant n^2\left(\prod_{i=1}^n x_i-1\right)^2$$

问题 146.3 设 $x_1,x_2,\cdots,x_n \in \mathbf{R}_+,p \in \mathbf{N}_+,p \geqslant 2,n \geqslant 2$,证明或否定

$$\left(\sum_{i=1}^n x_i-n\prod_{i=1}^n x_i\right)^{2p}+\left(\sum_{i=1}^n \prod_{j\neq i} x_j-n\right)^{2p} \geqslant 2(n-1)^{2p}\left(\prod_{i=1}^n x_i-1\right)^{2p}$$

问题 147 设 $x_1,x_2,\cdots,x_n \in \mathbf{R}_+,\sum_{i=1}^n x_i^2=2\cdot\max(x_1^2,x_2^2,\cdots,x_n^2),n\geqslant 3$,证明或否定

$$\prod_{i=1}^n (x_i+1) \geqslant 2\cdot\sum_{i=1}^n x_i$$

问题 148 设 $x_1,x_2,\cdots,x_n \in \mathbf{R}_+,n \geqslant 3$,证明或否定

$$\sum_{i=1}^n x_i^n-n\prod_{i=1}^n x_i \geqslant 2\sum_{\text{cyc}} x_1^{n-2}(x_2^2-x_1x_3)$$

问题 149 设 $x_1,x_2,\cdots,x_n \in \mathbf{R}_{++},n \geqslant 2$,证明或否定

$$\sum_{i=1}^n \frac{2x_i^{n-2}}{x_i^{n-1}+\prod_{j\neq i} x_j} \leqslant \sum_{i=1}^n \frac{1}{x_i} \leqslant \sum_{i=1}^n \frac{x_i^{n-1}+\prod_{j\neq i} x_j}{2x_i^n}$$

问题 150 设 $x_i,a_i \in \mathbf{R}_+,i=1,2,\cdots,n,\sum_{i=1}^n x_i^2=\sum_{i=1}^n a_i^2$,证明或否定

$$\sum_{i=1}^n x_i\sum_{i=1}^n a_i^n \geqslant n\prod_{i=1}^n x_i\sum_{i=1}^n a_i$$

问题 151 设 $x_1,x_2,\cdots,x_n \in \mathbf{R}_{++},\sum_{i=1}^n \frac{1}{x_i}=1,k \geqslant -1$,证明或否定

$$\prod_{i=1}^n (x_i+k) \geqslant (n+k)^n$$

问题 152 设 $x_1,x_2,\cdots,x_n \in \mathbf{R}_{++},\sum_{i=1}^n \frac{1}{x_i}=n,m \in \mathbf{Z},-n\leqslant m\leqslant n-1$,证明或否定

$$\prod_{i=1}^n \left(x_i^{n-1}+\prod_{j\neq i} x_j\right) \geqslant \frac{2^n}{n}\sum_{i=1}^n x_i^m$$

问题 153 设 $x_1,x_2,\cdots,x_n \in \mathbf{R}_+,\sum_{i=1}^n \prod_{j\neq i} x_j=\prod_{i=1}^n x_i+n-1,n \geqslant 2$,证明或否定

$$\sum_{i=1}^n x_i^{n-1}+(n^2-3n+1)\prod_{i=1}^n x_i\left(\sum_{i=1}^n x_i-n+1\right) \geqslant (n-1)^2$$

问题 154 设 $x_1,x_2,\cdots,x_n\in\mathbf{R},\sum\limits_{i=1}^{n}\frac{1}{x_i}=k,m\in\mathbf{N},n\geqslant 2$，证明或否定

$$\sum_{i=1}^{n}\frac{1}{x_i^{2m}}\geqslant\frac{k^{2m}}{n^{2m-1}}$$

问题 155 设 $x_1,x_2,\cdots,x_n\in\mathbf{R}_+,\sum\limits_{i=1}^{n}x_i^2=\sum\limits_{i=1}^{n}x_i,n\geqslant 2,k>0$，证明或否定

$$\sum_{i=1}^{n}\sqrt[k]{\frac{x_i}{1+\sum\limits_{j\neq i}x_j}}\geqslant\sum_{i=1}^{n}\sqrt[k]{\frac{x_i}{n-1+x_i}}$$

问题 156 设 $a,b,x,y\in\mathbf{R},(a+b)(x+y)=(a^2+b^2)(x^2+y^2),m,n\in\mathbf{N}_+$，证明或否定

$$(a^{2m-1}+b^{2m-1})(x^{2n-1}+y^{2n-1})\geqslant 0$$

问题 157 设 $a,b,c\in\mathbf{R}_+,\prod\limits_{\text{cyc}}(a+b-2c)\neq 0,a+b+c=ab+bc+ca+k,k\geqslant 1,m\in\mathbf{N},m\geqslant 4$，证明或否定

$$\sum_{\text{cyc}}\frac{(a+b+2c)^m}{(a+b-2c)^2}\geqslant 4(m-2)k$$

问题 158.1 设 $a,b,c\in\mathbf{R}_{++},r>0$，证明或否定

$$\sum_{\text{cyc}}\frac{1}{\sqrt[r]{a^2+2bc}}\geqslant\frac{2}{\sqrt[r]{a^2+b^2+c^2}}+\frac{1}{\sqrt[r]{ab+bc+ca}}$$

问题 158.2 设 $a,b,c\in\mathbf{R}_{++},r>0$，证明或否定

$$\sum_{\text{cyc}}\frac{1}{\sqrt[r]{a^2+2bc}}\geqslant\frac{2}{\sqrt[r]{a^2+b^2+c^2}}+2\sqrt[r]{\frac{3}{(a+b+c)^2}}$$

问题 159.1 设 $x_1,x_2,\cdots,x_n\in\mathbf{R}_+,\sum\limits_{i=1}^{n}\frac{1}{x_i+n-1}=1,n\geqslant 3$，证明或否定

$$(n-2)\sum_{i=1}^{n}x_i^2+n\prod_{i=1}^{n}x_i\geqslant(n-1)\sum_{i=1}^{n}x_i$$

问题 159.2 设 $x_1,x_2,\cdots,x_n\in\mathbf{R}_+,\sum\limits_{i=1}^{n}\frac{1}{x_i+n-1}=1,n\geqslant 3$，证明或否定

$$(n-2)\sum_{i=1}^{n}x_i+\prod_{i=1}^{n}x_i\geqslant(n-1)^2$$

问题 159.3 设 $x_1,x_2,\cdots,x_n\in\mathbf{R}_+,\sum\limits_{i=1}^{n}\frac{x_i}{1+x_i}=\frac{n}{2},n\geqslant 3$，证明或否定

$$(n-2)\sum_{i=1}^{n}x_i+(n-1)^{n-1}\prod_{i=1}^{n}x_i\geqslant n-1$$

问题 160 设 $x_1,x_2,\cdots,x_n\in\mathbf{R}_+,k\in\mathbf{R},m\in\mathbf{N}_+,n\geqslant 3$,证明或否定

$$\left(\sum_{i=1}^{n}x_i^{n-1}-k\right)^{2m}+k^{2m}\geqslant\left(\sum_{i=1}^{n}\prod_{j\neq i}x_j-k\right)^{2m}$$

问题 161 设 $a,b,c\in\mathbf{R}_+,ab+bc+ca\neq 0,m\geqslant 0$,证明或否定

$$\sum_{\text{cyc}}\frac{a^{m+2}}{(b+c)^2}\geqslant\frac{1}{4\cdot 3^m}\cdot\frac{(a+b+c)^{m+2}}{ab+bc+ca}$$

问题 162.1 设 $a,b,c\in\mathbf{R}_{++}$,证明

$$\sum_{\text{cyc}}\frac{a+b}{\sqrt{a^2-ab+b^2}}+\frac{49(a+b+c)}{3\sqrt{ab+bc+ca}}\geqslant\frac{18+49\sqrt{3}}{3}$$

并求使得下式成立的最小正数 k

$$\sum_{\text{cyc}}\frac{a+b}{\sqrt{a^2-ab+b^2}}+\frac{k(a+b+c)}{\sqrt{ab+bc+ca}}\geqslant 6+\sqrt{3}k$$

问题 162.2 设 $a,b,c\in\mathbf{R}_{++}$,证明

$$\sum_{\text{cyc}}\frac{c}{\sqrt{a^2-ab+b^2}}+\frac{27(a+b+c)}{5\sqrt{ab+bc+ca}}\geqslant\frac{15+27\sqrt{3}}{5}$$

并求使得下式成立的最小正数 k

$$\sum_{\text{cyc}}\frac{c}{\sqrt{a^2-ab+b^2}}+\frac{k(a+b+c)}{\sqrt{ab+bc+ca}}\geqslant 3+\sqrt{3}k$$

问题 163.1 设 $x_1,x_2,\cdots,x_n\in\mathbf{R}_+,n\geqslant 3$,证明或否定

$$S_2^4-S_4^2\geqslant n(n^2-1)S_3v_2v_3$$

问题 163.2 设 $x_1,x_2,\cdots,x_n\in\mathbf{R}_+,n\geqslant 3$,证明

$$S_2^4-S_4^2\geqslant n(n^2-1)S_2v_3^2$$

问题 163.3 设 $x_1,x_2,\cdots,x_n\in\mathbf{R}_+,n\geqslant 2$,证明

$$S_2^3-S_3^2\geqslant(n-1)nS_2v_2^2$$

问题 163.4 设 $x_1,x_2,\cdots,x_n\in\mathbf{R}_+,n\geqslant 3$,证明或否定

$$S_3^4-S_4^3\geqslant(n-1)n^3S_3v_3^3$$

问题 163.5 设 $x_1,x_2,\cdots,x_n\in\mathbf{R}_+,m\in\mathbf{N}_+,n\geqslant m\geqslant 2$,证明或否定

$$S_m^{m+1}-S_{m+1}^m\geqslant(n-1)n^{m-1}S_mv_m^m$$

问题 164.1 设 $a,b,c\in\mathbf{R}_{++},(a-b)(b-c)(c-a)\neq 0,\sum\limits_{\text{cyc}}\frac{1}{a}=3$,证明

$$\sum_{\text{cyc}}\left|\frac{a^2-bc}{b-c}\right|\geqslant 6$$

问题 164.2 设 $a,b,c\in\mathbf{R}_{++},(2a-b-c)(2b-c-a)(2c-a-b)\neq 0$,

$\sum_{cyc}\frac{1}{a}=3 \vee \sum_{cyc}ab=3$，证明

$$\sum_{cyc}\left|\frac{a^2-bc}{2a-b-c}\right|\geqslant 2$$

问题 165 设 $x_1,x_2,\cdots,x_n\in\mathbf{R}_+$，$\sum_{i=1}^{n}x_i=\sum_{i=1}^{n}\prod_{j\neq i}x_j$，$n\geqslant 3$，证明或否定

$$\sum_{i=1}^{n}\sqrt{x_i^2+x_i+1}\leqslant\sqrt{3}\sum_{i=1}^{n}x_i\leqslant\sqrt{3}\sum_{i=1}^{n}\sqrt{x_i^2-x_i+1}$$

问题 166.1 设 $x_1,x_2,\cdots,x_n\in\mathbf{R}_{++}$，$n\geqslant 2$，$k\geqslant 0$，证明或否定

$$\sum_{i=1}^{n}\frac{1}{x_i^{n-1}+k\prod_{j\neq i}x_j}\geqslant\frac{n^2}{(k+1)\sum_{i=1}^{n}x_i^{n-1}}$$

问题 166.2 设 $x_1,x_2,\cdots,x_n\in\mathbf{R}_{++}$，$n\geqslant 2$，$k\geqslant 0$，证明或否定

$$\sum_{i=1}^{n}\frac{1}{x_i^n+k\prod_{i=1}^{n}x_i}\geqslant\frac{n^{n+1}}{(k+1)(\sum_{i=1}^{n}x_i)^n}$$

问题 166.3 设 $x_1,x_2,\cdots,x_n\in\mathbf{R}_{++}$，$n\geqslant 2$，$k\geqslant 0$，证明或否定

$$\sum_{i=1}^{n}\frac{1}{x_i^n+k\left(\frac{\sum_{i=1}^{n}x_i}{n}\right)^n}\geqslant\frac{n^2}{(k+1)\sum_{i=1}^{n}x_i^n}$$

问题 167 设 $a,b,c\in\mathbf{R}_+$，$\frac{1}{a}+\frac{1}{b}+\frac{1}{c}=3$，证明

$$\sqrt{3}(\sqrt{abc}-1)\leqslant\sum_{cyc}\sqrt{ab}-3\leqslant\frac{3+8\sqrt{6}}{9}(\sqrt{abc}-1)$$

问题 168.1 设 $x_1,x_2,\cdots,x_n\in\mathbf{R}_{++}$，$m\in\mathbf{N}_+$，$m\geqslant 2$，证明或否定

$$S_m+\sigma_n+mn-1\geqslant(m+1)\frac{S_1^2}{nS_2}$$

问题 168.2 设 $x_1,x_2,\cdots,x_n\in\mathbf{R}_+$，$m\in\mathbf{N}_+$，证明或否定

$$S_m+v_m+mn+m-n\geqslant\frac{m+1}{n}S_1$$

问题 168.3 设 $x_1,x_2,\cdots,x_n\in\mathbf{R}_+$，$m\in\mathbf{N}_+$，证明或否定

$$S_{m+1}+v_m+mn+m-1\geqslant\frac{mn+m+n}{n}S_1$$

问题 169.1 设 a,b,c 为 $\triangle ABC$ 的三边，$abc=1$，证明

$$a+b+c\leqslant\sum_{cyc}\frac{a}{\sqrt{b+c-a}}\leqslant a^3+b^3+c^3$$

问题 169.2 设 a,b,c 为 $\triangle ABC$ 的三边，$abc=1$，证明

$$ab+bc+ca \leqslant \sum_{\text{cyc}} \frac{\sqrt{b+c-a}}{a} \leqslant (ab)^2+(bc)^2+(ca)^2$$

问题 170 设 $x_1,x_2,\cdots,x_n \in \mathbf{R}_+$，$\sum_{i=1}^{n} \frac{1}{x_i+1}=\frac{n}{2}$，$n \geqslant 2$，证明或否定

$$\sum_{1 \leqslant i<j \leqslant n} x_i x_j \geqslant \frac{(n-1)(n-2)}{n} \sum_{i=1}^{n} x_i-\frac{(n-1)(n-4)}{2}$$

问题 171.1 设 $a,b,c \in \mathbf{R}_+$，$p>0$，证明或否定

$$\sum_{\text{cyc}} \sqrt[p]{\frac{a}{1+b}} \geqslant \sum_{\text{cyc}} \sqrt[p]{\frac{a}{1+a}}$$

问题 171.2 设 $a,b,c \in \mathbf{R}_{++}$，$\sum_{\text{cyc}} \frac{1}{a}=3$，$p>0$，证明或否定

$$\sum_{\text{cyc}} \sqrt[p]{\frac{a}{1+a}} \geqslant \sum_{\text{cyc}} \sqrt[p]{\frac{1}{1+a}}$$

问题 171.3 设 $a,b,c \in \mathbf{R}_+$，$\sum_{\text{cyc}} a=3$，$p>0$，证明或否定

$$\sum_{\text{cyc}} \sqrt[p]{\frac{a}{1+b}} \geqslant \sum_{\text{cyc}} \sqrt[p]{\frac{1}{1+a}} \geqslant \sum_{\text{cyc}} \sqrt[p]{\frac{a}{1+a}}$$

问题 172.1 设 $a,b,c \in \mathbf{R}_{++}$，$abc=1 \vee ab+bc+ca=3$，$m \in \mathbf{N}_+$，证明或否定

$$\sum_{\text{cyc}} \frac{a^{m+1}}{b^{m+1}} \geqslant \frac{1}{3} \sum_{\text{cyc}} a \sum_{\text{cyc}} \frac{a^m}{b^m}$$

问题 172.2 设 $a,b,c \in \mathbf{R}_{++}$，$\frac{1}{a}+\frac{1}{b}+\frac{1}{c}=3$，$m \in \mathbf{N}_+$，证明或否定

$$\sum_{\text{cyc}} \frac{b^{m-1}}{a^{m-1}} \leqslant \frac{1}{3} \sum_{\text{cyc}} a \sum_{\text{cyc}} \frac{b^m}{a^m}$$

问题 173.1 设 $a,b,c \in \mathbf{R}_{++}$，$m \in \mathbf{Z}$，$(a-b)(b-c)(c-a) \neq 0$，$a+b+c=3 \vee abc=1$，证明或否定

$$\sum_{\text{cyc}} \frac{a^m}{(a-b)(a-c)} \geqslant \frac{1}{2} m(m-1)$$

问题 173.2 设 $a,b,c \in \mathbf{R}_{++}$，$m \in \mathbf{Z}$，$(a-b)(b-c)(c-a) \neq 0$，$a+b+c=3$，证明或否定

$$\sum_{\text{cyc}} \frac{(b+c)^m}{(a-b)(a-c)} \geqslant 2^{m-3} m(m-1)$$

问题 173.3 设 $a,b,c \in \mathbf{R}_{++}$，$m \in \mathbf{N}$，$(a-b)(b-c)(c-a) \neq 0$，$abc=1$，证明或否定

$$\sum_{cyc}\frac{(b+c)^m}{(a-b)(a-c)}\geqslant 2^{m-3}m(m-1)$$

问题 174 设 $a,b,c\in\mathbf{R}_+,a^m+b^m+c^m=2,m=1,2,3,4,5,6,7,8$,证明

$$\sum_{cyc}a^{m+1}\prod_{cyc}(a^{m+1}+b^{m+1})\leqslant 4$$

并求使得上式成立的所有正整数 m.

问题 175 设 $x_1,x_2,\cdots,x_n\in\mathbf{R}_+,n\geqslant 2$,证明或否定

$$\sum_{i=1}^n x_i^n-\prod_{i=1}^n x_i\geqslant\frac{1}{(n-1)^{n-2}}(\sum_{i=1}^n x_i-1)$$

问题 176 设 $a,b,c\in\mathbf{R}_+,a+b+c=1,k\geqslant\frac{\sqrt{13}-1}{18}$,证明

$$\sum_{cyc}\frac{bc}{\sqrt{a^2+k}}\leqslant\frac{1}{\sqrt{9k+1}}$$

问题 177 设 $a,b,c\in\mathbf{R}_{++},k\in\mathbf{N}_+$,证明或否定

$$\sqrt[k]{\frac{a^2+b^2+c^2}{ab+bc+ca}}+(\sqrt[k]{2}-1)\sqrt[k]{\frac{8abc}{(a+b)(b+c)(c+a)}}\geqslant\sqrt[k]{2}$$

问题 178 设 $x_1,x_2,\cdots,x_n\in\mathbf{R},\prod_{i=1}^n x_i=1,n\geqslant 3$,证明或否定

$$\sum_{i=1}^n\frac{x_i^2}{x_i^2-x_i+1}\geqslant 1$$

问题 179 设 $x_1,x_2,\cdots,x_n\in\mathbf{R}_+,\sum_{i=1}^n\prod_{j\neq i}x_j=n,n\geqslant 2$,证明或否定

$$\prod_{i=1}^n(x_i^2+\prod_{j\neq i}x_j)\geqslant\prod_{i=1}^n(x_i+\prod_{j\neq i}x_j)$$

问题 180.1 设 $a,b,c\in\mathbf{R}_{++},\sum_{cyc}a=1$,证明

$$\sum_{cyc}\sqrt[3]{\frac{a^2+b^2}{a+b}}\geqslant\sqrt[3]{8+27abc}$$

问题 180.2 设 $x_1,x_2,\cdots,x_n\in\mathbf{R}_{++},\sum_{i=1}^n x_i=1,n\geqslant 3$,证明或否定

$$\sum_{i=1}^n\sqrt{\frac{\sum_{j\neq i}x_j^2}{\sum_{j\neq i}x_j}}\geqslant\sqrt{n}$$

问题 181.1 设 $a,b,c,d\in\mathbf{R}_+,a^2+b^2+c^2+d^2=1$,证明

$$a+b+c+d-3\sqrt{3}abcd\leqslant\sqrt{3}$$

问题 181.2 设 $a,b,c,d\in\mathbf{R}_+,a^3+b^3+c^3+d^3=1$,证明

$$a+b+c+d-3abcd\leqslant\sqrt[3]{9}$$

问题 182 设 $x_1,x_2,\cdots,x_n\in\mathbf{R}_{++},n\geqslant 2$，证明或否定

$$\sum_{i=1}^{n}\frac{(n-1)^{n-1}}{(\sum\limits_{j\neq i}x_j)^{n-1}}\leqslant\frac{\sum\limits_{i=1}^{n}x_i}{\prod\limits_{i=1}^{n}x_i}$$

问题 183.1 设 $a,b,c\in\mathbf{R}_{++},\frac{1}{a}+\frac{1}{b}+\frac{1}{c}\leqslant 3,k\geqslant 0$，证明或否定

$$\sum_{\text{cyc}}\frac{a}{\sqrt{k+b^2}}\geqslant\frac{3}{\sqrt{k+1}}$$

问题 183.2 设 $a,b,c\in\mathbf{R}_{++},abc=1,k\geqslant\frac{5}{58}$，证明

$$\sum_{\text{cyc}}\sqrt{k+a^2}\leqslant\sqrt{k+1}\sum_{\text{cyc}}a$$

问题 184 设 $x_1,x_2,\cdots,x_n\in\mathbf{R}_{++},\prod\limits_{i=1}^{n}x_i=1,n\geqslant 2$，证明或否定

$$\sum_{i=1}^{n}\frac{x_i}{n}+\frac{2}{\sum\limits_{i=1}^{n}\frac{1}{x_i}}\geqslant\frac{n+2}{n}$$

问题 185.1 设 $a,b,c\in\mathbf{R}_{++}$，证明

$$\sum_{\text{cyc}}\frac{|a^2-bc|}{2a+b+c}\leqslant\frac{1}{8}\sum_{\text{cyc}}|2a-b-c|\leqslant\frac{1}{4}\sum_{\text{cyc}}|b-c|$$

问题 185.2 设 $a,b,c\in\mathbf{R}_{+},\prod\limits_{\text{cyc}}(2a-b-c)\neq 0,\prod\limits_{\text{cyc}}(a^2-bc)\neq 0$，证明或否定

$$\sum_{\text{cyc}}\frac{2a+b+c}{|2a-b-c|}-3\geqslant 2\left(\sum_{\text{cyc}}\frac{a^2+bc}{|a^2-bc|}-3\right)$$

问题 186 设 $x_1,x_2,\cdots,x_n\in\mathbf{R}_{++},n\geqslant 2,p>0$，证明或否定

$$\sum_{\text{cyc}}\left(\frac{x_1+n-2}{x_2+x_3+\cdots+x_n}\right)^p\geqslant\sum_{\text{cyc}}\left(\frac{x_1+n-2}{x_1+x_2+\cdots+x_{n-1}}\right)^p$$

问题 187.1 设 $x_1,x_2,\cdots,x_n\in\mathbf{R}_{+},m\in\mathbf{N}_{+},m,n\geqslant 2$，证明或否定

$$(n-1)(\sum_{i=1}^{n}x_i)^m\geqslant\sum_{1\leqslant i<j\leqslant n}(x_i+x_j)^m$$

问题 187.2 设 $x_1,x_2,\cdots,x_n\in\mathbf{R}_{+},m=2k+1,k\in\mathbf{N}_{+},n\geqslant 3$，证明或否定

$$\sum_{1\leqslant i<j\leqslant n}(x_i+x_j)^m\geqslant\frac{2^m}{3^{m-1}(n-2)}\sum_{1\leqslant i<j<k\leqslant n}(x_i+x_j+x_k)^m$$

问题 187.3 设 $x_1,x_2,\cdots,x_n\in\mathbf{R},m=2k,k\in\mathbf{N}_{+},n\geqslant 3$，证明或否定

$$\sum_{1\leqslant i<j\leqslant n}(x_i+x_j)^m \geqslant \frac{2^m}{3^{m-1}(n-2)}\sum_{1\leqslant i<j<k\leqslant n}(x_i+x_j+x_k)^m$$

问题 188.1 设 $x,y,z\in\mathbf{R}_+$，$\sum_{\text{cyc}}x^2=2$，$k,m,n\in\mathbf{N}$，$4\leqslant k\leqslant 6$，$3\leqslant m\leqslant 10$，$2\leqslant n\leqslant 12$，证明

$$\sqrt{\sum_{\text{cyc}}x^ky^2}+\sqrt{\sum_{\text{cyc}}x^2y^k}\leqslant 2$$

$$\sqrt{\sum_{\text{cyc}}x^my^3}+\sqrt{\sum_{\text{cyc}}x^3y^m}\leqslant 2$$

$$\sqrt{\sum_{\text{cyc}}x^ny^4}+\sqrt{\sum_{\text{cyc}}x^4y^n}\leqslant 2$$

问题 188.2 设 a,b,c 为 $\triangle ABC$ 的三边，$\sum_{\text{cyc}}a^2=2$，证明

$$\sqrt{\sum_{\text{cyc}}a^7b^2}+\sqrt{\sum_{\text{cyc}}a^2b^7}\leqslant 2$$

$$\sqrt{\sum_{\text{cyc}}a^{11}b^3}+\sqrt{\sum_{\text{cyc}}a^3b^{11}}\leqslant 2$$

$$\sqrt{\sum_{\text{cyc}}a^{13}b^4}+\sqrt{\sum_{\text{cyc}}a^4b^{13}}\leqslant 2$$

问题 189 设 $x_1,x_2,\cdots,x_n\in\mathbf{R}_{++}$，$\prod_{i=1}^{n}x_i=1$，$n\geqslant 2$，证明或否定

$$\sum_{i=1}^{n}\frac{x_i^2}{\sum_{j\neq i}x_j}\geqslant\sum_{i=1}^{n}\frac{x_i}{\sum_{j\neq i}x_j^2}$$

问题 190 设 $a,b,c\in\mathbf{R}_+$，证明或否定

$$\begin{aligned}\sum_{\text{cyc}}|a^2-bc+1|-3&\geqslant\sum_{\text{cyc}}|(a-b)(a-c)+1|-3\\&\geqslant\frac{2}{3}\left(\sum_{\text{cyc}}|2a-b-c+1|-3\right)\geqslant 0\end{aligned}$$

问题 191 设 $x_1,x_2,\cdots,x_n\in\mathbf{R}$，$\sum_{i=1}^{n}\prod_{j\neq i}x_j=n$，$n\geqslant 2$，证明或否定

$$0\leqslant\sum_{i=1}^{n}\frac{x_i+1}{x_i^2+1}\leqslant n$$

问题 192 $a,b,c\in\mathbf{R}_{++}$，$abc=1$，$m,n\in\mathbf{N}_+$，证明或否定：当且仅当 $\frac{n}{m}\leqslant\frac{7}{5}$ 时，恒有

$$\left(\sum_{\text{cyc}}a^m\right)^2\geqslant 3\sum_{\text{cyc}}a^n$$

问题 193 $a,b,c\in\mathbf{R}_{++}$，试求使得下式成立的最小实数 k 的值

$$\sum_{\text{cyc}}\frac{a}{\sqrt{b^2-bc+c^2}}+k\frac{a^2+b^2+c^2}{ab+bc+ca}\geqslant 3+k$$

问题 194　设 $x_1,x_2,\cdots,x_n\in\mathbf{R}_+$, $\sum_{i=1}^{n}\frac{1}{x_i}=\sum_{i=1}^{n}x_i \vee \sum_{i=1}^{n}x_i=\sum_{i=1}^{n}\prod_{j\neq i}x_j$, $n\geqslant 2$, 证明或否定

$$\sum_{i=1}^{n}\frac{1}{\sum_{j\neq i}x_j+1}\leqslant 1$$

问题 195.1　设 $x_1,x_2,\cdots,x_n\in\mathbf{R}_{++}$, $m\in\mathbf{N}_+$, $m\geqslant 3$, $n\geqslant 2$,证明或否定

$$\sum_{i=1}^{n}\frac{1}{\sum_{j\neq i}x_j^m}\geqslant\frac{(n+2)\cdot 2^{m-1}}{(\sum_{i=1}^{n}x_i)^m}$$

问题 195.2　设 $x_1,x_2,\cdots,x_n\in\mathbf{R}_{++}$, $m\in\mathbf{Z}$, $n\geqslant 2$,证明或否定

$$\sum_{i=1}^{n}\frac{1}{(\sum_{j\neq i}x_j)^m}\geqslant\frac{n^{m+1}\cdot(n-1)^{-m}}{(\sum_{i=1}^{n}x_i)^m}$$

问题 196　$a,b,c,d\in\mathbf{R}_{++}$, $abcd=1$,证明

$$\sum_{\text{cyc}}\left(a+\frac{1}{a}\right)\leqslant\frac{1}{3}\sum_{\text{cyc}}\frac{a^2}{b^2}+\frac{20}{3}$$

问题 197.1　设 $x_1,x_2,\cdots,x_n\in\mathbf{R}_+$, $\sum_{i=1}^{n}x_i^2=n$,证明或否定

$$\sum_{i=1}^{n}x_i-(n-\sqrt{n})\prod_{i=1}^{n}x_i\geqslant\sqrt{n}$$

问题 197.2　设 $x_1,x_2,\cdots,x_n\in\mathbf{R}_+$, $\sum_{i=1}^{n}x_i^m=n$, $m\in\mathbf{N}_+$, $m\geqslant 2$,证明或否定

$$\sum_{i=1}^{n}x_i-(n-\sqrt[m]{n})\prod_{i=1}^{n}x_i\geqslant\sqrt[m]{n}$$

问题 198　设 $x_1,x_2,\cdots,x_n\in\mathbf{R}_+$, $n\geqslant 3$,证明或否定

$$\sum_{i=1}^{n}x_i^{n-1}+\prod_{i=1}^{n}x_i+n-1\geqslant\sum_{i=1}^{n}x_i+\sum_{i=1}^{n}\prod_{j\neq i}x_j$$

问题 199　设 $x_1,x_2,\cdots,x_n\in\mathbf{R}_{++}$, $n\geqslant 3$,证明或否定

$$\frac{\prod_{i=1}^{n}\sum_{j\neq i}x_j}{\prod_{i=1}^{n}x_i}+\frac{\prod_{i=1}^{n}x_i}{\prod_{i=1}^{n}\sum_{j\neq i}x_j}\geqslant\frac{\sum_{i=2}^{n}x_i}{(n-1)x_1}+\frac{(n-1)x_1}{\sum_{i=2}^{n}x_i}+\frac{((n-1)^n-1)^2}{(n-1)^n}$$

问题 200.1　在 $\triangle ABC$ 中,证明

$$\prod_{\text{cyc}}\left(\frac{h_a}{\sin\frac{A}{2}}+\frac{h_b}{\sin\frac{B}{2}}\right)\geqslant\prod_{\text{cyc}}\frac{h_a+h_b}{\sin\frac{C}{2}}$$

$$\prod_{\text{cyc}}\left(\frac{w_a}{\sin\frac{A}{2}}+\frac{w_b}{\sin\frac{B}{2}}\right)\geqslant\prod_{\text{cyc}}\frac{w_a+w_b}{\sin\frac{C}{2}}$$

$$\prod_{\text{cyc}}\left(\frac{r_a}{\sin\frac{A}{2}}+\frac{r_b}{\sin\frac{B}{2}}\right)\leqslant\prod_{\text{cyc}}\frac{r_a+r_b}{\sin\frac{C}{2}}$$

问题 200.2 在 $\triangle ABC$ 中,证明

$$\left(\frac{R}{2r}\right)^2+1\geqslant\left(\frac{w_a}{h_a}\right)^2+\frac{a^3+b^3+c^3}{3abc}$$

$$\frac{R}{2r}-1\geqslant\frac{2}{3}\left(\frac{w_a^2+w_b^2+w_c^2}{h_ah_b+h_bh_c+h_ch_a}-\frac{a^2+b^2+c^2}{ab+bc+ca}\right)\geqslant 0$$

问题 201 设 $x_1,x_2,\cdots,x_n\in\mathbf{R},k\in\mathbf{N}_+$,证明或否定

$$\prod_{i=1}^n(x_i^{n-1}+\prod_{j\neq i}x_j)\leqslant\begin{cases}\frac{2^n}{n^n}(\sum\limits_{i=1}^n x_i^{n-1})^n, & n=2k+1\\ \frac{2^n}{n^{n-1}}(\sum\limits_{i=1}^n x_i^n)^{n-1}, & n=2k\end{cases}$$

问题 202 设 $x_1,x_2,\cdots,x_n\in\mathbf{R}_{++},\sum\limits_{i=1}^n x_i=n,n\geqslant 2$,证明或否定

$$\sum_{i=1}^n\frac{n}{(n-1)x_i^2+n^2-n+1}\leqslant 1\leqslant\sum_{i=1}^n\frac{n-1}{n(n-x_i)}$$

问题 203.1 设 $x_1,x_2,\cdots,x_n\in\mathbf{R}_+,n\leqslant 16$,证明

$$nS_4^2\geqslant S_1S_2S_5$$

问题 203.2 设 $x_1,x_2,\cdots,x_n\in\mathbf{R}_+,n\leqslant 44$,证明

$$nS_5^2\geqslant S_1S_3S_6$$

问题 203.3 设 $x_1,x_2,\cdots,x_n\in\mathbf{R}_+,k\in\mathbf{N}_+,k\geqslant 4$,试求使得下式成立的所有 n

$$nS_k^2\geqslant S_1S_{k-2}S_{k+1}$$

问题 204 设 $x_1,x_2,\cdots,x_n\in\mathbf{R}_{++},m\in\mathbf{N}_+,n\geqslant 2$,证明或否定

$$\sum_{\text{cyc}}\frac{1}{(x_1+x_2)^m}\geqslant\frac{n^{m+1}}{2^m(\sum\limits_{i=1}^n x_i)^m}$$

问题 205.1 设 $a,b,c\in\mathbf{R}_+,\sum\limits_{\text{cyc}}a^2+\prod\limits_{\text{cyc}}a=4$,证明

$$\prod_{\text{cyc}}(\sqrt{2}a-bc)\leqslant(\sqrt{2}-1)^3$$

问题 205.2 设 $a,b,c\in\mathbf{R}_{++},\sum\limits_{\text{cyc}}a^2+\prod\limits_{\text{cyc}}a=4$,证明

$$\prod_{cyc}\left(\frac{1}{4}a-\frac{1}{a}\right)+\left(\frac{3}{4}\right)^3\leqslant 0$$

问题 206.1 设 $a,b,c\in\mathbf{R}_{++}$，证明

$$\frac{a}{b}+\frac{b}{c}+\frac{c}{a}\geqslant 3\sqrt[26]{\left(\frac{a^2+b^2+c^2}{ab+bc+ca}\right)^{19}}$$

而下列不等式不成立

$$\frac{a}{b}+\frac{b}{c}+\frac{c}{a}\geqslant 3\sqrt[27]{\left(\frac{a^2+b^2+c^2}{ab+bc+ca}\right)^{20}}$$

问题 206.2 设 $a,b,c\in\mathbf{R}_{++}$，$m,n\in\mathbf{N}_+$，$10\leqslant m<n\leqslant 100$，试求使得下式成立的最大$\frac{m}{n}$

$$\frac{a}{b}+\frac{b}{c}+\frac{c}{a}\geqslant 3\sqrt[n]{\left(\frac{a^2+b^2+c^2}{ab+bc+ca}\right)^{m}}$$

问题 206.3 设 $a,b,c,d\in\mathbf{R}_{++}$，证明

$$\sum_{cyc}\frac{a}{b}\geqslant 4\sqrt[5]{\frac{a^3+b^3+c^3+d^3}{abc+bcd+cda+dab}}$$

问题 207 设 $x_1,x_2,\cdots,x_n\in\mathbf{R}_{++}$，$n\geqslant 3$，$n,m\in\mathbf{N}_+$，试求使得下式成立的所有$(n,m)$

$$\sum_{cyc}\frac{x_1-x_2}{x_2^m+x_3^m}\geqslant 0$$

问题 208.1 设 $x_1,x_2,\cdots,x_n\in\mathbf{R}_{++}$，$n\geqslant 3$，证明或否定

$$\sum_{i=1}^n\frac{1}{x_i}+\frac{n(n-2)}{\sum\limits_{i=1}^n x_i}\geqslant\frac{2(n-1)^2}{n}\sum_{i=1}^n\frac{1}{\sum\limits_{j\neq i}x_j}$$

问题 208.2 设 $x_1,x_2,\cdots,x_n\in\mathbf{R}_{++}$，$\sum\limits_{i=1}^n x_i=n$，$n\geqslant 3$，证明或否定

$$\sum_{i=1}^n\frac{1}{x_i}+n\geqslant 2(n-1)\sum_{i=1}^n\frac{1}{\sum\limits_{j\neq i}x_j}$$

问题 209.1 设 $a,b,c\in\mathbf{R}_+$，证明

$$\sqrt{4\sum_{cyc}a^2-\sum_{cyc}bc}\leqslant\sum_{cyc}\sqrt{a^2-ab+b^2}\leqslant\sqrt{6\sum_{cyc}a^2-3\sum_{cyc}bc}$$

问题 209.2 设 $a,b,c\in\mathbf{R}_+$，$k=\frac{3+\sqrt{13}}{2}$，证明

$$2\sqrt{\sum_{cyc}a^2}-(2-\sqrt{3})\sqrt{\sum_{cyc}bc}\leqslant\sum_{cyc}\sqrt{a^2-ab+b^2}$$
$$\leqslant k\sqrt{\sum_{cyc}a^2}-(k-\sqrt{3})\sqrt{\sum_{cyc}bc}$$

问题 209.3 设 $a,b,c\in\mathbf{R}$,证明

$$\sqrt[3]{8\sum_{\text{cyc}}a^2+\sum_{\text{cyc}}bc}\leqslant\sum_{\text{cyc}}\sqrt[3]{a^2-ab+b^2}\leqslant\sqrt[3]{18\sum_{\text{cyc}}a^2-9\sum_{\text{cyc}}bc}$$

问题 210.1 设 $a,b,c\in\mathbf{R}_{++}$,$1\leqslant k\leqslant 1\ 734$,证明

$$\sum_{\text{cyc}}\frac{1}{\sqrt{a^2+bc}}\geqslant\frac{3\sqrt{k+2}}{\sqrt{\sum_{\text{cyc}}a^2+k\sum_{\text{cyc}}bc}}$$

问题 210.2 设 $a,b,c\in\mathbf{R}_{++}$,$k_0=1\ 734.055\ 72\cdots$ 是方程

$$5\ 153k^7-8\ 965\ 884k^6+52\ 821\ 398k^5-497\ 513\ 816k^4-4\ 698\ 924\ 889k^3-8\ 140\ 551\ 302k^2+2\ 215\ 070\ 106k+9\ 639\ 566\ 626=0$$

的一个实根,则

$$\sum_{\text{cyc}}\frac{1}{\sqrt{a^2+bc}}\geqslant\frac{3\sqrt{k_0+2}}{\sqrt{\sum_{\text{cyc}}a^2+k_0\sum_{\text{cyc}}bc}}$$

问题 211 设 $a,b,c\in\mathbf{R}_{++}$,$m\geqslant 0$,$k\geqslant 2$,证明或否定

$$\sum_{\text{cyc}}\left(\frac{a+mb}{b+mc}\right)^k\geqslant\frac{(a+b+c)^2}{ab+bc+ca}$$

问题 212.1 设 $x_1,x_2,\cdots,x_n\in\mathbf{R}_+$,$\sum_{i=1}^n x_i=1$,$n\geqslant 2$,证明

$$n-1\leqslant\sum_{i=1}^n(1-x_i^2)^2\leqslant\frac{(n^2-1)^2}{n^3}$$

问题 212.2 设 $x_1,x_2,\cdots,x_n\in\mathbf{R}_+$,$m\in\mathbf{N}_+$,$\sum_{i=1}^n x_i=1$,$n,m\geqslant 2$,证明或否定

$$n-1\leqslant\sum_{i=1}^n(1-x_i^m)^2\leqslant\frac{(n^m-1)^2}{n^{2m-1}}$$

问题 212.3 设 $x_1,x_2,\cdots,x_n\in\mathbf{R}_+$,$\sum_{i=1}^n x_i^2=1$,$n\geqslant 2$,证明

$$\sum_{i=1}^n\left(\sum_{i=1}^n x_i-x_i^3\right)^2\geqslant n-1$$

问题 212.4 设 $x_1,x_2,\cdots,x_n\in\mathbf{R}_+$,$\sum_{i=1}^n x_i^2=1$,$n\geqslant 2$,证明或否定

$$\sum_{i=1}^n\left(\sum_{i=1}^n x_i-x_i^3\right)^2\leqslant\frac{(n^2-1)^2}{n^2}$$

问题 213.1 设 $a,b,c\in\mathbf{R}_{++}$,$abc=1\vee a+b+c=3$,$m\in\mathbf{N}_+$,证明或否定

$$\sum_{\text{cyc}}\frac{a^m}{b^m+c}\geqslant\frac{3}{2}$$

问题 213.2 设 $a,b,c\in\mathbf{R}_{++},abc=1,m\in\mathbf{N}_+$，证明或否定

$$1\leqslant\sum_{\text{cyc}}\frac{a^m}{a^m+b}\leqslant 2$$

问题 214 设 $a_i,x_i\in\mathbf{R}_{++},i=1,2,\cdots,n,\sum_{i=1}^{n}a_i^2=\sum_{i=1}^{n}x_i^2$，证明或否定

$$\sum_{i=1}^{n}\frac{a_i}{x_i}\geqslant\frac{\sum_{i=1}^{n}a_i}{\sum_{i=1}^{n}x_i}$$

问题 215.1 设 $x_1,x_2,\cdots,x_n\in\mathbf{R}_{++},\prod_{i=1}^{n}x_i=1,n\geqslant 2$，证明或否定

$$\sum_{\text{cyc}}\frac{x_1-x_2}{1+x_2}\geqslant 0$$

$$\sum_{\text{cyc}}\frac{x_1+x_2}{1+x_2}\geqslant n$$

问题 215.2 设 $x_1,x_2,\cdots,x_n\in\mathbf{R}_{++},n\geqslant 3$，证明或否定

$$\sum_{\text{cyc}}\frac{x_1}{x_2+x_3}\geqslant\frac{n}{2}$$

$$\sum_{\text{cyc}}\frac{x_1}{x_1+x_2}\leqslant n-1$$

问题 216.1 设 $a,b,c,d\in\mathbf{R},a+b+c+d=0,k\geqslant 0$，证明

$$(\sum_{\text{cyc}}a^2)^2+k\geqslant 4\sqrt[4]{27k}(\sum_{\text{cyc}}abc)$$

问题 216.2 设 $a,b,c,d,e\in\mathbf{R},a+b+c+d+e=0,k\geqslant 0$，证明

$$(\sum_{\text{cyc}}a^2)^3+k\geqslant\frac{45}{2}\sqrt[3]{2k}(\sum_{\text{cyc}}abcd)$$

问题 217 设 $x_1,x_2,\cdots,x_n\in\mathbf{R}_{++},\sum_{i=1}^{n}\prod_{j\neq i}x_j=n,k_n=(n-1)\sqrt[n-1]{n},n\geqslant 2$，证明或否定

$$1+\frac{k_n-n}{\sum_{i=1}^{n}\frac{1}{x_i}}\geqslant\frac{k_n}{\sum_{i=1}^{n}x_i}$$

问题 218 设 $a,b,c\in\mathbf{R}_{++},abc=1,k\geqslant 0$，证明或否定

$$\sum_{\text{cyc}}\frac{1}{\sqrt{a+\frac{1}{b}+k}}\geqslant\begin{cases}\frac{2}{\sqrt{k+1}},k\leqslant\frac{1}{3}\\\frac{1}{\sqrt{k}},k>\frac{1}{3}\end{cases}$$

问题 219 设 $a,b,c\in\mathbf{R}_{++},abc=1,k\geqslant 0$,证明或否定

$$\sum_{\text{cyc}}\frac{1}{a}+\sum_{\text{cyc}}\frac{1}{\sqrt{a^2+k}}\geqslant 3+\frac{3}{\sqrt{1+k}}$$

问题 220 设 $x_1,x_2,\cdots,x_n\in\mathbf{R}$,证明或否定

$$\prod_{i=1}^{n}(x_i^2-x_i+1)\geqslant\sum_{i=1}^{n}x_i-n+1$$

问题 221.1 设 $x_1,x_2,\cdots,x_n\in\mathbf{R}_+,\sum_{i=1}^{n}\prod_{j\neq i}x_j=\prod_{i=1}^{n}x_i+n-1,n\geqslant 2$,证明或否定

$$\sum_{i=1}^{n}x_i^n+(\sqrt[n-1]{(n-1)^{n+1}}-n)(\sum_{i=1}^{n}x_i-n+1)\prod_{i=1}^{n}x_i\geqslant\sqrt[n-1]{(n-1)^{n+1}}$$

问题 221.2 设 $x_1,x_2,\cdots,x_n\in\mathbf{R}_+,\sum_{i=1}^{n}\prod_{j\neq i}x_j=\prod_{i=1}^{n}x_i+n-1,n\geqslant 3$,证明或否定

$$\sum_{i=1}^{n}x_i^n+(\sum_{i=1}^{n}x_i-n+1)\prod_{i=1}^{n}x_i\geqslant n+1$$

问题 222 设 $x_1,x_2,\cdots,x_n\in\mathbf{R}_{++},\sum_{i=1}^{n}\frac{1}{x_i}=\sum_{i=1}^{n}x_i,n\geqslant 3$,证明或否定

$$\sum_{i=1}^{n}\prod_{j\neq i}x_j+\prod_{i=1}^{n}x_i\geqslant\frac{n^2}{\sum_{i=1}^{n}x_i}$$

问题 223.1 设 $x_1,x_2,\cdots,x_n\in\mathbf{R}_+,k\leqslant 1\lor k>n,n\geqslant 2,m\geqslant 1$,证明或否定

$$\sum_{i=1}^{n}x_i^{n+m}\geqslant\frac{1}{n-k}\sum_{i=1}^{n}x_i^m(\sum_{i=1}^{n}x_i^n-k\prod_{i=1}^{n}x_i)$$

问题 223.2 设 $x_1,x_2,\cdots,x_n\in\mathbf{R}_+,k\leqslant 0\lor k>n,n\geqslant 2,0<m<1$,证明或否定

$$\sum_{i=1}^{n}x_i^{n+m}\geqslant\frac{1}{n-k}\sum_{i=1}^{n}x_i^m(\sum_{i=1}^{n}x_i^n-k\prod_{i=1}^{n}x_i)$$

问题 224.1 设 $a,b,c\in\mathbf{R}_{++}$,证明

$$\sum_{\text{cyc}}\sqrt{\frac{a^2}{b+c}}\geqslant\sqrt{2\sum_{\text{cyc}}a-\frac{9abc}{2\sum_{\text{cyc}}bc}}$$

$$\sum_{\text{cyc}}\sqrt[3]{\frac{a^2}{b+c}}\geqslant\sqrt[3]{\frac{5\sum_{\text{cyc}}a}{2}+\frac{6\sum_{\text{cyc}}bc}{\sum_{\text{cyc}}a}}$$

问题 224.2 设 $a,b,c\in\mathbf{R}_{++},a+b+c=1$,证明

$$\sum_{cyc}\sqrt{\frac{a}{b+c}}\geqslant\sqrt{4+64\prod_{cyc}(a-b)^2}$$

$$\sum_{cyc}\sqrt[3]{\frac{a}{b+c}}\geqslant\sqrt[3]{8+\frac{256}{3}\prod_{cyc}(a-b)^2}$$

问题 224.3 设 $a,b,c\in\mathbf{R}_{++},a+b+c=1$,证明

$$\sum_{cyc}\sqrt{\frac{a}{b+c}}\geqslant\sqrt{4+\frac{27abc}{2}}$$

$$\sum_{cyc}\sqrt[3]{\frac{a}{b+c}}\geqslant\sqrt[3]{8+\frac{297abc}{2}}$$

$$\sum_{cyc}\sqrt[4]{\frac{a}{b+c}}\geqslant\sqrt[4]{16+\frac{1\ 323abc}{2}}$$

问题 224.4 设 $a,b,c\in\mathbf{R}_{++},a+b+c=1,k\in\mathbf{N}_+$,证明或否定

$$\sum_{cyc}\sqrt[4]{\frac{a}{b+c}}\geqslant\sqrt[k]{2^k+\frac{27(3^k-2^{k+1})abc}{2}}$$

问题 224.5 设 $a,b,c\in\mathbf{R}_{++},a+b+c=1$,证明

$$\sum_{cyc}\sqrt{\frac{a}{a+bc}}\geqslant\sqrt{4+\frac{99abc}{4(ab+bc+ca)}}$$

$$\sum_{cyc}\sqrt[3]{\frac{a}{a+bc}}\geqslant\sqrt[3]{8+\frac{441abc}{4(ab+bc+ca)}}$$

问题 225 设 $x_1,x_2,\cdots,x_n\in[0,1],n\geqslant 2$,证明或否定

$$\sum_{cyc}x_1\sqrt{1-x_2}\leqslant\frac{4n+(-1)^n-1}{8}$$

问题 226 设 $x_1,x_2,\cdots,x_n\in\mathbf{R}_+,\sum_{i=1}^{n}x_i^2=n$,证明或否定

$$\sqrt[n]{\frac{\sum_{i=1}^{n}x_i^n}{n}}+\sqrt{n}-1\geqslant\frac{\sum_{i=1}^{n}x_i}{\sqrt{n}}$$

问题 227 设 $a,b,c\in\mathbf{R}_{++},\prod_{cyc}a=\sum_{cyc}a+2,k\in\mathbf{R}_+,m\in\mathbf{N}_+$,证明或否定

$$\sum_{cyc}\frac{a^m}{b+k}\geqslant\frac{3\cdot 2^m}{2+k}$$

$$\sum_{cyc}\frac{a^m}{b+kc}\geqslant\frac{3\cdot 2^{m-1}}{1+k}$$

问题 228 设 $a,b,c\in\mathbf{R}_+,m\in\mathbf{N}_+$,证明或否定

$$\sqrt[m]{(a+b+c)(ab+bc+ca)}\geqslant\frac{\sqrt[m]{9}}{9}(\sqrt[m]{abc}+\sqrt[m]{8^{m-1}(a+b)(b+c)(c+a)})$$

问题 229 设 $x_1,x_2,\cdots,x_n\in\mathbf{R}_{++}$，$\sum_{i=1}^{n}x_i^{n-1}=\frac{n}{2^{n-1}}$，$n\geqslant 2$，证明或否定

$$\sum_{i=1}^{n}\frac{1}{1-x_i}\leqslant\sum_{i=1}^{n}\frac{1}{x_i}$$

问题 230 设 $x_1,x_2,\cdots,x_n\in\mathbf{R}_{++}$，$\prod_{i=1}^{n}x_i=1$，$n\geqslant 2$，证明或否定

$$(n-1)\frac{\sum_{i=1}^{n}\frac{1}{x_i^2}}{\sum_{i=1}^{n}x_i^{n-1}}\leqslant\sum_{i=1}^{n}\frac{1}{x_i}-\frac{n}{\sum_{i=1}^{n}x_i}\leqslant(n-1)\frac{\sum_{i=1}^{n}\frac{1}{x_i^2}}{\sum_{i=1}^{n}\prod_{j\neq i}x_j}$$

问题 231 设 $x_1,x_2,\cdots,x_n\in\mathbf{R}_{+}$，$\prod_{i=1}^{n}(x_i-1)\neq 0$，$\prod_{i=1}^{n}x_i=1$，$n\geqslant 2$，证明或否定

$$\sum_{i=1}^{n}\frac{x_i^2}{(x_i-1)^2}\geqslant 1$$

问题 232 设 $a,b,c\in\mathbf{R}_{+}$，$a+b+c=ab+bc+ca$，$k\in\mathbf{N}_{+}$，$k\geqslant 2$，证明或否定

$$1+\frac{2}{2^k+1}\leqslant\sum_{\text{cyc}}\frac{1}{a^k+1}\leqslant 1+\frac{2^k+1}{2^k+1}$$

问题 233.1 设 $a,b,c\in\mathbf{R}_{+}$，$a^m+b^m+c^m=3$，$m,n\in\mathbf{N}_{+}$，证明或否定

$$a^nb+b^nc+c^na\geqslant 3abc$$

问题 233.2 设 $x_1,x_2,\cdots,x_n\in\mathbf{R}_{+}$，$\sum_{i=1}^{n}x_i=n$，$n\geqslant 2$，$m\in\mathbf{N}_{+}$，证明或否定

$$\sum_{\text{cyc}}x_1^mx_2\geqslant n\prod_{i=1}^{n}x_i$$

问题 234 设 $x_1,x_2,\cdots,x_n\in\mathbf{R}_{+}$，$\prod_{i=1}^{n}(x_i-1)\neq 0$，$\sum_{i=1}^{n}x_i=n$，$n\geqslant 2$，证明或否定

$$\sum_{i=1}^{n}\frac{x_i}{|x_i-1|}\geqslant\frac{n}{n-1}$$

问题 235.1 设 a,b,c 为 $\triangle ABC$ 的三边，$p\geqslant\frac{1}{2}$，证明

$$\sum_{\text{cyc}}\sqrt[p]{a(b+c-a)}\leqslant\sum_{\text{cyc}}\sqrt[p]{\frac{a(b+c)}{2}}$$

问题 235.2 设 $a,b,c\in\mathbf{R}_{++}$，$abc=1$，$p>0$，证明或否定

$$\sum_{\text{cyc}} \sqrt[p]{3a^2+1} \geqslant \sum_{\text{cyc}} \sqrt[p]{\frac{8a}{b+c}}$$

问题 235.3 设 $a,b,c \in \mathbf{R}_{++}$，$p \geqslant \frac{1}{10}$，证明

$$\sum_{\text{cyc}} \sqrt[p]{\frac{b+c}{a^3+abc}} \leqslant \sum_{\text{cyc}} \sqrt[p]{\frac{1}{a^2}}$$

问题 235.4 设 $a,b,c \in \mathbf{R}_{+}$，$p \geqslant \frac{1}{2}$，证明

$$\sum_{\text{cyc}} \sqrt[p]{\frac{1}{4a+1}} \geqslant \sum_{\text{cyc}} \sqrt[p]{\frac{1}{3a+b+1}} \geqslant \sum_{\text{cyc}} \sqrt[p]{\frac{1}{2a+b+c+1}}$$

并求使得上式成立的所有正数 p.

问题 235.5 设 $a,b,c \in \mathbf{R}_{++}$，$p > 0$，证明或否定

$$\sum_{\text{cyc}} \sqrt[p]{\frac{a}{b}} \geqslant \sum_{\text{cyc}} \sqrt[p]{\frac{2a}{a+b}}$$

问题 235.6 设 $a,b,c \in \mathbf{R}_{++}$，$p \geqslant 1$，证明

$$\sum_{\text{cyc}} \sqrt[p]{\frac{a+b}{a+c}} \geqslant \sum_{\text{cyc}} \sqrt[p]{\frac{2a}{a+b}}$$

问题 235.7 设 $a,b,c \in \mathbf{R}_{++}$，$p > 0$，证明或否定

$$\sum_{\text{cyc}} \sqrt[p]{\frac{a}{b+c}} \geqslant \sum_{\text{cyc}} \sqrt[p]{\frac{a^2}{a^2+bc}}$$

问题 235.8 设 $a,b,c \in \mathbf{R}_{++}$，$p \geqslant 1$，证明

$$\sum_{\text{cyc}} \sqrt[p]{\frac{a}{b}+\frac{b}{a}} \geqslant \sum_{\text{cyc}} \sqrt[p]{\frac{b+c}{a}}$$

问题 235.9 设 a,b,c 为 $\triangle ABC$ 的三边，$p \geqslant 2$，证明

$$\sum_{\text{cyc}} \sqrt[p]{\frac{(a+b)(a+c)}{(a+b+2c)(a+2b+c)}} \geqslant \sum_{\text{cyc}} \sqrt[p]{\frac{bc}{(a+b)(a+c)}}$$

问题 235.10 设 a,b,c 为 $\triangle ABC$ 的三边，$p > 0$，证明或否定

$$\sum_{\text{cyc}} \sqrt[p]{a(b+c)} \leqslant \sum_{\text{cyc}} \sqrt[p]{a^2+bc}$$

$$\sum_{\text{cyc}} \frac{1}{\sqrt[p]{a(b+c)}} \geqslant \sum_{\text{cyc}} \frac{1}{\sqrt[p]{a^2+bc}}$$

问题 235.11 设 $a,b,c \in \mathbf{R}_{++}$，$a+b+c=\frac{7}{9}$，$k > 0$，证明或否定

$$\sum_{\text{cyc}} \sqrt[k]{\frac{2(a+b)}{b+c}} \leqslant \sum_{\text{cyc}} \sqrt[k]{\frac{1+a}{1-a}} \leqslant \sum_{\text{cyc}} \sqrt[k]{\frac{2a}{b}}$$

问题 235.12 设 $a,b,c \in \mathbf{R}_{+}$，$\sum_{\text{cyc}} bc = \sum_{\text{cyc}} a$，$p \geqslant 1$，证明

$$\sum_{\mathrm{cyc}}\sqrt[p]{1+bc}\leqslant\sum_{\mathrm{cyc}}\sqrt[p]{b+c}\leqslant\sum_{\mathrm{cyc}}\sqrt[p]{a+bc}$$

问题 235.13 设 $a,b,c,d\in\mathbf{R}_{+}$，$\sum_{\mathrm{cyc}}bcd=\sum_{\mathrm{cyc}}a$，$p\geqslant 1$，证明

$$\sum_{\mathrm{cyc}}\sqrt[p]{1+2bcd}\leqslant\sum_{\mathrm{cyc}}\sqrt[p]{b+c+d}$$

$$\sum_{\mathrm{cyc}}\sqrt[p]{1+2bcd}\leqslant\sum_{\mathrm{cyc}}\sqrt[p]{a+2bcd}$$

$$\sum_{\mathrm{cyc}}\sqrt[p]{2+bcd}\leqslant\sum_{\mathrm{cyc}}\sqrt[p]{b+c+d}$$

$$\sum_{\mathrm{cyc}}\sqrt[p]{2+bcd}\leqslant\sum_{\mathrm{cyc}}\sqrt[p]{2a+bcd}$$

问题 235.14 设 $a,b,c\in\mathbf{R}_{++}$，$a+b+c=3$，$p>0$，证明或否定

$$\sum_{\mathrm{cyc}}\frac{1}{\sqrt[p]{ab+a}}\geqslant\sum_{\mathrm{cyc}}\frac{1}{\sqrt[p]{ab+c}}\geqslant\frac{3}{\sqrt[p]{2}}$$

问题 235.15 设 $a,b,c\in\mathbf{R}_{++}$，$abc=1$，$p>0$，证明或否定

$$\sum_{\mathrm{cyc}}\left(\frac{a+1}{b+1}\right)^{p}\geqslant\sum_{\mathrm{cyc}}\left(\frac{a+1}{a+b}\right)^{p}$$

问题 235.16 设 $a,b,c,d\in\mathbf{R}_{++}$，$abcd=1$，$p>0$，证明或否定

$$\sum_{\mathrm{cyc}}\left(\frac{a+2}{b+2}\right)^{p}\geqslant\sum_{\mathrm{cyc}}\left(\frac{a+2}{a+b+c}\right)^{p}$$

问题 235.17 设 $a,b,c\in\mathbf{R}_{++}$，$p>0$，证明或否定

$$\sum_{\mathrm{cyc}}\left(\frac{a+1}{b+c}\right)^{p}\geqslant\sum_{\mathrm{cyc}}\left(\frac{a+1}{a+b}\right)^{p}$$

问题 235.18 设 $a,b,c\in\mathbf{R}_{++}$，$\sum_{\mathrm{cyc}}\frac{1}{a}=3$，$p\geqslant 1$，证明

$$\sum_{\mathrm{cyc}}\frac{1}{\sqrt[p]{a^{2}+b}}\leqslant\sum_{\mathrm{cyc}}\frac{1}{\sqrt[p]{a^{2}+\frac{1}{b}}}$$

问题 236.1 设 $a,b,c\in\mathbf{R}_{+}$，$a+b+c=1$，$m\in\mathbf{N}_{+}$，证明或否定

$$\sum_{\mathrm{cyc}}\sqrt[m]{a^{m}+b}\geqslant 2$$

问题 236.2 设 $a,b,c\in\mathbf{R}_{+}$，$a+b+c=1$，$m,n\in\mathbf{N}_{+}$，$n\geqslant m$，证明或否定

$$\sum_{\mathrm{cyc}}\sqrt[n]{a^{m}+b}\geqslant 2$$

问题 236.3 设 $a,b,c\in\mathbf{R}_{+}$，$\sum_{\mathrm{cyc}}a=3$，证明

$$\sum_{\mathrm{cyc}}\sqrt[3]{a^{3}+1}\leqslant 2+\sqrt[3]{28}$$

问题 236.4 设 $x_1,x_2,\cdots,x_n\in\mathbf{R}_{+}$，$m\in\mathbf{N}_{+}$，$\sum_{i=1}^{n}x_i=n$，$n\geqslant 2$，证明或否

定

$$\sum_{i=1}^{n}\sqrt[m]{x_i^m+1}\leqslant n-1+\sqrt[m]{n^m+1}$$

问题 237.1 设 $a,b,c\in\mathbf{R}_{++},k\geqslant 0$,证明

$$\sum_{\text{cyc}}\sqrt{\frac{a}{b+c}}+\frac{k\sqrt{ab+bc+ca}}{a+b+c}\geqslant\begin{cases}\dfrac{k+4}{2},k\leqslant 4\\ 2\sqrt{k},k>4\end{cases}$$

问题 237.2 设 $a,b,c\in\mathbf{R}_{++}$,证明

$$\sum_{\text{cyc}}\sqrt{\frac{a^2}{b^2+c^2}}+4\sqrt{2}\cdot\frac{a+b+c}{\sqrt{a^2+b^2+c^2}}\geqslant 10$$

并求使得下式成立的最大正数 k

$$\sum_{\text{cyc}}\sqrt{\frac{a^2}{b^2+c^2}}+k\cdot\frac{a+b+c}{\sqrt{a^2+b^2+c^2}}\geqslant 2+k\sqrt{2}$$

问题 238.1 设 $x_1,x_2,\cdots,x_n\in\mathbf{R}_{+},k\geqslant 1,n\geqslant 2$,证明或否定

$$\prod_{i=1}^{n}(x_i^2+k)\geqslant k^{n-2}(\sum_{i=1}^{n}x_i-k)^2$$

$$\prod_{i=1}^{n}(x_i^2+\frac{1}{k})\geqslant\frac{1}{k^n}(\sum_{i=1}^{n}x_i-1)^2$$

问题 238.2 设 $x_1,x_2,\cdots,x_n\in\mathbf{R}_{+}$,证明或否定

$$\prod_{i=1}^{n}(x_i^2+1)\geqslant\left|\prod_{i=1}^{n}(x_i-1)\right|$$

问题 238.3 设 $x_1,x_2,\cdots,x_n\in\mathbf{R}_{++},\sum\limits_{i=1}^{n}\dfrac{1}{x_i}=n,n\geqslant 2$,证明或否定

$$\prod_{i=1}^{n}(x_i^n+1)\geqslant\left(\frac{2}{n+1}\right)^n(\sum_{i=1}^{n}x_i+1)^n$$

问题 239.1 设 $a,b,c\in\mathbf{R}_{++}$,证明

$$\sum_{\text{cyc}}\frac{a^2-bc}{b^2+c^2}\geqslant\frac{9}{2}\sum_{\text{cyc}}\frac{a-2b+c}{a+2b+c}\geqslant\frac{3}{4}\sum_{\text{cyc}}\frac{(a-b)^2}{(a+b)^2}\geqslant\frac{3}{2}\left|\sum_{\text{cyc}}\frac{a^2-bc}{a^2+bc}\right|$$

问题 239.2 设 $a,b,c,d\in\mathbf{R}_{++}$,证明

$$\sum_{\text{cyc}}\frac{a^3-bcd}{b^3+c^3+d^3}\geqslant\frac{7}{12}\left|\sum_{\text{cyc}}\frac{a^3-bcd}{a^3+bcd}\right|$$

问题 240.1 设 $a,b,c\in\mathbf{R}_{++},k\geqslant 2$,证明

$$\sum_{\text{cyc}}\left(\frac{a+kb}{a+kc}+\frac{a+kc}{a+kb}\right)\geqslant 6+\frac{2k}{k+1}\cdot\frac{\sum\limits_{\text{cyc}}(a-b)^2}{\sum\limits_{\text{cyc}}bc}$$

问题 240.2 设 $a,b,c\in\mathbf{R}_{++}$,$k\geqslant 1$,证明

$$\sum_{\text{cyc}}\left(\frac{a+kb}{a+kc}+\frac{a+kc}{a+kb}\right)\geqslant\sum_{\text{cyc}}\left(\frac{a+b}{a+c}+\frac{a+c}{a+b}\right)+\frac{k-1}{k+1}\cdot\frac{\sum\limits_{\text{cyc}}(a-b)^2}{\sum\limits_{\text{cyc}}bc}$$

问题 241.1 设 $a,b,c\in\mathbf{R}_{++}$,证明

$$\sum_{\text{cyc}}\sqrt{\frac{2a}{b+c}+\frac{(b-c)^2}{4(b+c)^2}}\geqslant 3$$

问题 241.2 设 $a,b,c\in\mathbf{R}_{++}$,证明

$$\sum_{\text{cyc}}\sqrt{\frac{2a}{a+b}+\frac{7(b-c)^2}{9(b+c)^2}}\geqslant 3$$

问题 241.3 设 $a,b,c\in\mathbf{R}_{++}$,证明

$$\sum_{\text{cyc}}\sqrt[3]{\frac{2a}{b+c}+\frac{11(b-c)^2}{8(b+c)^2}}\geqslant 3$$

问题 241.4 设 $a,b,c\in\mathbf{R}_{++}$,证明

$$\sum_{\text{cyc}}\sqrt[3]{\frac{2a}{a+b}+\frac{19(b-c)^2}{10(b+c)^2}}\geqslant 3$$

问题 242 设 $a,b,c\in\mathbf{R}_{++}$,$k\geqslant 0$,证明

$$\sum_{\text{cyc}}\frac{\sqrt{a^2+kbc}}{b+c}\geqslant\begin{cases}\dfrac{3}{2}\sqrt{k+1},k\leqslant\dfrac{11+6\sqrt{2}}{8}\\[2ex]\dfrac{1}{2}(\sqrt{k}+4),k>\dfrac{11+6\sqrt{2}}{8}\end{cases}$$

问题 243.1 设 $a,b,c\in\mathbf{R}_{++}$,$a+b+c\neq 3$,证明

$$\sum_{\text{cyc}}\frac{1}{a^2}+\left(\frac{abc-1}{a+b+c-3}\right)^2\geqslant 3$$

问题 243.2 设 $x_1,x_2,\cdots,x_n\in\mathbf{R}_{++}$,$\sum\limits_{i=1}^{n}x_i\neq n$,证明或否定

$$\sum_{i=1}^{n}\frac{1}{x_i^2}+\left(\frac{\prod\limits_{i=1}^{n}x_i-1}{\sum\limits_{i=1}^{n}x_i-n}\right)^2\geqslant n$$

问题 243.3 设 $a,b,c\in\mathbf{R}$,$abc\neq 0$,$a+b+c\neq 3$,证明

$$f(a,b,c)=\sum_{\text{cyc}}\frac{1}{a^2}+\left(\frac{abc-1}{a+b+c-3}\right)^2>\frac{14}{9}$$

注 使得 $f(a,b,c)\geqslant k$ 成立的最大 $k=1.570\ 640\ 14\cdots$,它是方程 $1\ 296k^4-1\ 665k^3-12\ 089k^2-3\ 111k+33\ 273=0$ 的一个根.

问题 244　设 $x_1,x_2,\cdots,x_n\in\mathbf{R},\sum_{i=1}^{n}x_i=\sum_{i=1}^{n}\prod_{j\neq i}x_j,n\geqslant 3$，证明或否定

$$\sum_{1\leqslant i<j\leqslant n}(x_i-x_j)^2\geqslant\frac{2(n-2)^2+1}{(n-2)^2+1}\left(\sum_{i=1}^{n}x_i^2-n\right)$$

问题 245.1　设 $x_1,x_2,\cdots,x_n\in\mathbf{R}_{++},n=2p+1,p\in\mathbf{N}_+,k\in\mathbf{R}$，证明或否定

$$\sum_{\text{cyc}}\frac{x_1^{n+1}}{x_2}\geqslant(n-(k-1)^n)\prod_{i=1}^{n}x_i+\prod_{\text{cyc}}(kx_1-x_2)$$

问题 245.2　设 $x_1,x_2,\cdots,x_n\in\mathbf{R}_{++},n=2p,p\in\mathbf{N}_+,k\in\mathbf{R}_+$，证明或否定

$$\sum_{\text{cyc}}\frac{x_1^{n+1}}{x_2}\geqslant(n-(k-1)^n)\prod_{i=1}^{n}x_i+\prod_{\text{cyc}}(kx_1-x_2)$$

问题 246　设 $x_1,x_2,\cdots,x_n\in\mathbf{R}_+$，证明或否定

$$\frac{\sum_{i=1}^{n}x_i^n+n}{\prod_{i=1}^{n}(x_i+1)}\geqslant\frac{n}{2^{n-1}}$$

问题 247　设 $a_i,x_i\in\mathbf{R}_{++},i=1,2,\cdots,n,\prod_{i=1}^{n}a_ix_i=1$，证明或否定

$$\sum_{i=1}^{n}a_i\sum_{i=1}^{n}x_i\left(\prod_{i=1}^{n}a_i+\prod_{i=1}^{n}x_i\right)\geqslant n\left(\sum_{i=1}^{n}a_i+\sum_{i=1}^{n}x_i\right)$$

问题 248　设 $a,b,c,d\in\mathbf{R}_+,a^2+b^2+c^2+d^2=4$，证明或否定

$$\sum_{\text{cyc}}\frac{a}{b^3+1}\geqslant 2\geqslant\sum_{\text{cyc}}\frac{a}{a^3+1}$$

问题 249.1　设 $a,b,c\in\mathbf{R},k\geqslant 2$，证明

$$\prod_{\text{cyc}}(a^2+k)\geqslant(abc+a+b+c+(k+1)\sqrt{k-2})^2$$

问题 249.2　设 $a,b,c,d\in\mathbf{R}$，证明

$$\prod_{\text{cyc}}(a^2+2)\geqslant(abcd+a+b+c+d+3)^2$$

问题 250.1　设 $a,b,c\in\mathbf{R}_{++},k\geqslant 2$，证明

$$\sum_{\text{cyc}}\frac{a}{\sqrt{ka+b}}\geqslant\sqrt{\frac{3\sum_{\text{cyc}}a}{k+1}}\geqslant\sum_{\text{cyc}}\frac{a}{\sqrt{a+kb}}$$

问题 250.2　设 $a,b,c\in\mathbf{R}_{++},abc=1$，试求使得下面二式

$$\sum_{\text{cyc}}\frac{a}{\sqrt{a^2+mb}}\leqslant\frac{3}{\sqrt{1+m}}$$

$$\sum_{\text{cyc}}\frac{bc}{\sqrt{a^2+nb}}\geqslant\frac{3}{\sqrt{1+n}}$$

分别成立的 m,n 的取值范围.

问题 251 设 $x_1,x_2,\cdots,x_n\in\mathbf{R}_{++},n\geqslant 3$,证明或否定

$$\frac{\sum_{i=1}^{n}x_i^n}{(\sum_{i=1}^{n}x_i)^n}+\frac{n^{n-1}-1}{n^{n-1}}\cdot\frac{\sum_{i=1}^{n}\prod_{j\neq i}x_j}{\sum_{i=1}^{n}x_i^{n-1}}\leqslant 1$$

问题 252 $a,b,c\in\mathbf{R}_{++},a^3+b^3+c^3=3,\frac{1}{3}\leqslant k\leqslant 3$,证明

$$\sum_{\text{cyc}}\frac{a^3+kb^3}{a+kb}\geqslant 3$$

问题 253 设 $x_1,x_2,\cdots,x_n\in\mathbf{R}_{+}$,证明或否定

$$\frac{(\sum_{i=1}^{n}x_i)^2+1}{\prod_{i=1}^{n}(x_i^2+1)}\leqslant\frac{n^n}{(n+1)^{n-1}}$$

问题 254.1 $a,b,c\in\mathbf{R},(a+b)(b+c)(c+a)\neq 0$,证明

$$\sum_{\text{cyc}}\frac{(a-b)^2}{(b+c)^2}\geqslant(7-3\sqrt{3})\sum_{\text{cyc}}\frac{a-b}{b+c}$$

问题 254.2 设 $a,b,c\in\mathbf{R},(a+b)(b+c)(c+a)\neq 0$,证明

$$\sum_{\text{cyc}}\frac{(a-b)^2}{(b+c)^2}\geqslant\frac{10}{27}\cdot\sum_{\text{cyc}}\frac{a^2-b^2}{b^2+c^2}\geqslant 0$$

问题 255 设 $a,b,c\in\mathbf{R}_{+},a+b+c=k\geqslant 1,m\in\mathbf{N}_{+}$,证明或否定

$$\sum_{\text{cyc}}a^mb+\frac{1}{3^m}k^{m+1}(k-1)\geqslant 3\sum_{\text{cyc}}a^{m-1}\prod_{\text{cyc}}a$$

问题 256 设 $x_1,x_2,\cdots,x_n\in\mathbf{R}_{++},\prod_{i=1}^{n}x_i=1,m\geqslant n\geqslant 2,k\geqslant 0$,证明或否定

$$(1+k)^m\left(\frac{\sum_{i=1}^{n}x_i}{n}\right)^m\geqslant\prod_{i=1}^{n}(x_i+k)$$

问题 257.1 设 $a,b,c\in\mathbf{R}_{++}$,证明

$$\sum_{\text{cyc}}\frac{|a-2b+c|}{a+2b+c}\geqslant\frac{24}{35}\sum_{\text{cyc}}\frac{|a-b|}{a+b}\geqslant\frac{16}{35}\sum_{\text{cyc}}\frac{|a-2b+c|}{a+2b+c}$$

问题 257.2 设 $a,b,c\in\mathbf{R}_{++}$,证明或否定

$$\sum_{\text{cyc}}\frac{|a-b|}{a+c}\geqslant\frac{9}{10}\sum_{\text{cyc}}\frac{|a-2b+c|}{a+2b+c}$$

问题 257.3 设 $a,b,c\in\mathbf{R}_{+},(a-2b+c)(b-2c+a)(c-2a+b)\neq 0$,

$k\in\mathbf{R}_{+}$，证明

$$\sum_{\text{cyc}}\frac{a+kb+c}{|a-2b+c|}\geqslant\begin{cases}\dfrac{2k+1}{2},k\leqslant 3\\ \dfrac{k+4}{2},k>3\end{cases}$$

问题 258 设 $a,b,c\in\mathbf{R}_{++},m\in\mathbf{N}_{+},m\geqslant 5,n=\left[\frac{m}{2}-\frac{1+(-1)^{m}}{2}\right]$，$abc=1$，证明或否定

$$(a+b+c)^{m}\geqslant\frac{3^{m}}{8}\prod_{\text{cyc}}(a^{n}+1)$$

问题 259.1 设 $a,b,c\in\mathbf{R}_{++},2\leqslant k\leqslant\frac{11+\sqrt{61}}{3}$，证明

$$\sum_{\text{cyc}}\frac{1}{ka^{2}+bc}\geqslant\frac{6+k}{k\sum\limits_{\text{cyc}}bc}-\frac{16}{k(\sum\limits_{\text{cyc}}a)^{2}}$$

问题 259.2 设 $a,b,c,d\in\mathbf{R}_{++},2\leqslant k\leqslant 4$，证明

$$\sum_{\text{cyc}}\frac{1}{a^{3}+bcd}\geqslant\frac{k}{\sum\limits_{\text{cyc}}bcd}-\frac{4(k-2)}{(\sum\limits_{\text{cyc}}a)^{2}}$$

问题 260.1 设 $a,b,c,x,y,z\in\mathbf{R}_{+},x+y+z=a+b+c,0\leqslant k\leqslant 1$，证明

$$ax^{2}+by^{2}+cz^{2}+kxyz\geqslant(3+k)abc$$

问题 260.2 设 $a_{i},x_{i}\in\mathbf{R}_{+},i=1,2,\cdots,n,\sum\limits_{i=1}^{n}x_{i}=\sum\limits_{i=1}^{n}a_{i}$，证明或否定

$$\sum_{i=1}^{n}a_{i}x_{i}^{n-1}+\prod_{i=1}^{n}x_{i}\geqslant(n+1)\prod_{i=1}^{n}a_{i}$$

问题 261.1 设 $a,b,c\in\mathbf{R}_{++}$，证明

$$\sum_{\text{cyc}}\frac{a}{\sqrt{ab+c^{2}}}\geqslant\sum_{\text{cyc}}\frac{2a}{2a+b}$$

问题 261.2 设 $a,b,c\in\mathbf{R}_{++}$，证明

$$\sum_{\text{cyc}}\frac{a}{2b+c}\geqslant\sum_{\text{cyc}}\frac{a}{\sqrt{5ab+4c^{2}}}$$

问题 262 设 $a,b,c\in\mathbf{R}_{++}$，证明

$$\sum_{\text{cyc}}\frac{a+b}{c\sqrt{c+a}}-\frac{\sqrt{2}(a+b+c)}{\sqrt{abc}}\geqslant\frac{43}{50}\left(\sum_{\text{cyc}}\frac{a+b}{b\sqrt{b+c}}-\frac{3\sqrt{6}}{\sqrt{a+b+c}}\right)\geqslant 0$$

注 把上式中的$\frac{43}{50}$换成$\frac{87}{100}$，不等式不成立.

问题 263 设 $x_{1},x_{2},\cdots,x_{n}\in\mathbf{R}_{+},n\geqslant 3$，证明或否定

$$\sum_{i=1}^{n} x_i^n + n\prod_{i=1}^{n} x_i \geqslant 2\sum_{i=1}^{n}\prod_{j\neq i} x_j\sqrt{\frac{\sum_{j\neq i} x_j^2}{n-1}}$$

问题 264 设 $a,b,c,d \in \mathbf{R}_+, a+b+c+d=abc+bcd+cda+dab$，证明

$$\sum_{\text{cyc}}(a-b)^4 \leqslant 2\left(\sum_{\text{cyc}} a^4 - 4\right)$$

问题 265 设 $x_1, x_2, \cdots, x_n \in \mathbf{R}_+, \sum_{i=1}^{n}\frac{1}{x_i+1}=\frac{n}{2}, n\geqslant 3$，证明或否定

$$\sum_{i=1}^{n}\frac{1}{x_i}+\frac{2}{n-1}\sum_{1\leqslant i<j\leqslant n} x_i x_j \geqslant 2n\prod_{i=1}^{n} x_i$$

问题 266 设 $x_1, x_2, \cdots, x_n \in \mathbf{R}_{++}, \sum_{i=1}^{n} x_i = n \geqslant 2$，证明或否定

$$\frac{n(n^2-1)}{\sum_{\text{cyc}} x_1^{n-1}x_2}+\frac{1}{\prod_{i=1}^{n} x_1}\geqslant n^2$$

问题 267.1 设 $a,b,c \in \mathbf{R}_+, a+b+c=1$，证明

$$\sum_{\text{cyc}}\sqrt{\frac{1-a}{1+a}} \geqslant 12\sqrt{2}\prod_{\text{cyc}}\frac{1-a}{1+a}$$

问题 267.2 设 $a,b,c \in \mathbf{R}_{++}, a+b+c=1$，证明

$$\sum_{\text{cyc}}(1+a)\sqrt{\frac{1-a}{a}} \geqslant 32\sqrt{2}\prod_{\text{cyc}}\frac{1-a}{1+a}$$

问题 268.1 设 $a,b,c \in \mathbf{R}_+, 0\leqslant k\leqslant \frac{11}{3}$，证明

$$\sum_{\text{cyc}} a\sqrt{a^2+kb^2} \geqslant \frac{\sqrt{k+1}}{3}\left(\sum_{\text{cyc}} a\right)^2$$

问题 268.2 设 $a,b,c \in \mathbf{R}_+, k\geqslant 0$，证明

$$\sum_{\text{cyc}} a\sqrt{a^2+kb^2} \leqslant (k^2+6k+10)\sum_{\text{cyc}} a^2$$

问题 269.1 设 $a,b,c \in \mathbf{R}_+, a+b+c=3, k\geqslant \frac{1}{2}$，证明

$$\sum_{\text{cyc}}\frac{b+c-2a}{\sqrt{2a+3b+k}} \geqslant 0$$

问题 269.2 设 $a,b,c \in \mathbf{R}_{++}, a^2+b^2+c^2=3, k\geqslant 0$，证明

$$\sum_{\text{cyc}}\frac{a^2-bc}{\sqrt{2a^2+3b^2+k}} \geqslant 0$$

问题 270 设 $x_1, x_2, \cdots, x_n \in \mathbf{R}_{++}, \sum_{i=1}^{n} x_i = n \geqslant 2$，证明或否定

$$\sum_{i=1}^{n}\frac{1}{n-x_i}+\frac{n(n-2)}{n-1}\geqslant\frac{n^2}{\sum_{i=1}^{n}\frac{1}{x_i}}$$

问题 271 设 $x_1,x_2,\cdots,x_n\in\mathbf{R}_{++}$，$\sum_{i=1}^{n}x_i=n\geqslant 3$，证明或否定

$$\sum_{i=1}^{n}\frac{x_i}{n-x_i}+\frac{1}{(n-1)(n-2)}\prod_{i=1}^{n}x_i\geqslant\frac{n-1}{n-2}$$

问题 272.1 设 $a,b,c\in\mathbf{R}_{++}$，$k\geqslant 1$，证明

$$\sum_{\text{cyc}}\frac{b+c-2a}{\sqrt{ka^2+b^2+c^2}}\geqslant 0$$

问题 272.2 设 $a,b,c\in\mathbf{R}_{++}$，$0\leqslant k\leqslant 1$，证明

$$\sum_{\text{cyc}}\frac{2a-b-c}{\sqrt{ka^2+b^2+c^2}}\geqslant 0$$

问题 272.3 设 $a,b,c\in\mathbf{R}_{++}$，证明

$$\sum_{\text{cyc}}\frac{b+c-2a}{\sqrt{3a^2+b^2+c^2}}\geqslant 2(\sqrt{2}-1)\frac{\sum_{\text{cyc}}(a-b)^2}{\sum_{\text{cyc}}a^2}$$

问题 272.4 设 $a,b,c\in\mathbf{R}_{++}$，证明

$$\sum_{\text{cyc}}\frac{2a-b-c}{\sqrt{\frac{1}{3}a^2+b^2+c^2}}\geqslant 2(\sqrt{3}-\sqrt{2})\frac{\sum_{\text{cyc}}(a-b)^2}{\sum_{\text{cyc}}a^2}$$

问题 273.1 设 $a,b,c,d\in\mathbf{R}$，$a+b+c+d=4$，$a^3+b^3+c^3+d^3=7$，证明

$$\frac{91}{4}\leqslant a^5+b^5+c^5+d^5\leqslant\frac{391}{4}$$

问题 273.2 设 $a,b,c,d,e\in\mathbf{R}$，$a+b+c+d+e=5$，$a^2+b^2+c^2+d^2+e^2=25$，证明

$$5\leqslant a^3+b^3+c^3+d^3+e^3\leqslant 125$$

问题 273.3 设 $x_1,x_2,\cdots,x_n\in\mathbf{R}$，$\sum_{i=1}^{n}x_i=n$，$\sum_{i=1}^{n}x_i^2=n^2$，$n\geqslant 3$，证明或否定

$$-n(n^2-6n+4)\leqslant\sum_{i=1}^{n}x_i^3\leqslant n^3$$

问题 274.1 设 $a,b,c\in\mathbf{R}_{++}$，$\sum_{\text{cyc}}\frac{1}{a}=3$，证明

$$\sum_{\text{cyc}} \frac{1}{\sqrt{a+bc}} \leqslant \frac{3}{\sqrt{2}} \leqslant \sum_{\text{cyc}} \frac{a}{\sqrt{a+bc}}$$

问题 274.2 设 $a,b,c \in \mathbf{R}_{++}$，$\sum_{\text{cyc}} \frac{1}{a}=3$，证明或否定

$$\sum_{\text{cyc}} \frac{1}{\sqrt{a+bc}} \geqslant \sum_{\text{cyc}} \frac{1}{\sqrt{a+b^2}}$$

问题 275.1 设 $a,b,c \in \mathbf{R}$，$\sum_{\text{cyc}} \frac{1}{a}=k$，$4 \leqslant k \leqslant 8$，证明

$$\prod_{\text{cyc}} (a^2-a+1) \geqslant \frac{(k^2-3k+9)^3}{k^6}$$

问题 275.2 设 $a,b,c,d \in \mathbf{R}$，$\sum_{\text{cyc}} \frac{1}{a}=8$，证明

$$\prod_{\text{cyc}} (a^2-a+1) \geqslant \frac{81}{256}$$

问题 276.1 设 $x_1,x_2,x_3,x_4 \in \mathbf{R}_+$，证明

$$\sum_{i=1}^{4} x_i^2 + \prod_{i=1}^{4} x_i + 1 \geqslant \sum_{1 \leqslant i<j \leqslant 4} x_i x_j$$

问题 276.2 设 $x_1,x_2,x_3,x_4,x_5 \in \mathbf{R}_+$，证明

$$\sum_{i=1}^{5} x_i^3 + \prod_{i=1}^{5} x_i + 4 \geqslant \sum_{1 \leqslant i<j \leqslant 5} x_i x_j$$

$$\sum_{i=1}^{5} x_i^5 + \prod_{i=1}^{5} x_i + 4 \geqslant \sum_{1 \leqslant i<j<k \leqslant 5} x_i x_j x_k$$

问题 276.3 设 $x_1,x_2,x_3,x_4,x_5,x_6 \in \mathbf{R}_+$，证明

$$\sum_{i=1}^{6} x_i^4 + \prod_{i=1}^{6} x_i + 8 \geqslant \sum_{1 \leqslant i<j \leqslant 6} x_i x_j$$

问题 277.1 设 $x_1,x_2,\cdots,x_n \in \mathbf{R}_{++}$，$\sum_{i=1}^{n} x_i=n$，$n \geqslant 2$，证明或否定

$$\sum_{\text{cyc}} \frac{1}{x_1x_2+x_1} \geqslant \frac{n}{2}$$

问题 277.2 设 $x_1,x_2,\cdots,x_n \in \mathbf{R}_{++}$，$\sum_{i=1}^{n} x_i=n$，$n \geqslant 3$，证明或否定

$$\sum_{\text{cyc}} \frac{1}{x_1x_2+x_3} \geqslant \frac{n}{2}$$

问题 277.3 设 $x_1,x_2,\cdots,x_n \in \mathbf{R}_{++}$，$\sum_{i=1}^{n} x_i=n$，$n \geqslant 3$，$k \geqslant 0$，证明或否定

$$\sum_{\text{cyc}} \frac{1}{x_1x_2+k} \geqslant \frac{n}{1+k}$$

问题 278.1 设 $a,b,c \in \mathbf{R}_{++}$，$a^k+b^k+c^k=3$，$k \in \mathbf{N}_+$，$k \leqslant 7$，证明

$$\frac{a^5}{b}+\frac{b^5}{c}+\frac{c^5}{a}\geqslant 3$$

问题 278.2 设 $a,b,c\in\mathbf{R}_{++}$，$a^k+b^k+c^k=3$，试求使得下式成立的最大整数 k

$$\frac{a^6}{b}+\frac{b^6}{c}+\frac{c^6}{a}\geqslant 3$$

问题 279 设 $x_1,x_2,\cdots,x_n\in\mathbf{R}_{++}$，$n\geqslant 3$，证明或否定

$$0\leqslant\sum_{i=1}^{n}\frac{x_i^{n-1}-\prod\limits_{j\neq i}x_j}{x_i^{n-1}+(n-1)\prod\limits_{j\neq i}x_j}\leqslant\frac{n(n-2)}{n-1}\frac{\sum\limits_{1\leqslant i<j\leqslant n}(x_i-x_j)^2}{(\sum\limits_{i=1}^{n}x_i)^2}$$

问题 280.1 设 $a,b,c\in\mathbf{R}_{++}$，证明

$$\sum_{\text{cyc}}a^2+\left(\frac{2+abc}{a^2+b^2+c^2}\right)^2\geqslant 3$$

$$\sum_{\text{cyc}}a^2+\left(\frac{abc-\frac{3\sqrt{3}}{2}}{a^2+b^2+c^2}\right)^2\geqslant 3$$

问题 280.2 设 $x_1,x_2,\cdots,x_n\in\mathbf{R}_{++}$，$n\geqslant 2$，证明或否定

$$\sum_{i=1}^{n}x_i^{n-1}+\left(\frac{n-1+\prod\limits_{i=1}^{n}x_i}{\sum\limits_{i=1}^{n}x_i^{n-1}}\right)^{n-1}\geqslant n$$

问题 281.1 设 $a,b,c\in\mathbf{R}_{++}$，证明

$$0\leqslant\sum_{\text{cyc}}\frac{a^2-bc}{\sqrt{a^2+bc}}\leqslant\frac{1}{2}\sum_{\text{cyc}}|a-b|$$

问题 281.2 设 $a,b,c\in\mathbf{R}_{++}$，$k\geqslant 1$，证明或否定

$$0\leqslant\sum_{\text{cyc}}\frac{a^2-bc}{\sqrt{a^2+kbc}}\leqslant\left(1-\frac{\sqrt{k}}{2k}\right)\sum_{\text{cyc}}|a-b|$$

问题 282 设 $x_1,x_2,\cdots,x_n\in\mathbf{R}_{+}$，$-(n-1)\leqslant k_n\leqslant 6n$，$n\geqslant 3$，证明或否定

$$\sum_{i=1}^{n}x_i^n-n\prod_{i=1}^{n}x_i\geqslant k_n\prod_{i=1}^{n}(x_i-\sqrt[n-1]{\prod_{j\neq i}x_j})$$

问题 283.1 设 $x_1,x_2,\cdots,x_n\in\mathbf{R}_{+}$，$\prod\limits_{i=1}^{n}(x_i+1)=2^n$，证明或否定

$$\sum_{i=1}^{n}\frac{x_i+\prod\limits_{j\neq i}x_j}{x_i+1}\geqslant\frac{n}{n+1}(1+\sum_{i=1}^{n}\prod_{j\neq i}x_j)$$

问题 283.2 设 $x_1,x_2,\cdots,x_n\in\mathbf{R}_{++}$，$\prod\limits_{i=1}^{n}(x_i+1)=2^n$，$n\geqslant 2$，证明或否定

$$\sum_{i=1}^{n}\frac{x_i+1}{x_i+\prod\limits_{j\neq i}x_j}\geqslant\frac{n}{n+1}(n+\prod_{i=1}^{n}x_i)$$

问题 284 设 $a,b,c\in\mathbf{R}_{++}$，证明

$$\sum_{\text{cyc}}\frac{a-b}{b+c}\geqslant\left(\frac{3}{2}\sqrt[3]{4}-1\right)\frac{\sum\limits_{\text{cyc}}(a-b)^2}{\sum\limits_{\text{cyc}}(a+b)^2}$$

问题 285 设 $x_1,x_2,\cdots,x_n\in\mathbf{R}_{++}$，$\sum\limits_{i=1}^{n}x_i=\sum\limits_{i=1}^{n}\frac{1}{x_i}$，$n\geqslant 2$，证明或否定

$$\sum_{i=1}^{n}\frac{1}{x_i^2+1}\geqslant\frac{n^3}{2(\sum\limits_{i=1}^{n}x_i)^2}$$

问题 286.1 设 $a,b,c,d\in\mathbf{R}$，$k\geqslant 7\sqrt{7}-17=1.520\ 259\ 177\cdots$，证明或否定

$$\prod_{\text{cyc}}(a^2+k)\geqslant(\sum_{\text{cyc}}abc-k^2)^2$$

问题 286.2 设 $x_1,x_2,\cdots,x_n\in\mathbf{R}$，$-1\leqslant k\leqslant 1$，$n\geqslant 2$，证明或否定

$$\prod_{i=1}^{n}(x_i^2+1)\geqslant(\prod_{i=1}^{n}x_i+k)^2$$

问题 287 设 $x_1,x_2,\cdots,x_n\in\mathbf{R}_{+}$，$\sum\limits_{i=1}^{n}x_i=n$，$m=2,3,\cdots,n+1$，$n\geqslant 2$，证明或否定

$$\sum_{i=1}^{n}x_i^m-n\prod_{i=1}^{n}x_i\geqslant\frac{n}{n-1}(\sum_{i=1}^{n}x_i^{m-1}-n\prod_{i=1}^{n}x_i)$$

问题 288.1 设 $a,b,c\in\mathbf{R}_{++}$，$k>1$，证明

$$0\leqslant\sum_{\text{cyc}}\frac{b+c-2a}{ka+b+c}\leqslant\frac{k-1}{k}\,\frac{\sum\limits_{\text{cyc}}|a-b|}{\sum\limits_{\text{cyc}}a}$$

问题 288.2 设 $a,b,c\in\mathbf{R}_{++}$，$k>1$，证明

$$0\leqslant\sum_{\text{cyc}}\frac{b+c-2a}{ka^2+b^2+c^2}\leqslant\frac{k-1}{k}\,\frac{\sum\limits_{\text{cyc}}|a-b|}{\sum\limits_{\text{cyc}}a^2}$$

问题 288.3 设 $a,b,c\in\mathbf{R}_{++}$，$k>0$，证明

$$0\leqslant\sum_{\text{cyc}}\frac{a^2-bc}{ka+b+c}\leqslant\frac{1}{2k}\sum_{\text{cyc}}|a-b|$$

问题 288.4 设 $a,b,c\in\mathbf{R}_{++},k\geqslant\frac{3}{2}$,证明

$$0\leqslant\sum_{\text{cyc}}\frac{a^2-bc}{ka^2+b^2+c^2}\leqslant\frac{1}{2k}\frac{\sum\limits_{\text{cyc}}|a-b|}{\sum\limits_{\text{cyc}}a}$$

问题 289 设 $x_1,x_2,\cdots,x_n\in\mathbf{R}_{++},\sum\limits_{i=1}^{n}\frac{1}{x_i}=n,n\geqslant 3$,证明或否定

$$\frac{(n-2)^2}{4}(\prod_{i=1}^{n}x_i-1)\geqslant\prod_{i=1}^{n}(x_i-1)$$

问题 290 设 $x_1,x_2,\cdots,x_n\in\mathbf{R}_{+},\sum\limits_{i=1}^{n}x_i=n,n\geqslant 3$,证明或否定

$$\prod_{i=1}^{n}x_i+\frac{n^{n-2}}{(n-1)^{n-1}-n^{n-2}}\geqslant\frac{(n-1)^{n-1}}{n(n-1)^{n-1}-n^{n-1}}\sum_{i=1}^{n}\prod_{j\neq i}x_j$$

问题 291.1 设 $x_1,x_2,\cdots,x_n\in\mathbf{R}_{+},n\geqslant 6$,证明

$$5(v_3^2-v_2v_4)\geqslant v_1v_5-v_6\geqslant 0$$

问题 291.2 设 $x_1,x_2,\cdots,x_n\in\mathbf{R}_{+},n\geqslant 6$,证明

$$v_6-2v_1v_5+v_2^3\geqslant 0$$

问题 291.3 设 $x_1,x_2,\cdots,x_n\in\mathbf{R}_{+},n\geqslant 8$,证明或否定

$$v_8-2v_1v_7+v_2^4\geqslant 0$$

问题 291.4 设 $x_1,x_2,\cdots,x_n\in\mathbf{R}_{+},n\geqslant 2m\geqslant 6,m\in\mathbf{N}_{+}$,证明或否定

$$v_{2m}-2v_1v_{2m-1}+v_2^m\geqslant 0$$

问题 291.5 设 $x_1,x_2,\cdots,x_n\in\mathbf{R}_{+},n\geqslant 3m\geqslant 9,m\in\mathbf{N}_{+}$,证明或否定

$$v_{3m}-v_1v_{3m-1}-v_2v_{3m-2}+v_3^m\geqslant 0$$

问题 292.1 设 $a,b,c\in\mathbf{R}_{++}$,证明

$$\sum_{\text{cyc}}\sqrt{\frac{a^2}{b+2}}\geqslant 2\sqrt{\frac{\sum\limits_{\text{cyc}}a^2}{\sum\limits_{\text{cyc}}a}}$$

问题 292.2 设 $a,b,c\in\mathbf{R}_{++}$,试求使得下式成立的最大正数 k

$$\sum_{\text{cyc}}\sqrt[3]{\frac{a^2}{b+c}}\geqslant k\sqrt[3]{\frac{\sum\limits_{\text{cyc}}a^2}{\sum\limits_{\text{cyc}}a}}$$

问题 292.3 设 $a,b,c\in\mathbf{R}_{++}$,证明

$$\sum_{\text{cyc}}\sqrt{\frac{a^2}{a+b}}\geqslant\sqrt{\frac{\sum\limits_{\text{cyc}}a^2}{\sum\limits_{\text{cyc}}a}}$$

问题 292.4 设 $a,b,c\in\mathbf{R}_{++}$,试求使得下式成立的最大正数 k

$$\sum_{\text{cyc}}\sqrt[3]{\frac{a^2}{a+b}}\geqslant k\sqrt[3]{\frac{\sum_{\text{cyc}}a^2}{\sum_{\text{cyc}}a}}$$

问题 293.1 设 $x_1,x_2,\cdots,x_n\in\mathbf{R}_{++}$,$\sum_{i=1}^{n}\frac{1}{x_i}=1$,$n\geqslant 2$,证明或否定

$$\sum_{i=1}^{n}\frac{x_i+\prod_{j\neq i}x_j}{\sum_{j\neq i}x_j}\geqslant\frac{n+n^{n-1}}{n-1}$$

问题 293.2 设 $x_1,x_2,\cdots,x_n\in\mathbf{R}_{++}$,$\sum_{i=1}^{n}\frac{1}{x_i}=1$,$n\geqslant 2$,证明或否定

$$\sum_{i=1}^{n}\frac{x_i+\prod_{j\neq i}x_j}{x_i(\sum_{j\neq i}x_j)}\geqslant\frac{1+n^{n-2}}{n}$$

问题 294.1 设 $a,b,c\in\mathbf{R}_{++}$,证明

$$\sum_{\text{cyc}}\sqrt{\frac{a}{b+c}}\geqslant\sqrt{4+\frac{3}{2}\frac{\prod_{\text{cyc}}a}{\sum_{\text{cyc}}a^3}}$$

问题 294.2 设 $a,b,c\in\mathbf{R}_{++}$,证明

$$\sum_{\text{cyc}}\sqrt{\frac{a}{a+b}}\geqslant\sqrt{1+\frac{21}{2}\frac{\prod_{\text{cyc}}a}{\sum_{\text{cyc}}a^3}}$$

问题 294.3 设 $a,b,c\in\mathbf{R}_{++}$,证明

$$\sum_{\text{cyc}}\sqrt[3]{\frac{a}{b+c}}\geqslant\sqrt[3]{8+\frac{33}{2}\frac{\prod_{\text{cyc}}a}{\sum_{\text{cyc}}a^3}}$$

问题 294.4 设 $a,b,c\in\mathbf{R}_{++}$,证明或否定

$$\sum_{\text{cyc}}\sqrt[3]{\frac{a}{a+b}}\geqslant\sqrt[3]{1+\frac{2\ 175}{4}\frac{\prod_{\text{cyc}}a}{\sum_{\text{cyc}}a^3}}$$

问题 295.1 设 $a,b,c\in\mathbf{R}_{++}$,证明

$$\frac{4}{3}\frac{\sum_{\text{cyc}}(a-b)^2}{\sum_{\text{cyc}}a^2}\leqslant\prod_{\text{cyc}}\frac{|2a-b-c|}{2a+b+c}\leqslant\frac{1}{2}\sum_{\text{cyc}}\frac{|a-b|}{a+b}\leqslant\frac{\sum_{\text{cyc}}|a-b|}{\sum_{\text{cyc}}a}$$

问题 295.2 设 $a,b,c\in\mathbf{R}_{++}$，证明

$$\frac{\sum\limits_{\text{cyc}}(a-b)^2}{\sum\limits_{\text{cyc}}a^2}\leqslant\prod_{\text{cyc}}\frac{|a^2-bc|}{a^2+bc}\leqslant\frac{1}{2}\sum_{\text{cyc}}\frac{|a-b|}{a+b}\leqslant\frac{\sum\limits_{\text{cyc}}|a-b|}{\sum\limits_{\text{cyc}}a}$$

问题 296 设 $a,b,c\in\mathbf{R}_{++},k\geqslant 1,m\geqslant 0$，证明或否定

$$\sum_{\text{cyc}}a^m\sqrt{\frac{ka^2+bc}{a^2+kbc}}\geqslant\sum_{\text{cyc}}a^m\geqslant\sum_{\text{cyc}}a^m\sqrt{\frac{a^2+kbc}{ka^2+bc}}$$

问题 297 设 $x_1,x_2,\cdots,x_n\in\mathbf{R}_{++},\sum\limits_{i=1}^{n}\frac{1}{x_i}=1,n\geqslant 2$，证明或否定

$$\sum_{i=1}^{n}\frac{\prod\limits_{j\neq i}x_j}{1+x_i}\geqslant\frac{n^n}{n+1}$$

问题 298 设 $a,b,c\in\mathbf{R}_{++},\sum\limits_{\text{cyc}}a^2=2$，证明

$$\prod_{\text{cyc}}\frac{a+b+2}{a+b+2ab}\geqslant\frac{3\sqrt{2}}{4}$$

问题 299.1 设 $x_1,x_2,\cdots,x_n\in\mathbf{R}_{+},\sum\limits_{i=1}^{n}x_i=1,n\geqslant 3$，证明

$$\sum_{1\leqslant i<j<k\leqslant n}(x_1+x_j+x_k)(x_i^2+x_j^2+x_k^2)(x_i^3+x_j^3+x_k^3)\leqslant\frac{(n-1)(n-2)}{2}$$

问题 299.2 设 $x_1,x_2,\cdots,x_n\in\mathbf{R}_{+},\sum\limits_{i=1}^{n}x_i=1,n=3,4,5,6,7,8$，证明

$$\sum_{1\leqslant i<j<k\leqslant n}x_ix_jx_k(x_i+x_j+x_k)(x_i^2+x_j^2+x_k^2)\leqslant\frac{1}{81}$$

并判定上式是否对所有 $n\in\mathbf{N}_{+},n\geqslant 3$ 都成立.

问题 300 设 $x_1,x_2,\cdots,x_n\in\mathbf{R}_{+},n\in\mathbf{N},n\geqslant 2$，又记

$$D_n=\begin{vmatrix}x_1 & x_2 & x_3 & \cdots & x_n\\ x_2 & x_3 & x_4 & \cdots & x_1\\ \vdots & \vdots & \vdots & & \vdots\\ x_{n-1} & x_n & x_1 & \cdots & x_{n-2}\\ 1 & 1 & 1 & \cdots & 1\end{vmatrix}$$

刘保乾在文[33]中提出猜想：当 n 为奇数时，有不等式

$$(-1)^{\frac{n-1}{2}}D_n\geqslant 0$$

针对这个猜想，陈胜利发现：当 n 为偶数时，有不等式

$$(-1)^{\frac{n}{2}}\begin{vmatrix} x_1 & x_2 & x_3 & \cdots & x_n \\ x_2 & x_3 & x_4 & \cdots & x_1 \\ \vdots & \vdots & \vdots & & \vdots \\ x_{n-1} & x_n & x_1 & \cdots & x_{n-2} \\ 1 & -1 & 1 & \cdots & -1 \end{vmatrix} \geqslant 0$$

并将上述两种情况统一成一个不等式，即记

$$D_n = \begin{vmatrix} x_1 & x_2 & x_3 & \cdots & x_n \\ x_2 & x_3 & x_4 & \cdots & x_1 \\ \vdots & \vdots & \vdots & & \vdots \\ x_{n-1} & x_n & x_1 & \cdots & x_{n-2} \\ 1 & (-1)^{n+1} & 1 & \cdots & (-1)^{n+1} \end{vmatrix}$$

则有不等式

$$(-1)^{\frac{2n+(-1)^n-1}{4}} D_n \geqslant 0$$

试证明上述不等式.

参考文献

[1] HILBERT D. Über die darstellung definiter formen als summe von formen-quadraten[J]. Math. ann. ,1888,32:342-350.

[2] REZNICK B. Some concrete aspects of Hilbert's 17 th problem[J]. contemporary Mathematics,2000,253:251-272.

[3] 陈胜利. 不等式的分拆降维降幂方法与可读证明(第 2 版)[M]. 哈尔滨:哈尔滨工业大学出版社,2020.

[4] 陈胜利. Schur 01 不等式软件[M]. 哈尔滨:哈尔滨工业大学出版社,2021.

[5] YANG L,HOU X,ZENG Z. A complete discrimination symsten for polynomials[J]. Science in China,1996,39(6):628-646.

[6] 杨路,夏壁灿. 不等式机器证明与自动发现[M]. 北京:科学山版社,2008.

[7] 陈胜利,黄方剑. 三元对称形式的 Schur 分拆与不等式的可读证明[J]. 数学学报,2006,49(3):491-502.

[8] HUANG F J,CHEN S L. Schur partition for symmetric ternary forms and readable proof to inequalites[C]//Proceedings of the 2005 International Symposium on Symbolic and Aigebraic Computation. : ACM press,2005:185-192.

[9] 姚勇,陈胜利. 用 Schur 分拆方法证明不等式竞赛题[J]. 中等数学,2007,

12:6-10.

[10] 徐嘉. 用 Schur 分拆证明一类含参数的不等式[J]. 数学与系统科学, 2009,29(6):721-727.

[11] 黄方剑. 一类多项式不等式的证明研究[J]. 科学技术与工程,2007, 7(15):3856-3858.

[12] 陈胜利,黄方剑. 实轮换对称型及其半正定性判定的可读证明[J]. 数学与系统科学,2012,32(8):986-1001.

[13] 陈胜利,姚勇,徐嘉. 代数不等式的分拆降维方法与机器证明[J]. 数学与系统科学,2009,29(1):26-34.

[14] 陈胜利,陈良育. 对称型的降幂分拆方法与代数不等式的一个判定系统[J]. 数学与系统科学,2013,33(2):179-196.

[15] 陈胜利,徐嘉,姚勇. n 元对称多项式的对称核及其应用[J]. 数学与系统科学,2010,30(12):1522-1534.

[16] 陈胜利,姚勇,徐嘉. Schur formal ordering inequalities involving parameter[J]. 数学研究与评论,2008,28(4):871-876.

[17] 陈胜利,姚勇. 实对称型上的 Schur 子空间及应用[J]. 数学学报,2007, 50(6):1331-1349.

[18] 徐嘉,李佳琪. Schur 型基的一般构造算法[J]. 西南民族大学学报(自然科学版),2011,37(1):6.

[19] 徐嘉,姚勇. 一类根式不等式的有理化算法与机器证明[J]. 计算机学报, 2008,31(1):25-31.

[20] YANG Y,CHEN S L,HUANG D,et al. Proof of an inequality conjecture for a point in the plane of a triangle[J]. Journal of Mathematical Inequalities,2017,11(2):399-411.

[21] 姚勇. 基于列随机矩阵的逐次差分代换与正半定型的机械化判定[J]. 中国科学 A 辑,2010,40(3):251-264.

[22] 匡继昌. 常用不等式[M]. 济南:山东科学技术出版社,2004.

[23] 吴文俊. 数学机械化[M]. 北京:科学出版社,2003.

[24] 曾广兴. 实域论[M]. 北京:科学出版社,2003.

[25] BOTTEAMA O. 关于 R,s,r 的不等式. 陈聪杰,陈计,陈胜利,译[C]//陈计,叶中豪. 初等数学前沿. 南京:江苏教育出版社,1996.

[26] 陈胜利. 关于 R,s,r 的锐角三角形不等式[C]//单墫. 几何不等式在中国. 南京:江苏教育出版社,1996.

[27] 陈胜利. 三元不等式与三角形不等式的新证法[C]//陈历功. 中国当代数

学家与数学英才大词典.海口:海南出版社,1999.

[28] 陈胜利.三角形不等式的简化证法[C]//杨学枝.不等式研究(第一辑).拉萨:西藏人民出版社,2000.

[29] 陈胜利.三元不等式的简化证法综述[C]//刘保乾,BOTTEMA.我们看见了什么——三角形几何不等式研究的新理论,新方法与新成果.拉萨:西藏人民出版社,2003.

[30] 陈胜利.210个优美的对称不等式问题[C]//杨学枝.不等式研究(第二辑).哈尔滨:哈尔滨工业大学出版社,2012,355-387.

[31] 杨学枝.数学奥林匹克不等式研究[M].哈尔滨:哈尔滨工业大学出版社,2009.

[32] 韩京俊.初等不等式的证明方法[M].哈尔滨:哈尔滨工业大学出版社,2011.

[33] 刘保乾.变元分组法与半正定多项式的构造[J].广东教育学院学报,2009,29(3):11-17.

[34] 何青,王丽芬.Maple教程[M].北京:科学出版社,2006.

关于编辑出版《不等式研究(第三辑)》通告

为集聚和交流我国不等式研究的最新成果，进一步推进我国的不等式研究工作，我们拟编辑出版《不等式研究(第三辑)》一书，现将有关事项通告如下：

一、出版计划

全书约40万字，拟定2022年下半年由哈尔滨工业大学出版社出版发行.

二、书稿来源

向全国不等式研究专家及爱好者征集不等式研究方面有价值的、最新的研究成果.

三、稿件要求

1. 稿件内容必须是不等式研究方面有价值的、最新的(高等、初等不限)未在正式书刊上发表的研究成果.

2. 稿件书写格式：

(1)论文除标题、正文外，还应包括摘要、关键词、参考文献等.

(2)请作者在文末附上作者简介(300字以内).

(3)所有论文稿件一律用WORD文档编辑，纸张大小17.5 cm×25 cm，上下边距2.75 cm，左右边距2.5 cm，正文为宋体5号字，多倍行距1.2，标题为黑体小二号字.

3. 每位作者来稿篇数不限，一律以电子稿发送至：

杨学枝：yangxuezhi1121@126.com　联系电话：13609557381.

4. 作者在投稿时请说明联系电话，邮编，通讯地址，电子邮箱，并添加杨学枝老师微信(即电话号码)，以便联系.

5. 稿件截止日期：2022年5月31日.

四、发行工作

1. 本书不收版面费，稿件审核后若录用，将以电子邮件方式通知作者.

2. 希望作者能购买和宣传本书，可预定或自行购买. 预定或购书请联系哈尔滨工业大学出版社杜老师.

3. 本书发行希望得到同仁们热心支持和帮助.

五、本书主编

杨学枝.

2021年10月28日

刘培杰数学工作室
已出版(即将出版)图书目录——初等数学

书　名	出版时间	定　价	编号
新编中学数学解题方法全书(高中版)上卷(第2版)	2018—08	58.00	951
新编中学数学解题方法全书(高中版)中卷(第2版)	2018—08	68.00	952
新编中学数学解题方法全书(高中版)下卷(一)(第2版)	2018—08	58.00	953
新编中学数学解题方法全书(高中版)下卷(二)(第2版)	2018—08	58.00	954
新编中学数学解题方法全书(高中版)下卷(三)(第2版)	2018—08	68.00	955
新编中学数学解题方法全书(初中版)上卷	2008—01	28.00	29
新编中学数学解题方法全书(初中版)中卷	2010—07	38.00	75
新编中学数学解题方法全书(高考复习卷)	2010—01	48.00	67
新编中学数学解题方法全书(高考真题卷)	2010—01	38.00	62
新编中学数学解题方法全书(高考精华卷)	2011—03	68.00	118
新编平面解析几何解题方法全书(专题讲座卷)	2010—01	18.00	61
新编中学数学解题方法全书(自主招生卷)	2013—08	88.00	261
数学奥林匹克与数学文化(第一辑)	2006—05	48.00	4
数学奥林匹克与数学文化(第二辑)(竞赛卷)	2008—01	48.00	19
数学奥林匹克与数学文化(第二辑)(文化卷)	2008—07	58.00	36
数学奥林匹克与数学文化(第三辑)(竞赛卷)	2010—01	48.00	59
数学奥林匹克与数学文化(第四辑)(竞赛卷)	2011—08	58.00	87
数学奥林匹克与数学文化(第五辑)	2015—06	98.00	370
世界著名平面几何经典著作钩沉——几何作图专题卷(共3卷)	2022—01	198.00	1460
世界著名平面几何经典著作钩沉(民国平面几何老课本)	2011—03	38.00	113
世界著名平面几何经典著作钩沉(建国初期平面三角老课本)	2015—08	38.00	507
世界著名解析几何经典著作钩沉——平面解析几何卷	2014—01	38.00	264
世界著名数论经典著作钩沉(算术卷)	2012—01	28.00	125
世界著名数学经典著作钩沉——立体几何卷	2011—02	28.00	88
世界著名三角学经典著作钩沉(平面三角卷Ⅰ)	2010—06	28.00	69
世界著名三角学经典著作钩沉(平面三角卷Ⅱ)	2011—01	38.00	78
世界著名初等数论经典著作钩沉(理论和实用算术卷)	2011—07	38.00	126
世界著名几何经典著作钩沉(解析几何卷)	2022—10	68.00	1564
发展你的空间想象力(第3版)	2021—01	98.00	1464
空间想象力进阶	2019—05	68.00	1062
走向国际数学奥林匹克的平面几何试题诠释.第1卷	2019—07	88.00	1043
走向国际数学奥林匹克的平面几何试题诠释.第2卷	2019—09	78.00	1044
走向国际数学奥林匹克的平面几何试题诠释.第3卷	2019—03	78.00	1045
走向国际数学奥林匹克的平面几何试题诠释.第4卷	2019—09	98.00	1046
平面几何证明方法全书	2007—08	35.00	1
平面几何证明方法全书习题解答(第2版)	2006—12	18.00	10
平面几何天天练上卷·基础篇(直线型)	2013—01	58.00	208
平面几何天天练中卷·基础篇(涉及圆)	2013—01	28.00	234
平面几何天天练下卷·提高篇	2013—01	58.00	237
平面几何专题研究	2013—07	98.00	258
平面几何解题之道.第1卷	2022—05	38.00	1494
几何学习题集	2020—10	48.00	1217
通过解题学习代数几何	2021—04	88.00	1301
圆锥曲线的奥秘	2022—06	88.00	1541

刘培杰数学工作室
已出版(即将出版)图书目录——初等数学

书　　名	出版时间	定　价	编号
最新世界各国数学奥林匹克中的平面几何试题	2007—09	38.00	14
数学竞赛平面几何典型题及新颖解	2010—07	48.00	74
初等数学复习及研究(平面几何)	2008—09	68.00	38
初等数学复习及研究(立体几何)	2010—06	38.00	71
初等数学复习及研究(平面几何)习题解答	2009—01	58.00	42
几何学教程(平面几何卷)	2011—03	68.00	90
几何学教程(立体几何卷)	2011—07	68.00	130
几何变换与几何证题	2010—06	88.00	70
计算方法与几何证题	2011—06	28.00	129
立体几何技巧与方法(第 2 版)	2022—10	168.00	1572
几何瑰宝——平面几何 500 名题暨 1500 条定理(上、下)	2021—07	168.00	1358
三角形的解法与应用	2012—07	18.00	183
近代的三角形几何学	2012—07	48.00	184
一般折线几何学	2015—08	48.00	503
三角形的五心	2009—06	28.00	51
三角形的六心及其应用	2015—10	68.00	542
三角形趣谈	2012—08	28.00	212
解三角形	2014—01	28.00	265
探秘三角形:一次数学旅行	2021—10	68.00	1387
三角学专门教程	2014—09	28.00	387
图天下几何新题试卷.初中(第 2 版)	2017—11	58.00	855
圆锥曲线习题集(上册)	2013—06	68.00	255
圆锥曲线习题集(中册)	2015—01	78.00	434
圆锥曲线习题集(下册·第 1 卷)	2016—10	78.00	683
圆锥曲线习题集(下册·第 2 卷)	2018—01	98.00	853
圆锥曲线习题集(下册·第 3 卷)	2019—10	128.00	1113
圆锥曲线的思想方法	2021—08	48.00	1379
圆锥曲线的八个主要问题	2021—10	48.00	1415
论九点圆	2015—05	88.00	645
近代欧氏几何学	2012—03	48.00	162
罗巴切夫斯基几何学及几何基础概要	2012—07	28.00	188
罗巴切夫斯基几何学初步	2015—06	28.00	474
用三角、解析几何、复数、向量计算解数学竞赛几何题	2015—03	48.00	455
用解析法研究圆锥曲线的几何理论	2022—05	48.00	1495
美国中学几何教程	2015—04	88.00	458
三线坐标与三角形特征点	2015—04	98.00	460
坐标几何学基础.第 1 卷,笛卡儿坐标	2021—08	48.00	1398
坐标几何学基础.第 2 卷,三线坐标	2021—09	28.00	1399
平面解析几何方法与研究(第 1 卷)	2015—05	18.00	471
平面解析几何方法与研究(第 2 卷)	2015—06	18.00	472
平面解析几何方法与研究(第 3 卷)	2015—07	18.00	473
解析几何研究	2015—01	38.00	425
解析几何学教程.上	2016—01	38.00	574
解析几何学教程.下	2016—01	38.00	575
几何学基础	2016—01	58.00	581
初等几何研究	2015—02	58.00	444
十九和二十世纪欧氏几何学中的片段	2017—01	58.00	696
平面几何中考.高考.奥数一本通	2017—07	28.00	820
几何学简史	2017—08	28.00	833
四面体	2018—01	48.00	880
平面几何证明方法思路	2018—12	68.00	913
折纸中的几何练习	2022—09	48.00	1559
中学新几何学(英文)	2022—10	98.00	1562
线性代数与几何	2023—04	68.00	1633

刘培杰数学工作室
已出版(即将出版)图书目录——初等数学

书　名	出版时间	定　价	编号
平面几何图形特性新析.上篇	2019－01	68.00	911
平面几何图形特性新析.下篇	2018－06	88.00	912
平面几何范例多解探究.上篇	2018－04	48.00	910
平面几何范例多解探究.下篇	2018－12	68.00	914
从分析解题过程学解题:竞赛中的几何问题研究	2018－07	68.00	946
从分析解题过程学解题:竞赛中的向量几何与不等式研究(全2册)	2019－06	138.00	1090
从分析解题过程学解题:竞赛中的不等式问题	2021－01	48.00	1249
二维、三维欧氏几何的对偶原理	2018－12	38.00	990
星形大观及闭折线论	2019－03	68.00	1020
立体几何的问题和方法	2019－11	58.00	1127
三角代换论	2021－05	58.00	1313
俄罗斯平面几何问题集	2009－08	88.00	55
俄罗斯立体几何问题集	2014－03	58.00	283
俄罗斯几何大师——沙雷金论数学及其他	2014－01	48.00	271
来自俄罗斯的5000道几何习题及解答	2011－03	58.00	89
俄罗斯初等数学问题集	2012－05	38.00	177
俄罗斯函数问题集	2011－03	38.00	103
俄罗斯组合分析问题集	2011－01	48.00	79
俄罗斯初等数学万题选——三角卷	2012－11	38.00	222
俄罗斯初等数学万题选——代数卷	2013－08	68.00	225
俄罗斯初等数学万题选——几何卷	2014－01	68.00	226
俄罗斯《量子》杂志数学征解问题100题选	2018－08	48.00	969
俄罗斯《量子》杂志数学征解问题又100题选	2018－08	48.00	970
俄罗斯《量子》杂志数学征解问题	2020－05	48.00	1138
463个俄罗斯几何老问题	2012－01	28.00	152
《量子》数学短文精粹	2018－09	38.00	972
用三角、解析几何等计算解来自俄罗斯的几何题	2019－11	88.00	1119
基谢廖夫平面几何	2022－01	48.00	1461
基谢廖夫立体几何	2023－04	48.00	1599
数学:代数、数学分析和几何(10—11年级)	2021－01	48.00	1250
立体几何.10—11年级	2022－01	58.00	1472
直观几何学:5—6年级	2022－04	58.00	1508
平面几何:9—11年级	2022－10	48.00	1571

书　名	出版时间	定　价	编号
谈谈素数	2011－03	18.00	91
平方和	2011－03	18.00	92
整数论	2011－05	38.00	120
从整数谈起	2015－10	28.00	538
数与多项式	2016－01	38.00	558
谈谈不定方程	2011－05	28.00	119
质数漫谈	2022－07	68.00	1529

书　名	出版时间	定　价	编号
解析不等式新论	2009－06	68.00	48
建立不等式的方法	2011－03	98.00	104
数学奥林匹克不等式研究(第2版)	2020－07	68.00	1181
不等式研究(第二辑)	2012－02	68.00	153
不等式的秘密(第一卷)(第2版)	2014－02	38.00	286
不等式的秘密(第二卷)	2014－01	38.00	268
初等不等式的证明方法	2010－06	38.00	123
初等不等式的证明方法(第二版)	2014－11	38.00	407
不等式・理论・方法(基础卷)	2015－07	38.00	496
不等式・理论・方法(经典不等式卷)	2015－07	38.00	497
不等式・理论・方法(特殊类型不等式卷)	2015－07	48.00	498
不等式探究	2016－03	38.00	582
不等式探秘	2017－01	88.00	689
四面体不等式	2017－01	68.00	715
数学奥林匹克中常见重要不等式	2017－09	38.00	845

刘培杰数学工作室
已出版(即将出版)图书目录——初等数学

书　　名	出版时间	定　价	编号
三正弦不等式	2018—09	98.00	974
函数方程与不等式:解法与稳定性结果	2019—04	68.00	1058
数学不等式.第1卷,对称多项式不等式	2022—05	78.00	1455
数学不等式.第2卷,对称有理不等式与对称无理不等式	2022—05	88.00	1456
数学不等式.第3卷,循环不等式与非循环不等式	2022—05	88.00	1457
数学不等式.第4卷,Jensen不等式的扩展与加细	2022—05	88.00	1458
数学不等式.第5卷,创建不等式与解不等式的其他方法	2022—05	88.00	1459
同余理论	2012—05	38.00	163
[x]与{x}	2015—04	48.00	476
极值与最值.上卷	2015—06	28.00	486
极值与最值.中卷	2015—06	38.00	487
极值与最值.下卷	2015—06	28.00	488
整数的性质	2012—11	38.00	192
完全平方数及其应用	2015—08	78.00	506
多项式理论	2015—10	88.00	541
奇数、偶数、奇偶分析法	2018—01	98.00	876
不定方程及其应用.上	2018—12	58.00	992
不定方程及其应用.中	2019—01	78.00	993
不定方程及其应用.下	2019—02	98.00	994
Nesbitt不等式加强式的研究	2022—06	128.00	1527
最值定理与分析不等式	2023—02	78.00	1567
一类积分不等式	2023—02	88.00	1579
邦费罗尼不等式及概率应用	2023—05	58.00	1637

书　　名	出版时间	定　价	编号
历届美国中学生数学竞赛试题及解答(第一卷)1950—1954	2014—07	18.00	277
历届美国中学生数学竞赛试题及解答(第二卷)1955—1959	2014—04	18.00	278
历届美国中学生数学竞赛试题及解答(第三卷)1960—1964	2014—06	18.00	279
历届美国中学生数学竞赛试题及解答(第四卷)1965—1969	2014—04	28.00	280
历届美国中学生数学竞赛试题及解答(第五卷)1970—1972	2014—06	18.00	281
历届美国中学生数学竞赛试题及解答(第六卷)1973—1980	2017—07	18.00	768
历届美国中学生数学竞赛试题及解答(第七卷)1981—1986	2015—01	18.00	424
历届美国中学生数学竞赛试题及解答(第八卷)1987—1990	2017—05	18.00	769

书　　名	出版时间	定　价	编号
历届中国数学奥林匹克试题集(第3版)	2021—10	58.00	1440
历届加拿大数学奥林匹克试题集	2012—08	38.00	215
历届美国数学奥林匹克试题集:1972～2019	2020—04	88.00	1135
历届波兰数学竞赛试题集.第1卷,1949～1963	2015—03	18.00	453
历届波兰数学竞赛试题集.第2卷,1964～1976	2015—03	18.00	454
历届巴尔干数学奥林匹克试题集	2015—05	38.00	466
保加利亚数学奥林匹克	2014—10	38.00	393
圣彼得堡数学奥林匹克试题集	2015—01	38.00	429
匈牙利奥林匹克数学竞赛题解.第1卷	2016—05	28.00	593
匈牙利奥林匹克数学竞赛题解.第2卷	2016—05	28.00	594
历届美国数学邀请赛试题集(第2版)	2017—10	78.00	851
普林斯顿大学数学竞赛	2016—06	38.00	669
亚太地区数学奥林匹克竞赛题	2015—07	18.00	492
日本历届(初级)广中杯数学竞赛试题及解答.第1卷(2000～2007)	2016—05	28.00	641
日本历届(初级)广中杯数学竞赛试题及解答.第2卷(2008～2015)	2016—05	38.00	642
越南数学奥林匹克题选:1962—2009	2021—07	48.00	1370
360个数学竞赛问题	2016—08	58.00	677
奥数最佳实战题.上卷	2017—06	38.00	760
奥数最佳实战题.下卷	2017—05	58.00	761
哈尔滨市早期中学数学竞赛试题汇编	2016—07	28.00	672
全国高中数学联赛试题及解答:1981—2019(第4版)	2020—07	138.00	1176
2022年全国高中数学联合竞赛模拟题集	2022—06	30.00	1521

刘培杰数学工作室
已出版(即将出版)图书目录——初等数学

书　　名	出版时间	定　价	编号
20世纪50年代全国部分城市数学竞赛试题汇编	2017—07	28.00	797
国内外数学竞赛题及精解:2018～2019	2020—08	45.00	1192
国内外数学竞赛题及精解:2019～2020	2021—11	58.00	1439
许康华竞赛优学精选集.第一辑	2018—08	68.00	949
天问叶班数学问题征解100题.Ⅰ,2016—2018	2019—05	88.00	1075
天问叶班数学问题征解100题.Ⅱ,2017—2019	2020—07	98.00	1177
美国初中数学竞赛:AMC8准备(共6卷)	2019—07	138.00	1089
美国高中数学竞赛:AMC10准备(共6卷)	2019—08	158.00	1105
王连笑教你怎样学数学:高考选择题解题策略与客观题实用训练	2014—01	48.00	262
王连笑教你怎样学数学:高考数学高层次讲座	2015—02	48.00	432
高考数学的理论与实践	2009—08	38.00	53
高考数学核心题型解题方法与技巧	2010—01	28.00	86
高考思维新平台	2014—03	38.00	259
高考数学压轴题解题诀窍(上)(第2版)	2018—01	58.00	874
高考数学压轴题解题诀窍(下)(第2版)	2018—01	48.00	875
北京市五区文科数学三年高考模拟题详解:2013～2015	2015—08	48.00	500
北京市五区理科数学三年高考模拟题详解:2013～2015	2015—09	68.00	505
向量法巧解数学高考题	2009—08	28.00	54
高中数学课堂教学的实践与反思	2021—11	48.00	791
数学高考参考	2016—01	78.00	589
新课程标准高考数学解答题各种题型解法指导	2020—08	78.00	1196
全国及各省市高考数学试题审题要津与解法研究	2015—02	48.00	450
高中数学章节起始课的教学研究与案例设计	2019—05	28.00	1064
新课标高考数学——五年试题分章详解(2007～2011)(上、下)	2011—10	78.00	140,141
全国中考数学压轴题审题要津与解法研究	2013—04	78.00	248
新编全国及各省市中考数学压轴题审题要津与解法研究	2014—05	58.00	342
全国及各省市5年中考数学压轴题审题要津与解法研究(2015版)	2015—04	58.00	462
中考数学专题总复习	2007—04	28.00	6
中考数学较难题常考题型解题方法与技巧	2016—09	48.00	681
中考数学难题常考题型解题方法与技巧	2016—09	48.00	682
中考数学中档题常考题型解题方法与技巧	2017—08	68.00	835
中考数学选择填空压轴好题妙解365	2017—05	38.00	759
中考数学:三类重点考题的解法例析与习题	2020—04	48.00	1140
中小学数学的历史文化	2019—11	48.00	1124
初中平面几何百题多思创新解	2020—01	58.00	1125
初中数学中考备考	2020—01	58.00	1126
高考数学之九章演义	2019—08	68.00	1044
高考数学之难题谈笑间	2022—06	68.00	1519
化学可以这样学:高中化学知识方法智慧感悟疑难辨析	2019—07	58.00	1103
如何成为学习高手	2019—09	58.00	1107
高考数学:经典真题分类解析	2020—04	78.00	1134
高考数学解答题破解策略	2020—11	58.00	1221
从分析解题过程学解题:高考压轴题与竞赛题之关系探究	2020—08	88.00	1179
教学新思考:单元整体视角下的初中数学教学设计	2021—03	58.00	1278
思维再拓展:2020年经典几何题的多解探究与思考	即将出版		1279
中考数学小压轴汇编初讲	2017—07	48.00	788
中考数学大压轴专题微言	2017—09	48.00	846
怎么解中考平面几何探索题	2019—06	48.00	1093
北京中考数学压轴题解题方法突破(第8版)	2022—11	78.00	1577
助你高考成功的数学解题智慧:知识是智慧的基础	2016—01	58.00	596
助你高考成功的数学解题智慧:错误是智慧的试金石	2016—04	58.00	643
助你高考成功的数学解题智慧:方法是智慧的推手	2016—04	68.00	657
高考数学奇思妙解	2016—04	38.00	610
高考数学解题策略	2016—05	48.00	670
数学解题泄天机(第2版)	2017—10	48.00	850

刘培杰数学工作室
已出版(即将出版)图书目录——初等数学

书　　名	出版时间	定　价	编号
高考物理压轴题全解	2017—04	58.00	746
高中物理经典问题 25 讲	2017—05	28.00	764
高中物理教学讲义	2018—01	48.00	871
高中物理教学讲义:全模块	2022—03	98.00	1492
高中物理答疑解惑 65 篇	2021—11	48.00	1462
中学物理基础问题解析	2020—08	48.00	1183
初中数学、高中数学脱节知识补缺教材	2017—06	48.00	766
高考数学小题抢分必练	2017—10	48.00	834
高考数学核心素养解读	2017—09	38.00	839
高考数学客观题解题方法和技巧	2017—10	38.00	847
十年高考数学精品试题审题要津与解法研究	2021—10	98.00	1427
中国历届高考数学试题及解答.1949—1979	2018—01	38.00	877
历届中国高考数学试题及解答.第二卷,1980—1989	2018—10	28.00	975
历届中国高考数学试题及解答.第三卷,1990—1999	2018—10	48.00	976
数学文化与高考研究	2018—03	48.00	882
跟我学解高中数学题	2018—07	58.00	926
中学数学研究的方法及案例	2018—05	58.00	869
高考数学抢分技能	2018—07	68.00	934
高一新生常用数学方法和重要数学思想提升教材	2018—06	38.00	921
2018 年高考数学真题研究	2019—01	68.00	1000
2019 年高考数学真题研究	2020—05	88.00	1137
高考数学全国卷六道解答题常考题型解题诀窍:理科(全 2 册)	2019—07	78.00	1101
高考数学全国卷 16 道选择、填空题常考题型解题诀窍.理科	2018—09	88.00	971
高考数学全国卷 16 道选择、填空题常考题型解题诀窍.文科	2020—01	88.00	1123
高中数学一题多解	2019—06	58.00	1087
历届中国高考数学试题及解答:1917—1999	2021—08	98.00	1371
2000～2003 年全国及各省市高考数学试题及解答	2022—05	88.00	1499
2004 年全国及各省市高考数学试题及解答	2022—07	78.00	1500
突破高原:高中数学解题思维探究	2021—08	48.00	1375
高考数学中的"取值范围"	2021—10	48.00	1429
新课程标准高中数学各种题型解法大全.必修一分册	2021—06	58.00	1315
新课程标准高中数学各种题型解法大全.必修二分册	2022—01	68.00	1471
高中数学各种题型解法大全.选择性必修一分册	2022—06	68.00	1525
高中数学各种题型解法大全.选择性必修二分册	2023—01	58.00	1600
高中数学各种题型解法大全.选择性必修三分册	2023—04	48.00	1643
历届全国初中数学竞赛经典试题详解	2023—04	88.00	1624
新编 640 个世界著名数学智力趣题	2014—01	88.00	242
500 个最新世界著名数学智力趣题	2008—06	48.00	3
400 个最新世界著名数学最值问题	2008—09	48.00	36
500 个世界著名数学征解问题	2009—06	48.00	52
400 个中国最佳初等数学征解老问题	2010—01	48.00	60
500 个俄罗斯数学经典老题	2011—01	28.00	81
1000 个国外中学物理好题	2012—04	48.00	174
300 个日本高考数学题	2012—05	38.00	142
700 个早期日本高考数学试题	2017—02	88.00	752
500 个前苏联早期高考数学试题及解答	2012—05	28.00	185
546 个早期俄罗斯大学生数学竞赛题	2014—03	38.00	285
548 个来自美苏的数学好问题	2014—11	28.00	396
20 所苏联著名大学早期入学试题	2015—02	18.00	452
161 道德国工科大学生必做的微分方程习题	2015—05	28.00	469
500 个德国工科大学生必做的高数习题	2015—06	28.00	478
360 个数学竞赛问题	2016—08	58.00	677
200 个趣味数学故事	2018—02	48.00	857
470 个数学奥林匹克中的最值问题	2018—10	88.00	985
德国讲义日本考题.微积分卷	2015—04	48.00	456
德国讲义日本考题.微分方程卷	2015—04	38.00	457
二十世纪中叶中、英、美、日、法、俄高考数学试题精选	2017—06	38.00	783

刘培杰数学工作室
已出版(即将出版)图书目录——初等数学

书 名	出版时间	定 价	编号
中国初等数学研究 2009 卷(第 1 辑)	2009—05	20.00	45
中国初等数学研究 2010 卷(第 2 辑)	2010—05	30.00	68
中国初等数学研究 2011 卷(第 3 辑)	2011—07	60.00	127
中国初等数学研究 2012 卷(第 4 辑)	2012—07	48.00	190
中国初等数学研究 2014 卷(第 5 辑)	2014—02	48.00	288
中国初等数学研究 2015 卷(第 6 辑)	2015—06	68.00	493
中国初等数学研究 2016 卷(第 7 辑)	2016—04	68.00	609
中国初等数学研究 2017 卷(第 8 辑)	2017—01	98.00	712

书 名	出版时间	定 价	编号
初等数学研究在中国.第 1 辑	2019—03	158.00	1024
初等数学研究在中国.第 2 辑	2019—10	158.00	1116
初等数学研究在中国.第 3 辑	2021—05	158.00	1306
初等数学研究在中国.第 4 辑	2022—06	158.00	1520

书 名	出版时间	定 价	编号
几何变换(Ⅰ)	2014—07	28.00	353
几何变换(Ⅱ)	2015—06	28.00	354
几何变换(Ⅲ)	2015—01	38.00	355
几何变换(Ⅳ)	2015—12	38.00	356

书 名	出版时间	定 价	编号
初等数论难题集(第一卷)	2009—05	68.00	44
初等数论难题集(第二卷)(上、下)	2011—02	128.00	82,83
数论概貌	2011—03	18.00	93
代数数论(第二版)	2013—08	58.00	94
代数多项式	2014—06	38.00	289
初等数论的知识与问题	2011—02	28.00	95
超越数论基础	2011—03	28.00	96
数论初等教程	2011—03	28.00	97
数论基础	2011—03	18.00	98
数论基础与维诺格拉多夫	2014—03	18.00	292
解析数论基础	2012—08	28.00	216
解析数论基础(第二版)	2014—01	48.00	287
解析数论问题集(第二版)(原版引进)	2014—05	88.00	343
解析数论问题集(第二版)(中译本)	2016—04	88.00	607
解析数论基础(潘承洞,潘承彪著)	2016—07	98.00	673
解析数论导引	2016—07	58.00	674
数论入门	2011—03	38.00	99
代数数论入门	2015—03	38.00	448
数论开篇	2012—07	28.00	194
解析数论引论	2011—03	48.00	100
Barban Davenport Halberstam 均值和	2009—01	40.00	33
基础数论	2011—03	28.00	101
初等数论 100 例	2011—05	18.00	122
初等数论经典例题	2012—07	18.00	204
最新世界各国数学奥林匹克中的初等数论试题(上、下)	2012—01	138.00	144,145
初等数论(Ⅰ)	2012—01	18.00	156
初等数论(Ⅱ)	2012—01	18.00	157
初等数论(Ⅲ)	2012—01	28.00	158

刘培杰数学工作室
已出版(即将出版)图书目录——初等数学

书　名	出版时间	定　价	编号
平面几何与数论中未解决的新老问题	2013－01	68.00	229
代数数论简史	2014－11	28.00	408
代数数论	2015－09	88.00	532
代数、数论及分析习题集	2016－11	98.00	695
数论导引提要及习题解答	2016－01	48.00	559
素数定理的初等证明.第2版	2016－09	48.00	686
数论中的模函数与狄利克雷级数(第二版)	2017－11	78.00	837
数论:数学导引	2018－01	68.00	849
范氏大代数	2019－02	98.00	1016
解析数学讲义.第一卷,导来式及微分、积分、级数	2019－04	88.00	1021
解析数学讲义.第二卷,关于几何的应用	2019－04	68.00	1022
解析数学讲义.第三卷,解析函数论	2019－04	78.00	1023
分析・组合・数论纵横谈	2019－04	58.00	1039
Hall代数:民国时期的中学数学课本:英文	2019－08	88.00	1106
基谢廖夫初等代数	2022－07	38.00	1531
数学精神巡礼	2019－01	58.00	731
数学眼光透视(第2版)	2017－06	78.00	732
数学思想领悟(第2版)	2018－01	68.00	733
数学方法溯源(第2版)	2018－08	68.00	734
数学解题引论	2017－05	58.00	735
数学史话览胜(第2版)	2017－01	48.00	736
数学应用展观(第2版)	2017－08	68.00	737
数学建模尝试	2018－04	48.00	738
数学竞赛采风	2018－01	68.00	739
数学测评探营	2019－05	58.00	740
数学技能操握	2018－03	48.00	741
数学欣赏拾趣	2018－02	48.00	742
从毕达哥拉斯到怀尔斯	2007－10	48.00	9
从迪利克雷到维斯卡尔迪	2008－01	48.00	21
从哥德巴赫到陈景润	2008－05	98.00	35
从庞加莱到佩雷尔曼	2011－08	138.00	136
博弈论精粹	2008－03	58.00	30
博弈论精粹.第二版(精装)	2015－01	88.00	461
数学 我爱你	2008－01	28.00	20
精神的圣徒　别样的人生——60位中国数学家成长的历程	2008－09	48.00	39
数学史概论	2009－06	78.00	50
数学史概论(精装)	2013－03	158.00	272
数学史选讲	2016－01	48.00	544
斐波那契数列	2010－02	28.00	65
数学拼盘和斐波那契魔方	2010－07	38.00	72
斐波那契数列欣赏(第2版)	2018－08	58.00	948
Fibonacci数列中的明珠	2018－06	58.00	928
数学的创造	2011－02	48.00	85
数学美与创造力	2016－01	48.00	595
数海拾贝	2016－01	48.00	590
数学中的美(第2版)	2019－04	68.00	1057
数论中的美学	2014－12	38.00	351

刘培杰数学工作室
已出版(即将出版)图书目录——初等数学

书　　名	出版时间	定　价	编号
数学王者　科学巨人——高斯	2015－01	28.00	428
振兴祖国数学的圆梦之旅:中国初等数学研究史话	2015－06	98.00	490
二十世纪中国数学史料研究	2015－10	48.00	536
数字谜、数阵图与棋盘覆盖	2016－01	58.00	298
时间的形状	2016－01	38.00	556
数学发现的艺术:数学探索中的合情推理	2016－07	58.00	671
活跃在数学中的参数	2016－07	48.00	675
数海趣史	2021－05	98.00	1314
数学解题——靠数学思想给力(上)	2011－07	38.00	131
数学解题——靠数学思想给力(中)	2011－07	48.00	132
数学解题——靠数学思想给力(下)	2011－07	38.00	133
我怎样解题	2013－01	48.00	227
数学解题中的物理方法	2011－06	28.00	114
数学解题的特殊方法	2011－06	48.00	115
中学数学计算技巧(第2版)	2020－10	48.00	1220
中学数学证明方法	2012－01	58.00	117
数学趣题巧解	2012－03	28.00	128
高中数学教学通鉴	2015－05	58.00	479
和高中生漫谈:数学与哲学的故事	2014－08	28.00	369
算术问题集	2017－03	38.00	789
张教授讲数学	2018－07	38.00	933
陈永明实话实说数学教学	2020－04	68.00	1132
中学数学学科知识与教学能力	2020－06	58.00	1155
怎样把课讲好:大罕数学教学随笔	2022－03	58.00	1484
中国高考评价体系下高考数学探秘	2022－03	48.00	1487
自主招生考试中的参数方程问题	2015－01	28.00	435
自主招生考试中的极坐标问题	2015－04	28.00	463
近年全国重点大学自主招生数学试题全解及研究.华约卷	2015－02	38.00	441
近年全国重点大学自主招生数学试题全解及研究.北约卷	2016－05	38.00	619
自主招生数学解证宝典	2015－09	48.00	535
中国科学技术大学创新班数学真题解析	2022－03	48.00	1488
中国科学技术大学创新班物理真题解析	2022－03	58.00	1489
格点和面积	2012－07	18.00	191
射影几何趣谈	2012－04	28.00	175
斯潘纳尔引理——从一道加拿大数学奥林匹克试题谈起	2014－01	28.00	228
李普希兹条件——从几道近年高考数学试题谈起	2012－10	18.00	221
拉格朗日中值定理——从一道北京高考试题的解法谈起	2015－10	18.00	197
闵科夫斯基定理——从一道清华大学自主招生试题谈起	2014－01	28.00	198
哈尔测度——从一道冬令营试题的背景谈起	2012－08	28.00	202
切比雪夫逼近问题——从一道中国台北数学奥林匹克试题谈起	2013－04	38.00	238
伯恩斯坦多项式与贝齐尔曲面——从一道全国高中数学联赛试题谈起	2013－03	38.00	236
卡塔兰猜想——从一道普特南竞赛试题谈起	2013－06	18.00	256
麦卡锡函数和阿克曼函数——从一道前南斯拉夫数学奥林匹克试题谈起	2012－08	18.00	201
贝蒂定理与拉姆贝克莫斯尔定理——从一个拣石子游戏谈起	2012－08	18.00	217
皮亚诺曲线和豪斯道夫分球定理——从无限集谈起	2012－08	18.00	211
平面凸图形与凸多面体	2012－10	28.00	218
斯坦因豪斯问题——从一道二十五省市自治区中学数学竞赛试题谈起	2012－07	18.00	196

刘培杰数学工作室
已出版(即将出版)图书目录——初等数学

书名	出版时间	定价	编号
纽结理论中的亚历山大多项式与琼斯多项式——从一道北京市高一数学竞赛试题谈起	2012—07	28.00	195
原则与策略——从波利亚"解题表"谈起	2013—04	38.00	244
转化与化归——从三大尺规作图不能问题谈起	2012—08	28.00	214
代数几何中的贝祖定理(第一版)——从一道 IMO 试题的解法谈起	2013—08	18.00	193
成功连贯理论与约当块理论——从一道比利时数学竞赛试题谈起	2012—04	18.00	180
素数判定与大数分解	2014—08	18.00	199
置换多项式及其应用	2012—10	18.00	220
椭圆函数与模函数——从一道美国加州大学洛杉矶分校(UCLA)博士资格考题谈起	2012—10	28.00	219
差分方程的拉格朗日方法——从一道 2011 年全国高考理科试题的解法谈起	2012—08	28.00	200
力学在几何中的一些应用	2013—01	38.00	240
从根式解到伽罗华理论	2020—01	48.00	1121
康托洛维奇不等式——从一道全国高中联赛试题谈起	2013—03	28.00	337
西格尔引理——从一道第 18 届 IMO 试题的解法谈起	即将出版		
罗斯定理——从一道前苏联数学竞赛试题谈起	即将出版		
拉克斯定理和阿廷定理——从一道 IMO 试题的解法谈起	2014—01	58.00	246
毕卡大定理——从一道美国大学数学竞赛试题谈起	2014—07	18.00	350
贝齐尔曲线——从一道全国高中联赛试题谈起	即将出版		
拉格朗日乘子定理——从一道 2005 年全国高中联赛试题的高等数学解法谈起	2015—05	28.00	480
雅可比定理——从一道日本数学奥林匹克试题谈起	2013—04	48.00	249
李天岩一约克定理——从一道波兰数学竞赛试题谈起	2014—06	28.00	349
受控理论与初等不等式:从一道 IMO 试题的解法谈起	2023—03	48.00	1601
布劳维不动点定理——从一道前苏联数学奥林匹克试题谈起	2014—01	38.00	273
伯恩赛德定理——从一道英国数学奥林匹克试题谈起	即将出版		
布查特一莫斯特定理——从一道上海市初中竞赛试题谈起	即将出版		
数论中的同余数问题——从一道普特南竞赛试题谈起	即将出版		
范·德蒙行列式——从一道美国数学奥林匹克试题谈起	即将出版		
中国剩余定理:总数法构建中国历史年表	2015—01	28.00	430
牛顿程序与方程求根——从一道全国高考试题解法谈起	即将出版		
库默尔定理——从一道 IMO 预选试题谈起	即将出版		
卢丁定理——从一道冬令营试题的解法谈起	即将出版		
沃斯滕霍姆定理——从一道 IMO 预选试题谈起	即将出版		
卡尔松不等式——从一道莫斯科数学奥林匹克试题谈起	即将出版		
信息论中的香农熵——从一道近年高考压轴题谈起	即将出版		
约当不等式——从一道希望杯竞赛试题谈起	即将出版		
拉比诺维奇定理	即将出版		
刘维尔定理——从一道《美国数学月刊》征解问题的解法谈起	即将出版		
卡塔兰恒等式与级数求和——从一道 IMO 试题的解法谈起	即将出版		
勒让德猜想与素数分布——从一道爱尔兰竞赛试题谈起	即将出版		
天平称重与信息论——从一道基辅市数学奥林匹克试题谈起	即将出版		
哈密尔顿一凯莱定理:从一道高中数学联赛试题的解法谈起	2014—09	18.00	376
艾思特曼定理——从一道 CMO 试题的解法谈起	即将出版		

刘培杰数学工作室
已出版(即将出版)图书目录——初等数学

书　　名	出版时间	定　价	编号
阿贝尔恒等式与经典不等式及应用	2018—06	98.00	923
迪利克雷除数问题	2018—07	48.00	930
幻方、幻立方与拉丁方	2019—08	48.00	1092
帕斯卡三角形	2014—03	18.00	294
蒲丰投针问题——从 2009 年清华大学的一道自主招生试题谈起	2014—01	38.00	295
斯图姆定理——从一道"华约"自主招生试题的解法谈起	2014—01	18.00	296
许瓦兹引理——从一道加利福尼亚大学伯克利分校数学系博士生试题谈起	2014—08	18.00	297
拉姆塞定理——从王诗宬院士的一个问题谈起	2016—04	48.00	299
坐标法	2013—12	28.00	332
数论三角形	2014—04	38.00	341
毕克定理	2014—07	18.00	352
数林掠影	2014—09	48.00	389
我们周围的概率	2014—10	38.00	390
凸函数最值定理:从一道华约自主招生题的解法谈起	2014—10	28.00	391
易学与数学奥林匹克	2014—10	38.00	392
生物数学趣谈	2015—01	18.00	409
反演	2015—01	28.00	420
因式分解与圆锥曲线	2015—01	18.00	426
轨迹	2015—01	28.00	427
面积原理:从常庚哲命的一道 CMO 试题的积分解法谈起	2015—01	48.00	431
形形色色的不动点定理:从一道 28 届 IMO 试题谈起	2015—01	38.00	439
柯西函数方程:从一道上海交大自主招生的试题谈起	2015—02	28.00	440
三角恒等式	2015—02	28.00	442
无理性判定:从一道 2014 年"北约"自主招生试题谈起	2015—01	38.00	443
数学归纳法	2015—03	18.00	451
极端原理与解题	2015—04	28.00	464
法雷级数	2014—08	18.00	367
摆线族	2015—01	38.00	438
函数方程及其解法	2015—05	38.00	470
含参数的方程和不等式	2012—09	28.00	213
希尔伯特第十问题	2016—01	38.00	543
无穷小量的求和	2016—01	28.00	545
切比雪夫多项式:从一道清华大学金秋营试题谈起	2016—01	38.00	583
泽肯多夫定理	2016—03	38.00	599
代数等式证题法	2016—01	28.00	600
三角等式证题法	2016—01	28.00	601
吴大任教授藏书中的一个因式分解公式:从一道美国数学邀请赛试题的解法谈起	2016—06	28.00	656
易卦——类万物的数学模型	2017—08	68.00	838
"不可思议"的数与数系可持续发展	2018—01	38.00	878
最短线	2018—01	38.00	879
数学在天文、地理、光学、机械力学中的一些应用	2023—03	88.00	1576
从阿基米德三角形谈起	2023—01	28.00	1578

幻方和魔方(第一卷)	2012—05	68.00	173
尘封的经典——初等数学经典文献选读(第一卷)	2012—07	48.00	205
尘封的经典——初等数学经典文献选读(第二卷)	2012—07	38.00	206

初级方程式论	2011—03	28.00	106
初等数学研究(Ⅰ)	2008—09	68.00	37
初等数学研究(Ⅱ)(上、下)	2009—05	118.00	46,47
初等数学专题研究	2022—10	68.00	1568

刘培杰数学工作室
已出版(即将出版)图书目录——初等数学

书　　名	出版时间	定　价	编号
趣味初等方程妙题集锦	2014－09	48.00	388
趣味初等数论选美与欣赏	2015－02	48.00	445
耕读笔记(上卷):一位农民数学爱好者的初数探索	2015－04	28.00	459
耕读笔记(中卷):一位农民数学爱好者的初数探索	2015－05	28.00	483
耕读笔记(下卷):一位农民数学爱好者的初数探索	2015－05	28.00	484
几何不等式研究与欣赏.上卷	2016－01	88.00	547
几何不等式研究与欣赏.下卷	2016－01	48.00	552
初等数列研究与欣赏·上	2016－01	48.00	570
初等数列研究与欣赏·下	2016－01	48.00	571
趣味初等函数研究与欣赏.上	2016－09	48.00	684
趣味初等函数研究与欣赏.下	2018－09	48.00	685
三角不等式研究与欣赏	2020－10	68.00	1197
新编平面解析几何解题方法研究与欣赏	2021－10	78.00	1426
火柴游戏(第 2 版)	2022－05	38.00	1493
智力解谜.第 1 卷	2017－07	38.00	613
智力解谜.第 2 卷	2017－07	38.00	614
故事智力	2016－07	48.00	615
名人们喜欢的智力问题	2020－01	48.00	616
数学大师的发现、创造与失误	2018－01	48.00	617
异曲同工	2018－09	48.00	618
数学的味道	2018－01	58.00	798
数学千字文	2018－10	68.00	977
数贝偶拾——高考数学题研究	2014－04	28.00	274
数贝偶拾——初等数学研究	2014－04	38.00	275
数贝偶拾——奥数题研究	2014－04	48.00	276
钱昌本教你快乐学数学(上)	2011－12	48.00	155
钱昌本教你快乐学数学(下)	2012－03	58.00	171
集合、函数与方程	2014－01	28.00	300
数列与不等式	2014－01	38.00	301
三角与平面向量	2014－01	28.00	302
平面解析几何	2014－01	38.00	303
立体几何与组合	2014－01	28.00	304
极限与导数、数学归纳法	2014－01	38.00	305
趣味数学	2014－03	28.00	306
教材教法	2014－04	68.00	307
自主招生	2014－05	58.00	308
高考压轴题(上)	2015－01	48.00	309
高考压轴题(下)	2014－10	68.00	310
从费马到怀尔斯——费马大定理的历史	2013－10	198.00	Ⅰ
从庞加莱到佩雷尔曼——庞加莱猜想的历史	2013－10	298.00	Ⅱ
从切比雪夫到爱尔特希(上)——素数定理的初等证明	2013－07	48.00	Ⅲ
从切比雪夫到爱尔特希(下)——素数定理 100 年	2012－12	98.00	Ⅲ
从高斯到盖尔方特——二次域的高斯猜想	2013－10	198.00	Ⅳ
从库默尔到朗兰兹——朗兰兹猜想的历史	2014－01	98.00	Ⅴ
从比勃巴赫到德布朗斯——比勃巴赫猜想的历史	2014－02	298.00	Ⅵ
从麦比乌斯到陈省身——麦比乌斯变换与麦比乌斯带	2014－02	298.00	Ⅶ
从布尔到豪斯道夫——布尔方程与格论漫谈	2013－10	198.00	Ⅷ
从开普勒到阿诺德——三体问题的历史	2014－05	298.00	Ⅸ
从华林到华罗庚——华林问题的历史	2013－10	298.00	Ⅹ

刘培杰数学工作室
已出版(即将出版)图书目录——初等数学

书 名	出版时间	定 价	编号
美国高中数学竞赛五十讲.第1卷(英文)	2014－08	28.00	357
美国高中数学竞赛五十讲.第2卷(英文)	2014－08	28.00	358
美国高中数学竞赛五十讲.第3卷(英文)	2014－09	28.00	359
美国高中数学竞赛五十讲.第4卷(英文)	2014－09	28.00	360
美国高中数学竞赛五十讲.第5卷(英文)	2014－10	28.00	361
美国高中数学竞赛五十讲.第6卷(英文)	2014－11	28.00	362
美国高中数学竞赛五十讲.第7卷(英文)	2014－12	28.00	363
美国高中数学竞赛五十讲.第8卷(英文)	2015－01	28.00	364
美国高中数学竞赛五十讲.第9卷(英文)	2015－01	28.00	365
美国高中数学竞赛五十讲.第10卷(英文)	2015－02	38.00	366

书 名	出版时间	定 价	编号
三角函数(第2版)	2017－04	38.00	626
不等式	2014－01	38.00	312
数列	2014－01	38.00	313
方程(第2版)	2017－04	38.00	624
排列和组合	2014－01	28.00	315
极限与导数(第2版)	2016－04	38.00	635
向量(第2版)	2018－08	58.00	627
复数及其应用	2014－08	28.00	318
函数	2014－01	38.00	319
集合	2020－01	48.00	320
直线与平面	2014－01	28.00	321
立体几何(第2版)	2016－04	38.00	629
解三角形	即将出版		323
直线与圆(第2版)	2016－11	38.00	631
圆锥曲线(第2版)	2016－09	48.00	632
解题通法(一)	2014－07	38.00	326
解题通法(二)	2014－07	38.00	327
解题通法(三)	2014－05	38.00	328
概率与统计	2014－01	28.00	329
信息迁移与算法	即将出版		330

书 名	出版时间	定 价	编号
IMO 50年.第1卷(1959－1963)	2014－11	28.00	377
IMO 50年.第2卷(1964－1968)	2014－11	28.00	378
IMO 50年.第3卷(1969－1973)	2014－09	28.00	379
IMO 50年.第4卷(1974－1978)	2016－04	38.00	380
IMO 50年.第5卷(1979－1984)	2015－04	38.00	381
IMO 50年.第6卷(1985－1989)	2015－04	58.00	382
IMO 50年.第7卷(1990－1994)	2016－01	48.00	383
IMO 50年.第8卷(1995－1999)	2016－06	38.00	384
IMO 50年.第9卷(2000－2004)	2015－04	58.00	385
IMO 50年.第10卷(2005－2009)	2016－01	48.00	386
IMO 50年.第11卷(2010－2015)	2017－03	48.00	646

刘培杰数学工作室
已出版(即将出版)图书目录——初等数学

书　　名	出版时间	定　价	编号
数学反思(2006—2007)	2020—09	88.00	915
数学反思(2008—2009)	2019—01	68.00	917
数学反思(2010—2011)	2018—05	58.00	916
数学反思(2012—2013)	2019—01	58.00	918
数学反思(2014—2015)	2019—03	78.00	919
数学反思(2016—2017)	2021—03	58.00	1286
数学反思(2018—2019)	2023—01	88.00	1593
历届美国大学生数学竞赛试题集.第一卷(1938—1949)	2015—01	28.00	397
历届美国大学生数学竞赛试题集.第二卷(1950—1959)	2015—01	28.00	398
历届美国大学生数学竞赛试题集.第三卷(1960—1969)	2015—01	28.00	399
历届美国大学生数学竞赛试题集.第四卷(1970—1979)	2015—01	18.00	400
历届美国大学生数学竞赛试题集.第五卷(1980—1989)	2015—01	28.00	401
历届美国大学生数学竞赛试题集.第六卷(1990—1999)	2015—01	28.00	402
历届美国大学生数学竞赛试题集.第七卷(2000—2009)	2015—08	18.00	403
历届美国大学生数学竞赛试题集.第八卷(2010—2012)	2015—01	18.00	404
新课标高考数学创新题解题诀窍:总论	2014—09	28.00	372
新课标高考数学创新题解题诀窍:必修1～5分册	2014—08	38.00	373
新课标高考数学创新题解题诀窍:选修2－1,2－2,1－1,1－2分册	2014—09	38.00	374
新课标高考数学创新题解题诀窍:选修2－3,4－4,4－5分册	2014—09	18.00	375
全国重点大学自主招生英文数学试题全攻略:词汇卷	2015—07	48.00	410
全国重点大学自主招生英文数学试题全攻略:概念卷	2015—01	28.00	411
全国重点大学自主招生英文数学试题全攻略:文章选读卷(上)	2016—09	38.00	412
全国重点大学自主招生英文数学试题全攻略:文章选读卷(下)	2017—01	58.00	413
全国重点大学自主招生英文数学试题全攻略:试题卷	2015—07	38.00	414
全国重点大学自主招生英文数学试题全攻略:名著欣赏卷	2017—03	48.00	415
劳埃德数学趣题大全.题目卷.1:英文	2016—01	18.00	516
劳埃德数学趣题大全.题目卷.2:英文	2016—01	18.00	517
劳埃德数学趣题大全.题目卷.3:英文	2016—01	18.00	518
劳埃德数学趣题大全.题目卷.4:英文	2016—01	18.00	519
劳埃德数学趣题大全.题目卷.5:英文	2016—01	18.00	520
劳埃德数学趣题大全.答案卷:英文	2016—01	18.00	521
李成章教练奥数笔记.第1卷	2016—01	48.00	522
李成章教练奥数笔记.第2卷	2016—01	48.00	523
李成章教练奥数笔记.第3卷	2016—01	38.00	524
李成章教练奥数笔记.第4卷	2016—01	38.00	525
李成章教练奥数笔记.第5卷	2016—01	38.00	526
李成章教练奥数笔记.第6卷	2016—01	38.00	527
李成章教练奥数笔记.第7卷	2016—01	38.00	528
李成章教练奥数笔记.第8卷	2016—01	48.00	529
李成章教练奥数笔记.第9卷	2016—01	28.00	530

刘培杰数学工作室
已出版(即将出版)图书目录——初等数学

书　　名	出版时间	定　价	编号
第19～23届"希望杯"全国数学邀请赛试题审题要津详细评注(初一版)	2014—03	28.00	333
第19～23届"希望杯"全国数学邀请赛试题审题要津详细评注(初二、初三版)	2014—03	38.00	334
第19～23届"希望杯"全国数学邀请赛试题审题要津详细评注(高一版)	2014—03	28.00	335
第19～23届"希望杯"全国数学邀请赛试题审题要津详细评注(高二版)	2014—03	38.00	336
第19～25届"希望杯"全国数学邀请赛试题审题要津详细评注(初一版)	2015—01	38.00	416
第19～25届"希望杯"全国数学邀请赛试题审题要津详细评注(初二、初三版)	2015—01	58.00	417
第19～25届"希望杯"全国数学邀请赛试题审题要津详细评注(高一版)	2015—01	48.00	418
第19～25届"希望杯"全国数学邀请赛试题审题要津详细评注(高二版)	2015—01	48.00	419
物理奥林匹克竞赛大题典——力学卷	2014—11	48.00	405
物理奥林匹克竞赛大题典——热学卷	2014—04	28.00	339
物理奥林匹克竞赛大题典——电磁学卷	2015—07	48.00	406
物理奥林匹克竞赛大题典——光学与近代物理卷	2014—06	28.00	345
历届中国东南地区数学奥林匹克试题集(2004～2012)	2014—06	18.00	346
历届中国西部地区数学奥林匹克试题集(2001～2012)	2014—07	18.00	347
历届中国女子数学奥林匹克试题集(2002～2012)	2014—08	18.00	348
数学奥林匹克在中国	2014—06	98.00	344
数学奥林匹克问题集	2014—01	38.00	267
数学奥林匹克不等式散论	2010—06	38.00	124
数学奥林匹克不等式欣赏	2011—09	38.00	138
数学奥林匹克超级题库(初中卷上)	2010—01	58.00	66
数学奥林匹克不等式证明方法和技巧(上、下)	2011—08	158.00	134,135
他们学什么:原民主德国中学数学课本	2016—09	38.00	658
他们学什么:英国中学数学课本	2016—09	38.00	659
他们学什么:法国中学数学课本.1	2016—09	38.00	660
他们学什么:法国中学数学课本.2	2016—09	28.00	661
他们学什么:法国中学数学课本.3	2016—09	38.00	662
他们学什么:苏联中学数学课本	2016—09	28.00	679
高中数学题典——集合与简易逻辑·函数	2016—07	48.00	647
高中数学题典——导数	2016—07	48.00	648
高中数学题典——三角函数·平面向量	2016—07	48.00	649
高中数学题典——数列	2016—07	58.00	650
高中数学题典——不等式·推理与证明	2016—07	38.00	651
高中数学题典——立体几何	2016—07	48.00	652
高中数学题典——平面解析几何	2016—07	78.00	653
高中数学题典——计数原理·统计·概率·复数	2016—07	48.00	654
高中数学题典——算法·平面几何·初等数论·组合数学·其他	2016—07	68.00	655

刘培杰数学工作室
已出版(即将出版)图书目录——初等数学

书　　名	出版时间	定　价	编号
台湾地区奥林匹克数学竞赛试题．小学一年级	2017—03	38.00	722
台湾地区奥林匹克数学竞赛试题．小学二年级	2017—03	38.00	723
台湾地区奥林匹克数学竞赛试题．小学三年级	2017—03	38.00	724
台湾地区奥林匹克数学竞赛试题．小学四年级	2017—03	38.00	725
台湾地区奥林匹克数学竞赛试题．小学五年级	2017—03	38.00	726
台湾地区奥林匹克数学竞赛试题．小学六年级	2017—03	38.00	727
台湾地区奥林匹克数学竞赛试题．初中一年级	2017—03	38.00	728
台湾地区奥林匹克数学竞赛试题．初中二年级	2017—03	38.00	729
台湾地区奥林匹克数学竞赛试题．初中三年级	2017—03	28.00	730
不等式证题法	2017—04	28.00	747
平面几何培优教程	2019—08	88.00	748
奥数鼎级培优教程．高一分册	2018—09	88.00	749
奥数鼎级培优教程．高二分册．上	2018—04	68.00	750
奥数鼎级培优教程．高二分册．下	2018—04	68.00	751
高中数学竞赛冲刺宝典	2019—04	68.00	883
初中尖子生数学超级题典．实数	2017—07	58.00	792
初中尖子生数学超级题典．式、方程与不等式	2017—08	58.00	793
初中尖子生数学超级题典．圆、面积	2017—08	38.00	794
初中尖子生数学超级题典．函数、逻辑推理	2017—08	48.00	795
初中尖子生数学超级题典．角、线段、三角形与多边形	2017—07	58.00	796
数学王子——高斯	2018—01	48.00	858
坎坷奇星——阿贝尔	2018—01	48.00	859
闪烁奇星——伽罗瓦	2018—01	58.00	860
无穷统帅——康托尔	2018—01	48.00	861
科学公主——柯瓦列夫斯卡娅	2018—01	48.00	862
抽象代数之母——埃米·诺特	2018—01	48.00	863
电脑先驱——图灵	2018—01	58.00	864
昔日神童——维纳	2018—01	48.00	865
数坛怪侠——爱尔特希	2018—01	68.00	866
传奇数学家徐利治	2019—09	88.00	1110
当代世界中的数学．数学思想与数学基础	2019—01	38.00	892
当代世界中的数学．数学问题	2019—01	38.00	893
当代世界中的数学．应用数学与数学应用	2019—01	38.00	894
当代世界中的数学．数学王国的新疆域(一)	2019—01	38.00	895
当代世界中的数学．数学王国的新疆域(二)	2019—01	38.00	896
当代世界中的数学．数林撷英(一)	2019—01	38.00	897
当代世界中的数学．数林撷英(二)	2019—01	48.00	898
当代世界中的数学．数学之路	2019—01	38.00	899